——以风险预控管理为核心的
本质安全矿井建设

主编　丁学贤　诸葛祥华

中国矿业大学出版社

图书在版编目(CIP)数据

安全100/丁学贤，诸葛祥华主编．—徐州：中国矿业大学出版社，2014.5

ISBN 978-7-5646-2332-6

Ⅰ．①安… Ⅱ．①丁… ②诸… Ⅲ．①安全管理 Ⅳ．①X92

中国版本图书馆CIP数据核字(2014)第090661号

书　　名　安全100
主　　编　丁学贤　诸葛祥华
责任编辑　孙　浩　潘利梅
出版发行　中国矿业大学出版社有限责任公司
(江苏省徐州市解放南路　邮编2001008)
营销热线　(0516)83885307　83884995
出版服务　(0516)83885767　83884920
网　　址　http://www.curntp.com　E-mail:curntpvip@curntp.com
印　　刷　徐州中矿大印发科技有限公司
开　　本　787×1092　1/16　**印张**25　**插页**4　**字数**610千字
版次印次　2014年5月第1版　2014年5月第1次印刷
定　　价　158.00元
(图书出现印装质量问题，本社负责调解)

安全第1　从0开始　向0迈进　安全工作100％

安全第1	牢固树立安全压倒一切的理念
从0开始	安全工作只有起点，没有终点 每天都要从0开始
向0迈进	通过风险预控管理 向0“三违”、0隐患、0事故迈进
安全工作100％	通过安全工作的持续改进 实现风险预控100％，隐患治理100％ 事故防控100％，打造本质安全矿井

绿色代表健康、安全。金黄色代表灿烂、辉煌。“安全”用绿色的变形闭合字体与数字“100”相连，寓意通过风险预控闭合管理，并持续改进，促进安全工作向高层次迈进，最终实现安全工作100％。

编审委员会

目　录

第一章 安全100风险预控管理体系建设概况

一、安全100风险预控管理体系简介

安全100风险预控管理体系是山东能源临矿集团王楼煤矿依据国家安全生产监督管理总局《煤矿安全风险预控管理体系规范》(AQ/T 1093－2011)的要求,结合近年来提炼的“安全第1,从0开始,向0迈进,实现安全工作100%”的安全管理核心理念以及矿井安全生产实际而进行的以风险预控管理为核心的本质安全矿井建设管理模式。

传统的煤矿安全管理,是以隐患、“三违”和事故为管理对象的被动式管理,其本质是缺陷管理和事后管理,由于这两种管理模式的关口处在事故发生的中、后期,因此,很难从源头遏制事故的发生。鉴于以上问题,国家安全生产监督管理总局(以下简称国家安全监管总局)于2011年7月12日发布了《煤矿安全风险预控管理体系规范》(AQ/T 1093－2011,以下简称《规范》),自2011年12月1日起实施。其目的在于通过以预控为核心的、持续的、全面的、全过程的、全员参加的、闭环式的安全管理活动,在生产过程中做到人员无失误、设备无故障、系统无缺陷、管理无漏洞,进而实现人员、机器设备、环境、管理的本质安全,切断安全事故发生的因果链,继而杜绝煤矿生产事故的发生,全面建设平安、和谐、本质安全型矿井。

《规范》从四个方面对煤矿安全风险预控管理体系进行了规范化的说明,其中核心内容是第四部分:管理要素及要求。《规范》为煤矿安全生产管理指引了一个新方向,提供了一套先进的管理框架,但由于《规范》属于纲领性文件,关于具体的实施模式、实施流程、相应的方法、技术等均没有明确说明,因此,这使得《规范》在煤矿企业的全面推广和实施中有一定的障碍。

由此,安全100风险预控管理体系应运而生。该体系以危险源辨识和风险评估为基础,以风险预控为核心,以不安全行为管控为重点,通过制定针对性的管控标准和措施,达到“人、机、环、管”的最佳匹配,从而实现煤矿安全生产。其核心是通过危险源辨识和风险评估,明确煤矿安全管理的对象和重点;通过保障机制,促进安全生产责任制的落实和风险管控标准与措施的执行;通过危险源监测监控和风险预警,使危险源始终处于受控状态。

二、安全100风险预控管理体系建设内容

“安全第1,从0开始,向0迈进,实现安全工作100%”的安全100风险预控管理体系以

安全第一为指针，以安全工作只有起点没有终点、每天从零开始为准则，以风险预控为核心，以 PDCA 管理为模式，坚持全员参与、持续改进，向零“三违”、零隐患、零事故迈进，最终实现矿井的安全。

安全 100 风险预控管理体系的建设主要包括管理手册编制、程序文件编制、安全管理制度编制、危险源管控(危险源辨识、风险评估、风险控制)、管理标准与管理措施制定、人员不安全行为管理与控制、安全文化建设、体系考核评价指标制定、安全 100 管理信息系统。该体系的系统化建设工作以煤矿安全风险预控管理体系的微内核架构为指导思想。煤矿安全风险预控管理体系的微内核架构，如图 1-1 所示。

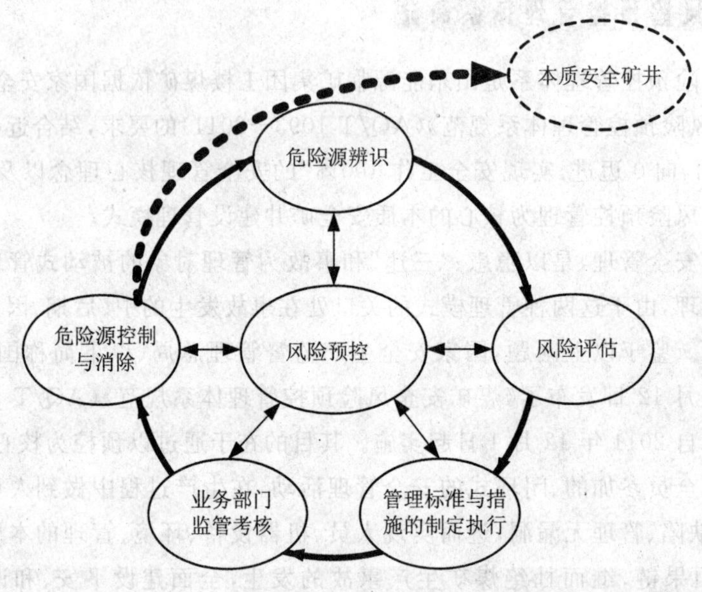

图 1-1　煤矿安全风险预控管理体系的微内核架构

(一) 管理手册编制

安全 100 风险预控管理体系管理手册主要明确管理方针、目标，描述安全 100 风险预控管理体系涉及的过程及其相互关系，展示体系总体框架，明确部门内各层次不同单位的职责和权限，是管理体系所涉及的从事安全管理活动的单位和人员开展有关策划、控制、保证和改进工作的纲领性文件，适合矿井高、中层管理人员使用。

(二) 程序文件编制

程序文件是通过程序化的管理对主要作业活动可能产生的风险予以控制，其内容分为风险预控管理、组织保障管理、人员不安全行为管理、生产系统安全要素管理和辅助管理。程序文件管理的内容，如图 1-2 所示。它包含各项管理程序，各项管理程序均以 PDCA 的方法和思路建立，规定了相应过程控制的目的、适用范围、职责、执行程序、相关文件、相关记录和附则，符合矿井实际运作的要求，保证各个过程功能的实现。

程序文件是管理手册的支持性文件，适合各部门、岗位和人员对各项事务的管理和运行控制。

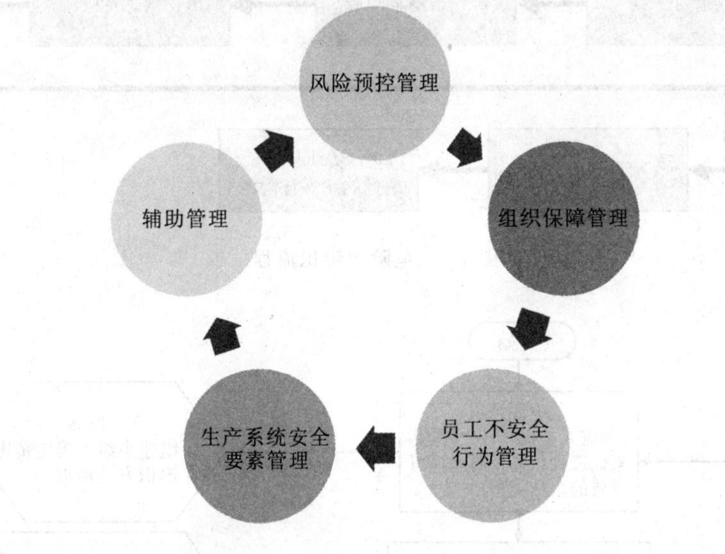

图 1-2　程序文件管理的内容

（三）安全管理制度编制

制度手册是安全 100 风险预控管理体系的重要组成部分，是管理手册的支持性文件，通过制度化的管理对所有作业活动可能产生的风险予以控制，涵盖风险预控管理、组织保障管理、人员不安全行为管理、生产系统安全要素管理和辅助管理等方面的内容。

制度手册以 PDCA（Plan 计划、Do 实施、Check 检查、Action 改进，简称循环管理）的方法建立，规定了相应制度控制的目的、定义、适用范围、引用标准、引用流程、职责分工、目标管理内容及要求、目标完成情况考核、相关支持性文件、附则，是矿井安全管理合法有序地运作及安全 100 风险预控管理体系得以顺利实施的保障，适合各级相关单位、岗位和人员对各项工作的规范性操作。

（四）危险源管控

危险源管控过程分为三个步骤：危险源辨识、风险评估、风险控制。危险源管控采用的方法主要有技术手段和管理措施两类。技术手段主要包括消除、弱化、隔离、劳动保护等；管理措施主要包括责任人措施、直接管理人员措施以及监管人员措施。危险源辨识流程如图 1-3 所示。

对作业过程中的危险源按照作业系统的划分从人、机、环、管四个方面进行根源危险源、状态危险源的辨识、风险评估，并梳理任务与工序，辨识任务与工序中可能遇到的状态危险源并进行风险评估。风险控制过程又可细化为：管理标准和管理措施的制定过程，危险源的监测、预警、控制过程。管理标准和管理措施的制定过程中首先需要根据危险源辨识（风险识别）结果，确定管理对象、管理主要责任人、监管责任人及监管部门，其次要结合风险评估结果针对危险源制定合理的管理标准和管理措施。风险管理流程如图 1-4 所示。

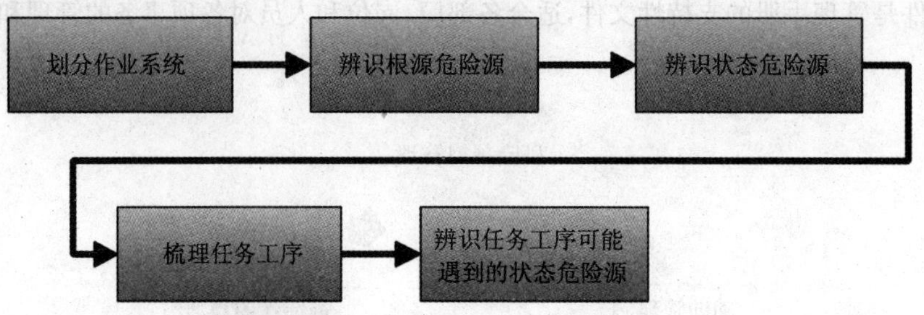

图 1-3　危险源辨识流程

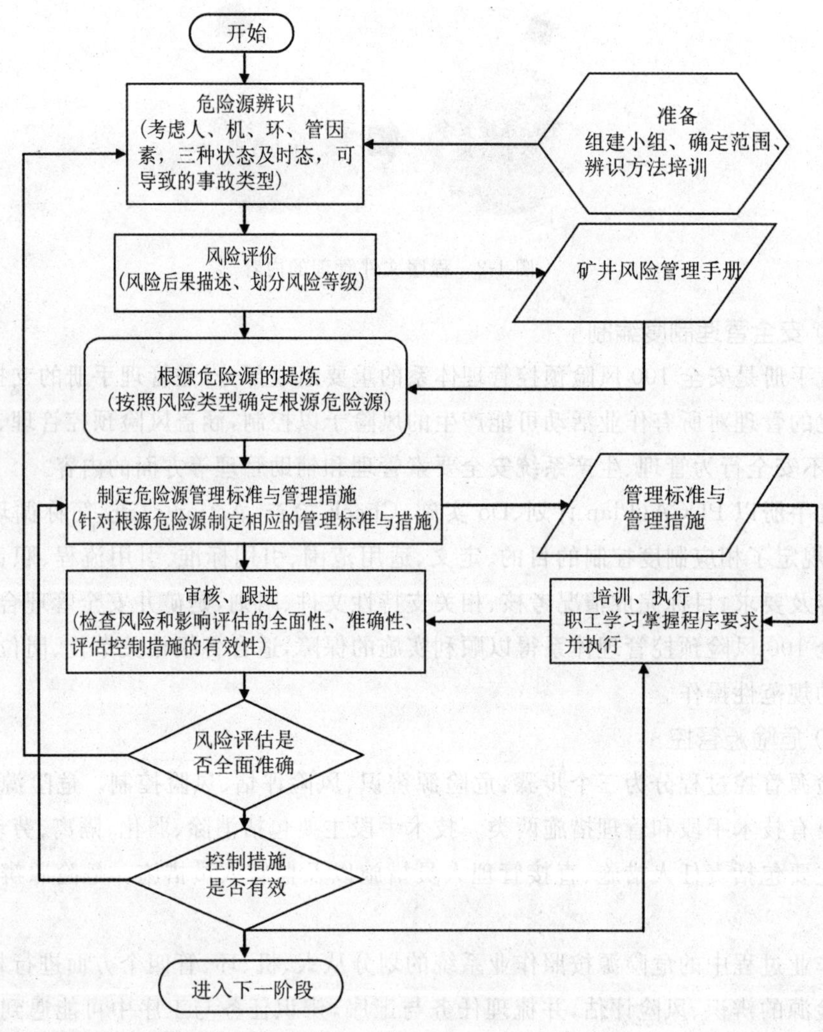

图例：开始或结束　活动　活动结束　决策　准备或支持过程

图 1-4　风险管理流程(图例说明下同)

（五）管理标准与管理措施制定

根据辨识出来的根源危险源、状态危险源制定相应的管理标准与管理措施。管理标准要使得危险源处于可控状态；而管理措施是能确保达到管理标准的有效手段与方法。管理标准和措施具有较好的可操作性，符合实际情况，且具有一定的经济性。管理标准与管理措施如图1-5所示。

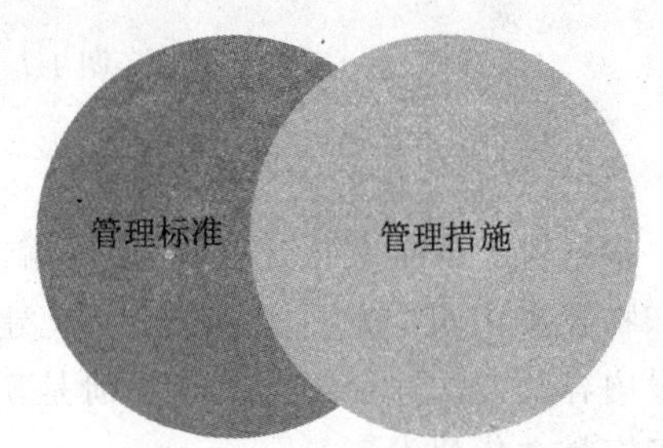

图1-5 管理标准与管理措施

（六）人员不安全行为管理与控制

“危险源辨识及风险评估”中辨识的风险类型为人的危险源，即“人员不安全行为”，根据所辨识的人员不安全行为，分析所有可能的原因，绘制如图1-6所示的员工不安全行为原因树。

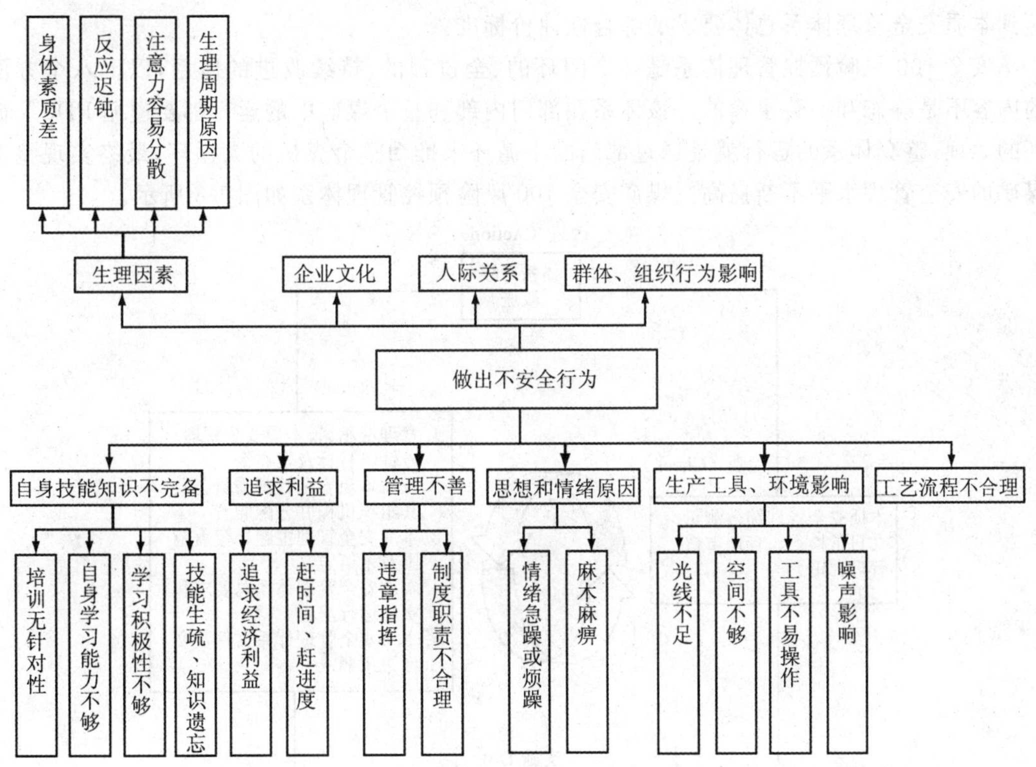

图1-6 员工不安全行为原因树

补充、完善“员工不安全行为原因树”，并针对每种原因制定相应的控制措施，制定相应的员工不安全行为管理控制程序与制度。不安全行为建设流程如图1-7所示。

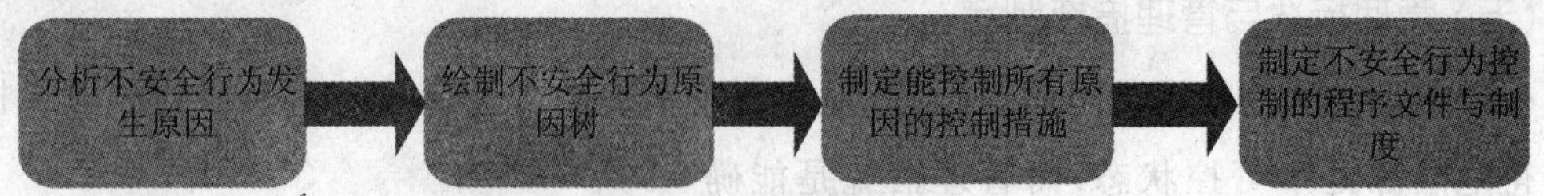

图 1-7　不安全行为建设流程

（七）安全文化建设

根据煤矿安全文化建设的要求，编制安全文化建设手册，从观念文化、制度文化、行为文化和物态文化四个方面实施安全文化建设，明确安全文化建设的内涵、建设模式、建设目标、建设内容及方法途径等。文化手册是矿井构建本质安全文化的指导性文件，各部门负责本部门安全文化建设。

（八）体系考核评价指标制定

考核评分标准共五大系统，建立各单位生产及非生产系统的一、二、三、四级指标，确定指标的考核部门、考核类型、考核周期等，是检验本质安全管理体系运行效果、判别企业是否达到本质安全管理体系总体要求的综合性评价标准。

安全 100 风险预控管理体系是一个闭环的、全过程的、持续改进的体系，以上八个方面的内容不是静态和一劳永逸的。该体系在部门内部和整个煤矿中的运行都要遵循 PDCA 循环的原理，整套体系的运行就是通过部门的小循环来推动整个煤矿的大循环，最终实现整个煤矿的安全管理水平不断提高。煤矿安全 100 风险预控管理体系如图 1-8 所示。

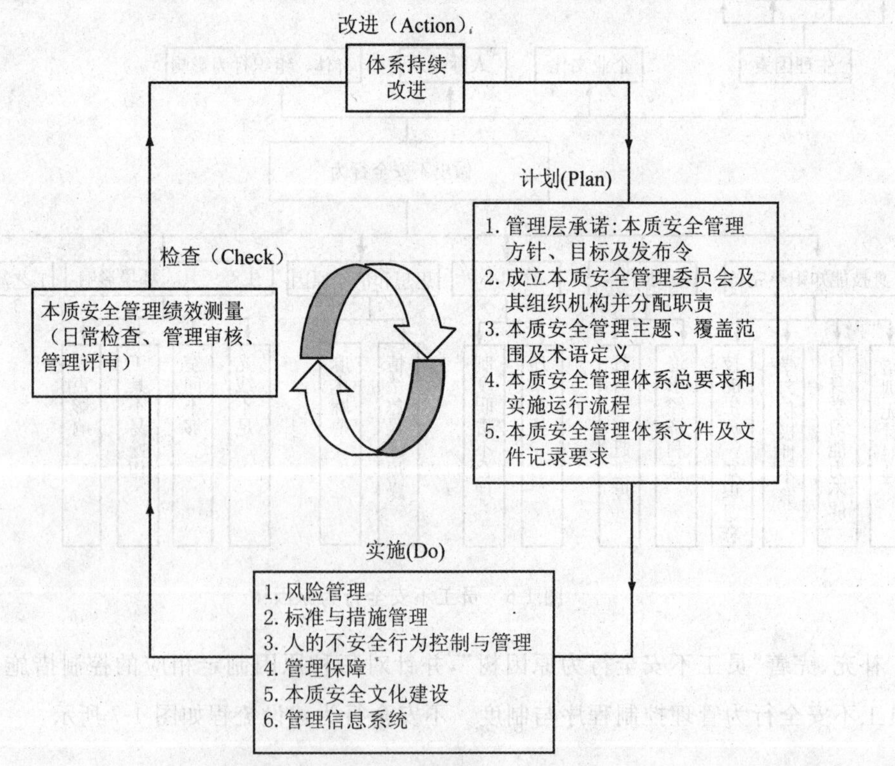

图 1-8　煤矿安全 100 风险预控管理体系

三、信息支撑平台：安全 100 管理信息系统

安全 100 管理信息系统是专为安全 100 风险预控管理体系量身定做的、支撑其有效运行的、基于浏览器/服务器模式的、减少其安全管理运行成本、综合化、集成化的软件信息平台，功能涵盖安全 100 风险预控管理体系运行的全过程。信息系统能降低贯彻标准的难度，有利于流程化、规范化安全 100 风险预控管理体系的运行，提高贯彻标准效果，提升安全绩效。

安全 100 管理信息系统和数据库服务器均安装在矿机房的一台服务器上，实现系统和数据的统一部署，各科室区队通过矿局域网访问系统，完成各种相关操作，除了浏览器外，无需安装任何软件。其部署模式如图 1-9 所示。

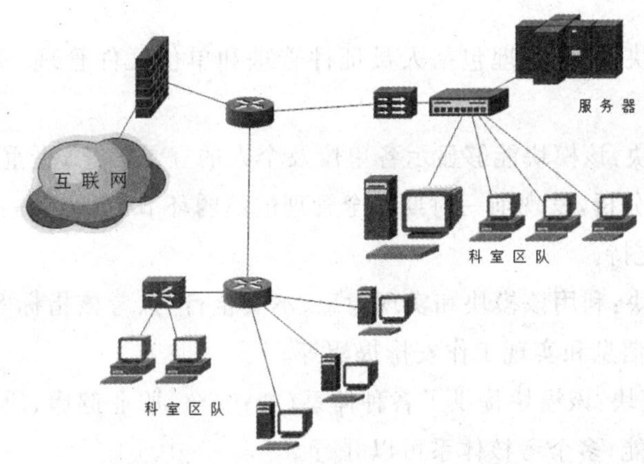

图 1-9　安全 100 管理信息系统部署模式

(一) 系统前台

安全 100 管理信息系统首页登录前台，是集组织机构、法律法规、文件发布、图片新闻、最新信息、会议纪要、通知通报、安全文化、安全培训和资源共享等为一体的信息发布平台，方便职工了解上级一系列文件精神及矿井安全动态等。未闭合的安全隐患、最新不安全行为及未闭合的考评指标显示平台，将各单位存在的安全隐患、不安全行为及考评指标的闭合完成情况以柱状图的形式直观地显示出来。信息系统用户可以通过安全信箱对安全 100 管理信息系统或矿井安全管理等方面提出意见或建议。前台页面最下端设有相关安全网站链接，可点击直接进入，进行相关安全资料的查询、获悉最新安全动态。

(二) 系统后台

系统后台共由如下 15 个模块组成。

(1) 危险源辨识模块：规范危险源辨识的业务流程，实现辨识单元划分、根源危险源辨识、状态危险源辨识、任务工序梳理、危险源统计分析等，能够导出各工种风险管理条目及各工种任务工序(包含管理标准和管理措施)。根据导出的风险管理条目，可制作成风险管理

卡，供职工学习，使职工对本岗位可能遇到的危险进行预知、预控。

(2) 危险源宣贯模块：可以制订危险源宣讲计划、进行宣讲和总结，生成危险源宣讲的统计分析报表。

(3) 隐患治理模块：实现隐患的闭环处理流程，包括隐患录入、整改确认、隐患复查、隐患查询、图形化分析、责任追究等。

(4) 不安全行为模块：实现不安全行为录入、不安全行为查询、生成不安全行为报表及不安全行为类型分析等功能。

(5) 诚信档案模块：可以根据员工的事实违章、安全生产、安全学习三个方面的情况计算衡量其安全诚信度。

(6) 事故管理模块：该模块实现的功能主要有事故等级设定、工伤等级设定、事故录入、事故查询。

(7) 证件管理模块：证件管理包括人员证件管理和单位证件管理，实现人员/单位证件的录入和查询。

(8) 决策支持模块：该模块能够显示各单位及个人的登录信息，更重要的是能够对各单位隐患内容进行统计分析，发现前一时期安全管理的薄弱环节，指明下一阶段安全管理的工作重点，并提供决策支持。

(9) 短信服务模块：利用该模块和实现隐患、不安全行为、考核指标等的短信通知，可以给员工发送安全相关信息和实现工作安排提醒等。

(10) 考评体系模块：该模块提供了各种体系(如：安全、职业健康、质量、环境、综合管理体系)的设置、考核功能，多个考核体系可以并行。

(11) 安全考核模块：对各级管理人员的各项安全指标进行考核。

(12) 新闻管理模块：实现新闻发布、新闻类别添加、删除、新闻编辑的功能。

(13) 基础管理模块：实现部门设置、员工管理、角色设置、角色授权、角色分配、岗位类型设置等功能。

(14) 问题建议模块：所有使用本系统的人员都可以对系统的使用情况进行反馈，也可以回复别人的问题。

(15) 体系资料管理模块：资料管理为各部门提供文档集中存储空间，通过该功能各部门可以对文档进行归类、标识和存储。

第二章 管理手册编制

一、安全管理机构、权限与职责

为了全面提高矿井的综合管理水平，切实加强基础管理工作，提高全体职工的安全意识，使矿井的各项工作向本质安全系统化、制度化、规范化方向发展，建立起自我约束、持续改进的安全长效机制，有效预防和消除事故，努力打造本质安全矿井，特成立煤矿风险预控管理委员会，并将委员会及相关成员职责予以明确，组织机构如下：

主 任：矿长

副主任：班子其他成员

成 员：各专业副总、各安全生产业务科室负责人

委员会：下设体系办公室

委员会成立四个工作组：风险管理组、组织保障组、内部审核评价组和信息系统组

（一）风险预控管理委员会职责与权限

(1) 依据国家安全生产方针、法律、法规及上级的要求和规定，制定符合本矿实际的安全管理方针、目标和制度，负责各单位管理标准和管理措施的审定。

(2) 查询督促检查各单位对国家及上级有关安全生产的方针、政策、法律、法规、规程规定、行业标准及矿内有关安全管理方面的规章制度的贯彻执行情况。

(3) 负责保证体系持续有效运行的人、财、物等各种资源的配置。

(4) 负责组织编制本矿安全生产规划、年度工作计划、安全生产工作目标，对上级部门下达的安全控制目标进行分解与细化，审定后组织实施。

(5) 对全矿安全工作进行动态检查，监督事故隐患排查，对存在的事故隐患提出限期整改意见，对不具备安全生产条件的单位，提出停产整顿意见。

(6) 深入现场调查研究，及时解决安全工作中存在的突发、偶发，尤其是未知规律的重大隐患，本矿解决不了的及时上报上级集团公司请求解决。

(7) 负责参与各类安全专项资金使用方案的制订和使用落实情况的监督检查，定期召开安全管理例会，解决月度、年度检查报告中提出的问题。

(8) 负责对操作规程、作业规程等安全技术措施的审查和实施情况评价。

(9) 负责煤矿各级管理人员和单位本质安全管理绩效考核方案的审定，并根据考核结果，督促和监督各相关单位制定相应的改进措施。

(10)所有成员必须接受相应的安全管理知识培训,熟悉业务范围内的各类安全风险及控制措施。

(11) 组织和配合矿井事故的抢救与处理,对各类事故进行责任追究和分析认定。

(12) 负责制定、及时更新和修改工作任务、流程、职责、行为规范、规章制度等,总结人员不安全行为发生规律,不断提高对人员不安全行为的管理水平。

(二) 安全管理委员会主任职责

(1) 安全管理委员会主任是安全主要责任人。

(2) 制定并颁布矿井安全管理方针、目标,审核和批准安全管理体系文件。

(3) 负责贯彻执行相关的政策法规,做好环境保护和劳动保护工作,不断改善作业人员的劳动条件,保证安全文明生产。

(4) 为实施、保持和改进安全管理体系配备必要的资源。

(5) 组织安全管理体系的定期内部审核与年度管理评审。

(三) 安全管理委员会副主任职责

(1) 安全副矿长负责安全100管理体系执行情况的监督与检查,及时排查各类现场安全隐患,消除各类不安全行为,确保各项管理制度得到落实。

(2) 生产副矿长对本单位生产安全负直接领导责任,按照管生产必须管安全的原则,负责监督检查采掘作业规程、安全生产制度、安全技术措施的落实与执行情况,为建立本质安全型矿井创造良好的作业环境。

(3) 机电副矿长对机电运输安全负直接领导责任,负责监督检查全矿机电运输安全规章制度、措施的落实与执行情况,确保设备设施状态完好、防护齐全有效、各种保护装置灵敏可靠,实现设备设施的本质安全。

(4) 总工程师是安全生产技术主要负责人,在工作中负责对各类技术改造、技术规程、操作规程等的制定与实施,从技术管理上对创建本质安全型矿井提供可靠保障。

(5) 党委副书记负责本质安全文化的建立、实施、评价及安全文化相关活动。

(6) 经营副矿长负责保证人、财、物等各种资源得到有效配置,确保体系的顺利运行。

(四) 安全管理委员会各小组职责

(1) 风险管理组负责风险管理知识技能的培训,监督指导危险源的辨识和标准与措施的制定,负责危险源现场监测、风险预警的管理工作。

(2) 组织保障组负责制定相应的配套保障措施,包括相关程序、制度的制定与修改完善和本质安全文化的建设,使本质安全管理工作持续有效运行。

(3) 内部审核评价组依据《考核评分标准》及相关法律、法规、技术标准及煤炭行业数据资料,对本质安全管理进行定期、定性和定量评审,做出评审结论,编制安全评审报告。

(4) 信息系统组负责本质安全管理信息系统的管理与维护,确保信息系统正常运行。

(五) 基层及相关单位职责

1.安监处

(1) 监督检查矿井上、下安全生产情况，对安全隐患提出整改要求；按照矿奖惩规定进行考核。

(2) 监督检查安全信息系统的使用；掌握矿井上、下安全隐患和工作动态，搜集、整理、筛选、反馈安全信息，督促事故隐患的落实整改；为领导正确实施安全策略提供可行依据。

(3) 监督检查职业安全健康体系运行情况，并认真考核。

(4) 监督全矿管理干部入井情况，并进行月度考核。

(5) 依据相关规定结合实际情况对矿井工程项目规程措施进行审批。

(6) 在生产过程中，严格按标准对生产单位质量标准化检查、验收、评比，严把生产质量关。

(7) 根据矿《安全生产奖惩制度》的要求，按规定时间对各单位进行考核，将考核结果报矿领导，对优胜单位进行奖励，对事故单位进行处罚。

(8) 组织相关人员对影响安全生产的各类事故按照“四不放过”原则进行分析，查找原因，追究责任，制定措施，吸取教训，以减少和杜绝类似事故发生。

(9) 需执行的相关程序:《危险源辨识、评估与控制程序》、《管理制度制定程序》、《内部审核控制程序》、《管理评审控制程序》、《风险预控管理信息系统运行程序》、《安全100管理体系日常检查控制程序》、《事故管理程序》、《危险源(隐患)检查控制程序》、《风险预控管理运行控制程序》、《岗位职责制定程序》、《目标与计划管理控制程序》、《事故、事件、不符合控制程序》、《纠正和预防措施控制程序》。

2.安培中心

(1) 负责制定本单位安全培训管理制度，每年底结合生产实际及培训需求调查进行培训需求分析，及时编报年度培训计划与实施计划。

(2) 负责全矿职工安全培训与职工教育培训的组织和实施，并建立和保管培训档案。

(3) 根据集团公司、矿职工培训教育计划，完成职工教育培训工作。

(4) 需执行的相关程序:《人员不安全行为矫正管理程序》和《培训控制程序》。

3.生产科

(1) 根据集团公司生产计划和矿实际情况对矿井生产计划进行生产规划。

(2) 根据生产任务的安排，审批生产工程措施、生产技术规程，并实施全过程管理和考核。

(3) 对各单位申报生产材料进行审批；编制、修订材料使用、管理奖惩办法；监督检查材料在生产过程中的使用情况。

(4) 编制年度技术规划，开展技术攻关；对安全生产进行技术指导；对技术人员进行业务管理，为安全生产提供技术支持和保证。

(5) 对生产过程中出现的事故进行分析处理，制定整改措施。

(6) 需执行的相关程序:《矿井采煤控制程序》、《矿井掘进控制程序》、《工程设计控制程序》和《采煤工作面安装控制程序》。

4.防冲办公室

负责矿井冲击地压监测、检验、解危工作,保证矿井安全生产。

5.调度室

(1) 对生产任务进行平衡协调工作和工程进度管理。

(2) 根据矿作业计划,合理调控指挥生产,及时快速处理生产过程中的各种问题。

(3) 需执行的相关程序:《风险预控管理信息系统运行程序》、《应急准备与响应控制程序》和《调度控制程序》。

6.采煤工区

(1) 根据矿作业计划,结合本单位地区条件进行生产任务安排,制定计划并实施。

(2) 依据矿文件精神及下达的工资总额,结合安全生产情况,进行工资奖金分配。

(3) 根据生产需要,进行班组长任免、调整。

(4) 根据矿规定,进行职工出勤、伤、病、年休等有资假管理。

(5) 编制、修订本单位绩效考核办法和奖惩规定,定期对各班组岗位进行绩效考核,并给予奖惩。

(6) 组织相关人员对影响安全生产的各类事故进行分析,查找原因,追究责任,制定措施,吸取教训,减少和杜绝类似事故的发生。

(7) 根据矿下达的预算指标,结合本单位实际,进行指标分解、过程监控、考核分析。

(8) 按规定定额和要求使用,开展班组建设、劳动竞赛、文体活动、职工培训等活动。

(9) 需执行的相关程序:《矿井采煤控制程序》、《采煤工作面安装控制程序》、《安全防护控制程序》、《危险源辨识、评估与控制程序》和《危险源(隐患)检查控制程序》。

7.掘进工区

(1) 根据矿作业计划,结合本单位地区条件进行生产任务安排,制订计划并实施。

(2) 依据矿文件精神及下达的工资总额,结合安全生产情况,进行工资奖金分配。

(3) 根据生产需要,进行班队长任免、调整。

(4) 根据矿规定,进行职工出勤、伤、病、年休等有资假管理。

(5) 编制、修订本单位绩效考核办法和奖惩规定,定期对各班组岗位进行绩效考核,并给予奖惩。

(6) 组织相关人员对影响安全生产的各类事故进行分析,查找原因,追究责任,制定防范措施,并及时落实到现场,减少和杜绝类似事故的发生。

(7) 根据矿下达的预算指标,结合本单位实际,进行指标分解、过程监控、考核分析。

(8) 按规定定额和要求使用,开展班组建设、劳动竞赛、文体活动、职工培训等活动。

(9) 需执行的相关程序:《危险源辨识、评估与控制程序》、《危险源(隐患)检查控制程序》、《安全防护控制程序》和《矿井掘进控制程序》。

8.机电科

（1）根据矿作业计划，结合本单位实际情况，组织制定工作措施，组织施工安装项目，为安全生产提供保障。

（2）依据矿井生产需要对机电设备调剂、报废、使用进行管理。

（3）编制设备外委检修项目，组织比价选厂、检修安排、质量验收和信息反馈。

（4）编制年度技术规划，开展技术攻关；对机电工作进行技术指导；对技术人员进行业务上的管理，为安全生产提供技术支持和保证。

（5）对机电运输工作过程中出现的事故进行分析处理，制定整改措施。

（6）需执行的相关程序：《安全防护控制程序》、《供电用电控制程序》、《起重机械和吊具控制程序》、《胶带运输控制程序》、《基础设施管理程序》和《机动车辆控制程序》。

9.机电工区

（1）根据矿作业计划，结合本单位实际情况，组织制定工作措施，保证矿井提升系统、供风系统、通风系统、供电系统、供水系统、排水系统、井下制冷系统、污水处理系统的安全运转和地面提供灯房、供暖等服务，为安全生产提供保障。

（2）依据矿井生产需要对机电设备、大型材料计划、调剂、报废、使用进行管理。

（3）根据上级文件精神，编制节能减排计划动态控制管理、考核。

（4）依据矿文件精神及下达的工资总额，结合安全生产情况，进行工资奖金分配。

（5）根据生产需要，进行班组长任免、调整。

（6）根据矿规定，进行职工出勤、伤、病、年休等有资假管理。

（7）编制、修订本单位绩效考核办法和奖惩规定，定期对各班组岗位进行绩效考核，并给予奖惩。

（8）组织人员对影响安全生产的各类事故进行分析，查找原因，追究责任，制定措施，吸取教训，减少和杜绝类似事故的发生。

（9）根据矿下达的预算指标，结合本单位实际，进行指标分解、过程监控、考核分析。

（10）按规定定额和要求使用，开展班组建设、劳动竞赛、文体活动、职工培训等活动。

（11）执行的相关程序：《危险源辨识、评估与控制程序》、《危险源（隐患）检查控制程序》、《安全防护控制程序》、《供电用电控制程序》、《胶带运输控制程序》和《基础设施管理程序》。

10.运输工区

（1）根据矿作业计划，进行运输任务安排和实施。

（2）依据矿文件精神及下达的工资总额，结合安全生产情况，进行工资奖金分配。

（3）根据生产需要，进行班组长任免、调整。

（4）根据矿规定，进行职工出勤、伤、病、年休等有资假管理。

(5) 编制、修订本单位绩效考核办法和奖惩规定，定期对各班组岗位进行绩效考核，并给予奖惩。

(6) 组织人员对影响安全生产的各类事故进行分析，查找原因，追究责任，制定措施，吸取教训，减少和杜绝类似事故的发生。

(7) 根据矿下达的预算指标，结合本单位实际，进行指标分解、过程监控、考核分析。

(8) 按规定定额和要求使用，开展班队建设、劳动竞赛、文体活动、职工培训等活动。

(9) 需执行的相关程序：《危险源辨识、评估与控制程序》、《危险源（隐患）检查控制程序》、《安全防护控制程序》和《胶带运输控制程序》。

11.准备工区

(1) 根据矿作业计划，结合本单位实际情况，组织制定工作措施，完成矿安排的井下各施工地点机电设备的安装回撤工程，完成生产所需的矿井机电设备修理各类加工件的制作加工等任务，为安全生产提供保障。

(2) 依据矿文件精神及下达的工资总额，结合安全生产情况，进行工资奖金分配。

(3) 根据生产需要，进行班组长任免、调整。

(4) 根据矿规定，进行职工出勤、伤、病、年休等有资假管理。

(5) 编制、修订本单位绩效考核办法和奖惩规定，定期对各班组岗位进行绩效考核，并给予奖惩。

(6) 组织相关人员对影响安全生产的各类事故进行分析，查找原因，追究责任，制定措施，吸取教训，减少和杜绝类似事故的发生。

(7) 根据矿下达的预算指标，结合本单位实际，进行指标分解、过程监控、考核分析。

(8) 按规定定额和要求使用，开展班组建设、劳动竞赛、文体活动、职工培训等活动。

(9) 需执行的相关程序：《危险源辨识、评估与控制程序》、《危险源（隐患）检查控制程序》、《安全防护控制程序》、《矿井采煤控制程序》、《采煤工作面安装控制程序》和《起重机械和吊具控制程序》。

12.大巷运输

(1) 根据矿作业计划，进行运输任务安排和实施。

(2) 依据矿文件精神及下达的工资总额，结合安全生产情况，进行工资奖金分配。

(3) 根据生产需要，进行班组长任免、调整。

(4) 根据矿规定，进行员工出勤、伤、病、年休等有资假管理。

(5) 编制、修订本单位绩效考核办法和奖惩规定，定期对各班组岗位进行绩效考核，并给予奖惩。

(6) 组织人员对影响安全生产的各类事故进行分析，查找原因，追究责任，制定措施，吸取教训，减少和杜绝类似事故的发生。

(7) 根据矿下达的预算指标，结合本单位实际，进行指标分解、过程监控、考核分析。

(8) 按规定定额和要求使用,开展班队建设、劳动竞赛、文体活动、职工培训等活动。

(9) 需执行的相关程序:《危险源辨识、评估与控制程序》、《危险源(隐患)检查控制程序》、《安全防护控制程序》、《供电控制程序》和《机动车辆控制程序》。

13.通防科

(1) 根据矿作业计划,编制配风计划、瓦斯检查点设定等;结合本单位实际情况,组织制定工作措施,组织施工通防项目,为安全生产提供保障。

(2) 依据矿井生产需要对通防设备、材料计划、调剂、报废、使用进行管理。

(3) 根据规定要求,定期把仪器送有资质单位进行仪器鉴定,并对仪器的检测质量进行认定。

(4) 根据年度技术规划,开展技术攻关;对"一通三防"进行技术指导;对技术人员进行业务上的管理,为安全生产提供技术支持和保证。

(5) 对"一通三防"工作过程中出现的事故进行分析处理,制定整改措施。

(6) 根据规定要求,配齐救援装备,维护好救援装备,保证完好可用;处理即发性事故。

(7) 需执行的相关程序:《矿井"一通三防"管理程序》、《矿山救护控制程序》。

14.地测科

(1) 对井下勘探工程质量和工程量进行检查审批,对外委勘探工程质量和工程量进行监督检查。

(2) 申报地测防治水设备并监督检查设备材料使用情况;监督检查材料。

(3) 根据地测防治水任务的安排,审批地测防治水工程措施,并实施全过程管理和考核。

(4) 编制年度防治水计划,开展技术攻关;对地测防治水进行技术指导;对技术人员进行业务上的管理,为安全生产提供技术支持和保证。

(5) 对地测防治水工作过程中出现的事故进行分析处理,制定整改措施。

(6) 需执行的相关程序:《地质测量防治水控制程序》。

15.通防工区

(1) 结合实际情况,制订矿井通风安全中长期规划和"一通三防"重大技术措施,并检查、督促、落实;审查专项技术措施,并督促检查落实有关制度及措施;搞好通风质量标准化管理和防灭火工作;监测井下通风、瓦斯情况,收集重点地区通风、瓦斯情况,汇总上报矿领导批准;对矿井综合防尘工作监督检查。

(2) 对火工品的运输、储存、收发、使用进行管理和监控,加强涉爆人员的管理和教育。

(3) 依据矿文件精神及下达的工资总额,结合安全生产情况,进行工资奖金分配。

(4) 根据生产需要,进行班队长任免、调整。

(5) 根据矿规定,进行职工出勤、伤、病、年休等有资假管理。

(6) 编制、修订本单位绩效考核办法和奖惩规定,定期对各班组岗位进行绩效考核,并给予奖惩。

(7) 组织相关人员对影响安全生产的各类事故进行分析，查找原因，追究责任，制定措施，吸取教训，减少和杜绝类似事故的发生。

(8) 根据矿下达的预算指标，结合本单位实际，进行指标分解、过程监控、考核分析。

(9) 按规定定额和要求使用，开展班队建设、劳动竞赛、文体活动、职工培训等活动。

(10) 需执行的相关程序：《危险源辨识、评估与控制程序》、《危险源（隐患）检查控制程序》、《矿井"一通三防"管理程序》、《矿山救护控制程序》和《安全防护控制程序》。

16. 党群工作部

(1) 根据集团公司要求和矿年度安排，负责矿纪检监察工作，发现问题，查堵漏洞。

(2) 对企业生产经营管理活动的过程、结果等合法性进行审计监督和评价。

(3) 根据集团公司、矿年度有关规定进行奖（物）品购置和见报稿件加酬奖励。

(4) 对车间工会的管理考核、工会干部的评议、工作规划及落实进行考核。

(5) 依法管理和使用工会资产，并对会费的收缴、管理和使用以及工会资产进行全过程监控。

(6) 依照《团章》和相关规定，实施组织纳新和团组织建设。

(7) 根据相关规定，结合矿实施情况，制订年度、月度工作计划，开展青安岗员培训工作，按规定程序组织实施安全检查。

(8) 根据有关规定按照公开、平等、竞争、择优的原则，采取报名、资格审查、笔试、组织考察、讨论决定、聘任上岗等程序选拔任用管理人员。

(9) 按照上级工作安排负责进行各类专业技术职务任职资格的推荐评审工作；根据矿专业技术职务岗位设置，负责企业技术职务任职资格聘任工作。

(10) 根据集团公司发展党员计划，按照发展党员程序进行严格审核，上报党委会批准，报集团公司组织人事部备案。

(11) 按照党章规定，根据中组部关于中国共产党党费收缴、使用和管理的规定，结合集团公司党费收缴管理办法，年工资加固定工资减三险计算，每月收缴党费，上交集团公司。

(12) 按照集团公司以及矿的统一部署，结合实际情况，负责对企业先进典型的评比工作。

(13) 需执行的相关程序：《职工建议管理程序》。

17. 党政办公室

(1) 大型会议筹划、组织，上级文件的上传下达和矿各类文件的校对、审核以及办公用品的管理。

(2) 负责来宾接待、业务招待费和公务用车的使用、考核，矿走访物资的管理、考核。

(3) 对企业生产经营管理活动的过程、结果等合法性进行监督和评价，受理个人或单位检举、控告；负责对管理人员作风的监督及矿规矿纪的落实和请销假管理。

(4) 负责塌陷地丈量、农作物市场价格调研、地方农事关系协调及具体赔偿事宜。

(5) 负责对企业生产经营管理各种档案、材料的收集、整理、立卷、归类存档、修补、复制和销毁。

(6) 对矿职能单位报审合同，对合同的合法性进行全面审核，经相关单位审核及矿领导签批后签订。

(7) 需执行的相关程序：《文件控制程序》、《记录控制程序》、《信息沟通管理程序》和《法律法规及其要求管理程序》。

18.总务科

(1) 根据矿有关规定及生产生活需要，负责土建工程及零星维修工程全程管理和各种物资的计划、采购、保管、分发等工作。

(2) 工农关系协调，调研结果整理、论证、审核、汇报，核定形成协议报告并执行。

(3) 制定管理办法进行绿化卫生、宿舍、澡堂、食堂管理，并进行考核和奖惩。

(4) 根据生产、生活及其他需要，进行班组长任免、调整。

(5) 根据矿规定，进行职工出勤、伤、病、年休等有资假管理。

(6) 编制、修订本单位绩效考核办法和奖惩规定，定期对各班组岗位进行绩效考核，并给予奖惩。

(7) 根据科分解的预算指标，结合班组岗位实际，进行指标分解、过程监控、考核分析。

19.保卫科

(1) 根据相关法律法规和企业规章制度，进行消防安全检查、处罚和整改以及对火工品的运输、储存、使用情况进行监控，对涉爆人员进行政审、动态管理、考核、奖惩。

(2) 根据工作需要，进行班组长任免、调整。

(3) 根据矿规定，进行职工出勤、伤、病、年休等有资假管理。

(4) 编制、修订本单位绩效考核办法，定期对各班组岗位进行绩效评价与考核。

(5) 根据科室工作安排，制订班组工作计划并实施。

(6) 编制、修订本单位绩效考核办法和奖惩规定，定期对各班组岗位进行绩效考核，并给予奖惩。

(7) 需执行的相关程序：《消防管理控制程序》。

20.卫生所

(1) 根据矿、科工作安排，为职工提供医疗救助。

(2) 根据采购计划进行市场调查、审查资质并择优选择药品供货单位。

(3) 依据矿规定，根据患者病情对病假进行审批。

(4) 根据预算指标进行成本管控。

(5) 需执行的相关程序：《工伤与职业病管理程序》。

21.财务科

(1) 对矿井生产经营、财务状况进行分析、整理并做出报告。

(2) 对集团公司制定的生产经营指标进行分解、利用成本管理系统全过程控制。

(3) 对货币资金运营进行管理,对购料、工程、维修等款项审批支付。

(4) 按比例提取各项费用、统计汇总、监督使用。

(5) 工程和设备的财务处理,资产增减变动,以及资金交拨、资产处置。

(6) 对单项费用进行审批和报销。

22.预算科

(1) 结合集团公司下达的各项指标组织矿各单位编报预算,按月、年编制预算及预算执行报告,报矿预算管理小组审定,集团公司批准后执行。

(2) 根据职能单位数据编制报表,经相关单位审核,报矿领导签批后上报主管单位。

(3) 计划在10万元以下的工程项目由矿组织招标,计划在30万元以上的工程项目由矿编制预算和招标申请,报集团公司审核招标。

(4) 根据合同条款和集团公司文件规定进行审核。

(5) 根据矿文件规定及职能单位上报材料,定期对矿各单位、个人进行考核。

23.劳资科

(1) 根据有关规定按照公开、平等、竞争、择优的原则,采取报名、资格审查、笔试、组织考察、讨论决定出任上岗等程序调动人员。

(2) 按照有关文件规定,结合各单位生产经营及绩效考核情况,进行结算、审批。

(3) 按政策要求对符合享受有资假职工进行审核、审批。

(4) 单位发生工伤事故后,依据程序进行上报、管理。

(5) 管理全矿职工的保险缴纳,统计、反馈保险信息。

(6) 根据劳动法律法规有关规定,依法调整劳动关系,规范办理订立、续订、变更和解除劳动合同手续,预防和避免劳动争议的发生。

(7) 根据单位年度生产经营目标规划和劳动力规划与需求情况,编制劳动定员、定额方案,开展岗位分析,不断优化劳动组织。

(8) 需执行的相关程序:《人员准入控制程序》、《工伤与职业病管理程序》和《劳动保护用品管理程序》。

24.煤质科

(1) 根据煤矿管理规定,搞好煤炭管理、发运、称量、配比工作。

(2) 负责煤质的采样、制样、化验以及煤质的通报工作。

(3) 根据工作需要,进行班组长任免、调整。

25.洗煤厂

(1) 根据生产需要,进行班组长任免、调整。

(2) 根据矿规定,进行职工出勤、伤、病、年休等有资假管理。

(3) 编制、修订本单位绩效考核办法和奖惩规定,定期对各班组岗位进行绩效考核,并给予奖惩。

(4) 组织相关人员对影响安全生产的各类事故进行分析,查找原因,追究责任,制定措施,吸取教训,减少和杜绝类似事故的发生。

(5) 根据矿下达的预算指标,结合本单位实际,进行指标分解、过程监控、考核分析。

(6) 按规定定额和要求使用,开展班组建设、劳动竞赛、文体活动、职工培训等活动。

(7) 需执行的相关程序:《安全防护控制程序》、《供电用电控制程序》和《胶带运输控制程序》。

二、体系范围

(一) 主题

本书规定了安全 100 管理体系范围,阐明了矿井的管理方针和目标,是管理体系所涉及的从事安全管理活动的单位和人员开展有关策划、控制、保证和改进工作的纲领性文件。

通过安全 100 管理体系的运作,可以有效控制各项生产和支持性活动的人、机、环、管风险,持续提升安全管理水平,实现良好的本质安全管理绩效。

(二) 范围

安全 100 风险预控管理体系覆盖了煤矿所属各单位,以及生产与辅助生产的相关方。

三、引用文件与标准

《煤矿安全规程》;《煤矿安全质量标准化基本要求及考核评分办法》;《中华人民共和国固体废物污染环境防治法》;《中华人民共和国民用爆破物品管理条例》;《煤炭工业污染物排放标准》;《污水综合排放标准》;《化学危险物品安全管理条例》;《工业企业设计卫生标准》;《中华人民共和国劳动法》;《煤矿救护规程》;《建筑设计防火规范》;《建筑灭火器配置设计规范》;《建筑物防雷设计规范》;《建筑施工场界噪声限制标准》;《工作场所有害因素职业接触限值》;《煤矿地质测量工作暂行规定》;《煤矿防治水规定》;《危险化学品的储运要求》;《国有重点煤矿生产矿井质量标准化标准》。

国家有关易燃易爆化学物品及危险化学品存储场所的设计和设施配置要求;《人因工程学》中受限作业空间尺寸、通道空间尺寸、维修空间尺寸要求;有关废弃危险化学品处置规定;国家有关放射装置的定期检查规定;地质说明书的有关规定;国家有关事故调查组成员组成的规定;国家有关事故调查中对职工的处罚规定;危险废物处置规定;国家有关安技措资金的提取标准;有关机电设备防爆标准要求;地面变电所标准;地面建筑物设计和施工规定。

四、术语定义

事故:造成死亡、疾病、伤害、设备损坏或其他损失的意外情况。

事件:导致或可能导致事故的情况。

危险源(危害因素):可能造成人员伤亡或疾病、财产损失、工作环境破坏的根源或状态。

危险源辨识:认识危险源的存在并确定其可能产生的风险后果的过程。

不安全行为:指一切可能导致事故发生的行为。

风险:某一特定危险情况发生的可能性和后果的组合。

风险评估:评估风险大小以及确定风险是否可接受的全过程。

安全:免除了不可接受的损害风险的状态。

相关方:与组织的业绩或成就有利益关系的个人或团体。

不符合:任何与工作标准、惯例、程序、法规、管理体系绩效等的偏离,其结果能够直接或间接导致伤害或疾病、财产损失、工作环境破坏或这些情况的组合。

程序:为进行某项活动或过程所规定的途径。

环境:组织运行活动的外部存在,包括空气、水、土地、自然资源、植物、动物、人,以及它们之间的相互关系。

安全文化:以风险预控为核心,体现以人为本、全员参与的并为广大职工所接受的安全生产价值观、安全生产信念、安全生产行为准则以及安全生产行为方式与安全生产物质表现的总称。

可接受的风险:根据组织上法律义务和本质安全管理方针,已降至组织可接受的程度的风险。

纠正:为消除已发现的不合格采取的措施。

纠正措施:为消除已发现的不合格或其他不期望情况的原因所采取的措施。

预防措施:对消除潜在不合格或其他潜在不期望情况原因所采取的措施。

管理体系:建立方针和目标并实现这些目标的体系。

煤矿本质安全管理:指在一定经济技术条件下,在煤矿生命周期全过程中对系统中已知规律的危险源进行预先辨识、评价、分级,进而对其进行消除、减小、控制,实现煤矿人、机、环、管系统的最佳匹配,使事故降到人们期望值和社会可接受水平的风险管理。

持续改进:为改进本质安全管理总体绩效,根据本质安全管理方针,组织强化安全100管理体系的过程。

五、安全100管理体系

(一)总要求

1.体系目标

安全100管理体系的目标是通过以风险预控为核心的、持续的、全面的、全过程的、全员参加的、闭环式的安全管理活动,在生产过程中做到人员无失误、设备无故障、系统无缺陷、管理无漏洞,进而实现人员、机器设备、环境、管理的安全100%,切断安全事故发生的因果链,最终实现煤矿生产事故零发生的煤矿安全管理目标。具体体现在以下几个方面:

(1) 人的本质安全

要求职工具备相应的安全知识、安全技能和较强的安全意识,具有良好的安全素质,不论在何时何地何种作业环境和条件下,都能按规程操作,杜绝"三违",杜绝人为失误,实现人员的本质安全。

实现人员无失误,进而实现人员的本质安全是煤矿本质安全中的基础性环节,相对于物、系统、制度等三方面的本质安全而言,具有先决性、引导性和基础性。

(2) 设备的本质安全

一方面是对机器设备系统机械化和自动化水平的要求,要求机器设备具有故障检测和安全防护功能,安全可靠性高;另一方面要求在使用过程中要确保机器设备正常运转不存在安全隐患,达到本质安全管理标准。

(3) 环境的本质安全

煤矿生产环境应符合安全规程和标准的要求,且作业环境整洁卫生。

(4) 管理的本质安全

管理体系科学、简洁、完善、高效。管理体系应包括完备的管理标准体系、管理措施体系以及保障管理标准和管理措施切实落实到位的管理保障体系。管理标准应做到每一条已知规律的风险的产生原因,都应有相应的管理标准予以消除;管理措施应能够做到只要职工按照管理措施要求去做,尽职尽责,每一条管理标准都能够得到落实;相应的监督保障体系和预警系统应保障每一项管理措施都有具体的人员负责,如果责任人失职,能够及时发现、制止,并有反馈信息。

2.体系定位

风险预控管理定位为:是符合我国国情的,以切断事故发生的因果链为根本目标的,以风险预控为核心的,以危险源辨识和本质安全管理标准、管理措施为基础的,与传统安全管理相比更有效、更科学、更系统的管理,使我国煤矿安全状况得到根本改善,达到国际先进安全管理水平。

3.安全100管理体系实施与运行流程(图2-1)

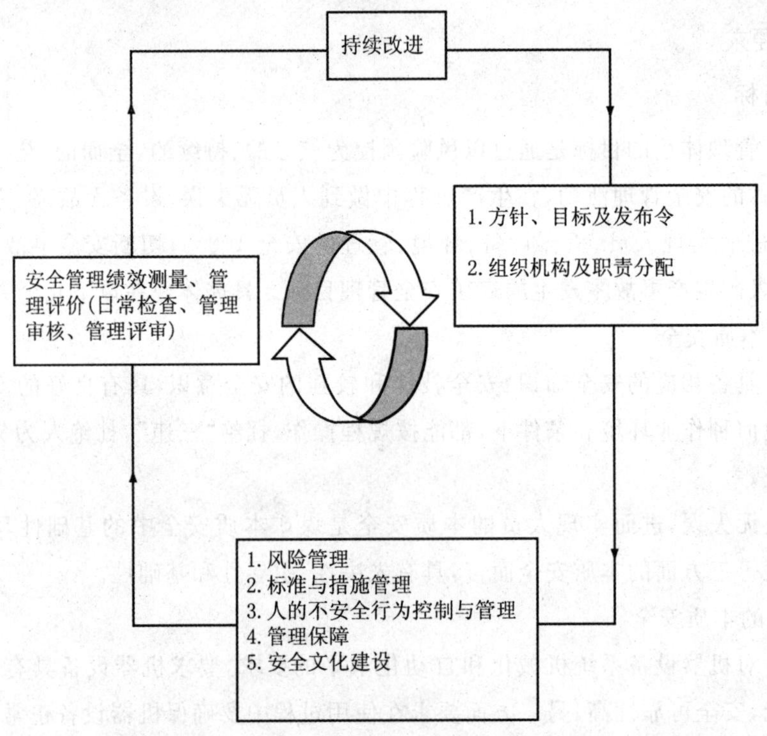

图2-1　安全100管理体系实施与运行流程图

4.文件、记录要求

安全100管理体系文件是体系的重要组成部分,是信息的载体,在体系运行过程中起着规范、指导、培训、证实等作用。

编制体系文件的程序,按照以下方面进行控制:

(1) 文件发布前得到批准,以确保文件是充分与适宜的。

(2) 必要时对文件进行评审与更新,并再次审批。

(3) 确保文件的更改和现行修订状态得到识别。

(4) 确保在使用时可获得适应文件的有关版本。

(5) 确保文件清晰、易于识别。

(6) 确保外来文件得到识别,并控制分发。

(7) 防止作废文件的非预期使用,若因任何原因而保留作废文件时,对这些文件进行适当的标识。

(8) 记录是提供管理过程、管理体系符合要求的证据,具有追溯、证实的作用,应保持清晰、易于识别和检索。

（二）风险管理

1.总则

辨识煤矿生产活动过程中的危险源，明确危险源可能产生的风险及其后果，对危险源进行分级分类、监测预警，制定不同管理对象的管理标准和管理措施，实现对人、机、环、管的规范管理，进而控制和消除煤矿生产活动中存在的危险源，防止事故的发生。

2.职责

(1) 风险管理组根据各单位职责合理划分井下责任区，明确危险源管理责任。

(2) 风险管理组负责危险源辨识、分级分类、管理标准和管理措施的制定方法的培训，在危险源辨识过程中给予相应指导。

(3) 各单位成立各自的风险管理小组，负责本单位生产活动、服务中的危险源辨识、分级分类、检查监测、管理标准和管理措施的制定及落实。

(4) 各单位负责制定本单位职工岗位风险辨识计划，充分利用班前会和每月一次的危险源辨识活动组织当班人员进行本岗位风险辨识，并负责本单位管理标准和管理措施的落实。

(5) 风险管理组负责对危险源辨识、分级分类及管理标准和管理措施的制定结果的审核、更新、修订。

(6) 对不同类型、级别的危险源，各单位必须熟悉本单位监管的所有危险源及相应的管理标准和管理措施，结合本单位实际落实到相关的作业人员，制定切实可行的预防和控制措施。安监处进行跟踪监管，使其始终处于有效控制之中。

(7) 各单位根据生产组织中发现的新问题和新情况，随时对危险源进行再辨识、评价，并制定相应的管理标准与管理措施。

(8) 风险管理组在生产过程中负责督促各单位对危险源进行完善和补充。每年年初风险管理组要组织各单位对危险源进行全面辨识、评价，并负责危险源的增减和升降级管理，同时督促各单位制定、完善相应的管理标准与管理措施。

3.要求

(1) 各级管理者要高度重视，在人员、时间和其他资源上对危险源管理给予支持和保证。

(2) 矿井风险管理组成员应包括：矿领导、各单位相关管理人员、专业技术人员、班组长、工作经验丰富的不同工种的现场职工等。

(3) 进行危险源辨识时应考虑：三种时态（过去、现在、将来）；三种状态（正常、异常、紧急）；人、机、环、管四方面的不安全因素可能导致的事故类型。

(4) 要对危险源进行实时、定期或动态的检查、监测、管理控制。

(5) 管理标准与措施必须依据有关法律、法规、标准、规范、作业规程，并针对危险源辨识及风险评价信息以及各类事故资料进行编写。

(6) 管理标准及管理措施的制定必须针对具体的管理对象(人、机、环、管)来进行。

(7) 各单位在日常工作中必须严格按照管理标准的要求执行。

(8) 矿领导及各管理单位依照管理措施对作业人员执行管理标准的情况进行考核、控制。

(三) 人员不安全行为管理与控制

1.总则

通过对人员不安全行为的梳理,制定针对性的控制措施,减少人员不安全行为的发生几率,从而避免矿井各类人因事故的发生。

2.职责

(1) 矿领导及各级管理人员、单位对人员不安全行为负有检查、制止、处罚的责任。

(2) 安监处负责对人员不安全行为的梳理及措施的制定,对不安全行为进行监督检查,同时负责不安全行为的矫正。

(3) 安培中心负责对不安全行为人员进行培训、矫正。

(4) 各工区(厂)负责对本单位人员不安全行为的日常管理。

(5) 职工有权制止、拒绝任何人员的不安全行为,同时对有关人员不安全行为可采取举报、投诉等方式反映到有关单位和领导。

3.要求

(1) 要确立人员不安全行为管理组织机构,配备足够的人力资源,确保正常运作。

(2) 要建立健全各项不安全行为管理制度与考核奖罚办法。

(3) 建立完善的职工行为规范,各级管理人员依照规范进行动态、定期检查。

(4) 对于发现的不安全行为要立即制止并按相应的管理制度给予处理。

(5) 要定期召开例会,对不安全行为的管理状况进行分析总结,对存在的问题分级落实,限期整改。

(6) 每年底,人员不安全行为管理组组织各单位对不安全行为重新进行辨识、分析和归类,总结当年的管理经验,补充和完善不安全行为的控制措施,以便改进下一年度的管理工作。

(四) 管理保障

1.总则

通过建立完善的组织机构、明晰的机构职责、严格的管理制度、有效的程序文件,保障安全100管理体系得以有效贯彻和运行,同时通过安全文化的建设,使职工树立正确的安全观,形成自我管理、自我约束的机制,构建良好的安全人文氛围和协调的人、机、环、管关系。

2. 职责

(1) 安全管理委员会对煤矿生产和运营过程中产生的重大隐患或安全事故制订完善的应对和解决方案,指导矿属各单位安全管理工作。

(2) 组织保障组负责体系运行所需的人、财、物等各种资源的有效配置。

(3) 各单位制定本单位及各岗位职责,由安全管理委员会审议通过并严格执行。

(4) 各单位制定基于安全管理的各项管理制度,经安全管理委员会审议通过并执行。

(5) 党群工作部负责制订本矿安全文化建设实施计划、具体的建设模式、建设目标(包括远景目标、近期目标和年度目标)、建设内容及方法。

(6) 顾问专家组应定期深入现场了解情况,对存在的问题隐患进行评估并提出书面改进建议。

(7) 安培中心负责组织安全管理制度及安全文化的培训、考核。

(8) 安监处和各单位负责制度执行情况的监督检查。

3. 要求

(1) 矿井成立安全管理委员会且建立健全各单位及岗位职责。

(2) 管理制度要涵盖安全 100 管理的全过程,要有针对性、一致性、及时性,管理规章制度要贯彻到相关人员。

(3) 安全管理委员会每年要对管理制度、程序文件及安全文化建设实施手册进行一次评审、修订。

(五) 管理评价

1. 总则

通过对安全 100 管理体系的日常检查、管理审核、管理评审等活动,检查安全 100 管理体系的符合性、适宜性、有效性和充分性,及时发现存在的问题,实施纠正预防措施,完善和改进安全 100 管理体系。

2. 职责

(1) 体系办负责安全 100 管理体系的总体运行与管理。

(2) 体系办负责组织相关业务单位对安全 100 管理体系运行的日常检查。

(3) 安全管理委员会主任负责组织安全 100 管理体系的定期内审与年度管理评审。

3. 要求

应制定详细的《安全 100 管理体系日常检查控制程序》、《内部审核控制程序》和《管理评审控制程序》。

(1)《安全 100 管理体系日常检查控制程序》应体现如下内容:

① 日常检查应包括定期的、动态的内业检查和现场检查;

② 体系办应制定详细的日常检查计划并严格执行；

③ 检查前应制定编写检查表；

④ 对检查发现的不符合项应提出相应的解决措施，且跟踪措施的具体执行情况；

⑤ 检查结果应与相应单位个人的工资挂钩。

(2)《内部审核控制程序》应体现如下内容：

① 每年制订详细的内部审核方案，审核前应成立审核小组，由安全委员会任命审核组组长；

② 审核步骤为：审核准备(明确审核目的、文件审核、确定审核范围、制订审核计划、组成审核组、编制检查表)、现场审核(召开首次会议、现场审核、确定不符合项和编写不符合报告、审核结果综合分析、末次会议)、不符合跟踪验证(原因分析、纠正预防措施拟订及实施、评价和验证)；

③ 检查表要包括四个要素：检查对象、检查内容、检查地点和检查方法，检查表要列出审核项目和要点，确保审核覆盖面的完整，同时明确审核步骤和方法，进行抽样量的设计；

④ 检查表是审核员的工作文件，应注意保密，以保证审核的客观性。

(3)《管理评审控制程序》应体现如下内容：

管理评审由矿长组织实施。

管理评审输入的内容为：① 内、外审结果；② 以前管理评审的跟踪情况；③ 安全业绩；④ 预防和纠正措施的现状、改进的结果；⑤ 可能影响管理体系的各种变更；⑥ 改进的建议。

管理评审的实施：矿长主持管理评审，各单位负责人参加，针对计划所列评审议题及各单位的管理评审资料进行评审。

管理评审报告应包括：① 评审的目的、依据、内容和范围；② 参加评审的人员及评审日期；③ 管理评审的结论；④ 评审的主要内容、存在的问题及整改要求；⑤ 需要持续改进的主要内容及改进措施。

管理评审的后续工作：① 责任单位及责任人对管理评审提出的问题及整改要求进行整改；② 主管单位组织对整改结果进行跟踪验证，并记录验证结果；③ 对富有成效的改进，涉及文件的更改时，应更改原有的文件。

(4) 评价结果必须在全矿公开。

(六) 管理信息系统

1.总则

通过获取矿井安全监控系统的实时数据和煤矿人、机、环、管的其他相关信息，从系统工程观点出发，对安全管理现状进行分析、评价、预警等，为采取有效的风险控制和安全策略提供决策支持。

2.职责

(1) 调度室指定系统管理员负责系统的初始化设置、日常运行维护。

（2）安监处负责危险源基础信息的维护及危险源监测信息的录入。

（3）安监处负责录入考核评价信息。

3.要求

（1）系统管理员对系统的初始化设置必须准确无误，保证系统正常运行。

（2）系统管理员需及时备份数据，避免发生硬件事故后系统无法恢复，造成无法挽回的损失。

（3）系统管理员需准确设置系统使用人员的权限，提高系统安全性。

（4）安监处要确保危险源监测信息录入的及时准确。

（5）安监处要确保录入的考核评价信息公正、准确，对评价结果进行分析并提出相应的处理办法。

第三章　程序文件编制

一、风险预控管理程序

（一）目的

为全面辨识煤矿生产活动中的危险源，明确危险源可能产生的风险、后果，对危险源制定管理标准与措施，预防事故的发生，制定并实施本程序。

（二）适用范围

矿属各单位。

（三）职责

（1）各单位成立各自的风险管理小组，负责本单位生产活动中的危险源辨识、分级分类、检查监测。

（2）安监处根据各单位职责合理划分井下责任区，明确危险源管理责任。

（3）安监处负责危险源辨识、分级分类方法的培训，在危险源辨识过程中给予相应指导。

（4）各单位、队组负责制订本单位、队组职工岗位风险辨识计划，充分利用班前会组织当班人员进行岗位风险辨识。

（5）对不同类型、级别的危险源，各单位、队组必须结合本单位实际情况，落实到相关的作业人员，制定切实可行的管理标准和措施。

（6）各单位、队组必须熟悉本单位监管的所有危险源，负责对危险源的检查监测。

（7）安监处在生产过程中负责督促各单位对危险源进行完善和补充。

（8）矿井风险管理小组负责对危险源辨识及分级分类结果的审核。

（9）体系办每年年初要组织各单位对危险源进行全面辨识、评价，负责危险源的增减和升降级管理。

（四）执行程序

1.准备工作

（1）各级管理者要高度重视，在人员、时间和其他资源上给予支持和保证。

（2）成立矿井风险管理小组。成员包括：矿领导、有关单位管理人员、安监员、专业技术人员、班组长、工作经验丰富的不同工种的职工等。矿属各单位成立相应的风险小组。

风险小组成员必须具备下列素质：

① 有相关专业知识，熟悉煤矿安全生产技术标准及相关法律法规；

② 熟悉各工种的所有工作任务及每项工作任务的工序；

③ 熟悉各工序中存在的危险源及其可能酿成的后果、危险源管理的主要责任人、管理人员、监管单位；

④ 熟悉作业规程、操作规程、安全技术措施等；

⑤ 工作认真踏实、态度端正，有一定的计算机基础，具有较强的语言表达能力。

(3) 对风险小组成员进行培训，使其具备以下能力：

① 熟练掌握危险源辨识、分级分类方法。

② 熟悉煤矿八大事故类型：

瓦斯事故：瓦斯、煤尘爆破、煤炭自然(煤炭自燃未见明火，逸出有害气体中毒算为瓦斯事故)、瓦斯窒息(中毒)等；

顶(底)板事故：指冒顶、片帮、顶板掉矸、顶板支护垮倒、冲击地压等(底板事故视为顶板事故)；

机电事故：指机电设备(设施)导致的事故。包括运输设备在安装、检修、调试过程中发生的事故；

爆破事故：指爆破崩人、触响瞎炮造成的事故；

水灾事故：指地表水、老空水、地质水、工业用水造成的事故；

火灾事故：指煤炭与煤矸石自燃发火和外因火灾造成的事故；

运输事故：指运输设备(设施)在运行过程中发生的事故；

其他事故。

③ 能正确使用风险矩阵法对危险源进行分析，确定各危险源的风险等级。

④ 收集危险源辨识依据。

危险源辨识依据主要有：

a. 国内外相关法律、法规、规程、规范、条例、标准和其他要求；

b. 相关的事故案例、技术标准；

c. 本企业内部规章制度、作业规程、操作规程、安全技术措施等相关信息；

d. 煤矿事故发生机理；

e. 其他相关资料。

2. 危险源辨识

危险源辨识是对各单元或各系统的工作任务和工序中的不安全因素的识别，并根据本质安全风险管理的要求，分析其产生方式及其可能造成的后果。

(1) 分单位组织危险源辨识工作。

(2) 确定危险源辨识方法。

危险源辨识基本方法为根源状态法、工作任务分析法和事故机理分析法。为了保证辨识结果的准确可靠，在辨识过程中需要进行现场访谈、观察、交流、询问、查阅有关资料。

根源状态法用于辨识、分析所有风险产生的根源及相应的不安全状态。

工作任务分析法用于辨识煤矿现有工作条件下所有工作任务中存在或潜在的危险源。

事故机理分析法用于辨识煤矿重大危险源。

(3) 按照根源状态法首先需要以清单的形式列出本单位所有的岗位(包含所有管理岗)、机器设备型号、环境(水、火、瓦斯、顶底板、粉尘、巷道、工作面、噪声、温度等)、管理(主要指制度、流程、方针、目标、沟通、培训等),其次列出每个岗位的不安全行为、机器和环境的不安全状态、管理的缺陷(主要包括制度不系统不全面、制定流程不合理等)。

① 人员的不安全因素。

a. 操作不安全性(误操作、不规范操作、违章操作);

b. 现场指挥的不安全性(指挥失误、违章指挥);

c. 失职(不认真履行本职工作任务);

d. 决策失误;

e. 身体状况不佳的情况下工作(带病工作、酒后工作、疲劳工作等);

f. 工作中心理异常(过度兴奋或紧张、焦虑、冒险心理等);

g. 人员的其他不安全因素。

② 机的不安全因素。

a. 没有按规定配备必需的机器、设备、装置、工具等;

b. 机器、设备、装置、工具的选型不符合实际需求;

c. 机器、设备、装置、工具的安装不符合规定或实际要求;

d. 机器、设备、装置维护(修)不到位;

e. 机器、设备、装置、工具安全标识不齐全或不规范;

f. 机器、设备空间不满足作业条件;

g. 机的其他不安全因素。

③ 环境的不安全因素。

一是矿井不良或危险的自然地质条件;

二是不良或危险的工作环境,具体是指:

a. 矿区地表水和地下水的威胁、构造威胁;

b. 煤尘爆破、煤炭自燃威胁;

c. 工作地点风量(风速)温度、湿度、粉尘、噪声、有毒气体浓度等不符合规定;

d. 供电线路布置不合理、工作地点照明不足;

e. 井下巷道布局不合理,巷道质量不合格;

f. 工作面布置不合理;

g. 路面质量不合格;

h. 道路标识不齐全、不明确；

i. 警示标杆和导牌不齐全，放置位置不合理；

j. 其他工作环境的不安全因素。

④ 管理的不安全因素。

a. 机构不完善，职责不明确；

b. 本质安全管理规章制度制定不合理、不符合实际情况及本质安全管理规章制度不完善；

c. 文件、各类记录、操作规程不齐全、混乱；

d. 安全措施、应急预案不完善、不合理；

e. 岗位设置不齐全、不合理，职责不明确；

f. 岗位工作人员配备不足；

g. 职工安全教育、岗位培训不到位；

h. 作业规程的编制、审批不符合规定，贯彻不到位；

i. 没有有效的本质安全文化；

j. 其他管理的不安全因素。

(4) 按照工作任务分析法辨识危险源首先需要以清单的形式列出本单位所有的工作任务及每项任务的具体工序，在每项工序中辨识危险源。

(5) 按照工作任务分析法进行危险源辨识时应考虑：

① 三种时态：过去、现在、将来。

② 三种状态：正常、异常、紧急。

③ 人、机、环、管四个方面的不安全因素。

(6) 按照事故机理分析法对上述各类事故进行事故机理分析，寻找引起事故的触发事件、直接原因、间接原因和根本原因，找出控制事故的关键因素及环节，制定相应的管理措施或应急预案。

3. 危险源分级分类

(1) 危险源的风险分析

根据危险源辨识法及工作程序各个步骤中辨识出的危险源，描述出各种危险源可能导致的风险及其后果，确定事故类型。

(2) 确定危险源的风险等级

利用直接经验法和风险矩阵法对危险源进行分析，确定危险源的风险等级。风险的大小由风险值来衡量，风险值等于事故发生的可能性与事故可能造成的损失的乘积或由经验直接给出。具体的衡量方式和赋值方法见风险矩阵，如图 3-1 所示。根据风险值的大小，可将风险分为三个等级(表 3-1)。

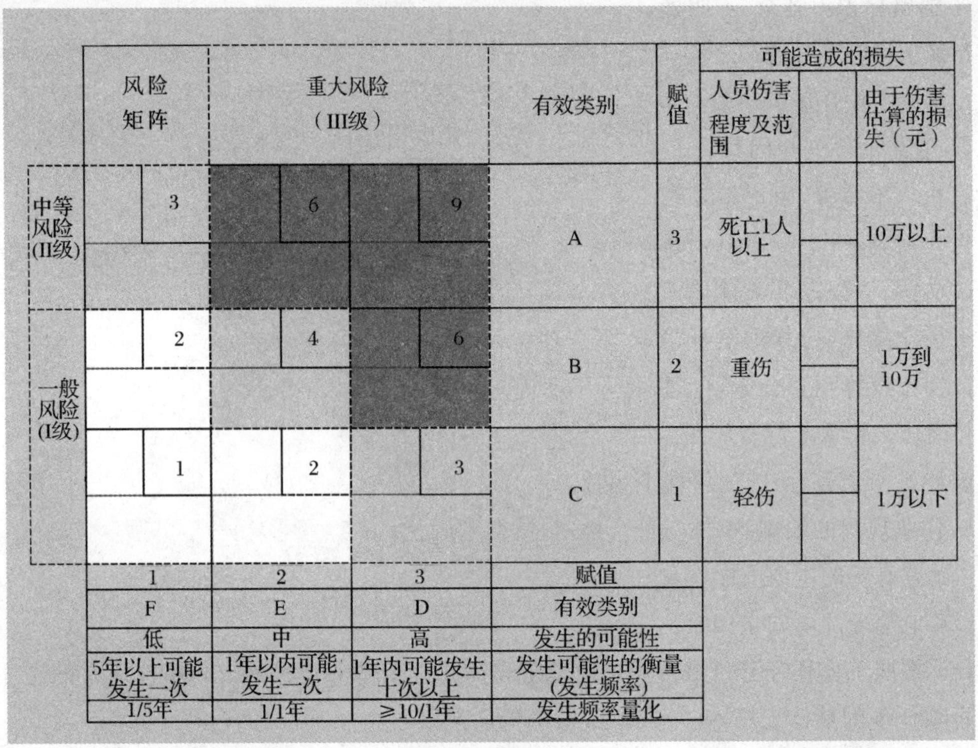

风险矩阵	重大风险（III级）			有效类别	赋值	可能造成的损失	
						人员伤害程度及范围	由于伤害估算的损失（元）
中等风险(II级)	3	6	9	A	3	死亡1人以上	10万以上
一般风险(I级)	2	4	6	B	2	重伤	1万到10万
	1	2	3	C	1	轻伤	1万以下
	1	2	3	赋值			
	F	E	D	有效类别			
	低	中	高	发生的可能性			
	5年以上可能发生一次	1年以内可能发生一次	1年内可能发生十次以上	发生可能性的衡量(发生频率)			
	1/5年	1/1年	≥10/1年	发生频率量化			

图 3-1　风险矩阵

表 3-1　风险等级划分

风险值	风险等级	备注
6～9	重大风险	Ⅲ级
3～4	中等风险	Ⅱ级
1～2	一般风险	Ⅰ级

4.管理标准与措施的编写

风险管理小组根据辨识出的危险源，制定相应的管理标准和措施。要求管理标准分为技术标准和非技术标准，控制方法包括消除、弱化、隔离、培训教育、劳动保护，措施分为责任措施、管理措施、监管措施。

5.危险源审核与发布

（1）危险源辨识、评估、控制初稿，提交审核小组进行审核并进一步修订、完善。

（2）由安全管理委员会组织对危险源修改稿进行最终审核，定稿后各单位组织本单位职工贯彻学习。

6.危险源增减与升降级管理

(1) 各单位根据生产组织中发现的新问题和新情况,随时对危险源进行修订,危险源的增减与升降级管理由安监处负责监督、控制。

(2) 当发生以下情况时,应及时进行危险源辨识、评价:

① 管理审批、内外审核的要求发生变化;

② 法律、法规、标准发生变化;

③ 发生事故、事件或不符合整改要求;

④ 研究、开发、引进新技术、新工艺、新设备;

⑤ 其他。

(3) 每年年底由体系办组织各单位对危险源进行全面的辨识、评价,总结当年危险源管理的经验,制定下年度危险源管理的措施。

7.危险源现场管理

危险源现场管理是指煤矿在生产过程中对已辨识出的危险源进行实时监测和动态及定期检查,并及时反馈危险源动态信息的管理过程。

(1) 危险源现场管理的模式

① 实时监测:能够引起煤矿重大事故的危险源必须实施连续的检查和监测,发现异常及时处理。

② 动态及定期检查:主要由安监处、各相关业务单位负责对已辨识出的危险源进行现场全面性监督检查,及时将存在的隐患反馈到责任单位,并将检查结果录入本质安全管理信息系统。现场检查时应严格按照已辨识的危险源进行全面、系统检查。

(2) 危险源动态信息采集方法

① 监控仪器监测的方法:对瓦斯浓度超限、风量不足、机器的开关状况等危险源通过监控仪器进行监测并记录。

② 填表的方法:对无法通过监测仪器监测的危险源进行现场检查,填表记录。

③ 举报的方法:所有人员都可以直接向安监处举报发现的危险源。

④ 其他信息采集方法。

8.危险源动态风险评价、预警、控制

(1) 人员方面危险源的动态风险评价、预警、控制方法

① 预警:按照职工诚信度进行预警。职工诚信度分为ABCD四个等级,年度累计0～3分(含3分)者为A级,优秀诚信职工;3～6分(含6分)者为B级,诚信职工;6～10分(含10分)者为C级,一般诚信职工;10分以上者为D级,不诚信职工。

② 控制:按照安全诚信度对个人进行相应的处罚和培训。

(2) 机、环、管危险源的动态风险评价、预警、控制方法

① 预警等级设置与预警信号选择是根据风险等级的划分及实际需要,将预警等级设置

为三级(表 3-2)。

表 3-2　煤矿危险源风险预警等级

预警等级	预警警度	预警信号灯颜色
Ⅲ级	重警	橙色
Ⅱ级	中警	黄色
Ⅰ级	低警	白色

② 机、环、管危险源预警等级对应相应的风险等级。

③ 控制:按照预警等级进行处理。

(五) 相关文件

《关于开展“危险源辨识”活动的通知》、《关于深化“危险源辨识”活动的通知》。

(六) 相关记录

《岗位(个人)危险源辨识表》。

(七) 附件(图 3-2)

二、组织保障管理程序

(一) 管理制度制定程序

1. 目的

为规范管理制度制定的步骤,以制定出“合法、合理、全面、具体”的管理制度,有效地指导矿井的各项工作,制定并实施本程序。

2. 适用范围

矿属各单位。

3. 职责

(1) 各单位负责制定本单位合理、全面的管理制度。

(2) 分管领导组织相关业务科室、工区进行审核。

(3) 矿长负责管理制度的审核、签发。

4. 执行程序

(1) 制定原则

① 内容的合法性。矿井制定的规章制度内容应以法律法规的规定为依据。

② 公开的广泛性。矿井的规章制度必须向全体职工发布。

③ 修订的及时性。矿井的规章制度制定以后,应根据生产工艺、法律法规等实际情况

改变，及时修订、补充相关内容。

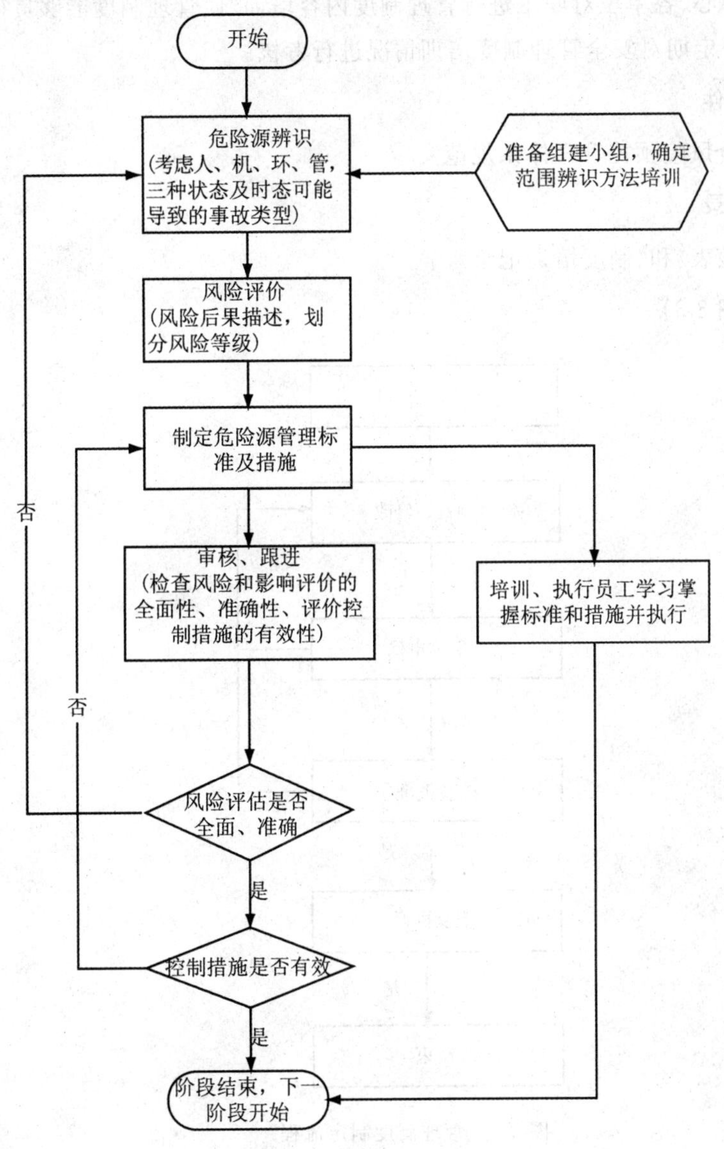

图 3-2　风险管理程序流程

(2) 制定程序

① 各职能单位负责整理、修改、制定矿内的各种管理制度并及时收集煤矿相关的管理制度，确保矿井有完善的本质安全管理规章制度。

② 制度制定程序要合理、符合实际情况、简单易懂，考虑法律、法规依从性，初稿形成后要组织人员进行审核与修订，最终完成后由矿长批准下发。

③ 制度要通过各种渠道进行公示，广泛征求意见，结合合理性意见进行修改。

(3) 制度贯彻、培训

① 安培中心、各单位对职工进行管理制度内容培训,使管理制度能够贯彻到全体职工。

② 体系办定期对安全管理制度培训情况进行考核。

5.相关文件

《煤矿安全风险预控管理体系规范》。

6.相关记录

《制度审核表》和《制度培训记录》。

7.附件(图 3-3)

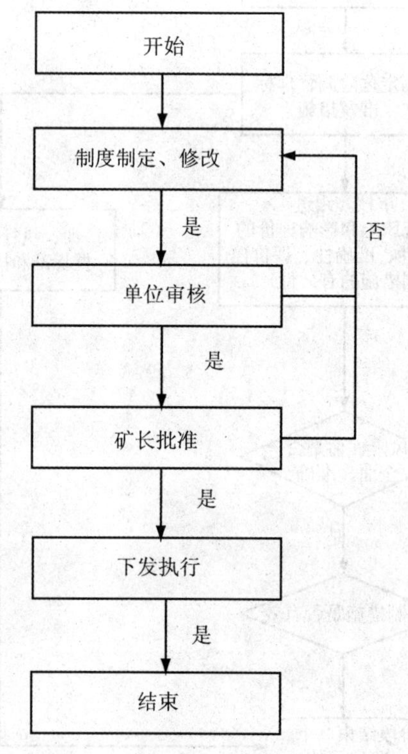

图 3-3 管理制度制定流程

(二) 文件控制程序

1.目的

对于文件的编制、批准、发放、使用、评审、更改和处置等进行有效控制,防止安全 100 管理体系运行的所有场所使用无效版本的文件,确保与安全 100 管理体系有关的所有文件处于受控状态和管理体系的有效运行。

2.适用范围

(1) 本程序规定了安全 100 管理体系文件控制的原则和方法。

（2）本程序适用于本矿与安全 100 管理体系有关的所有文件的控制。

3.职责

（1）矿长负责批准发布《管理手册》、《程序文件》、《管理制度》和《考核评价》。

（2）办公室负责矿安全 100 管理体系文件的管理。

（3）各单位负责与本单位有关的文件的编制、审批、发放、使用和保管。

4.执行程序

（1）文件的分类。

① 本矿的安全 100 管理体系文件主要包括：

a.安全管理手册；

b.形成的程序文件；

c.本矿内部支持性管理文件（包括规章制度、管理办法等）和作业性文件（作业指导书、表格等）；

d.安全记录；

e.外来文件（国家、行业、地方的法律、法规、规范、标准、各类指标和参考资料及顾客提供的技术文件）；

f.其他与风险预控管理有关的文件。

（2）文件的编制、审批和发布。

① 管理手册由安监处组织编写，经矿长审核、批准后发布。

② 安全 100 管理体系程序文件由安监处组织有关职能单位编制，经矿长审核、批准后发布。

③ 其他文件由各责任单位组织编制，经矿长审核、批准后发布。

④ 各外来文件的获取、识别由各单位按《法律法规及其要求管理程序》执行。

（3）文件的发放登记和受控状况（含外来文件）。

① 文件的发放由发放单位填写《文件发放登记表》。

② 发至矿内部与风险预控有关的文件均为受控文件，受控文件必须加盖“受控文件”印章，提供给认证机构和供方的安全管理文件也为受控文件，分发时填写分发顺序号。

③ 提供给外部（不含认证机构）的文件为“非受控”文件，必须加盖“非受控文件”印章，由矿长审批后编号发放。

④ 文件使用单位应将所有使用的文件登记在《受控文件目录》上，并报一份给办公室备案，办公室根据各单位使用文件清单，编制全矿《受控文件目录》。

（4）文件的保存和归档。

① 与安全 100 管理体系相关的文件必须存放在干燥、通风、安全的地方。

② 文件使用人员应妥善保管文件，防止文件受潮、损坏、变质或丢失。办公室应对文件保存情况进行检查。

③ 持有文件的人员离岗，应由原文件发放单位及时收回其领用的受控文件，当矿内部机构调整或变更时，需协调处理文件的交接工作。

④ 当文件严重破损时，使用人员可到文件发放单位进行更换，文件分发号不变；如文件丢失也可补发，但需重新编号，原分发号作废。

⑤ 各文件审批的原稿由办公室保存，归档文件的保存期限一般为 3 年。

(5) 文件的借阅、复制。

① 查阅、借阅文件时，必须在《查阅文件记录》上签字，借阅的文件要按期归还。

② 文件复制时，必须登记《查阅文件记录》，经批准后复制。

(6) 文件的评审。

每年由安监处组织对现有体系文件的适用性、协调性进行评审，必要时进行修订。

(7) 文件的更改、作废。

① 文件更改时，由原编制单位提出《文件更改申请、审批单》，由原审批单位和人员负责再次审核、批准，并通知相关单位。

② 相关单位在接到《文件更改申请、审批单》后，采用换版、换页或涂改的方式对持有文件进行更改。

③ 为积累知识作为资料需保存作废文件时，应经授权人员批准，并加盖“失效留用”印章，仅限做资料保存。

④ 作废的文件需要销毁的，文件管理单位提出《文件销毁申请表》经矿长批准统一销毁。

(8) 安监处负责不定期对各单位文件控制情况进行监督检查，发现不符合情况按《事故、事件、不符合控制程序》执行。

5. 相关文件

《法律和其他要求识别控制程序》和《事故、事件、不符合控制程序》。

6. 相关记录

《文件发放登记表》、《受控文件目录》、《查阅文件记录》、《文件销毁申请表》和《文件更改申请、审批单》。

7. 附件（图 3-4）

（三）记录控制程序

1. 目的

对记录的标识、储存、检索、保护、保存期限和处置进行有效的控制和管理，为体系运行符合要求提供证据。

2. 适用范围

(1) 本程序对记录的填写、传递、保管、归档、借阅、保存期限和销毁等做出了具体规定。

(2) 本程序适用于与安全 100 管理体系等有关的所有记录的管理。

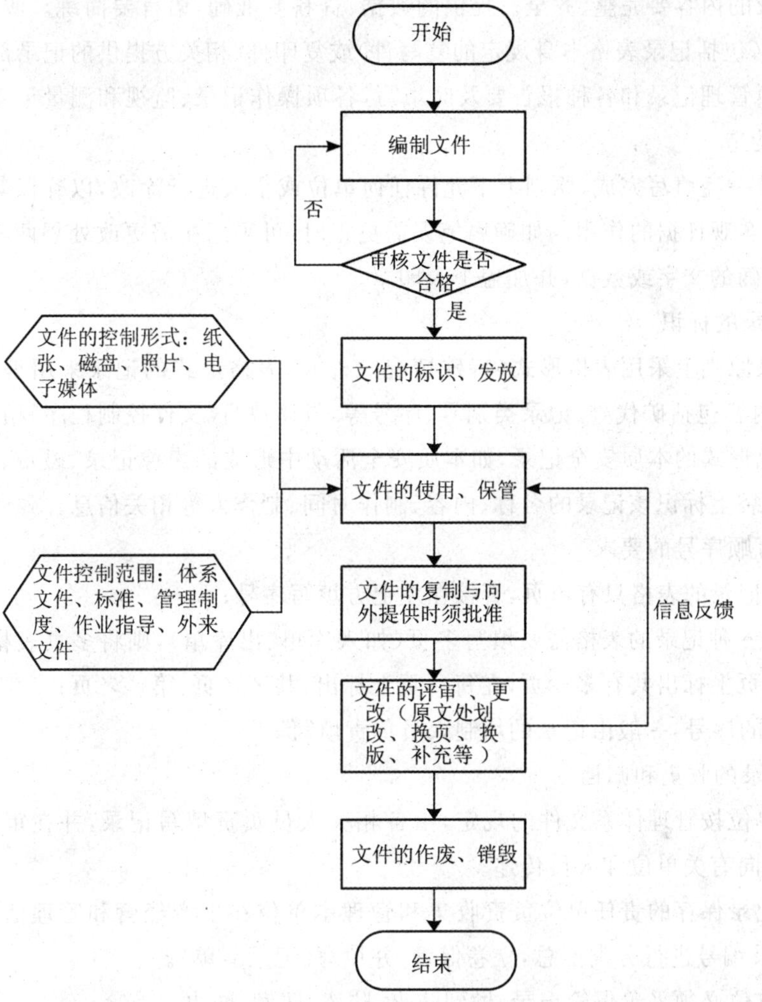

开始

编制文件

审核文件是否合格

否

是

文件的控制形式：纸张、磁盘、照片、电子媒体

文件的标识、发放

文件的使用、保管

文件控制范围：体系文件、标准、管理制度、作业指导、外来文件

文件的复制与向外提供时须批准

信息反馈

文件的评审、更改（原文处划改、换页、换版、补充等）

文件的作废、销毁

结束

图 3-4　管理制度制定流程

3.职责

(1) 各业务科室负责记录的策划及监督检查。

(2) 各单位负责按程序要求实施具体控制。

4.执行程序

(1) 记录的领用及填写

① 各单位所用记录均到相关业务科室领取，各单位使用人员根据需要自行领取。

② 各单位负责按记录设置的项目逐项填写，不得缺项，某些项目不需要填写时，必须用“/”明示。

③ 填写记录时，一律用钢笔/签字笔/圆珠笔填写，填写时字迹要清晰、整齐。为准确识

别，填写人员签名时必须签全名。

④ 记录的内容要完整、齐全。提供的数据、资料要准确，语言要简练。收集和保存的记录用原始件（包括记录表格本身规定的复写件）或复印件（相关方提供的记录部分除外）。

⑤ 各项管理记录和各种报告要及时填写，各项操作记录、监视和测量记录应随时整理，不得后补，伪造。

⑥ 记录一经填写完成，原则上不允许任何单位或个人进行涂改，以确保其原始真实性、可追溯性和客观证据的作用。如确属笔误需更正时，可采用在需更改处划两横线，在适当的位置填上正确的文字或数据，并加盖个人印章。

（2）记录的标识

① 记录原则上采用表格形式（特殊情况除外）。表格形式的记录采用编号的方法予以标识，编号内容包括矿代号、记录类别号、序号等，具体执行《文件控制程序》相关内容。

② 其他形式的本质安全记录，如本质安全活动中形成的声像记录、磁带、照片、软盘等，可在其包装袋上标识该记录的名称、内容、制作时间、制作人等相关信息。

③ 填写顺序号的要求

a. 如果记录的表格只有单页，直接在左上方填写序号；

b. 如果一种记录的表格需要填写多页（如入库单、出库单），则将多页表格装订成一份，在封面或首页上标出共有多少页，在每一页上标出：共××页、第××页；

c. 记录的序号，一般由记录的填制人员负责填写。

（3）记录的收集和归档

① 各单位按管理体系文件的规定，由各相关人员负责填写记录，并在审核后按规定的时间和要求向有关单位和人员传递。

② 各记录保存的责任单位负责收集和管理本单位在生产经营和管理活动中形成的记录，并按记录编号进行分类汇总，立卷保管，并填写《记录清单》。

③ 各单位必须妥善保管记录，做到防火、防盗、防潮、防虫。

（4）记录的查阅和借阅

① 记录的查阅和借阅必须经记录归口管理单位同意后，方可查阅和借阅。

② 原则上只限在保管处查阅记录，外借时须填写《文件借阅单》，经批准后方可借阅。

③ 外来单位查阅记录时，需经矿长批准。

④ 第三方对安全100管理体系审核时，各单位接到审核通知后，要向审核人员及时提供需要检查的记录。

⑤ 出于法律证实，处理质量和职业健康安全纠纷或由于其他目的需要借阅记录时，经矿领导批准后，借阅人需办理借阅手续。

（5）记录的处理

记录的保存期可按《记录清单》的规定执行，记录如超过保存期时，各单位填写《文件销毁申请表》，经矿长批准后，执行销毁。

(6) 运行检查

各业务科室负责各自分管负责对各单位记录的填写、保管、处置等进行监督检查，发现不符合情况按《事故管理程序》执行。

5. 相关文件

《文件控制程序》和《事故管理程序》。

6. 相关记录

《记录清单》、《文件借阅单》和《文件销毁申请表》。

7. 附件(图 3-5)

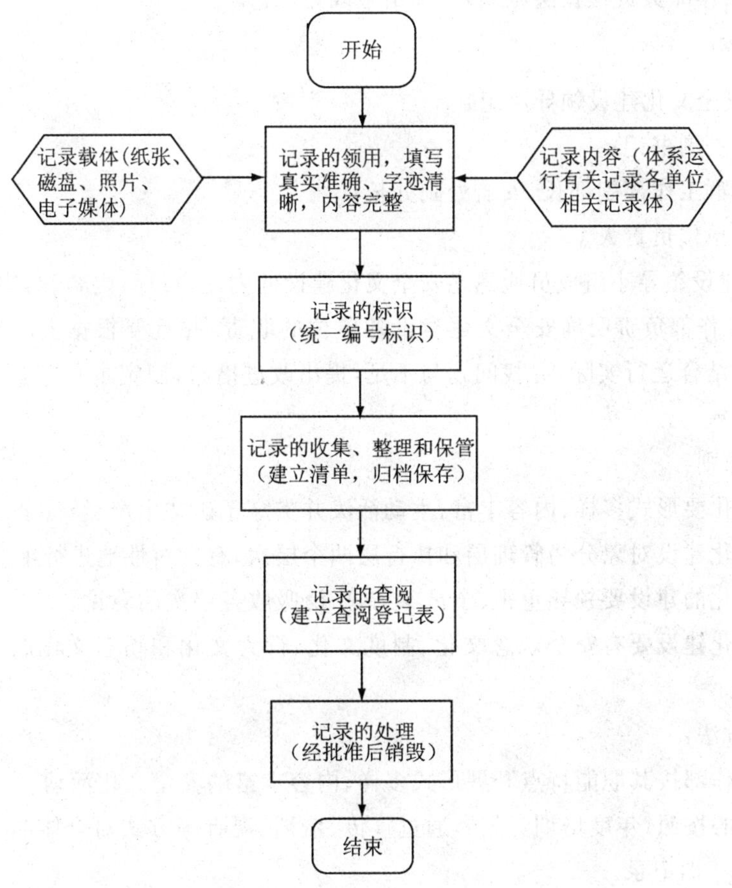

图 3-5　记录控制程序流程

(四) 安全文化建设实施程序

1. 目的

通过安全文化的建设，使职工树立正确的安全观，形成自我约束、持续改进的安全长效机制，构建良好的安全人文氛围和协调的人、机、环、管关系，实现人员无失误、设备无故障、系统无缺陷、管理无漏洞、矿井无重大事故发生的安全目标，制定并实施本程序。

2.适用范围

矿属各单位。

3.职责

(1) 党群工作部负责制订安全文化建设的实施计划。

(2) 党群工作部负责安全文化的宣传教育。(3) 安培中心负责组织安全文化的培训工作。

(4) 各单位负责本单位安全文化的建设与实施。

(5) 党群工作部负责检查实施效果，提出整改意见。

4.执行程序

(1) 成立安全文化建设领导小组：

组　长：党委副书记；

副组长：党群工作部副部长、安监处副处长；

成　员：各单位负责人。

安全文化建设领导小组成员应熟悉安全文化建设的内涵、目标、内容、结构和建设流程。

(2) 党群工作部负责明确安全文化建设各单位的职责，并且要根据上一年度安全文化建设实施情况，结合运行实际，寻找问题与不足，提出改进措施，制定本年度安全文化建设的目标。

(3) 建设原则：

① 安全文化要形式多样、内容丰富、生动活泼并贯穿于矿井生产、经营全过程。

② 安全文化建设对象分为管理层和执行层两个层次，有针对性地进行组织学习培训。

③ 安全文化的建设要领导重视、全员参与，广泛吸收各层次的意见。

④ 安全文化建设要有安全观念文化、制度文化、行为文化和物态文化四层，整体推进，系统运作。

(4) 建设方法：

① 党群工作部按其职能特点开展形式多样、内容丰富的安全文化活动。

② 安培中心按照《年度培训计划》，通过宣传、培训、视听等方式对全体职工进行安全文化培训，并保存培训记录。

③ 党群工作部通过宣传栏、电视、广播、报纸、网络等载体对安全文化进行宣传教育，营造积极向上的文化氛围。

④ 矿属各单位积极组织实施，加强班组安全文化建设，健全安全管理制度，规范职工操作行为，提高职工安全技能和安全意识。

(5) 党群工作部对安全文化建设进行跟踪反馈和考核评价，年终进行统计分析，提出改进措施，以便调整下一年度安全文化目标，实现持续改进。

5. 相关文件

略。

6. 相关记录

《安全文化年度培训计划》。

7. 附件(图 3-6)

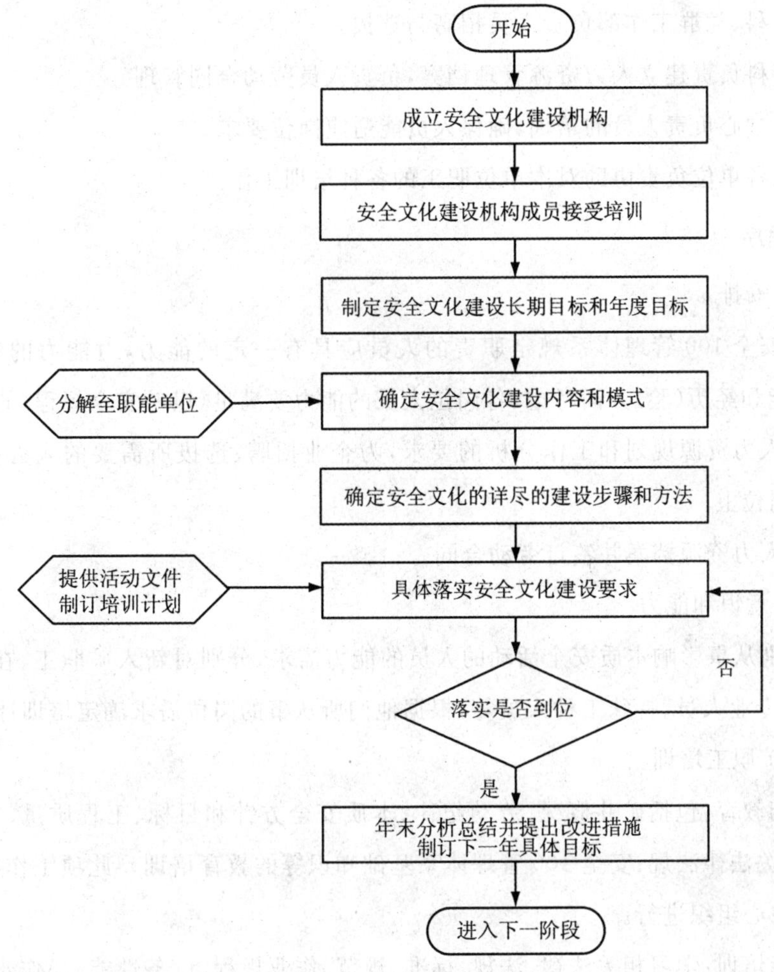

图 3-6　安全文化建设实施程序流程

（五）人力资源管理程序

1. 目的

对承担安全 100 管理体系职责的人员规定相应岗位的能力要求，并进行培训以满足规定要求。

2.适用范围

适用于承担安全100管理体系职责的所有人员，包括临时雇佣的人员，必要时还包括分包方的人员。

3.职责

(1) 劳资科负责人力资源管理的策划与监督。

(2) 劳资科、党群工作部负责人员招聘与选拔。

(3) 劳资科负责建立人力资源管理档案，负责人员劳动合同管理。

(4) 安培中心负责人员的培训，确保人员能适应岗位要求。

(5) 其他各单位负责协助对本单位职工的各种培训工作。

4.执行程序

(1) 人员安排

① 承担安全100管理体系规定职责的人员应具有一定的能力，对能力的判断应从教育、培训、技能和经历(验)方面考虑，各岗位人员的能力要满足《煤矿安全规程》的要求。

② 根据人力资源规划和工作分析的要求，为企业招聘、选拔所需要的人力资源并录用安排到一定岗位上。

③ 建立人力资源档案并签订劳动合同。

(2) 培训意识和能力

① 应识别从事影响本质安全活动的人员的能力需求，分别对新入矿职工、在岗职工、转岗职工、各类专业人员、特殊工种人员等，根据他们所从事的岗位需求确定培训计划和内容。

② 新入矿职工培训。

上岗基础教育：包括矿井概况、劳动纪律、本质安全方针和目标、工程质量、安全和环境保护意识、相关法律法规、安全100管理体系基础知识等的教育培训。此项工作在新职工入矿后由安培中心组织进行。

岗位技能培训：学习相关法律、法规、标准、规范、作业规程、设备性能、操作步骤、安全事项等，由所在单位负责组织进行，经考核合格后，方可上岗。

③ 在岗人员培训：按照培训计划，每年对在岗职工进行必要的岗位技能培训和考核。

④ 特殊工种人员培训：按上级主管部门要求进行培训。

⑤ 转岗人员培训：由安培中心根据新岗位要求对转岗人员进行培训，经考核合格，方可转岗。

⑥ 通过教育和培训，使职工认识到：满足法律法规要求的重要性，符合本质安全管理方

针、程序和管理体系要求的重要性以及违反要求所造成的后果；本岗位工作与矿井发展的相关性；在工作活动中实际的或潜在的环境影响，职业危害后果，以及个人工作的改进所带来的环境和职业健康安全效益；在执行本质安全方针和程序，实现安全100管理体系要求的职责，包括应急准备和响应要求方面的作用等；偏离规定的运行程序的潜在后果。

⑦ 评价所提供培训的有效性：通过理论考核、操作、业绩评定等措施，利用观察方法综合评价培训的有效性，评价被培训的人员是否具备了所需的能力。

(3) 培训计划及实施

安培中心制订下年度的培训计划(包括培训内容、对象、时间、考核方式等内容)，下发各单位，并监督实施。

(4) 绩效考评

对员工在一定时间内对所作的贡献和工作中取得的绩效进行考核和评价，及时做出反馈，以便提高和改善员工的工作绩效并为员工培训、晋升、计酬等人事决策提供依据。

对违反矿劳动纪律和其他相关制度的员工按其严重程度分别给予警告处分、记过处分，情节严重的解除劳动合同。

5. 相关文件

《煤矿安全规程》。

6. 记录

《年度培训计划》。

7. 附件(图3-7)

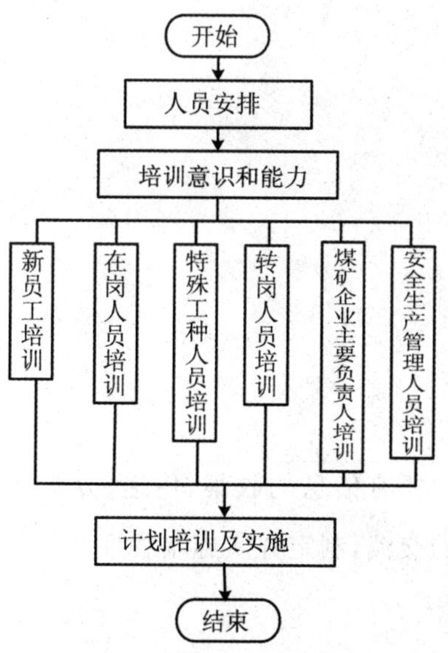

图3-7 人力资源管理程序流程

(六) 职工建议管理程序

1. 目的

为鼓励职工参与企业的管理，调动职工的积极性，不断改进安全100管理体系，营造一个全员参与的良好氛围，制定并实施本程序。

2. 适用范围

矿属各车间工会。

3. 职责

(1) 全体职工应针对安全生产管理工作及时提出改进建议。

(2) 矿工会负责各种建议的收集和整理。

(3) 各车间工会负责合理化建议的落实。

4. 执行程序

(1) 负责在生活区、井口大厅设置职工建议箱，在全矿范围内广泛征集合理化建议。

(2) 负责收集、整理合理化建议，并提交矿职代会，且对审定的合理化建议责成相关单位组织实施。

(3) 负责每年对收集的合理化建议进行评选，合理化建议评选结果应公布，对评选出的合理化建议给予答复。

(4) 评选结束后，对优秀合理化建议提供人员给予奖励。

5. 相关文件

略。

6. 相关记录

略。

7. 附件(图 3-8)

(七) 信息沟通管理程序

1. 目的

为对矿井生产经营过程中所有信息的收集、传递、分析和利用等活动进行管理，保证内部与外部的信息畅通和有效的交流，制定并实施本程序。

2. 适用范围

矿属各单位。

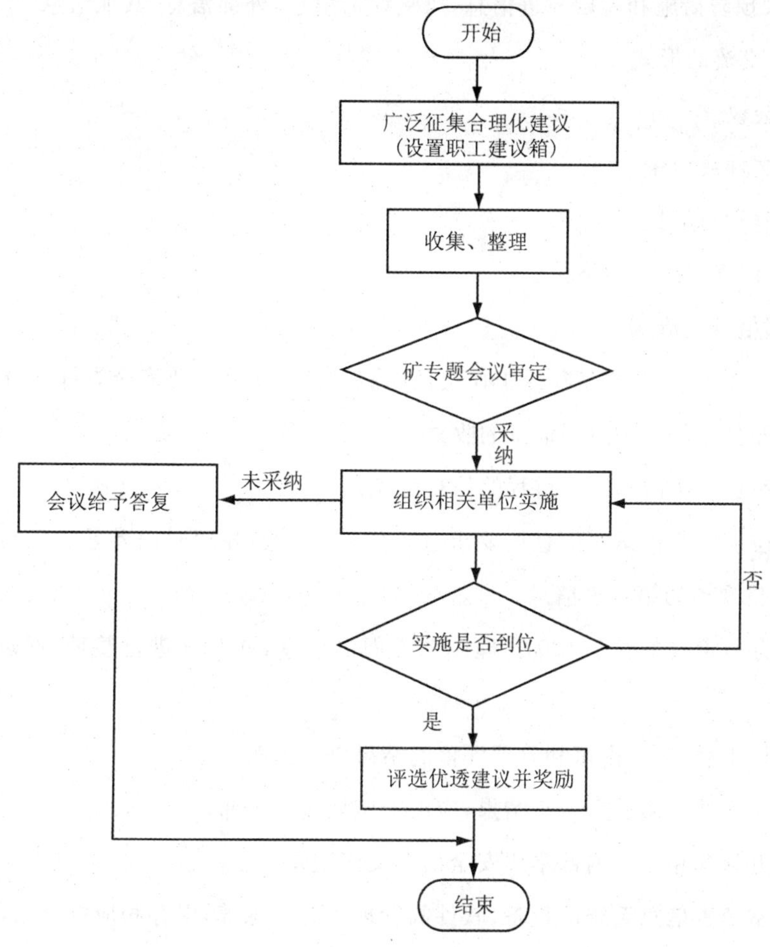

图 3-8　职工建议管理程序流程图

3.职责

(1) 党政办公室负责矿内外部信息的收集与传递并记录。

(2) 调度室负责矿内部生产过程的信息交流与信息管理。

(3) 体系办负责收集安全 100 管理体系方面的信息,对其进行整理,并通过专题会议进行处理。

(4) 其他单位负责各自生产和管理活动中有关的内外部的信息交流。

4.执行程序

(1) 信息内容

信息内容包括:本质安全方针、目标,事故、事件、违章信息,职工健康信息,生产任务完成情况，纠正、预防措施和持续改进信息，风险评估信息，外部信息，其他信息。

(2) 信息交流的形式

① 专题会议。

② 传递文件或记录。

④ 口头通知与汇报。

⑤ 电视、广播、报纸、网络。

(3) 内部信息交流

① 矿长应在每年初，通过年度工作会议向职工传达矿井本质安全方针、目标。

② 党政办公室负责矿内部信息的收集、传达和沟通。

③ 调度室负责矿内部生产过程的信息交流。

④ 各单位应对所传达的信息按要求进行学习、实施，并随时向各业务单位反映存在的问题，提供来自现场的第一手信息。

⑤ 体系办负责收集安全100管理体系方面的信息，并对其进行整理，通过专题会议进行处理。

⑥ 每次评审后，应对内审和管理评审的结果进行公布。

⑦ 每月一次的本质安全考核结果，应由安监处进行公布。

⑧ 体系办保存相应的内部本质安全信息交流记录。

⑨ 调度室负责信息系统的设备、软件的管理、维护、保养，保存相应的记录。

(4) 外部信息交流

① 党政办公室对来自政府机构的要求等信息进行收集和详细记录，并按《文件控制程序》、《记录控制程序》传送到各相关单位。

② 党政办公室对政府主管单位的要求及其他相关方的投诉，形成书面决定并以适当方式答复，对于不能答复的投诉请示矿党政联席会议解决。

5.相关文件

《文件控制程序》和《记录控制程序》。

6.相关记录

略。

7.附件(图3-9)

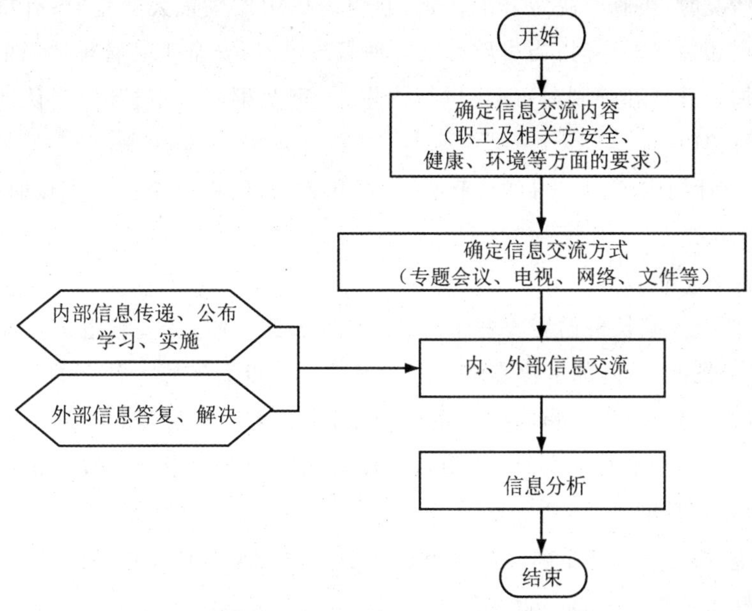

图 3-9 信息沟通管理程序流程

（八）内部审核控制程序

1. 目的

为确保本矿安全管理符合安全 100 管理体系相关标准及要求，确保安全 100 管理体系有效运行，特制定并执行本程序。

2. 适用范围

矿属各单位。

3. 职责

（1）矿长负责安全 100 管理体系内部审核的领导工作，批准年度内审计划，任命审核组长、并指派审核员，批准纠正措施，批准审核报告等。

（2）内审组长负责内部审核工作的具体实施。

（3）体系办负责内审的策划、不符合纠正措施的跟踪验证、过程监督和资料的保存。

（4）各相关单位配合做好内部审核工作。

4. 执行程序

（1）内部审核方案策划

① 内部审核活动进行前一个月，体系办根据拟审核的活动和区域的状况、重要性、风险以及以往审核的结果，对当年内部审核进行策划，编制本年《年度内部审核计划表》，报矿长审核、批准。

② 一般情况下，本矿每年至少进行一次全面的内审。

如有下列情况时，可临时决定开展内审：当组织机构发生重大变化时；有重大本质安全事故或连续出现相关方投诉时；当本质安全管理需改进时；安全100管理体系的某些要求或某些单位需要加强管理和控制时；即将进行内审、外审及第三方审核时；当认证证书到期而又想保持认证资格时。

③ 年度内审计划内容：审核目的、范围、依据和方法；受审核单位和审核时间；考核评分标准。

(2) 审核启动和准备

① 成立审核组。矿长根据需要书面授权组成审核组，并指派一名组长。

② 由审核组长编写《内部审核实施计划》，报矿长审批后实施。计划的编制要具有严肃性和灵活性，其内容主要包括：审核的目的和范围；审核的时间安排；审核依据的文件；受审核方主要审核活动的预定日期和结束时间；审核组成员的名单及分工；首、末次会议时间的安排；审核报告发布日期及范围。

③ 由审核组长在审核开始前一周将审核计划分发给受审核单位，受审核单位若有异议可在两天内通知审核组，经协商再做安排。

④ 在了解受审核单位的具体情况后，审核组成员在审核组长指导下编制分工范围内的检查表，检查表要详细列出审核项目、依据、方法，确保要求无遗漏。并准备好审核用的各种记录表格。

(3) 审核实施

① 由审核组长主持召开首次会议，审核组成员、受审核方领导及相关人员参加，参加会议人员在签到表上签名。

② 首次会议内容：组长介绍审核组成员分工；申明审核的目的、范围及依据；简介审核采用的方法；末次会议时间、地点、出席人员等。

③ 审核组按照检查表进行检查，审核中通过询问、现场检查、查阅文件和记录、观察有关方面的工作环境和活动现状，收集客观证据，记录观察结果，确定不合格项。

不合格项确定后，由审核组长负责会同受审核方共同对观察结果进行复核，对不合格结果请受审核方负责人确认，并在不合格报告上签字。审核组长对安全100管理体系运行情况进行总体评价，并初拟审核报告。

④ 由审核组长主持召开末次会议，审核组成员、受审核方领导及相关人员参加，参加人员在签到表上签到。

⑤ 末次会议内容主要包括：审核组长综述审核计划完成情况和审核的初步结论；审核组长宣读不合格报告；采取纠正措施等后续工作要求；受审核方负责人对实施纠正措施的承诺；矿长进行总结发言。

(4) 编制审核报告

由审核组长在现场审核结束后三天内编制《内部审核报告》，经矿长审批后下发受审核单位。

（5）审核结果的处理

① 不合格项的责任单位负责人，应按《纠正和预防措施控制程序》的要求，制定纠正和预防措施并实施，将执行情况记录在不合格报告的实施效果栏内，审核组对实施情况要跟踪验证。

② 内部本质安全审核的结果作为年终管理评审依据的一部分。

③ 内部安全100管理体系审核的全部记录由体系办汇总整理，并按《记录控制程序》的有关规定收集和保存。

5.相关文件

《记录控制程序》和《纠正和预防措施控制程序》。

6.相关记录

《年度内部审核计划表》、《内部审核实施计划》、《不合格项报告》和《内部审核报告》。

7.附件(图3-10)

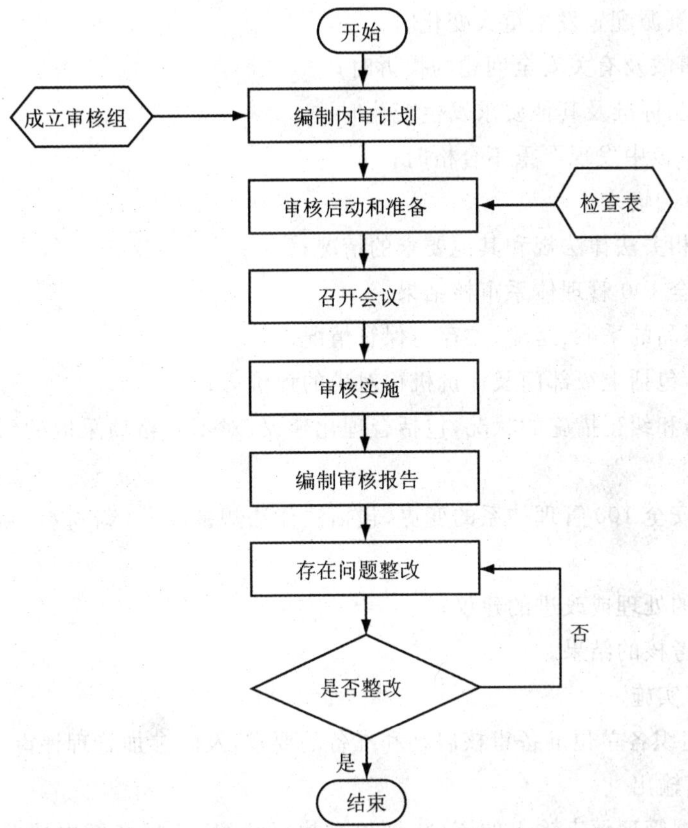

图3-10 内部审核控制程序流程

（九）管理评审控制程序

1.目的

为了对安全100管理体系的适宜性、充分性和有效性进行评价，持续改进、提高管理水平，制定并实施本程序。

2.适用范围

矿属各单位。

3.职责

（1）体系办负责管理评审。

（2）各单位负责为管理评审提供必要的信息。

4.执行程序

（1）管理评审的时机

① 每年至少进行一次管理评审，两次间隔时间不超过12个月，可结合内审后的结果进行，也可根据需要进行。

② 当出现下列情况之一时，可增加管理评审频次：

a.组织机构、资源配置发生重大变化时；

b.发生安全事故及有关安全问题的投诉时；

c.当法律法规、标准及其他要求发生变化时；

d.本质安全审核中发现严重不合格时；

（2）管理评审的输入

① 矿执行的相关法律法规和其他要求的情况；

② 内外部安全100管理体系审核结果；

③ 易燃、易爆品的采购、运输、贮存与保管情况；

④ 信息反馈，包括上级部门及评价机构对矿的评价等；

⑤ 改进、预防和纠正措施的状况，包括合理化建议、对不合格项采取的纠正和预防措施的实施效果；

⑥ 可能影响安全100管理体系的变更，包括法律法规的变化，新材料、新技术、新工艺、新设备的开发等；

⑦ 安全事故的处理或改进的建议；

⑧ 安全绩效考核的结果。

（3）管理评审实施

体系办负责组织各单位准备审核启动和准备的要求，及时参加管理评审。

（4）管理评审输出

① 体系办根据管理评审输入的资料，评价矿执行法律、法规和标准情况，并编制《管理评审报告》，经矿长审核、批准，由体系办发至相关单位。

② 管理评审报告内容包括:评审时间;执行情况;参加人员;评价内容;评价结论、意见。

(5) 改进、纠正、预防措施的实施和验证

① 当评价结论为不符合要求时,应分析原因,采取纠正预防措施,组织实施改进并报告结果。

② 体系办对改进、纠正和预防措施的实施效果进行跟踪验证。

5.相关文件

《煤矿安全风险预控管理体系规范》。

6.相关记录

《管理评审报告》。

7.附件(图 3-11)

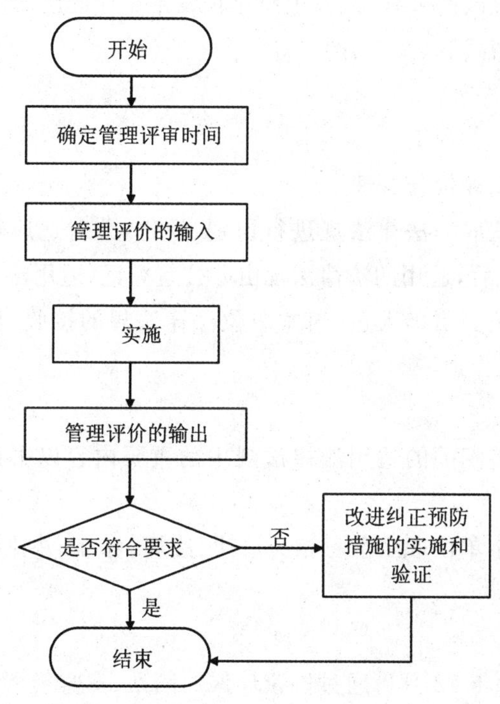

图 3-11　管理评审控制流程

(十) 法律法规及其要求管理程序

1.目的

本程序旨在规范法律法规的获取与识别的管理,确保适用的法律法规要求得到遵守和执行。

2.适用范围

本程序适用于安全 100 管理体系的法律法规和其他要求的获取与识别的管理。

3.职责

党政办公室负责法规识别的策划、获取、汇总、传达及监督检查工作。

4.执行程序

(1) 法律法规的分类

① 与行业相关的质量方面法律法规和其他要求。

② 煤矿安全方面法律法规和其他要求,包括:国家关于煤矿安全的法律法规、标准、规定;省、市、地方政府关于煤矿安全的法律法规、标准、规定;执法单位的公告、通知等其他要求;应遵守的国际公约。

(2) 法律法规的获取途径

矿所用法规和其他要求可通过以下方式获取:

① 国务院、省、市人民政府公报,以及上级单位发给企业的法律法规文件;

② 通过传媒介质,如:报刊、杂志、网络等;

③ 购买;

④ 其他可行的途径。

(3) 法律法规的识别、评价与管理

① 各单位应及时对获取的法律法规进行识别、评价,并对适应性、符合性做出结论,报主管领导进行适用性审批后,适用的法律法规由办公室登记《适用法律法规清单》。

② 法律法规使用单位要明确人员,对本单位法律法规的接收、使用、更替、管理要及时做好记录或台账登记等工作。

(4) 传达

① 党政办公室负责将相关的适用法律法规中的重要内容以书面形式有针对性地传达到各相关单位和人员。

② 各单位负责组织本单位职工学习相关法律、法规、标准,并执行《人力资源管理程序》有关要求。

(5) 更新

党政办公室负责于每年12月份通过国家环保局网站、安监局网站及相关的搜索引擎网站查询标准、法规的有效性,及时更新、传达新法律法规。

5.相关文件

《文件控制程序》。

6.记录

《适用法律法规清单》。

7.附件(图3-12)

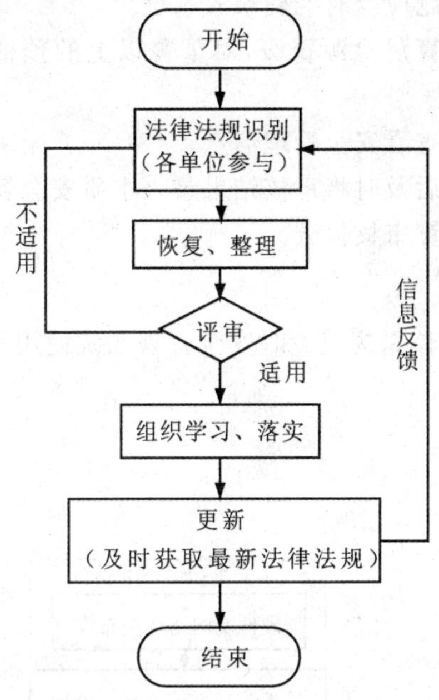

图 3-12　法律法规及其要求管理程序流程

（十一）安全管理信息系统运行程序

1. 目的

为保障安全 100 管理体系运行的信息化、流程化，规范安全 100 管理体系贯标流程，提高安全管理效率，并为煤矿的风险预控和安全策略提供决策支持，制定并实施本程序。

2. 适用范围

矿属各单位。

3. 职责

(1) 信息系统组负责系统的初始化设置、日常运行维护及培训。

(2) 各单位风险管理小组负责本单位相关信息的补充完善。

(3) 各单位负责存在问题整改信息的反馈。

(4) 体系办负责检查存在问题的录入及复查。

4. 执行程序

(1) 系统运行准备

① 信息系统组对本质安全管理信息系统进行初始设置，包括服务器的安装、检修、数据库配置、与其他安全监测系统的接口设置、用户权限的设置等。

② 信息系统组组织对操作和录入人员进行系统使用的培训。

(2) 系统运行

① 体系办录入体系初始信息。

② 各单位技术员对危险源动态信息进行更新，体系办审核确认。

③ 各单位对检查存在问题应及时准确录入系统。

④ 管理信息系统自动计算危险源警级，对重警以上的预警信息应以报表、电话等多种方式及时通知相关人员。

⑤ 相关工作人员应及时查看安全管理信息。

⑥ 内部审核人员在审核后及时将审核结果录入本质安全管理信息系统。

⑦ 管理信息系统自动计算审核得分。

5.相关文件

《煤矿安全风险预控管理体系规范》和《安全管理系统使用手册》。

6.相关记录

略。

7.附件(图 3-13)

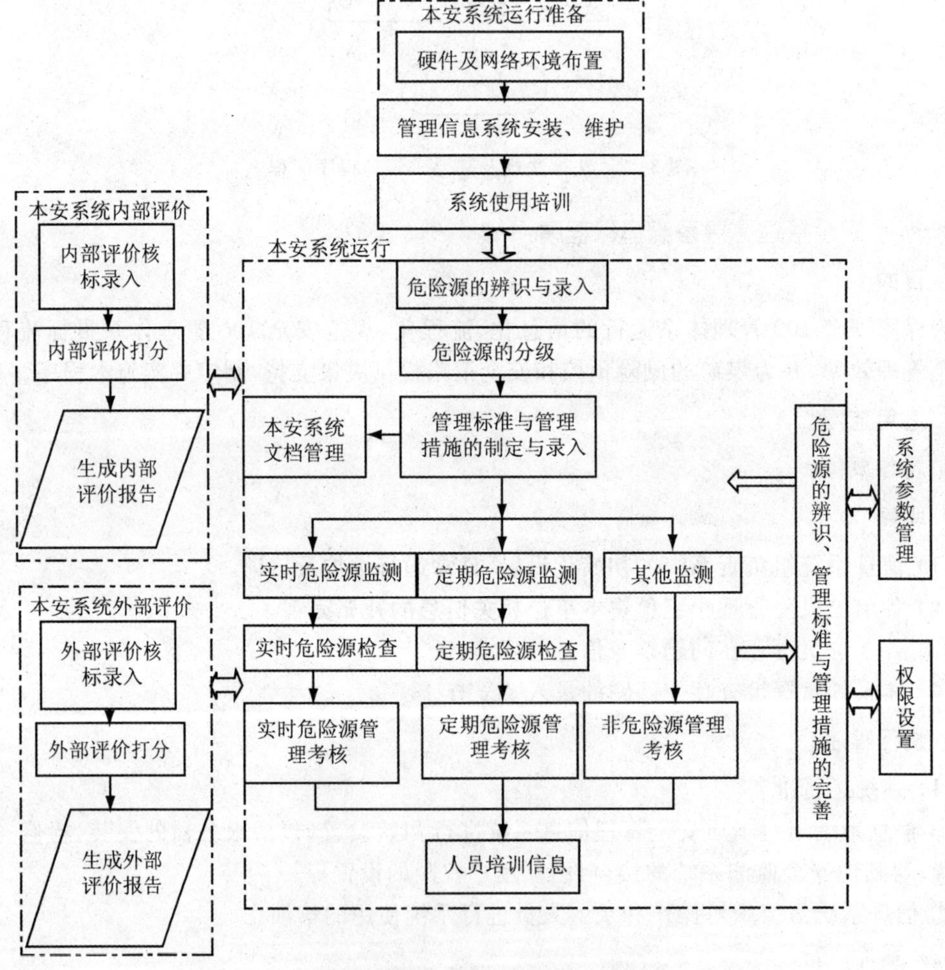

图 3-13　本质安全管理信息系统实施运行程序流程

（十二）安全100管理体系日常检查控制程序

1.目的

为对生产过程和支持性活动中的安全状况进行检查，及时发现问题和隐患，采取预防、纠正措施，制订并实施本程序。

2.适用范围

矿属各单位。

3.职责

（1）各职能单位分别负责与之相关的采掘、机电、辅助运输、“一通三防”等方面的检查与考核。

（2）体系办负责对考核结果的汇总与处理。

4.执行程序

（1）成立风险管理小组、组织保障管理小组、采掘工程质量检查组、机电运输检查组、“一通三防”检查组、辅助运输检查组和内部资料检查组七个小组。

（2）安全管理检查分两大部分，即安全管理现场检查和内部资料检查。

① 安全管理现场检查实行定期和动态检查相结合，按照周检查、月汇总的管理模式，以动态检查为主的办法，覆盖生产全过程。

② 安全管理现场检查分为采掘、地测、调度、机电运输、通风、职业危害等六大类风险管理。

③ 内部资料由体系办每月组织相关业务人员检查一次。

（3）各检查组对安全100管理体系运行情况进行检查与考核，对动态检查中存在的问题由各单位直接向被检单位反馈，下发整改通知单，落实整改并复查；对定期检查存在的问题，由体系办统一汇总下发整改通知单，落实整改并复查。

（4）每月底对检查结果进行考核打分，并将考核结果与扣分原因报体系办进行汇总，经审核后下发各单位落实整改。

（5）考核结果要按检查与监测制度要求对考核单位进行相应的奖罚。

5.相关文件

《煤矿安全风险预控管理体系规范》和《安全管理系统使用手册》。

6.相关记录

《月度考核统计表》。

7. 附件(图 3-14)

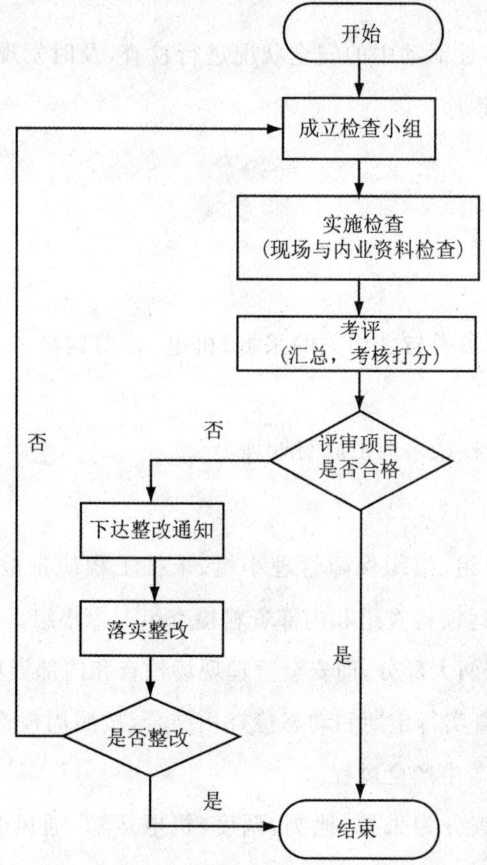

图 3-14　安全 100 管理体系日常检查控制程序流程

(十三) 危险源(隐患)检查控制程序

1. 目的

为对生产过程中人、机、环的动态、静态安全状况进行检查和控制,及时发现问题和隐患,以便采取预防和纠正措施,把可能导致事故发生的隐患消除于萌芽状态,预防并控制事故的发生,特制定并实施本程序。

2. 适用范围

矿属各单位。

3. 职责

(1) 各职能单位负责安全隐患检查。

(2) 安监处负责隐患和问题汇总、下发与跟踪复查。

(3) 各工区负责安全隐患和问题的整改。

4. 执行程序

(1) 各单位、安全监察员、群监员、青安岗深入现场进行隐患检查并上报安监处信息办。

(2) 安监处把隐患和问题进行分类、汇总。

(3) 被检查单位根据检查内容和要求进行整改,结果录入本质安全管理信息系统。

(4) 被检查单位在规定整改时间内不能完成整改的应提前申请延期,否则将会由信息系统自动警示。

(5) 安监处进行隐患复查,落实整改情况,将检查结果录入本质安全管理信息系统,对于整改合格的进行闭环。

(6) 每周安监处将各单位隐患整改情况进行汇总并考核。

(7) 考核结果按考核制度对被考核单位进行相应的奖罚。

5. 相关文件

略。

6. 相关记录

《安全隐患检查表》。

7. 附件(图 3-15)

三、员工不安全行为管理程序

(一) 人员准入控制程序

1. 目的

为严把人员入口关,确保新入矿及调入人员思想政治、文化素质和身体健康状况符合岗位安全生产需要,制定并实施本程序。

2. 适用范围

党群工作部、劳资社保科、安培中心及相关单位。

3. 职责

(1) 党群工作部负责确定本矿管理和专业技术岗位需求及新调入管理人员和专业技术人员的证书、调动手续、个人档案的审核与接收。

(2) 劳资社保科负责确定本矿工人岗位需求及新入矿工人的证书、调动手续、个人档案的审核与接收。

(3) 安培中心负责对新入矿职工进行岗前培训。

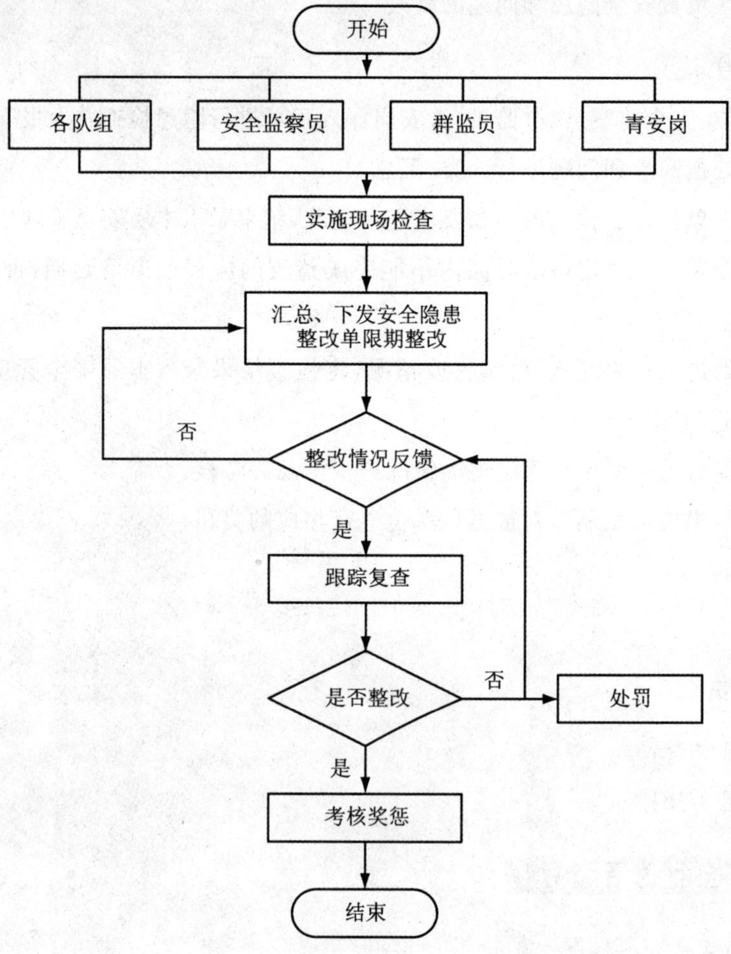

图 3-15　安全隐患检查控制程序流程

4.执行程序

（1）组织分配

① 劳资社保科根据矿安全生产岗位需要确定定员人数；

② 党群工作部根据定员人数编制管理人员、专业技术《人员需求计划》并报矿审核；劳资社保科根据定员人数编制工人需求计划并报矿审核；

③ 矿审核需求计划；

④ 审核后上报集团公司审核批准；

⑤ 集团公司根据矿安全生产需要补充人员；

⑥ 新入矿人员填写《职工个人信息登记表》；

⑦ 安培中心对新入矿人员进行岗前培训和考试，并向劳资社保科提供考试成绩；

⑧ 劳资社保科根据安培中心提供的成绩对考试合格的新入矿人员进行分配；

⑨ 基层单位对新分入职工进行岗位培训并签订师徒合同；

⑩ 劳资科组织新入矿人员签订劳动合同；

⑪ 劳资科建立个人资料信息库。

(2) 个人调入

① 个人提出调入申请书并报集团公司审核；

② 集团公司对调入申请书进行审核，审核通过的办理调岗手续。

5. **相关文件**

略。

6. **相关记录**

《职工个人信息登记表》和《人员需求计划》。

7. **附件(图 3-16)**

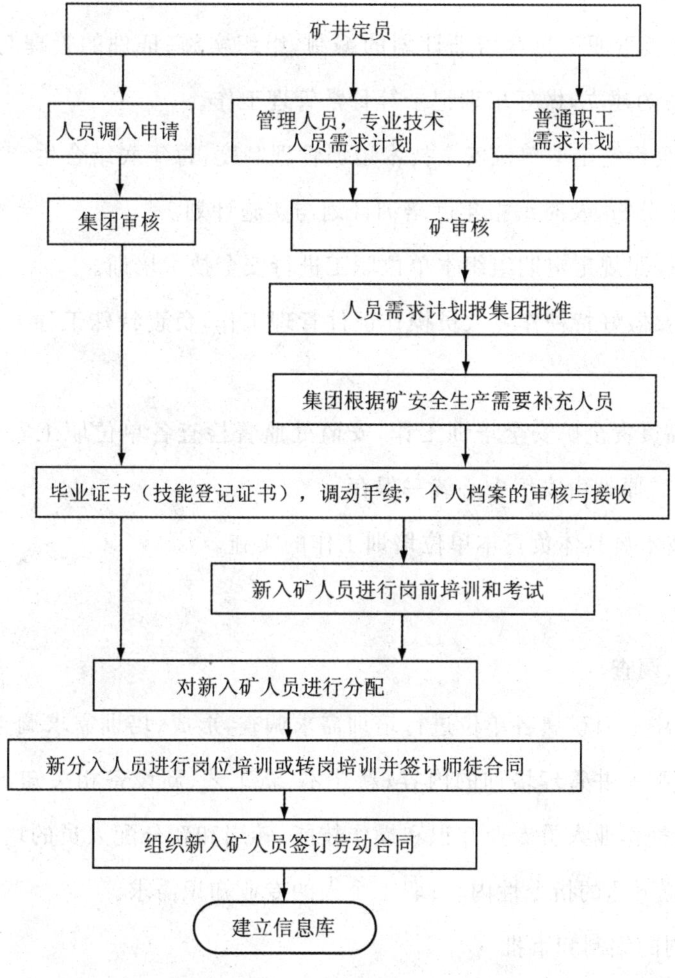

图 3-16　人员准入控制流程

（二）培训控制程序

1.目的

为提高全体职工的安全意识和操作技能，保证培训效果，奠定安全生产基础，特制定并实施本程序。

2.适用范围

矿属各单位。

3.职责

（1）矿长是安全培训工作第一责任人，安培中心进行全矿安全培训工作与职工教育培训的组织、实施和管理工作。

（2）安培中心负责职工教育培训计划的编制、组织实施、证件的管理与发放、内业资料的整理及培训档案的建立，做好培训记录等日常管理工作。

① 安培中心负责制定本单位安全技术培训管理制度，每年底结合生产实际及培训需求调查进行培训需求分析，及时编报年度培训计划与实施计划。

② 安培中心按照规定定期组织本单位职工进行安全技术培训。

③ 安培中心要做好特种作业人员操作证件管理工作，负责特殊工种上岗操作证的办理与发放。

（3）安培中心负责全矿安全培训工作，安监处监督检查各单位职工安全技术培训工作的执行情况，培训后原件由安培中心统一保存。

（4）各单位技术员具体负责本单位培训工作的实施。

4.执行程序

（1）培训需求调查

每年末，安培中心对矿属各单位进行培训需求调查，形成《培训需求调查报告》。调查内容包括：本质安全型矿井管理培训的内容；新技术、新工艺、新设备相关知识；管理人员的管理知识和技能；特种作业人员专业知识和操作技能；转岗和新分配人员的培训需求；法律、法规要求和上级单位下达的指令性内容；职工个人的专业知识需求。

（2）培训计划的编制和审批

① 培训计划包括外委培训和内培两部分；

② 安培中心根据《培训需求调查报告》和《上年度培训绩效评估报告》进行分析，编制

《年度培训计划》;

③《年度培训计划》由安全矿长审核后,报上级审批。

(3) 培训计划的实施

① 按照《年度培训计划》安排,安培中心编制培训实施计划。矿内统一组织的培训,由安培中心牵头组织实施培训,填写、保存相关培训记录(考勤表、培训教案或讲义、考试卷、培训记录、教师资格证书复印件、培训总结等)。各单位自行组织的培训,如规程、措施的贯彻、学习等,各单位自行填写、保存相关记录。

② 对特种作业人员,安培中心按要求组织培训并记录。

(4) 培训管理

① 培训形式可根据实际需要,采用内培或外培、脱产和业余相结合的形式。

② 所有入井作业和参观实习的人员,必须学习入井安全知识,了解有关事故发生预兆、事故预防和应急措施以及避灾路线、井下自救、互救和急救的基本知识。

③ 所有作业人员必须经入井前安全培训后方可入井,未经安全知识培训或培训不合格的人员,不得上岗作业。

④ 各单位要设专人负责职工安全培训,保证按时实施矿年度培训计划,同时对职工经常性的开展安全教育与培训。

⑤ 职工参加教育培训期间,各单位应保证职工的学习时间。同时所有培训人员必须按规定时间、地点、内容完成培训任务。

⑥ 从事特种作业的职工,必须经过国家规定的培训考核,取得特种作业资格证书后方能上岗。职工工种变动时,必须经转岗培训,合格后方可上岗。

⑦ 培训效果评价包括培训组织、培训课程设置、考务管理、培训教师业务水平及工作责任心等。

⑧ 建立健全安全培训记录和台账。

安培中心应建立培训记录,培训记录应包括:年度培训计划、实施计划、培训总结或绩效评估报告等;

每期培训必须有如下资料:培训实施计划、考勤表(或签到表)、培训课程安排表(或培训内容)、教案、培训教材或资料、学员培训资料或讲义发放记录、试卷及成绩、单项培训绩效评估报告等;

安培中心保存安全生产管理人员安全资格证复印件,原件由本人保管;特种作业操作证由安培中心统一保管，本人持复印件上岗。

5. 相关文件

《安全生产培训管理办法》和《煤炭安全培训监督检查办法》。

6. 相关记录

《培训实施计划》、《培训需求调查报告》、《年度培训计划》和《上年度培训绩效评估报告》。

7. 附件（图 3-17）

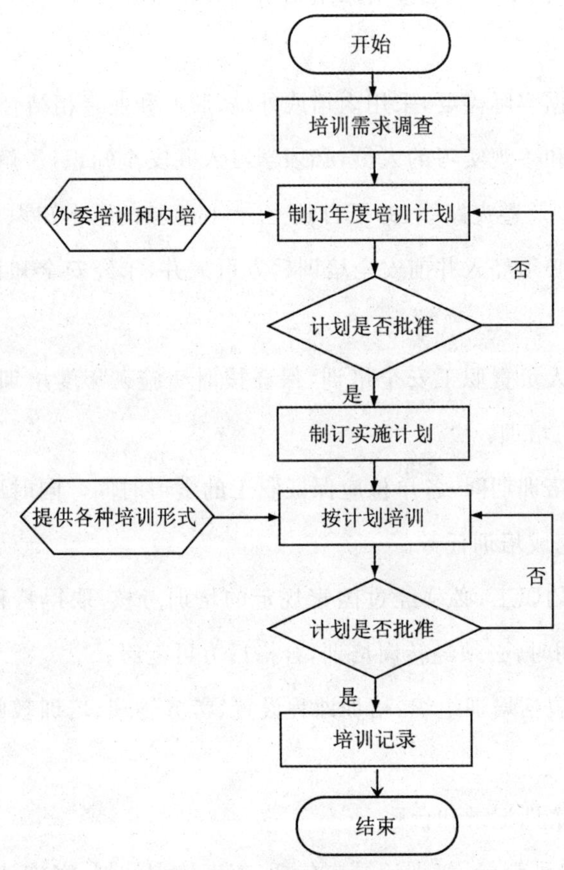

图 3-17 培训控制程序流程

（三）岗位职责制定程序

1. 目的

为规范各岗位职责的制定，确保各项工作有序开展，特制定并实施本程序。

2.适用范围

矿属各单位。

3.职责

(1) 各单位负责制定本单位工种岗位职责。

(2) 安监处负责各工种岗位职责的收集、整理。

(3) 矿领导、各专业副总、业务科室负责人负责岗位职责的审定。

(4) 安培中心负责对职工进行岗位职责的培训。

4.执行程序

(1) 各单位对本单位的工种(岗位)进行统计,并组织本工种(岗位)工作人员制定工种(岗位)的职责。制定具体要求:

① 减少职责交叉,对于职责交叉的工作要明确各岗位的职责权限,以及对工作结果应承担的责任;

② 避免职责重叠,对岗位进行描述,做到“一岗一责”;

③ 编写时要侧重于工作分析的全过程,涵盖生产过程中的各个层面;

④ 编写工作定位要明晰,责任要量化到具体的责任人。

(2) 各单位制订的各工种/岗位职责初稿,经单位领导审核后上报安监处。

(3) 安监处对各单位上报的岗位职责进行整理、修改,并编制成册,经矿领导审定后装订下发。

(4) 各单位每年对岗位职责进行一次常规的修订,修订完成后交安监处汇总。发生以下情况时要及时更新:

① 有新增或削减岗位时;

② 研究、开发、引进新技术、新工艺、新设备时;

③ 其他情况需要时。

(5) 安培中心负责组织各单位对职工进行工种/岗位职责的培训。

(6) 对新进职工及岗位变换后的职工,安培中心及时组织进行岗位职责的培训,经考试合格后方可上岗。

5.相关文件

《安全生产培训管理办法》和《煤炭安全培训监督检查办法》。

6. 相关记录

《岗位责任制》。

7. 附件(图 3-18)

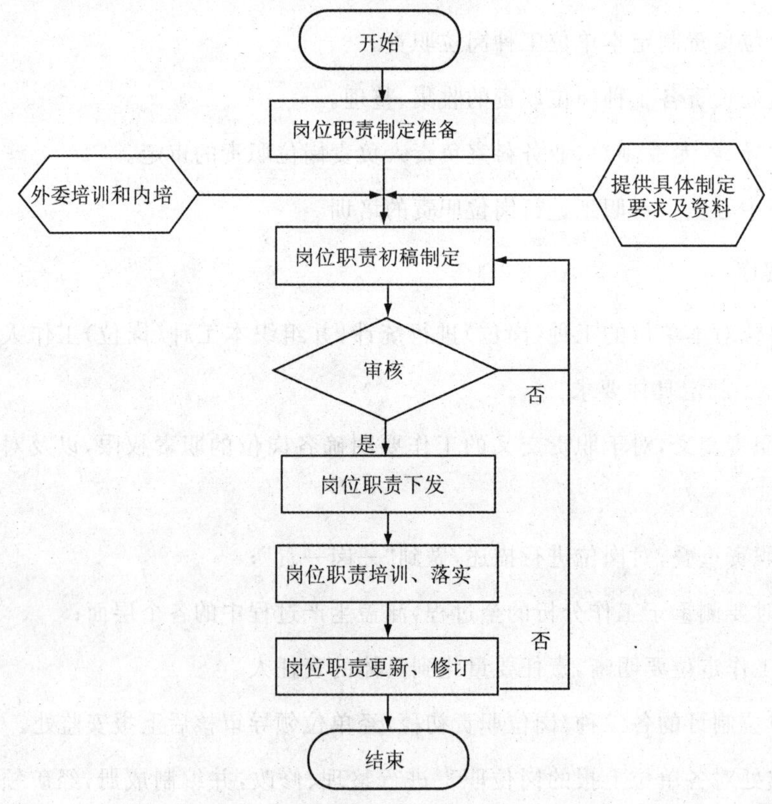

图 3-18 岗位职责制定程序流程

(四) 不安全行为矫正管理程序

1. 目的

为了对人员的不安全行为进行矫正,达到意识与行为的统一,降低和减少人员的不安全行为,实现对人为事故的超前防范,特制定并实施本程序。

2. 适用范围

矿属各单位。

3. 职责

(1) 安培中心对不安全人员进行矫正和相关知识培训。

(2) 安监处负责不安全行为的安全生产方针、政策的制定和宣传。

4. 执行程序

(1) 安培中心负责联系有资质的专家，利用安全心理学与行为矫正的原理与方法等知识对不安全人员进行培训。

(2) 党群部每年组织两次安全宣传(宣讲)活动，定期走访不安全行为人员，深入了解职工思想动态，为不安全行为管理反馈信息。

(3) 安监处对发现的不安全行为人员，及时进行行为矫正。具体的矫正步骤如下：

① 准备与沟通：行为矫正者与当事人交谈，了解当事人的基本状况。

a. 矫正人员信任当事人，建立良好的咨询与矫正关系；

b. 了解当事人发生不安全行为的动机；

c. 详细询问当事人不安全行为的背景；

d. 让当事人对自己不安全行为的认识及改正的实际行动做出书面承诺。

② 不安全行为解析：分析不安全行为出现的原因。

a. 鉴定不安全行为，了解当事人的不安全行为是什么、有什么特点；

b. 查清当事人的个人工作情况，了解该不安全行为是如何形成的。

③ 制订矫正计划。

a. 确定矫正目标，选择相应的矫正方法；

b. 安排矫正的时间和过程；

c. 确定矫正过程的记录方式；

d. 确定矫正效果的评价标准。

④ 实施矫正。

a. 根据矫正计划，实施对不安全行为的矫正。一般“三违”人员进行“过三关”矫正；严重“三违”人员进行过“六关”矫正；

b. 做好相关记录。

⑤ 矫正效果评估。

行为矫正结束后，对被矫正者进行观察，根据记录到的数据与资料对矫正效果进行评估，制定进一步巩固效果的措施。

5. 相关文件

略。

6. 相关记录

《谈话记录》、《过关单》和《承诺书》。

7. 附件(图 3-19)

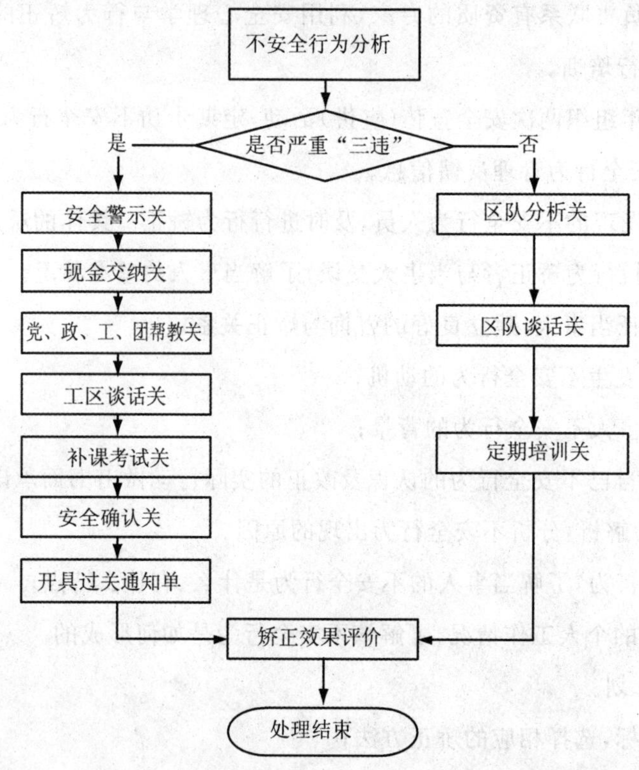

图 3-19 不安全行为矫正流程

四、生产系统安全要素管理程序

(一) 调度控制程序

1. 目的

为随时掌握安全生产建设情况，搞好综合平衡，及时解决生产建设中出现的单位之间、环节之间的问题，灵活具体地实行集中统一指挥，实现安全生产，制定并实施本程序。

2. 适用范围

矿属各单位。

3. 职责

调度室负责全矿范围内的安全生产及其他突发事件的调度指挥，做好上情下达，下情上报，并组织按时完成计划任务。

4. 执行程序

(1) 调度室设直通或直拨电话，调度室要具备录音、放音、扩音、监听的功能，传真机要实现正常联网使用。

(2) 调度室实行 24 h 值班制度，除值班调度员外，矿领导(值班长)和业务科室领导(副值班长)全天值班，值班领导全权负责指挥当日的生产、安全等工作，出现问题时值班调度员要及时向值班领导汇报并根据指示和规定程序进行调度协调指挥。

(3) 逐级汇报控制。

① 采掘一线队组每班至少进行两次生产情况汇报。

② 存在重大安全隐患或出现事故时必须立即汇报。

③ 调度值班人员应每日向矿领导汇报生产、外运、安全等情况。

④ 专题汇报。调度室对领导布置的任务，要按要求的时间、内容进行汇报。

⑤ 事故汇报。对伤亡事故和重大恶性事故要严格按规定程序及时向矿领导及有关部门汇报。事故原因暂时不清的，应汇报概况，然后再进行补充汇报。

(4) 矿每旬召开一次生产例会，通报旬安全生产情况，进行分析和总结。

(5) 调度室每月初对上个月的产量完成、外运、生产组织等情况进行总结，并报交矿领导。

(6) 调度人员要严格遵守企业规定的保密制度。文件、图表及台账等资料要妥善保管。属于保密范围以内的情况和资料，未经批准，严禁外传。

5. 相关文件

略。

6. 相关记录

《调度值班记录》。

7. 附件(图 3-20)

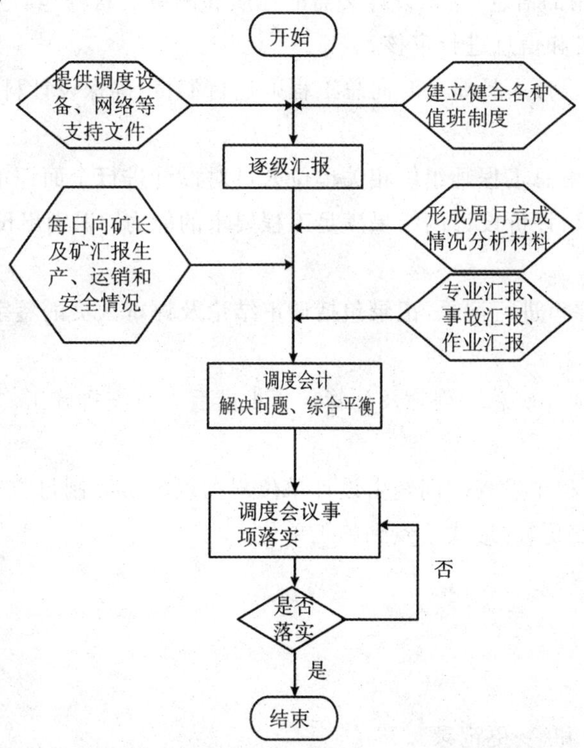

图 3-20　调度控制程序流程

（二）工程设计控制程序

1.目的

为确保工程设计科学、安全、合理，制定并实施本程序。

2.适用范围

生产科、机电科、地测科、通防科、安监处。

3.职责

(1) 生产科负责采掘工程设计。

(2) 机电科负责全矿机电安装改造工程的设计。

(3) 地测科提供设计所需的地质和测量资料及探放水工程的设计。

(4) 通防科负责矿井“一通三防”的设计。

(5) 安监处负责矿井本质安全落实。

(6) 矿总工程师组织相关人员对设计进行评审。

(7) 矿井开拓设计及采区接续应委托有资质的设计院进行设计。

4.执行程序

(1) 设计

① 生产科、机电科和地测科接到工程设计任务后，收集设计所需的资料和信息。其资料和信息包括：该工程的用途和性能要求；适用的法律法规和技术规范及安全要求；以前设计确定的，现在仍适用的信息；采掘设计必需的地质和测量资料等；其他技术和生产的信息。

② 对收集的资料和信息进行审核。

③ 设计过程中，设计人员要及时向总工程师进行汇报，确保设计科学合理。

(2) 设计评审

① 设计完成后，由总工程师组织相关单位人员对设计进行全面评审。

② 设计评审要求：评价设计的结果满足工程要求的能力；识别出设计中存在的问题，并完善设计。

③ 设计单位对评审进行记录，记录包括评审结论及评审人员的签字，并保存记录。

(3) 施工

评审完成后，必须经矿总工程师及分管矿长批准后方可安排施工。

(4) 设计变更

工程设计施工过程中发现的问题由设计单位根据现场实际制订方案，经总工程师批准，以《工程施工中设计变更》的形式下发到施工单位。

5.相关文件

略。

6.相关记录

《设计评审记录》和《变更记录》。

7. 附件(图 3-21)

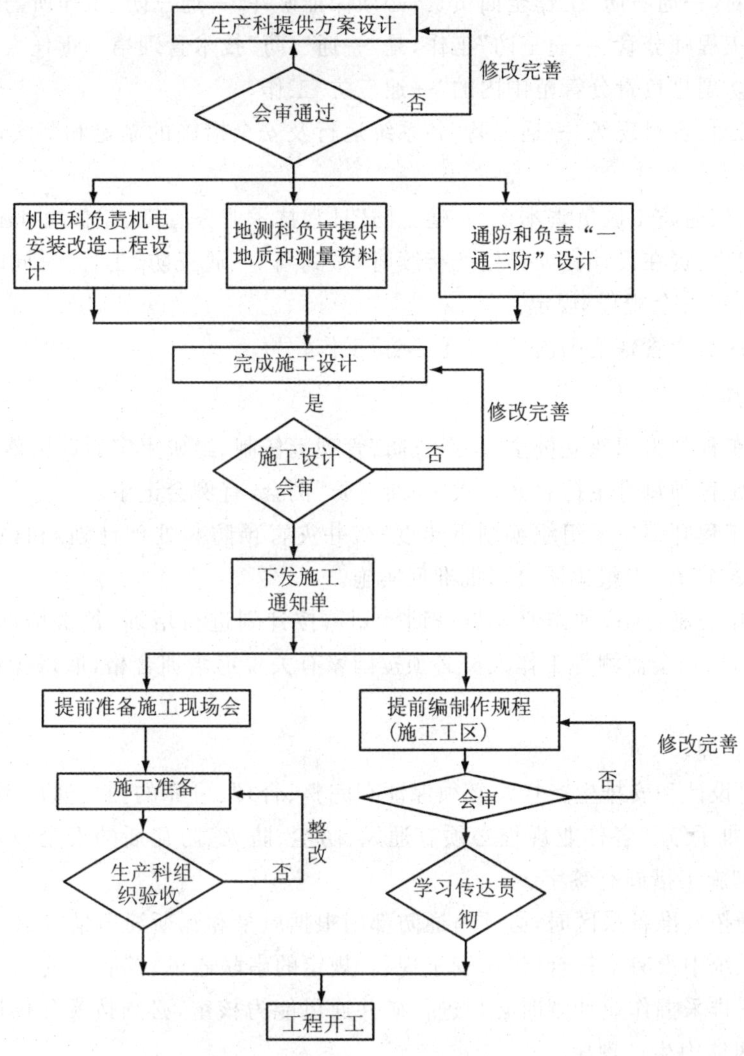

图 3-21　工程设计控制程序流程

（三）矿井“一通三防”管理程序

1. 目的

为对矿井通风、瓦斯、煤尘、火灾的危险源进行控制，防止瓦斯、煤尘、火灾等重大事故发生，降低职业病发病率，确保职工的身体健康与生命安全，实现矿井安全生产，制定并实施本程序。

2. 适用范围

矿属各单位。

3.职责

(1) 矿长对“一通三防”工作全面负责,必须保证矿井“一通三防”工作所需的人、财、物。

(2) 矿总工程师分管“一通三防”工作,是“一通三防”技术管理第一责任人。

(3) 矿通防副总负责分管范围内的“一通三防”工作。

(4) 安监处负责对现场“一通三防”各系统运行及安全措施的制定和落实情况进行监督检查。

(5) 通防科、通防工区负责本矿“一通三防”日常技术业务管理、监督检查工作。

(6) 生产科负责在设计和安排生产接续时,做到与“一通三防”工程“三同时”,设计和施工质量符合《煤矿安全规程》规定。

(7) 各工区负责管辖范围内的“一通三防”工作。

4.执行程序

(1) 矿总工程师组织建立健全“一通三防”管理责任制,经矿审定后严格落实。

(2) 矿总工程师每月主持召开一次“一通三防”例会,有例会记录。

(3) 矿总工程师每年末组织编制下年度《矿井灾害预防与处理计划》和《安全技术措施工程计划》,经矿审查,上报集团公司批准后实施。

(4) 安培中心制订《特种作业人员培训计划》,按计划进行培训,每次培训应考核,并有记录。瓦斯检查、安全监测等工作人员必须按国家有关规定培训合格,取得操作资格证书后持证上岗。

(5) 通防管理。

① 生产科设计和安排生产接续必须保证有完整、合理、可靠的独立通风系统,改变通风系统时履行报批手续。各作业规程必须有通风、防尘、防火、防瓦斯的安全技术措施。报批手续齐全,贯彻施工措施有签字。

② 矿井开拓或准备采区时,必须由通防部门根据风量和瓦斯涌出量编制通风设计。

③ 通风系统中没有不符合《煤矿安全规程》规定的串联通风、扩散通风、采空区通风。

④ 每年安排采掘作业计划时必须进行矿井通风能力核定,必须按实际供风量核定矿井产量,无超通风能力生产现象。

⑤ 机电工区要加强主要通风机及其监测设备的使用和维护管理,保证可靠运行,并建立设备运行、维护、检修、试验和故障记录。

⑥ 井下局部通风机由施工单位安排专人负责管理,安装和使用局部通风机、风筒应符合《煤矿安全规程》规定。局部通风机必须设有风电闭锁、瓦斯电闭锁且灵敏可靠。不得无计划停风。

⑦ 通防工区每月编制风量分配计划,并按计划配风。

⑧ 通防工区每旬对主要通风巷道、采掘工作面和硐室的风量、风速、温度进行全面测定,填报测风旬报表,月末编写通风月报表并上报。

⑨ 通防设施由通防工区进行施工,施工严格执行《“一通三防”管理制度》中相关规定,并适时进行检查维护。

⑩ 每年由矿总工程师组织编制《矿井反风演习计划及安全技术措施》,经集团公司审批后按计划进行反风演习,通防科根据反风演习结果编写《反风演习报告》,制定优化通风系统的措施并组织实施。

⑪ 安监处、通防科定期对矿井通防设备、设施、措施等进行监督检查,发现问题及时通知整改。

⑫ 通防科绘制通风系统图、通风网络图、避灾路线图、防尘系统图和防火系统图,并根据矿井实际及时修改完善。

(6) 瓦斯管理。

① 通防工区每月编制瓦斯检查设点计划,经矿总工程师批准后执行。瓦斯检查地点的设置及检查次数符合《煤矿安全规程》规定,无空班、漏检、假检现象。

② 矿调度室安全监控组保证瓦斯监测系统完好、正常。每 10 天必须进行现场断电试验和维护调校工作。每日形成监测日报表并上报矿长、总工程师审阅。

③ 矿长、矿技术负责人、爆破工、各采掘区队长、通风区队长、工程技术人员、班长、流动电钳工等人员按规定携带便携式瓦斯报警仪,并正确使用。

④ 瓦斯检查员必须执行瓦斯巡回检查制度和请示报告制度,每次检查结果必须记入瓦斯检查记录手册和检查地点的记录牌上。

⑤ 瓦斯检查应做到井下记录牌、检查手册、瓦斯日报表"三对口",通防工区将瓦斯检查数据整理形成瓦斯日报表且每日送矿长、总工程师审阅。

⑥ 瓦斯检查员必须在井下指定地点交接班,有瓦斯检查员交接班记录。

⑦ 井下各作业场所的瓦斯浓度必须符合《煤矿安全规程》有关规定,当瓦斯检查员发现瓦斯浓度超限时,应立即通知该区域作业人员撤离,并向调度室和通防工区汇报,同时要积极采取有效措施。井下爆破地点严格执行《火工品管理制度》。

⑧ 瓦斯超限排放时,通防工区制定瓦斯排放安全技术措施,报矿技术负责人批准,并严格按措施进行排放。

⑨ 矿总工程师每年组织进行 1 次矿井瓦斯等级鉴定工作,根据鉴定情况编制《瓦斯等级鉴定总结报告》,并上报集团公司审查。

⑩ 井下一旦发生"一通三防"事故,按《重大危险源监测、评估、监控及重大事故应急预案》、《矿井瓦斯/煤尘爆破事故专项应急预案》、《矿井火灾专项应急预案》组织救灾。

(7) 防灭火管理。

① 总工程师组织制定矿井防灭火措施。做到防火工程设施与生产同步设计、施工、投入使用。

② 有地面消防水池和井下消防管路系统。地面消防水池必须保持不少于 200 m^3 的水量。井下消防管路系统每隔 100 m 设置三通阀门,但在带式输送机巷道中每隔 50 m 设置一个三通阀门。

③ 地面和井下每个生产水平必须设消防材料库,并配备足够的消防器材。

④ 通防工区每周至少对采空区防火墙、废弃巷道、采煤工作面回风隅角、回风巷以及其他可能发热地点的气体成分、气温、水温以及漏风情况等观测 1 次,并建好记录。

⑤ 采煤工作面回采过程中,采煤工区应在进风隅角设置挡风帘,减少向采空区漏风,防止煤炭自燃。

⑥ 采煤工作面回采时应尽可能不留顶煤,留顶煤时应控制在 30 cm 以内。采掘工作面及其他巷道的浮煤要及时清理干净,不得将工作面浮煤留至采空区。

⑦ 采煤工作面在回采结束后,通防工区必须在 45 d 内进行永久性封闭;已经报废或无用的井巷均应用不燃性材料及时充填或封闭,以防止煤层自燃,简化通风系统并保持通风系统风流的稳定性。

⑧ 通防工区要建立密闭墙管理台账,档案应记录密闭施工地点、施工时间、施工负责人、密闭的规格等内容。

⑨ 井巷内浮煤厚度不超过 100 mm,工作面在 2 m^2 内浮煤平均厚度不超过 30 mm。

⑩ 火区的管理应按矿批准的措施执行,并遵守《煤矿安全规程》相关规定。

⑪ 通防科、安监处定期对矿井防灭火系统设备、设施进行监督检查,发现问题及时通知整改。

(8) 防尘管理。

① 矿井主要进、回风大巷,主要运输巷、带式运输机斜井与平巷、采区进、回风巷,采掘工作面所属各巷道、煤仓与溜煤眼放煤口、转载点等地点必须敷设防尘供水管路(垂直巷道及间距小于 100 m 的联络巷,且联络巷两端口留有防尘三通及软管者除外),并安设防尘软管与阀门(胶带运输机巷每 50 m、其他巷道每 100 m 设置一个三通阀门)。

② 通防科、通防工区制定采掘工作面、胶带输送机巷道及其他产尘地点的综合防尘措施、预防和隔绝煤尘爆破措施,并严格贯彻落实。

③ 通防工区每月对井下作业场所、作业工序的全尘和呼吸性粉尘测定 2 次,并填写测尘报表。对粉尘浓度超标地点,及时汇报矿总工程师,并采取或改进降尘措施。

④ 搞好个体防护,接触粉尘人员必须佩戴防尘口罩。防尘口罩的发放必须遵守《劳动防护用品管理程序》、《从业人员防护用品配备发放和使用管理制度》的规定。

⑤ 隔爆设施应实行挂牌管理,通防工区每周应至少检查 1 次隔爆设施的安装地点、数量、水量及安装质量,有检查记录。

⑥ 通防科、安监处定期对井下防尘设施、防尘情况和个体防护进行监督检查,发现问题及时通知整改。

5. 相关文件

《煤矿安全规程》、《"一通三防"管理制度》、《劳动防护用品管理程序》、《从业人员防护用品配备发放和使用管理制度》、《重大危险源监测、评估、监控及重大事故应急预案》、《火工品管理制度》、《矿井瓦斯/煤尘爆破事故专项应急预案》、《矿井火灾事故专项应急预案》和《灭火器配置标准》。

6. 相关记录

《矿井灾害预防与处理计划》、《安全技术措施工程计划》、《特种作业人员培训计划》、《矿井反风演习计划及安全技术措施》、《通风系统图》、《通风网络图》、《避灾路线图》、《防火系统图》、《防尘系统图》、《反风演习报告》和《瓦斯等级鉴定总结报告》。

7. 附件(图 3-22)

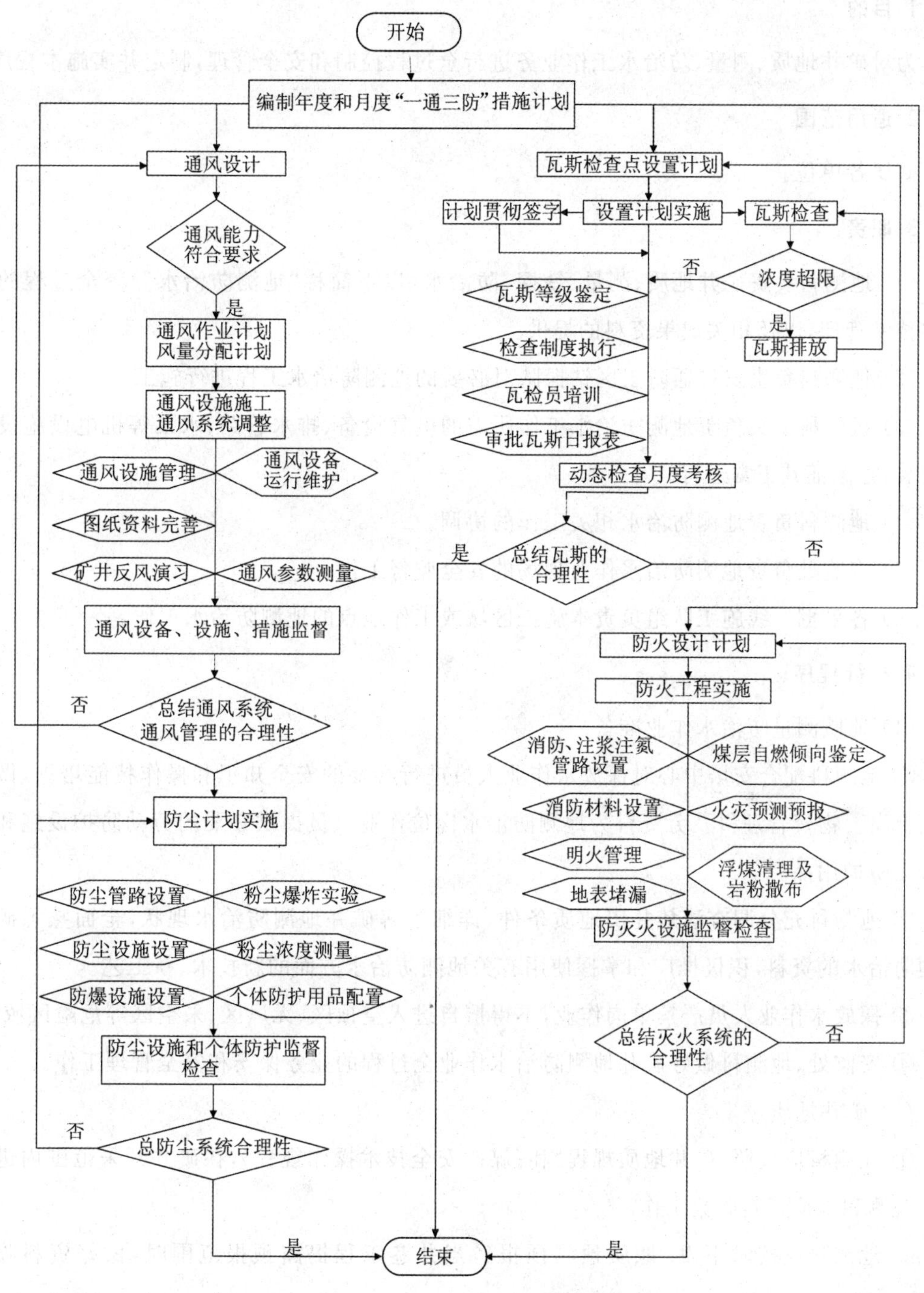

图 3-22 矿井"一通三防"管理流程

（四）地质测量防治水控制程序

1.目的

为对矿井地质、测量、防治水工作业务进行全过程控制和安全管理，制定并实施本程序。

2.适用范围

矿属各单位。

3.职责

（1）地测科负责矿井地质、测量、钻探、防治水（以下简称“地测防治水”）等全过程的业务和技术管理，以及相关成果资料的提供。

（2）地测科负责安排通防工区钻探队对必要的地测防治水工程进行施工。

（3）机电科牵头负责地测防治水工作所需的电气设备、排水管路、水泵等机电设施设备的安装，并保证其正常运行。

（4）地测科负责地测防治水相关工作的协调。

（5）安监处负责地测防治水作业现场的安全监督工作。

（6）各采掘一线施工队组负责本施工区域或工作地点的地测防治水工作。

4.执行程序

（1）地质测量防治水作业准备

① 地测科配合安培中心对探放水作业人员进行必要的安全知识和操作技能培训，做到持证上岗。物资管理科及劳资科为地测防治水岗位作业人员提供必要的劳动防护设施和个人劳动防护用品。

② 地测科充分调查清楚井田地质条件，详细了解矿井地测防治水现状，全面熟悉矿井地测防治水的资料，积极推广和掌握使用有关地测防治水方面的新技术、新工艺。

③ 探放水作业人员严禁单岗作业，不得擅自进入空顶区、无风区、采空区等危险区域。

④ 安监处、地测科做好矿井地测防治水作业全过程的业务保安和安全管理工作。

（2）矿井地质

① 地测科应按照《矿井地质规程》和《煤矿安全技术操作规程》，在矿井开采范围内进行地质观测和地质资料收集工作。

② 地测科应按时下发《地质预测预报》，当井巷工程揭露预报范围时，做好资料收集工作。

③ 各业务科室和工区接收到《地质预测预报》后，按预报内容要求做好相关工作。

④ 地测科按《地测防治水安全质量标准化标准及考核评级办法》要求，及时向矿相关单

位提供地质“三书”等地质资料。

(3) 矿井测量

① 地测科按照《煤矿测量规程》和《煤矿安全技术操作规程》对矿井开采范围内的井巷及必要的地表地形进行测量,并及时向矿相关单位提供测绘资料。

② 在矿相关领导的牵头联系下,地测科定期对本矿井井田范围内及周边矿井进行实测,提供所需的各种资料。

③ 对重大贯通测量,地测科及时制定贯通通知单和专项措施,经矿总工程师批准后下发执行。

④ 测量工程必须保证人员、设备和井巷施工安全。

(4) 矿井防治水

① 在井巷施工过程中,地测科全面收集水文地质资料,定期进行涌水量观测,指导安全采掘。

② 当工作面水文地质条件发生变化时,地测科及时提供工作面的《水文地质预测预报》,保证矿井安全生产。

③ 地测科提供相关水文地质资料,协助设计单位使各类防水(溃沙)、建(构)筑物保护煤柱的设计合理,矿井各类防、隔水煤柱的留设,符合《煤矿防治水规定》要求。

④ 各类防治水工程施工过程中及施工完毕后,地测科要对工程进行动态检查、监督,保证验收合格。

(5) 综合勘探(包括钻探和物探)

① 当井巷揭露或准备揭露已知的大中型地质构造,以及揭露富水区时,地测科充分利用地面物探、井下物探和井下钻探等综合勘探手段,查清地质和水文地质条件,查清构造和积水区的赋存状况。

② 矿井勘探工程进行前,地测科编写《钻探技术要求》,由矿总工程师负责招标有资质单位实施。

③ 对于探放水工程,地测科编制《探放水设计》,施工单位编制严格的《探放水施工安全技术措施》及施工后总结,并通知生产队组在允许距离掘进,严禁超掘。

5. 相关文件

《煤矿测量规程》、《矿井地质规程》和《煤矿防治水规定》。

6. 相关记录

《地质预测预报》、《水文地质预测预报》、《钻探技术要求》、《探放水设计》和《探放水施工安全技术措施》。

7. 附件(图 2-23)

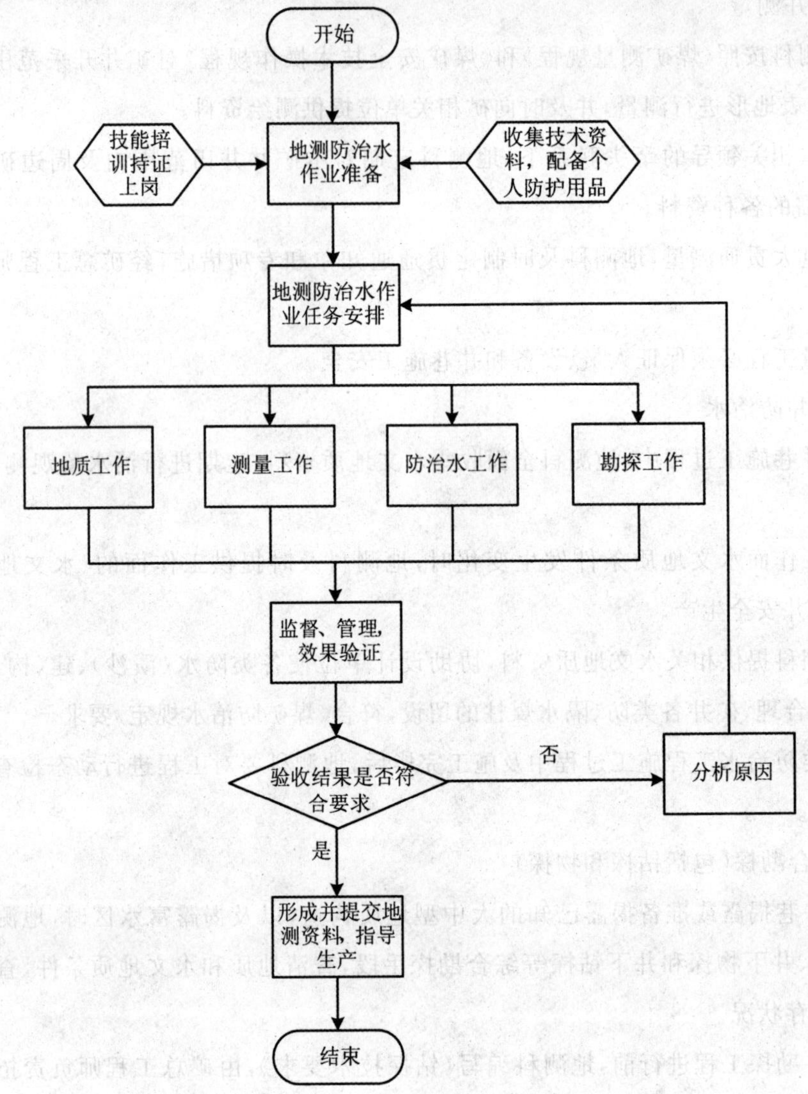

图 3-23 地质测量防治水控制程序流程

（五）矿井采煤控制程序

1. 目的

为规范采煤作业中的风险管理，预防采煤事故的发生，制定并实施本程序。

2. 适用范围

采煤工区、准备工区。

3.职责

（1）准备工区负责采煤工作面安装、回撤过程中的安全管理。

（2）采煤工区负责采煤工作面采煤过程中的安全管理。

（3）生产科、地测科等相关业务科室负责提供相关资料和回采率验收。

（4）安监处等相关业务单位负责采煤过程中安全管理的监督检查。

4.执行程序

（1）采煤准备

① 采煤工作面开始回采前，地测科应提供工作面的水文和地质预测预报、测量资料等，并保留存档；生产科、机电科、通防科负责提供各种相关图纸、资料。

② 采煤工区根据采煤工作面设计和地质资料编制《回采工作面作业规程》；经会审、签批后组织职工贯彻学习；《回采工作面作业规程》中应明确回采工艺流程、主要危险源的安全控制措施、相应的本质安全设施等。

③ 对所有特殊工种应按《人员准入控制程序》、《培训控制程序》进行必要的技能和安全知识培训，做到持证上岗。

④ 工作面安装前验收。工作面安装前，生产科组织矿相关业务单位进行工程质量验收及确定是否具备安装条件。若具备安装条件则可以安装，否则责令相关单位限期整改，复验合格后方可安装。

⑤ 采煤工作面生产前工作面运输和辅助运输、通风、供电、供排水系统应全部形成，材料、物资到位。

⑥ 回采前验收。工作面回采前，工区应组织自检，自检合格后报矿生产科，生产科再组织安监处、机电科、地测科、通防科、准备工区、采煤工区等单位对工作面设备安装质量、现场安全条件等进行验收，验收小组应有本质安全相关人员参加，以确保设备质量、现场条件符合本质安全要求。对验收发现的问题和不符合项，根据情况进行处罚，并责令责任单位限期整改，重新验收合格后方可进行生产。

（2）回采

① 初采。工作面回采前采煤工区要编制《工作面初采措施》，当工作面推过原切眼时，提前做好放顶工作。

② 采煤工区按照“三大规程”组织生产并实施本质安全管理，并对回采过程中涉及的顶板、水、火、有害气体和粉尘、机电机械故障和人员“三违”等各种危险因素按规程要求进行预防性检查，并做好安全检查记录；针对存在的问题及时整改。

③ 生产科应根据现场实际情况，选择合适的回采工艺，并对新技术进行推广实施。

④ 地测科在矿井月度回采计划下发后，及时向生产科和工区提供计划范围内的水文地质预测预报资料；回采过程中按要求对工作面采高、推进位置和煤量等进行测量，建立测量记录。

⑤ 采煤工区按矿《设备管理制度》的规定加强设备的维护和保养，并建立设备运行、维护、检修和事故记录；机电科按《设备管理制度》对矿井采煤设备定期监督检查并进行考核。

⑥ 安监处按"三大规程"和管理要素标准对回采过程中的运输、通风、供电、供排水等系统的安全管理，以及火工品、顶板管理及地质的专项安全措施的制定和执行进行监督检查，发现隐患，及时下发"整改通知单"责令整改。

⑦ 工作面回采结束，工区应及时编制《工作面撤面安全技术措施》，审批、贯彻学习并严格按措施要求施工。

5.相关文件

《煤矿安全规程》、《人员准入培训程序》、《培训控制程序》和《设备管理制度》。

6.相关记录

《安全检查记录》、《回采工作面作业规程》、《工作面初采措施》、《工作面造条件安全技术措施》和《工作面撤面安全技术措施》。

7.附件(图 3-24)

(六) 矿井掘进控制程序

1.目的

为规范掘进过程中的风险管理，预防掘进过程中事故的发生，制定并实施本程序。

2.适用范围

各掘进工区。

3.职责

(1) 掘进工区负责掘进过程中的安全、质量管理。

(2) 地测科负责提供相关资料，校定巷道中腰线。

(3) 生产科负责掘进过程中巷道质量标准化全面监督，根据现场地质条件的变化，制订施工方案。

(4) 安监处负责掘进过程中的安全管理的监督检查。

4.执行程序

(1) 掘进准备

① 巷道施工前，生产科应向施工单位提供设计说明书；地测科负责提供地质说明书并根据设计标定导线点。

② 掘进工区根据采用的掘进工艺(炮掘、综掘)，由施工单位按照巷道设计和地质资料编制《掘进工作面作业规程》，经矿总工程师组织生产科、机电科、地测科、通防科、安监处等单位共同会审，施工单位对存在的问题补充完善。签批后的作业规程由施工单位技术负责人组织职工学习、考试。

③ 技术工人和特殊工种应按《人员准入控制程序》、《培训控制程序》进行必要的技能和

安全知识培训，做到持证上岗。

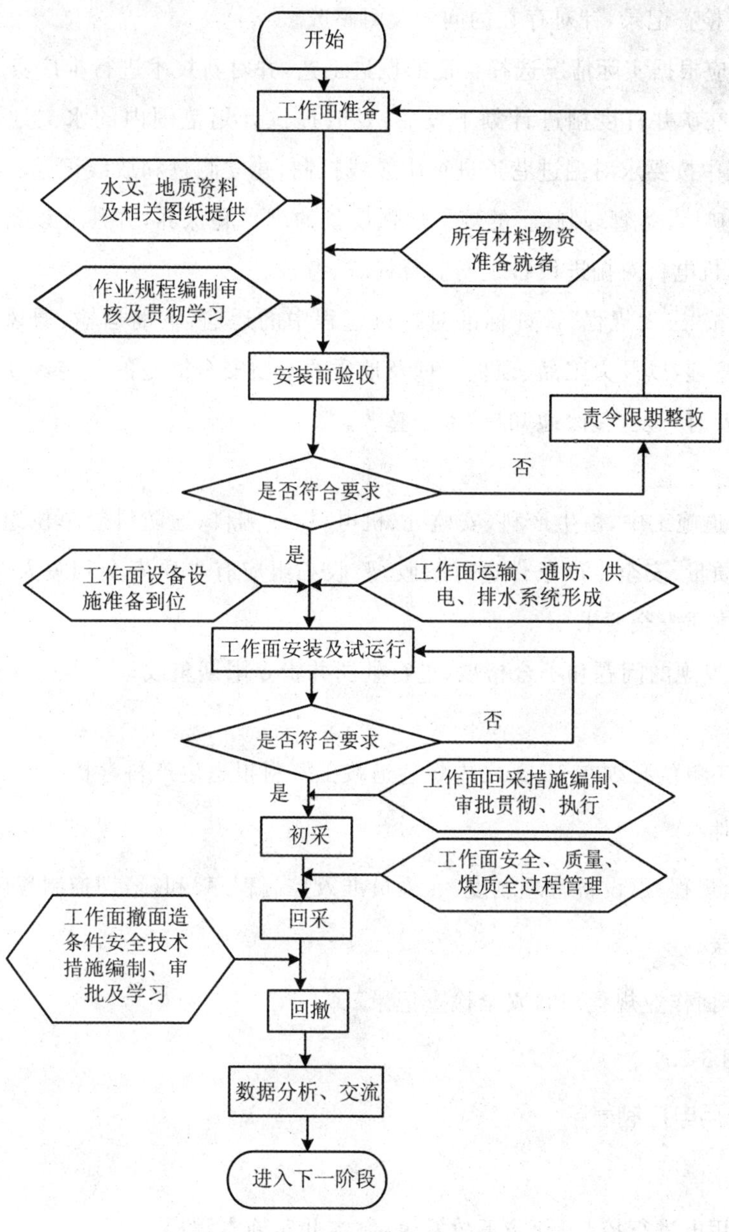

图 3-24　矿井采煤控制程序流程

④ 掘进工作面生产前工作面运输和辅助运输、通风、供电、供排水系统应全部形成。

⑤ 掘进工作面开工前 3 天，施工单位应提交开工报告报相关业务科室签批后方可开工。

(2) 掘进施工

① 按照“三大规程”组织生产并实施本质安全管理，并对掘进过程中涉及的顶板、水、

火、有害气体和粉尘、机电机械故障和人员“三违”等各种危险因素按规程要求进行预防性检查，并做好安全检查记录，针对存在的问题及时整改。

② 生产科应根据实际情况选择合适的掘进工艺，并对新技术进行推广实施。

③ 地测科在矿井月度掘进计划下发后，及时提供计划范围内的水文地质预测预报资料；在掘进过程中按要求对掘进巷道进行中腰线控制，建立测量和放线记录。

④ 工区按矿《设备管理制度》的规定加强设备的维护和保养，并建立设备运行、维护、检修和事故记录；机电科对掘进设备定期监督检查、考核。

⑤ 安监处按“三大规程”管理标准对掘进过程中的运输、辅助运输、通风、供电、供排水等系统的安全管理，以及火工品、顶板管理及地质的专项安全措施的制定和执行进行监督检查，发现隐患，及时下发“整改通知单”责令整改。

(3) 验收

① 掘进巷道施工中，由生产科、安监处、机电科、地测科、通防科等单位组成验收小组对巷道掘进工程质量、安全生产条件进行验收，验收小组应有本质安全相关人员参加，以确保现场条件符合本质安全要求。

② 对验收发现的问题和不合格项，进行处罚并责令限期整改。

(4) 竣工

竣工后施工单位必须在15天之内将巷道竣工资料报送生产科存档。

5.相关文件

《煤矿安全规程》、《设备管理制度》、《人员准入控制程序》和《培训控制程序》。

6.相关记录

《掘进工作面作业规程》和《安全检查记录》。

7.附件(图3-25)

(七) 供电用电控制程序

1.目的

为对供电用电进行控制，预防事故发生，制定并实施本程序。

2.适用范围

矿属各单位。

3.职责

(1) 机电科负责《供电管理制度》的编制。

(2) 机电科负责对供、用电单位的供电系统和安全管理进行安全监督检查。

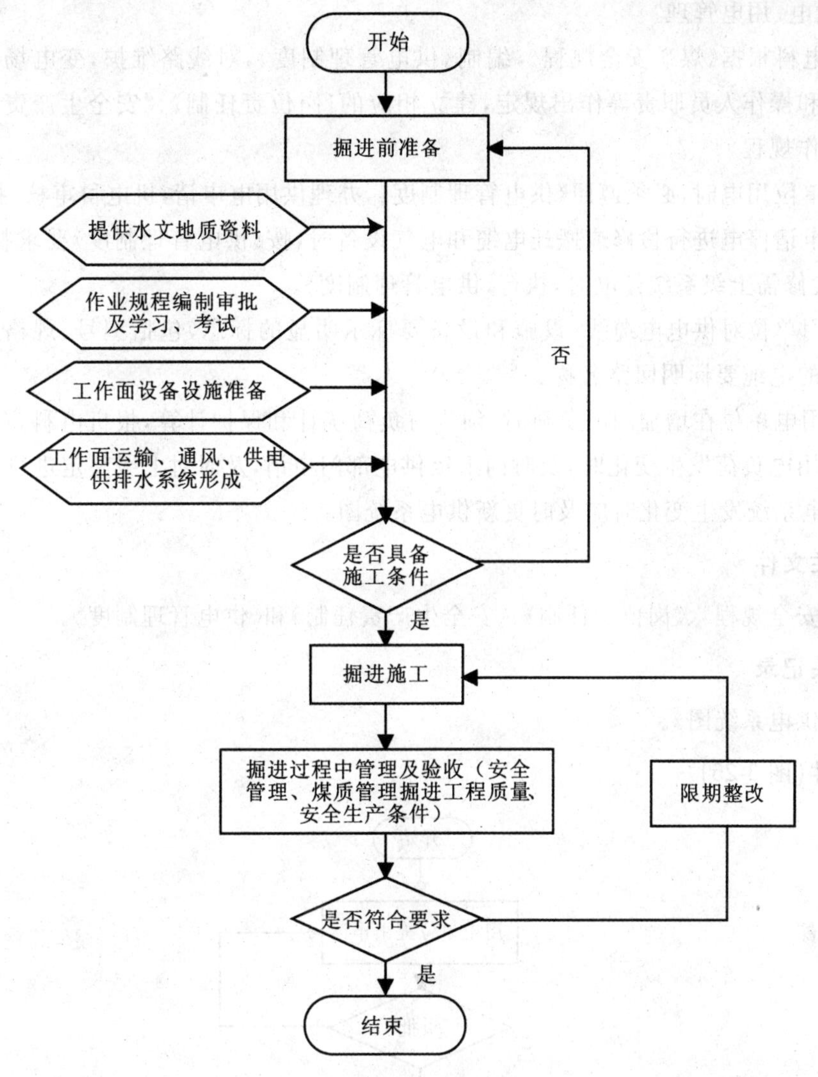

图 3-25 地质测量防治水控制程序流程

4.执行程序

(1) 电气操作人员应具备条件：

① 经培训合格，具备相应的电气知识、操作技能和熟悉本单位供电系统，并取得资格证和上岗证。

② 熟悉触电救护程序和方法。

③ 每两年至少应接受一次培训，因故间断电气工作连续三个月以上者，须经考试合格后才能从事电气工作。

(2) 供电、用电管理

① 机电科根据《煤矿安全规程》,编制《供电管理制度》,对线路维护,变电场所的环境、标识,管理和操作人员职责等作出规定,建立相应的《岗位责任制》、《安全生产责任制》和组织编写《操作规程》。

② 各单位用电时,必须遵照《供电管理制度》,办理供用电申请,机电科审核、批准。

③ 需申请停电进行检修或搬迁电缆和电气设备时,按《供电管理制度》要求执行。供电系统维护检修需上级系统停电时,执行《供电管理制度》。

④ 使用单位对供电电缆线、设施和设备要标示明显的标志,包括型号、规格、使用地点等,双回路的电缆要标明回路名称。

⑤ 各用电单位在增加用电负荷时,须进行负荷统计和保护计算,报机电科审核、批准后实施;矿井用电负荷发生变化时,及时向上级供电部门申请,及时对上级整定进行调整。

⑥ 供电系统发生变化时应及时更新供电系统图。

5. 相关文件

《煤矿安全规程》、《岗位责任制》、《安全生产责任制》和《供电管理制度》。

6. 相关记录

《矿井供电系统图》。

7. 附件(图 3-26)

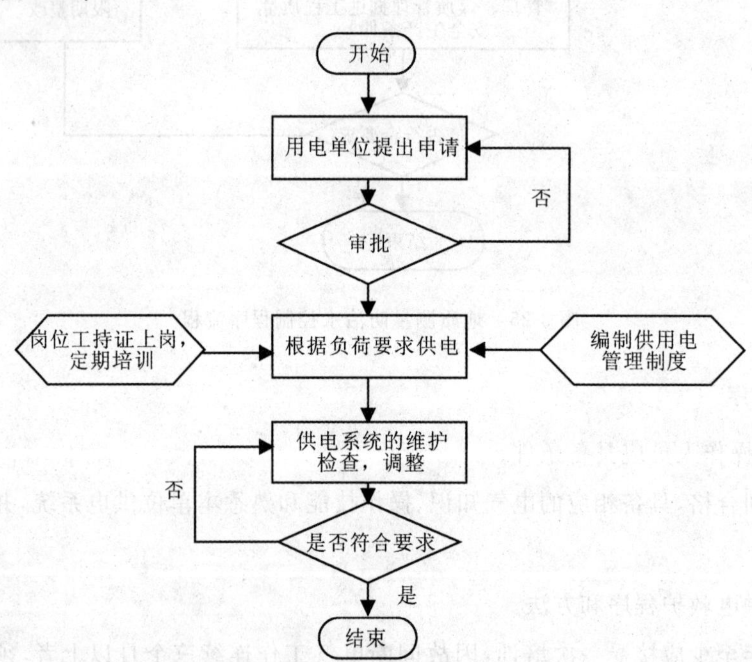

图 3-26 供电用电控制程序流程

（八）电气设备管理程序

1. 目的

为确保电气设备安装、检修、试运行过程中操作人员的安全，制定并实施本程序。

2. 适用范围

矿属各单位。

3. 职责

（1）机电工区负责对本矿高压电气设备（移动变压器、高爆开关等）的管理。

（2）各使用单位负责本单位低压电气设备的运行、维护和保养等管理工作。

（3）机电科、安监处负责电气设备使用情况的监督与检查。

4. 执行程序

（1）电气设备的安装、检修。

① 由施工单位根据机电科下发的《设备安装、检修工程施工合同书》编制《设备安装、检修作业措施》。

②《设备安装、检修作业措施》应明确编写以下几方面：

a. 井下电器安装、检修时严禁带电作业，打开防爆盖前必须停电、闭锁、挂停电牌。

b. 必须保证每台设备保护齐全。

c. 高压电器必须按其额定电压 2.5～3 倍值进行其绝缘测试。

（2）《设备安装、检修作业措施》经相关业务单位、总工程师审核、批准，并经施工单位贯彻后方可施工。

（3）按照《设备管理制度》检查、安装、检修、验收各种电器设备。

（4）由机电科派专人进行现场安装、检修质量监督检查，并做好记录。

（5）工程竣工时按矿的相关规定执行，其中需矿内组织验收的由机电科负责组织相关单位组成工程验收小组，按《设备安装、检修工程施工合同书》和《设备管理制度》中的条款要求进行验收，召开工程验收专题会议，并做好会议记录。对存在的质量问题，必须严格按标准进行整改，复查合格后方可交付使用。

5. 相关文件

《设备管理制度》。

6. 相关记录

《设备安装、检修工程施工合同书》和《设备安装、检修作业措施》。

7. 附件（图 3-27）

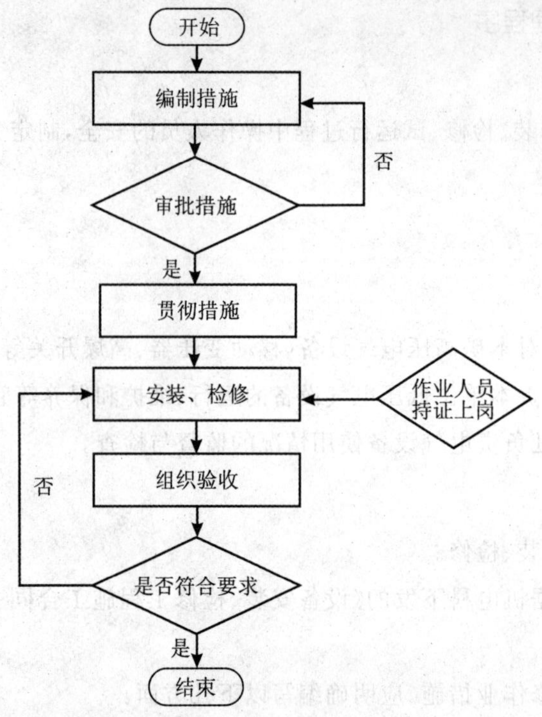

图 3-27 电气设备管理程序流程

(九) 胶带运输控制程序

1.目的

为了消除职工在使用、维护胶带运输过程中的安全隐患,提高职工的安全防范意识,避免事故的发生,制定并实施本程序。

2.适用范围

矿属各单位。

3.职责

机电科、调度室、安监处负责对胶带运输的安全运行情况进行监督检查。

4.执行程序

(1) 胶带运输机准备启动

胶带输送机司机得到调度启动的车命令后,先进行启动车前的设备检查,再发启车信号。

(2) 胶带输送机的启动

按动起车按钮,观察起车程序是否正常。

(3) 胶带输送机的运行

胶带输送机司机在胶带输送机运行过程对运输物料和胶带带面、驱动装置进行检查,发现紧急状况，立即进行停机闭锁，并向调度汇报相关情况，处理故障程序。

(4)胶带运输机的停止

胶带输送机司机得到矿调度的停止命令后，进行胶带停车程序。

(5)胶带运输机检查

胶带停车后胶带机司机对机头驱动和传动部分检查，并对责任卫生区进行卫生清理。

5.相关文件

略。

6.相关记录

《设备巡回检查记录》。

7.附件(图2-28)

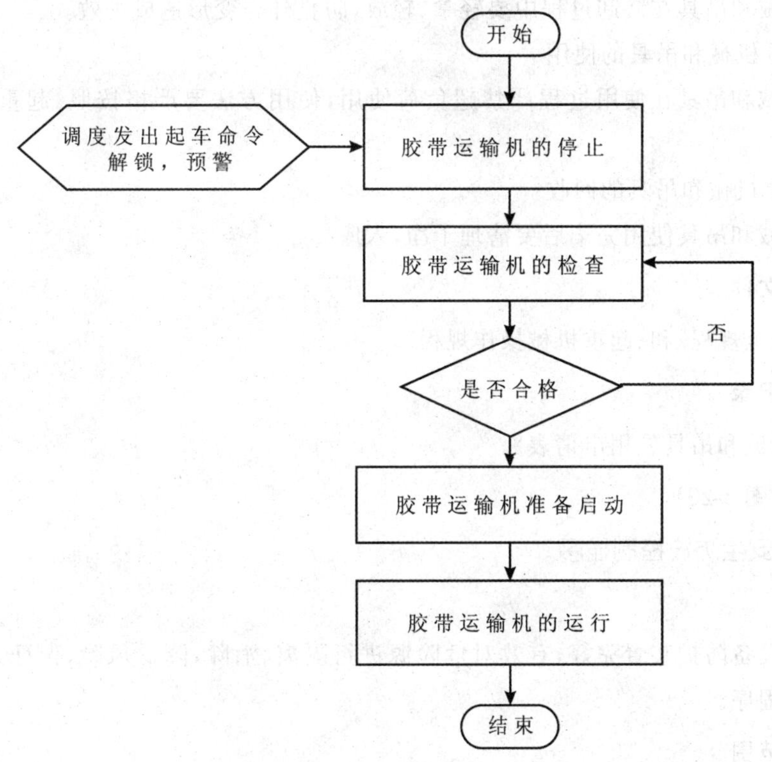

图3-28　胶带运输控制程序流程

(十)起重机械和吊具控制程序

1.目的

为消除职工在使用起重机械和吊具过程中的安全隐患，提高职工的安全防范意识，避免事故的发生，制定并实施本程序。

2.适用范围

矿属各单位。

3.职责

准备工区负责使用、保养起重机械和吊具。

4.执行情况

(1) 起重机械和吊具的领用

起重机械和吊具领用需经过工区申报、区长批示、物资管理科批准方可领用。

(2) 起重机械和吊具的库存及保养

起重机械和吊具的入库要登记,库存要吊挂,日常对起重设备和吊具要进行防锈处理。

(3) 起重机械和吊具的运输

起重机械和吊具在装卸过程中要轻拿、轻放,防止外壳变形造成失效。

(4) 起重机械和吊具的使用

起重机械和吊具在使用过程严禁超负荷使用,使用方法要严格按照《起重机械操作规程》实施。

(5) 起重机械和吊具的回收

起重机械和吊具使用完毕后要清理干净,入库。

5.相关文件

《煤矿安全规程》和《起重机械操作规程》。

6.相关记录

《起重机械和吊具领用申请表》。

7.附件(图 3-29)

(十一) 安全防护控制程序

1.目的

为确保设备防护装置完好,有效对危险源进行隔离、消除,降低风险,保证人员安全,制定并实施本程序。

2.适用范围

矿属各单位。

3.职责

(1) 各责任单位负责本单位所有机械、电气设备防护装置、闭锁装置的设置、使用、日常维护和保养。

(2) 机电科等职能单位负责机械、电气设备防护装置和闭锁装置使用情况的监督检查。

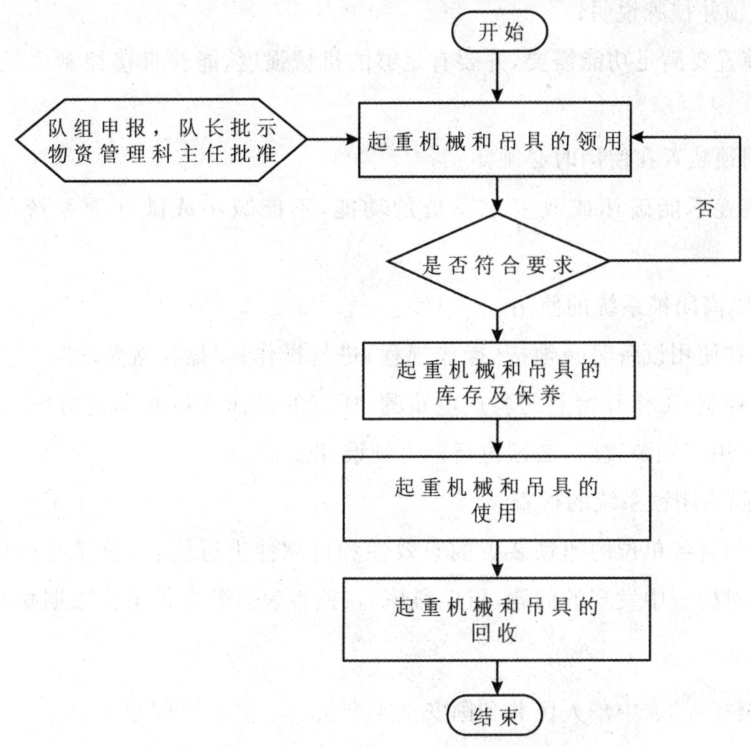

图 3-29　起重机械和吊具控制程序流程

4.执行程序

(1) 设备防护范围

机电科每年对设备防护装置进行普查，并负责组织设置和维护。需要保护的区域或部位主要包括：容易碰到的、裸露的带电体及机械外露的转动和传动部件运输机的机头、机尾；对轮驱动和链驱动部位；转动杆、齿轮和轴；容易碰到的、裸露的带电体。

(2) 防护装置维护

机电科确定安装、检修方案，督促实施并组织验收，使用单位对防护装置进行日常维护。

(3) 检查

机电科负责每旬对矿井现场检查一次，提出整改意见，填写《检查表》，由责任单位整改。

(4) 电气隔离、闭锁装置的配置

各使用单位根据设备使用和维修过程的安全要求，保证设备的隔离、闭锁系统完好。设备隔离、闭锁要求如下：

① 所有的自动和手动闭锁装置都能够控制相应回路中的主机；

② 供电系统中所有的变电、配电装置的控制开关，必须安装、检修闭锁装置；

③ 在停送电时必须按《供电管理制度》执行，配电装置或负载在维护或检修时必须将停

电处的开关上锁并挂牌说明；

④ 闭锁装置要满足功能需要，并要有足够的机械强度，能够直接控制主机，并有足够的可靠性；

⑤ 机械闭锁装置在使用时必须闭锁；

⑥ 闭锁装置不能破坏或改变原系统的功能，不能减小或破坏原系统的可靠性和稳定性。

（5）电气隔离闭锁系统的使用

使用单位在使用设备时必须按《操作规程》进行操作。《操作规程》必须包括：隔离闭锁装置的标识及控制；工作开始前的验放电步骤；所有的操作人员必须进行《操作规程》培训，有培训记录；使用闭锁装置时，必须执行谁上锁谁开锁。

（6）电气隔离闭锁系统的检查

机电科每旬对各单位的闭锁装置的有效性和可靠性进行检查，核实与操作措施的一致性，做好记录，对检查中发现的问题，机电科填写《检查表》，各责任单位限期整改。

5. 相关文件

《煤矿安全规程》、《中华人民共和国安全生产法》和《供电管理制度》。

6. 相关记录

《闭锁装置的有效性和可靠性进行检查表》和《操作规程培训记录》。

7. 附件(图 3-30)

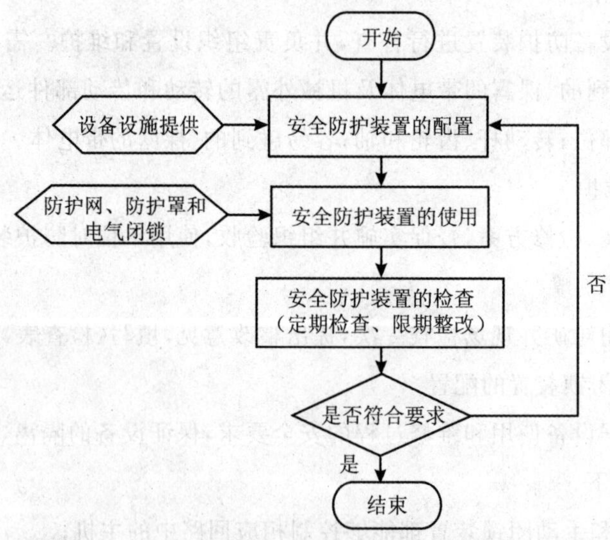

图 3-30　安全防护控制程序流程

五、辅助管理程序

（一）应急准备与响应控制程序

1. 目的

为确保在潜在的重大安全、环境事故或紧急事故发生后进行紧急处理，最大限度地保护职工生命安全和财产安全，制定并实施本程序。

2. 适应范围

矿属各单位。

3. 职责

（1）总工程师组织相关技术人员编制《安全生产事故应急救援预案及现场处置方案》。

（2）安监处、生产科、通防科、调度室、机电科负责提报应急救援物资计划，通防工区、物资管理科等负责救灾物资的储备。

（3）机电科负责组织应急救援设备的配置。

（4）调度室负责事故汇报、协调及应急工作。

4. 执行程序

（1）应急预案

① 每年初根据矿内的风险评估，对可能发生的紧急、突发事故、事件进行控制策划，总工程师组织相关技术人员编制修订《安全生产事故应急救援预案及现场处置方案》（以下简称应急预案），经矿审核批准后实施，如现场情况发生变化应及时修改完善。

② 安培中心每年组织全体职工进行一次相关《应急预案》的贯彻学习。

③《应急预案》的内容包括：可能发生的事故的性质、后果，消除事故发生原因所必需的工种、设备、器材、工具的数量、使用地点、使用方法和管理办法等；与外部机构（如医院、救护队、物资供应中心、调度室等）的联系；报警、联络的步骤；应急指挥机构，指挥者、参与者的职责和权限；应急指挥中心的地点，处理事故的必备技术资料；处理事故的指导原则、救援方案和必要的物资准备；紧急情况下的人员疏散办法。

（2）应急物资、设施与人员

① 通防工区、物资管理科根据《应急预案》的要求，组织准备必要的应急物资；应急物资

应单独存放、专人保管、定期检查。

② 报警装置。保卫科负责地面公共场所设置火灾报警系统;调度室负责井下监测监控系统、语音广播系统、调度电话系统、无线通讯系统的安装及日常维护。

(3) 受威胁人员应了解报警系统如何使用

① 井下工作人员接到报警信号时,相关人员及时按《避灾路线图》撤离到安全地点。发现紧急情况应及时汇报调度室。

② 保卫科接到火灾报警信号时,相关人员及时撤离到远离火源的矿集合地(矿办公楼前),由党政办公室负责人员清点。

(4) 进行应急培训及应急预案演习

① 调度室每年应组织所有职工进行一次《应急预案》演练,并保存记录。

② 通防科要根据《煤矿安全规程》规定组建本单位的辅助救护队和应急预备队伍。

(5) 应急响应

① 当发生生产安全事故,调度室应按《应急预案》成立救援指挥部组织抢救,矿长必须亲临现场指挥救灾。必要时立即请求上级单位支援。

② 救灾指挥部设在调度室,在事故或灾区附近安全地点设现场指挥基地,基地设通往指挥部和灾区的电话,并有必要的救护设备和器材。

③ 现场指挥应根据现场情况和灾情的变化,及时调整《救灾方案》,请示救灾指挥部后,组织实施。

④ 当发生事故与灾害时,相关人员依据事故及灾害的危害程度,积极自救和互救的同时,立即向调度室汇报,调度室根据事故性质不同向相关领导和单位汇报,由矿长下达启动相应应急预案的命令和决定进一步采取措施。

⑤ 安监处对营救遇险人员和抢救工作的安全措施实行监督,调度室负责应急计划及紧急事件发生过程的记录。

5. 相关文件

《煤矿安全规程》。

6. 相关记录

《安全生产事故应急救援预案及现场处置方案》、《救灾方案》和《避灾路线图》。

7.附件(图 3-31)

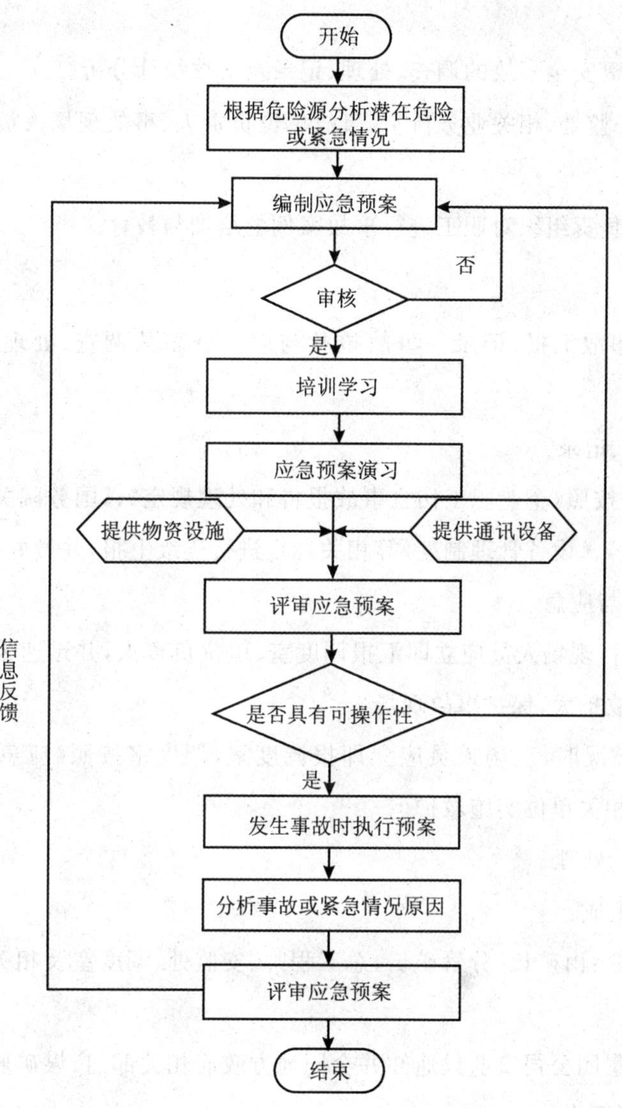

图 3-31 应急准备与相应控制程序流程

(二)事故管理程序

1.目的

为更好的控制事故的调查、处理程序,预防事故的重复发生,接受事故教训,确保矿井长治久安,特制定并实施本程序。

2.适用范围

矿属各单位。

3.职责

(1) 安监处负责安全事故的调查、处理、记录及事故统计分析。

(2) 矿领导、安监处、相关业务科室、事故单位负责人、事故现场人员参与相关事故的调查处理。

(3) 安培中心负责组织对职工进行事故案例的培训与教育。

4.执行程序

执行程序为:事故汇报、记录→事故抢救与应急→事故调查、处理→事故统计→事故回顾。

(1) 事故汇报、记录

事故发生后应按照《企业职工伤亡事故报告和处理规定》、《国务院关于特大安全事故行政责任追究的规定》、《设备管理制度》等相关规定进行逐级上报,并做好相关记录。

(2) 事故抢救与应急

① 事故发生后,现场人员应立即汇报调度室、单位负责人,并迅速采取措施抢救受伤人员和财产,防止事故扩大,保护事故现场。

② 发生紧急情况时,现场人员应立即报调度室,调度室按照《应急准备与响应控制程序》通知矿领导及相关单位实施救护。

(3) 事故调查、处理

① 调查组的组成:

轻伤、重伤事故:由矿长、分管矿长、总工程师、安监处、调度室及相关专业人员等组成事故调查小组;

死亡事故:由集团公司安监局通知并会同地方政府相关部门、煤矿监察部门及矿共同组成联合调查组进行调查;

重大机电事故:机电矿长组织成立事故调查小组,由机电矿长、安监处及机电科等有关人员组成。

② 事故调查组成员的条件:具备事故调查所需的专业知识;与所发生事故没有直接利害关系。

③ 事故调查组应按照“四不放过”的原则进行:查明事故的详细经过、人员伤亡及财产损失情况;查明事故原因、事故性质;提出事故处理及防止类似事故发生所应采取的措施及

建议;提出对事故责任者的处理意见;写出事故调查报告。

④ 发生人员伤亡、特大安全事故应依据国务院颁布的《企业职工伤亡事故报告和处理规定》和《国务院关于特大安全事故行政责任追究的规定》进行调查和处理。

⑤ 事故调查结束后,事故调查组将《事故追查记录》、《事故调查报告》等材料交由安监处整理和保存。

⑥ 事故和不符合的原因分析、纠正及预防。

各业务单位对发生的事故、违章行为等不符合进行原因分析,查清和确定事故原因,分析其他可能发生的类似事故、不符合及其潜在的原因,制定相应的纠正措施或预防措施;纠正措施和预防措施制定后,应进行审批、实施。

(4) 事故统计

所有事故每月由安监处负责统计,形成《事故月报表》、《事故年度统计报表》,保存并在安全例会上进行公布并向上级有关单位报送。

① 工时统计。本矿职工发生事故影响的工时数及职工出勤总工时由劳资科负责统计,形成月度《职工考勤汇总表》,保存并于次月初报经营副矿长。

② 统计数据分析。安监处负责组织各类事故的统计分析,形成年度《事故分析报告》(包括事故分析图表及建议)。事故分析要考虑每单位事故、一天中每一时段的事故、一周中每一天的事故、重点时刻、重点环节、重点部位、伤害单位、受伤人员的年龄、哪一阶段的职工(新工人、老工人)、原因分析、不安全的行为和环境分析、职业卫生重要因素分析、环境事故类型、环境结果、环境事故的严重性。

③ 统计数据分析结果为制订培训计划、整改措施、工作时间调整、程序修订及费用预算作参考依据。

④ 决策层作出重要决策时可参考统计数据分析结果,并通过会议的形式与各单位沟通。

⑤ 统计数据公开。统计分析结果应经过安全会议讨论,通过网络、标示牌、会议等形式,每月向职工公开。

(5) 事故回顾

① 各单位每周在安全活动日中,对当月发生过的事故进行回顾,吸取经验教训,提高职工的事故防范意识,并填写《安全活动记录》。

② 安监处组织每月召开一次安全例会,形成《安全例会会议纪要》,并通过网络、电视、标示牌、刊物等形式向职工公布。

③ 安监处每年至少组织一期事故案例回顾分析讲座,保存相应记录。

5.相关文件

《中华人民共和国矿山安全法》、《中华人民共和国职业病防治法》、《中华人民共和国环境保护法》、《特别重大事故调查程序暂行规定》、《企业职工伤亡事故报告和处理规定》、《中华人民共和国安全生产法》、《中华人民共和国劳动法》、《职业病诊断管理办法》、《职业病报告办法》、《中华人民共和国统计法》、《国务院关于特大安全事故行政责任追究的规定》、《设备管理制度》和《应急准备与响应控制程序》。

6.相关记录

《事故调查报告》、《职工考勤汇总表》、《事故分析报告》、《事故月报表》、《事故年度统计报表》、《安全活动记录》、《安全例会会议纪要》和《事故追查记录》。

7.附件(图 3-32)

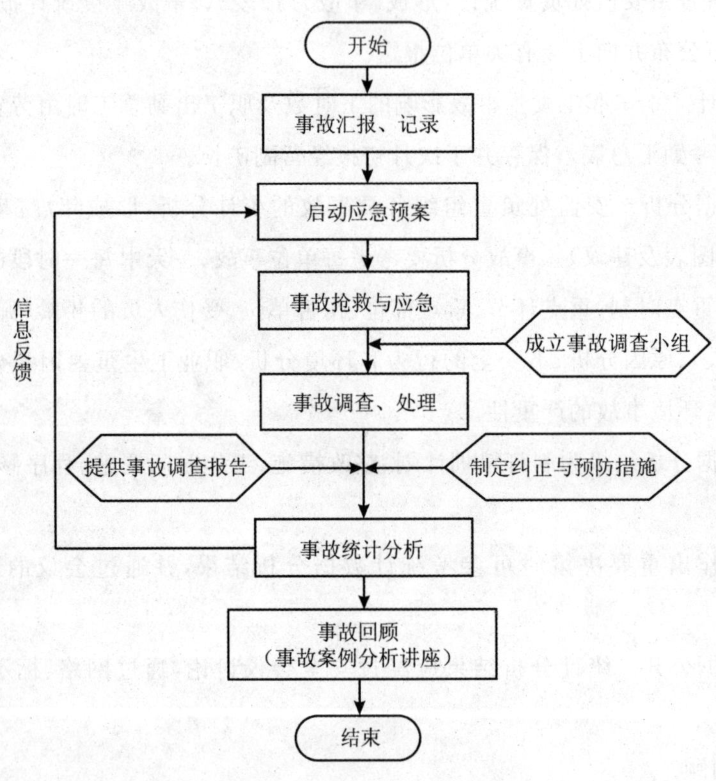

图 3-32　事故管理程序流程

(三)合格供方控制程序

1.目的

为对供应过程进行控制,确保所采购的各种原辅料符合安全 100 管理体系的要求,特制定本程序。

2.适用范围

本程序适用于为矿区提供产品和服务的所有供方的控制。

3.职责

物资管理科负责原材料采购供方，设备部件采购及外委加工方，产品检验委托单位的评价、选择及有关要求的传达。

机电科负责监视和测量设备检定供方，变电所外包供方的评价、选择及有关要求的传达，协议的签订。

4.工作过程

(1) 执行程序

供方调查→供方评价选择→制订合格供方名录→传达本质安全要求→制订配件采购计划表→审批配件采购计划表→实施采购→采购产品验收。

(2) 供方控制模式

主要原材料：供方评价＋产品检验；其他辅料：供方评价；设备：供方评价＋安装后验收。

(3) 供方的选择和评价

矿区各责任单位负责对供方进行调查、评价，主要针对供方的资格、合法性、产品质量、安全和环保状况、供方产品和服务满足本矿情况等进行，调查结果形成《供方调查评价表》，根据调查结果采取货比三家的方式进行评价，寻找合格供方，经矿长批准后可列入《合格供方名录》。

(4) 采购信息

每次采购前物资管理科需制订配件采购计划表(通知)，配件采购计划表需明确采购产品的名称、数量、质量要求、供方、交付期等，由矿长审批后实施。

(5) 供方要求的通报

① 物资管理科负责将本矿识别的原材料中的环境因素、危险源相关的控制程序和要求通报原材料供方。

② 物资管理科在采购新的设备时需将有关新设备环保和安全方面的要求形成文件并传达到供方。

③ 机电科负责将变电站的环保和安全方面的要求形成文件传达供方。

④ 节能办负责将《锅烟大气污染物排放标准》、《大气污染物管理规定》、《固体废弃物管理规定》、《中华人民共和国固体废弃物污染环境防治法》、《危险废弃物名录》传达给供方，形成《文件收发登记表》。

(6) 采购物资的验证

本矿主要对支护材料、井下机电设备进行进厂验收，具体执行《设备管理制度》的要求，其他辅料由库房验证其产品名称、规格型号等，记录在库房台账。

5. 相关文件

《设备管理制度》、《固体废弃物管理规定》、《锅烟大气污染物排放标准》、《大气污染物管理规定》、《中华人民供和国固体废弃物污染环境防治法》和《危险废弃物名录》。

6. 相关记录

《合格供方名录》、《供方调查评价表》、《文件收发登记表》和《配件采购计划表》。

7. 附件(图 3-33)

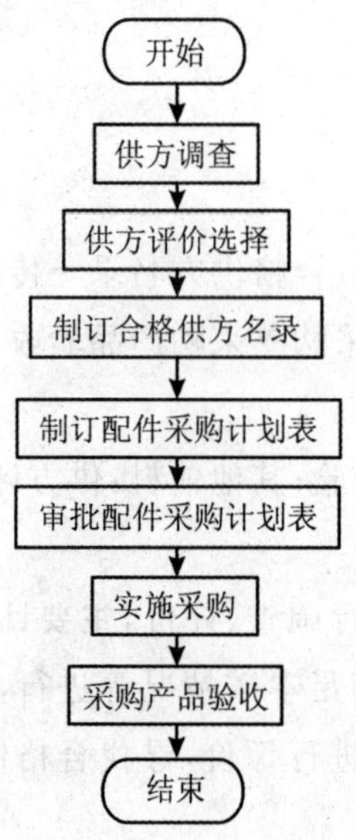

图 3-33　合格供方控制程序流程

(四) 基础设施管理程序

1. 目的

对机械设备运行进行有效控制，确保设备的安全运转，环保运转，减少机械事故和人身伤害，确保矿区整体目标的实现。

2. 适用范围

本程序适用于矿基础设施的管理。

3. 职责

(1) 机电科负责机械设备的安全使用、检查。

(2) 物资管理科、机修厂负责机械设备的维修。

(3) 设备使用单位负责设备的日常维护保养。

4. 执行程序

(1) 基础设施的购置及配备

① 各单位根据生产需要购置设备时，填写《设施申购单》由矿长批准执行，购置申请中对质量、效益、环保安全等做好经济技术论证。采购应遵循技术上先进、生产上适用、经济上合理的原则。

② 设备在不能满足生产时，可申请调配、购置。

③ 对使用过程中的机械设备进行全面检查和维护且符合下列要求：固定连接牢靠，无松动现象；机械运转平稳，无异响和振动；机械设备运转部位密封良好，无泄漏现象；机容整洁，防护完好。

(2) 设备的使用

① 使用时，应配置使用性能完好，安全有保证的设备，设备的安全装置和防护设施应齐全。所有设备应达到以下要求：传动的外露部分应有牢固的防护罩，并且连接可靠，无松动；所有设备保持接地(零)线应可靠；每台设备应使用一个独立的开关和电源线路，并与设备的负荷相匹配，所有带电部位绝缘良好，防止意外触及；设备的限位、连锁、操作手柄应灵活可靠；设备不能出现漏油现象；设备检修时要断电，在断电处必须挂警示标志“有人作业、禁止合闸”，并设置监护人。

② 生产单位和办公单位在使用生产设备和办公设备时，优先考虑到负荷与设备配置相适应，并减少设备空运转节约能源。

③ 相关单位应为生产设备配备能胜任工作的操作人员，主要生产设备的操作人员，必须持证上岗，并保持相对稳定，要严格按操作规程操作。

④ 安监处应加强操作人员的安全教育，生产设备所处工作场所应挂生产设备操作规程牌，严禁违章作业。

⑤ 机电科组织机电工区等单位定期对所属的生产设备的使用情况进行检查，并填写《设备检查记录》。发现问题及时整改，对存在重大问题的机械设备，必须停机整改，整改后经验收合格，方可重新投入使用。

(3) 生产设备的检查与维修

① 生产设备的日常检查工作由操作人员进行，发现机械故障、跑、冒、滴、漏、安全装置及防护设施损坏及时上报。

② 操作人员负责设备的日常维护、清洁、调整、润滑、紧固、防腐工作，发现漏油、漏液现象要及时处理。

③ 机电科负责机械设备的大、中修工作安排，不具备大修条件的可委托外修。督促操作人员和维修人员对设备进行定期维护和修理。

④ 维护和修理过程中产生的废油、废弃物分别由操作人员和维修人员及时清理回收，分类放入专设的废弃物箱、桶内。

(4) 用电管理

① 人员管理。安装、维修或拆除用电设备、设施，必须由电工完成，电气作业人员必须持证上岗。

② 为了防止意外带电体的触电事故，根据不同情况应采取如下保护措施：工作接地、保护接地、保护接零和重复接地。

③ 线路布置。井下布线需符合煤矿安全规程要求且线路应符合以下规定。

电缆规格应符合规定且新线应带“CCC”标志，排列整齐，无机械损伤；标志牌应装设齐全、正确、清晰。

电缆的固定、弯曲半径、有关距离和单芯电力电缆的金属护层的接线、相序排列等应符合要求。

电缆终端、电缆接头及充油电缆的供油系统应安装牢固，不应有渗漏现象；充油电缆的油压及表计整定值应符合要求。

接地应良好，充油电缆及护层保护器的接地电阻应符合设计要求。

电缆终端的相线应正确，电缆支架等金属部件防腐应完好。

电缆沟内应无杂物，盖板齐全；巷道内应无杂物，照明、通风、排水等设施应符合设计要求。

④ 线路的检修。一般地面建筑物的动力线、照明线不进行小修，日常问题由总务科维修。

(5) 变配电所、配电箱及开关箱

① 变配电所环境要求：与其他建筑物间有足够的安全消防通道；与爆炸危险场所，有腐蚀性场所有足够的间距；地势不应低洼，防止雨后积水；应设有100%变压器油量的贮油池或排油设施；变配电闸门应向外开，高低压室之间应向低压间开，相邻配电室门应双向开；门、窗轧孔应装设网孔小于10 mm×10 mm的金属窗网；电缆沟、巷道、进户套管应有防小动物和防水措施。

② 变压器的要求：油标油位指示清晰，油色透明无杂物，变压器油有定期绝缘测试，化验报告，不漏油；油温指示清晰、温度低于85 ℃，冷却设备完好；绝缘和接地可靠，有定期检测记录；瓷瓶、套管清洁，无裂纹或放电痕迹；变压器内部无异常响声和放电声；应用规定的警示标志和遮拦。

③ 高低压配电间和电容器间的要求：瓷瓶、套管、绝缘子应清洁无裂纹；母线应清洁、接头接触良好，母线温度应低于70 ℃，漆色鲜明，连接牢固；电缆头外表清洁、无漏油，接地可靠；油断路器应为国家许可生产厂合格产品，有定期维修检验记录，油位正常，油色透明无杂质，无漏油、渗油现象；操纵结构应为国家许可生产厂合格产品，有定期维修检验记录，操纵灵活，联锁可靠，脱扣保护合理可靠；空气开关灭弧罩完整，触头平整；电力电容器外壳无膨胀，无漏油现象；接地可靠，配电间设置网状接地体，各电气设备外壳各接地体连接可靠；应有规定的警示标志及工作操纵标志；各种安全用具完好，有定期检测资料，存放合理；变配电间内各种通道应符合安全要求。

④ 建设用配电箱应通过“CCC”认证并带“CCC”标志。

⑤ 接地防护。所有电气设备，变电所及电网均应有良好的接地防护措施，接地电阻一般应小于 100 Ω。

⑥ 检修。对用电设备进行维修保养时，应停电进行，并严格执行谁停电谁送电的原则，设备停电后必须挂设“有人工作，禁止合闸”的警示牌。

（6）锅炉、压力容器的管理

矿区锅炉、压力容器应由节能办建立操作规程，操作人员需经过培训合格后方可上岗。每年需由节能办分别制订锅炉、压力容器检定计划，报矿长审核，矿长批准后执行。所有检定合格的锅炉、压力容器均应做合格检定标识，无标识的设备不得使用。

（7）检查

总务科负责对各单位基础设施维护保养情况、用电情况进行检查，发现问题及时采取相应的纠正和预防措施。

5. 相关文件

略。

6. 相关记录

《设施申购单》和《设备检查记录》。

7. 附件(图 3-34)

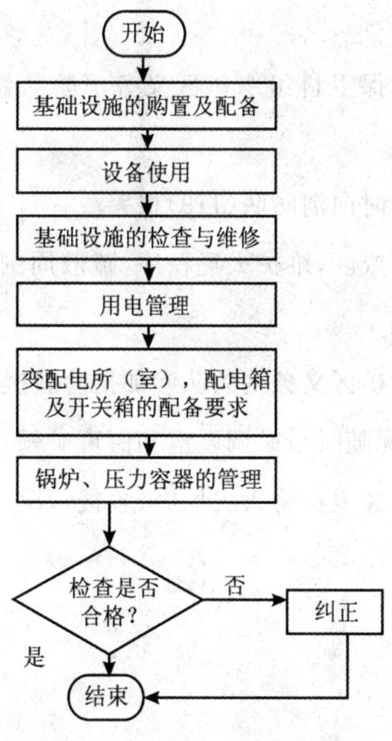

图 3-34　基础设施管理流程

（五）消防管理控制程序

1.目的

为强化对消防安全情况的掌控，在发生消防事故时能快速做出反应，保障矿区和职工的财产不受或少受损失，制定并实施本程序。

2.适用范围

地面所有管辖范围。

3.职责

（1）保卫科负责全矿地面管辖范围内的消防监督检查、技术指导、考核奖惩等工作；发生火灾事故时，划定火灾现场警戒区，维护好火场周围道路秩序、保障救援车辆顺利通行，并与有关科室人员负责协助上级单位做好事故调查处理工作。

（2）总务科、保卫科负责消防器材的采购、验收、储存、发放、返修及售后服务工作，新进器材、维修器材必须进行质量验收。

（3）保卫科、安培中心负责对全矿职工进行消防安全教育和培训，包括新入矿职工的岗前消防安全知识培训。

4.执行程序

（1）矿设立报警电话。

（2）接到火警报警电话后，保卫科组织矿区义务消防队做先期处理，并同时向调度室，值班领导汇报。

① 保卫科根据火情需增援时向消防队（119）报警。

② 保卫科划定火灾现场警戒区，维护火场秩序，疏散周围人员，对火场周围道路实行交通疏导、保障救援车辆顺利通行。

③ 各单位积极配合保卫科矿区义务消防队参加抢险救援工作。

（3）保卫科将现场进展情况随时报矿调度室和值班矿领导。

（4）抢险救援工作结束后，保卫科将火灾原因、救援情况、损失情况向矿领导汇报。

5.相关文件

《中华人民共和国消防法》。

6.相关记录

略。

7.附件(图 3-35)

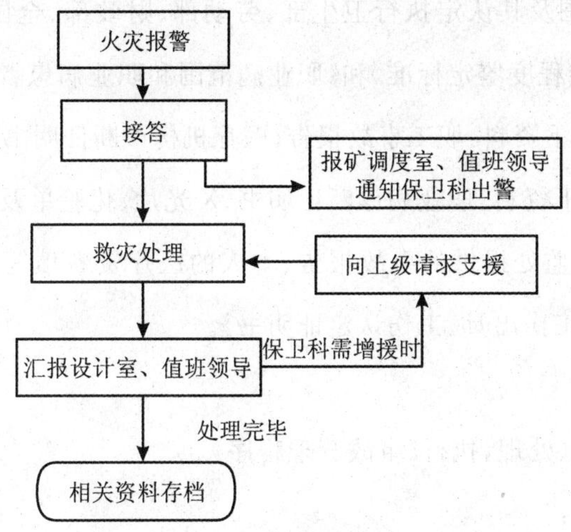

图 3-35　消防管理控制程序流程

(六) 工伤与职业病管理程序

1.目的

为维护劳动者权益,制定并实施本程序。

2.适用范围

矿属各单位。

3.职责

(1) 劳资社保科负责组织工伤、职业病人员参加工伤与职业病的认定及鉴定工作,发生费用的报销及待遇的落实等。

(2) 监察科负责监督检查工伤、职业病职工的待遇落实情况。

(3) 卫生所负责工伤、职业病人员治疗期间的管理工作,同时协助安培中心开展劳动者职业健康安全培训。

4.执行程序

(1) 工伤、职业病的预防

① 各单位应坚持"安全第一、预防为主、综合治理"的方针建立健全职工安全卫生制度,有效治理生产环境,改善职工劳动条件,并配备必要的职业安全卫生设施和劳动保护用品。

② 劳动者应经职业安全卫生知识培训,并经考核合格后上岗。

(2) 工伤、职业病的认定

① 工伤、职业病范围及其认定执行卫生部、劳动部、财政部、全国总工会发布的现行的《职工工伤与职业病致残程度鉴定标准》和《职业病范围和职业病患者处理办法的规定》。

② 认定工伤依据以下资料：职工事故报告；医疗机构诊断证明书、病历及其他资料。

认定职业病依据以下资料：职业病诊断证明书、X 光片、化验单及其他资料。

③ 劳资科应根据安监处提供的事故报告、本人的医疗资料填写《工伤认定审批表》，经人社局审核后对认定的工伤出具《工伤认定证明书》。

(3) 工伤管理

① 工伤事故的调查、处理，执行《事故管理程序》。

② 职业病管理办法：

新工人上岗前必须进行身体健康检查。接触粉尘工人必须拍胸大片，安监处应建立《职工健康档案》；接触粉尘、毒物及物理因素有害作业的工人应定期进行健康检查。

定期检查时间间隔。对在岗和脱离粉尘作业的工人，属Ⅰ级管理者(粉尘中游离 SiO_2 含量大于 50%)每 2～3 年拍片检查 1 次；属Ⅱ级管理者(粉尘中游离 SiO_2 含量在 10%～50%)每 3～4 年拍片检查 1 次；属Ⅲ级管理者(粉尘游离 SiO_2 含量小于 10%)每 4～5 年拍片检查 1 次；尘肺患者每年拍片 1 次，观察对象根据粉尘中游离 SiO_2 含量属Ⅰ级管理者每年拍片复查 1 次；属Ⅱ级管理者每 2 年拍片复查 1 次；属Ⅲ级管理者每 3 年拍片复查 1 次。

职业病诊断报告。职业病诊断执行卫生部职业病诊断管理办法；职业病报告执行卫生部(88)卫防字第 70 号《职业病报告办法》。

安监处应按照国家有关规定建立《职业病职工档案》，档案内容准确、完整，填写认真、细致，并妥善保管。

(4) 工伤、职业病劳动鉴定和评残

劳动鉴定委员会应当按国家制定的《职工工伤与职业病致残程度鉴定标准》(GB/T 16180—2006)，对因工负伤或者患职业病的职工伤残后丧失劳动能力的程度和护理程度进行等级鉴定。

(5) 工伤、职业病职工待遇

① 根据伤残鉴定结果，劳资科负责工伤、职业病待遇的执行。

② 劳资科依据鉴定和评残的等级，对工伤、职业病人员进行安置。

5.相关文件

《中华人民共和国尘肺病防治条例》、《工伤保险条例》、《职业病范围和职业病患者处理办法的规定》、《事故管理程序》、《职业病诊断管理办法》、《职业病报告办法》和《工伤与职业病致残程度鉴定标准》。

6.相关记录

《职工健康档案》、《职业病职工档案》和《工伤认定证明书》。

7.附件(图 3-36)

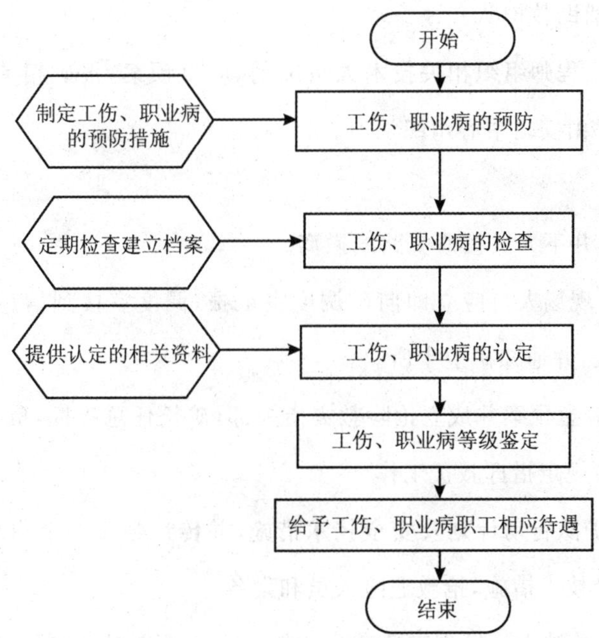

图 3-36 工伤与职业病管理程序流程

(七)矿山救护控制程序

1.目的

为对发生的矿井灾害实施有效的救护,最大限度地保护职工生命安全和减少国家财产的损失,制定并实施本程序。

2.适应范围

矿属各单位。

3.职责

(1)矿长是救灾工作的总指挥。

(2)救灾指挥部负责地面和井上、井下火、瓦斯、煤尘、水、顶板等灾害事故的处理及遇险遇难人员的抢救。

(3)现场管理人员负责组织自救和配合抢险救灾。

4.执行程序

(1)矿井灾害救护准备

① 矿负责组建辅助救护队。

② 每年末由总工程师组织相关技术人员编制《应急预案》报矿相关单位审批,并备案。审批后的《应急预案》由安培中心组织学习。

(2)矿山救护

① 灾害发生时,井下人员按避灾路线撤离。

② 灾害发生后,现场人员应立即向矿调度室汇报,调度室接到信息后应及时通知矿领导及有关科室负责人,并通知矿卫生所。

③ 矿立即启动应急预案并成立抢险救灾指挥部,矿长任总指挥,负责制订救灾方案,并根据《煤矿救护规程》规定指挥救援工作。

④ 迅速制订救护队行动计划及安全技术措施,并传达到每一个指战员,指战员根据救护队行动计划及安全技术措施,抢救遇险人员和设备。

⑤ 救护过程中,救护人员发现灾情变化和新的安全隐患时,立即报告抢险救灾指挥部,救护队根据指挥部命令,调整救护队行动计划或制定相应的隐患排除措施,保证救灾人员的安全和救灾工作的顺利进行。

⑥ 矿卫生所接到通知后,做好救治伤员的准备工作。

5.相关文件

《煤矿救护规程》和《煤矿安全规程》。

6.相关记录

《应急预案》。

7.附件(图 3-37)

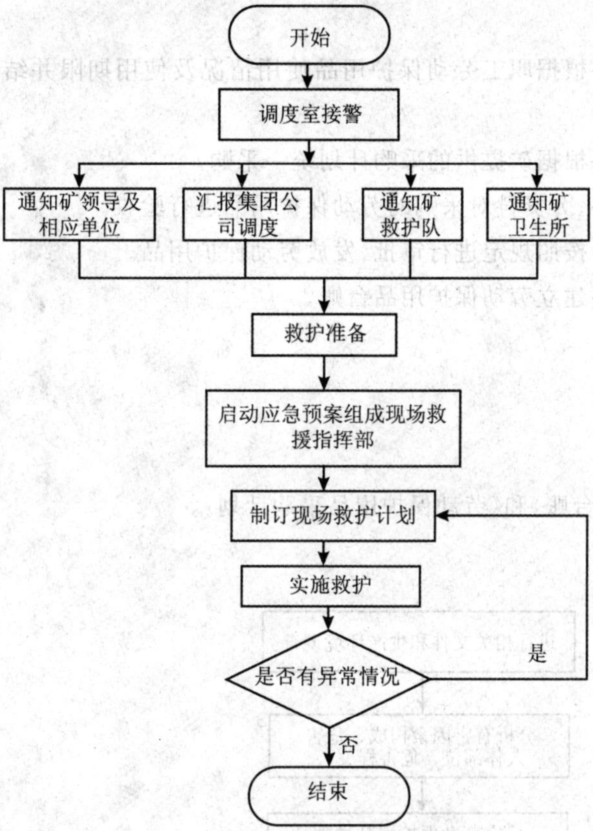

图 3-37　矿山救护控制程序流程

(八)劳动保护用品管理程序

1.目的

为规范劳动保护用品的管理,保障职工身心健康,制定并实施本程序。

2.适用范围

矿属各单位。

3.职责

(1) 劳资社保科负责全矿各类劳动保护用品采购计划的制订,并负责劳动保护用品的管理、发放。

(2) 物资管理科、劳资社保科对劳动保护用品质量进行监督检查。

4. 执行程序

(1) 劳资社保科负责收集劳动保护相关文件，对矿井生产作业环境进行调查。

(2) 安监处组织分析生产作业环境有害因素构成、危害人体部位、危害程度，制定相应的劳动保护措施。

(3) 劳资社保科根据职工劳动保护用品使用情况及使用期限并结合库存情况，编制采购计划。

(4) 物资管理科根据矿提供的采购计划统一采购。

(5) 物资管理科、劳资科对采购的劳动保护用品进行验收。

(6) 劳资社保科按照规定进行审批、发放劳动保护用品。

(7) 劳资社保科建立劳动保护用品台账。

5. 相关文件

略。

6. 相关记录

《劳动保护用品台账》和《劳动保护用品采购计划》。

7. 附件(图 3-38)

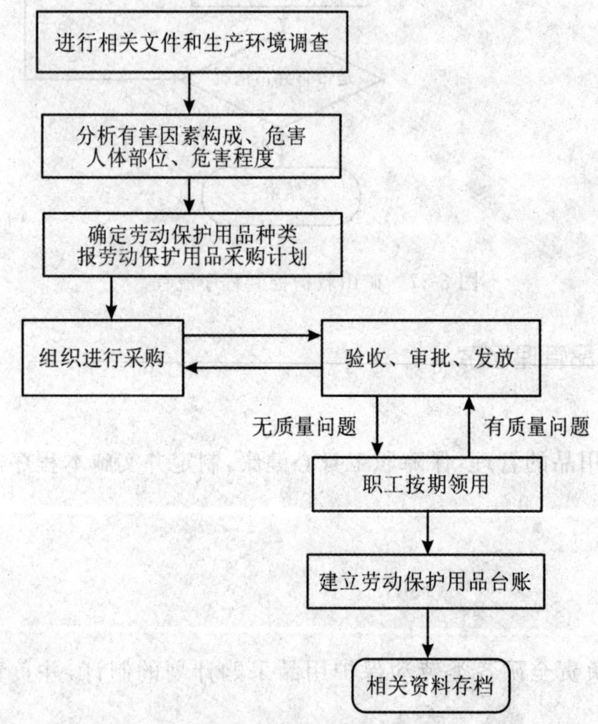

图 3-38 劳动保护用品管理程序流程

第四章　安全管理制度编制

安全管理制度是煤矿安全生产的重要运作保障机制，对企业及其员工的行为具有规范性、约束性的影响和作用。安全100风险预控管理体系建设结合《煤矿安全风险预控管理体系规范》(AQ/T 1093—2011)要求及矿井实际对原有制度进行了规范、完善，修订后其管理制度包括风险预控管理、组织保障管理、人员不安全行为管理、生产系统安全要素管理和辅助管理五大部分。规定了相应制度控制的目的、定义、适用范围、引用标准、引用流程、职责、目标管理内容及要求、目标完成情况考核、相关/支持性文件、附则，适合各级相关单位、岗位和人员对各项工作的规范性操作。

一、安全管理制度目录

1. 风险预控管理

(1) 风险管理制度；

(2) 危险源辨识管理制度；

(3) 工作前风险评估制度；

(4) 安全隐患排查及整改制度；

(5) 重大危险源评估、监控和整改制度。

2. 组织保障管理

(1) 本质安全管理专家顾问制度；

(2) 本质安全例会制度；

(3) 本质安全文化建设保障制度；

(4) 安全办公会议制度；

(5) 党委安全办公会议制度；

(6) 安全目标管理制度；

(7) 安全投入保障制度；

(8) 安全质量标准化管理制度；

(9) 安全质量评估管理制度；

(10) 安全监督检查制度；

(11) 安全生产互保联保责任制度;

(12) 安全与经济利益挂钩考核制度;

(13) 安全奖惩制度;

(14) 安全形势定期分析制度;

(15) 安全举报制度;

(16) 事故统计报告制度;

(17) 事故应急救援制度;

(18) 责任事故追究处罚制度;

(19) 领导干部下井带班制度;

(20) 领导干部包挂区队制度;

(21) 区队干部安全述职报告制度;

(22) 安全技术审批制度;

(23) 科技创新及小改小革申报评比制度;

(24) 应急预案管理制度;

(25) 班组长例会制度;

(26) 安全活动日制度;

(27) 班组长聘任管理制度;

(28) 群众安全管理制度;

(29) "双基"建设管理制度;

(30) 安全责任逐级追究制度。

3.人员不安全行为管理

(1) 薄弱人员排查转换管理制度;

(2) "三违"人员综合治理制度;

(3) 安全警示教育制度;

(4) 作业规程、安全技术措施学习制度;

(5) 安全教育与培训制度;

(6) 教师管理制度;

(7) 学员管理制度;

(8) 安全生产管理人员培训制度;

(9) 特种作业人员培训管理制度;

(10) 职工日常安全教育学习制度;

(11) 培训奖惩制度;

(12) 安全培训教考分离制度;

(13) 考场管理制度;

(14) 现场职工学习情况提问制度；

(15) 安全培训费用管理制度；

(16) 应急预案培训、考核制度；

(17) 职工安全诚信档案管理制度；

(18) 青安岗管理制度；

(19) 群监员管理制度。

4.生产系统安全要素管理

(1) 人员入井检身和出入井清点制度；

(2) 外来单位人员入井施工管理制度；

(3) 作业地点本质安全检查制度；

(4) 安全操作规程管理制度；

(5) 矿井主要灾害预防管理制度；

(6) 安全信息系统工程运行制度；

(7)“手指口述”工作法管理制度；

(8) 网格式无缝隙零报告顶板排查治理制度；

(9) 工作面单元检查牌板悬挂管理制度；

(10) 工区管理人员值班制度；

(11) 煤炭质量管理制度；

(12) 工程管理制度；

(13) 生产例会制度；

(14) 特殊地段顶板管理制度；

(15) 应急管理工作制度；

(16) 应急值守制度；

(17) 接警应急处置制度；

(18) 预防性检查制度；

(19) 突发公共事件评估制度；

(20) 调度管理制度；

(21) 安监处管理制度；

(22) 安监员管理制度；

(23) 采掘管理制度；

(24) 防冲管理制度；

(25) 机电管理制度；

(26) 通防管理制度；

(27) 地测防治水管理制度；

(28) 救护队安全管理制度;
(29) 煤码头安全管理制度;
(30) 选煤厂管理制度;
(31) 安全管理处罚制度。

5.辅助管理

(1) 工伤管理制度;
(2) 面部考勤制度;
(3) 劳动定员管理制度;
(4) 劳动纪律管理制度;
(5) 安培中心管理制度;
(6) 档案、资料管理制度;
(7) 实验室管理制度;
(8) 实验室操作制度;
(9) 电教室管理制度;
(10) 计算机室管理制度;
(11) 图书室管理制度;
(12) 安全教育展室管理制度;
(13) 学员实习基地管理制度;
(14) 职业卫生管理制度;
(15) 预防粉尘危害操作制度;
(16) 预防噪声危害操作制度;
(17) 预防有毒有害气体危害操作制度;
(18) 预防放射源危害操作制度;
(19) 预防高温危害操作制度;
(20) 井口接待站管理制度;
(21) 女工家属协管会安全管理制度;
(22) 工会劳动保护干事安全管理制度;
(23) 女工、家属协管员工作制度;
(24) 地面消防管理制度;
(25) 安全监控系统管理制度;
(26) 计算机及网络安全管理制度;
(27) 入井人员考勤系统管理制度;
(28) OA 系统管理使用制度;
(29) 井下语音广播系统运行管理制度;

(30) 放射源安全使用综合管理制度；
(31) 调度通信系统运行管理制度；
(32) 矿用无线通信系统运行管理制度；
(33) 数字化矿山系统管理制度；
(34) 调度监控电缆及设备使用管理规定；
(35) 矿用设备、器材使用管理制度；
(36) 火工品管理制度；
(37) 消防材料库管理检查制度；
(38) 节能管理制度；
(39) 承包商管理制度。

二、安全管理制度示例

(一) 薄弱人物排查转换管理制度

1.目的

为切实加强安全薄弱人员排查及转换工作，培育“本质安全人”，从源头上消除各种不安全因素，确保安全生产，特制定本制度。

2.定义

略。

3.适用范围

本制度适用于煤矿各单位。

4.引用标准

略。

5.引用流程

《人员不安全行为矫正管理程序》。

6.职责分工

工区区长、书记(副书记)负责定期安排职工进行健康体检和日常排查，值班人员负责班前排查，带班区(队)长负责入井排查和现场排查。

7.目标管理内容及要求

(1) 安全薄弱人员的认定标准

① 连续休假 15 d 以上，第一天上班者；
② 经鉴定患有心脑血管疾病(高血压、心脏病等)、深度近视者；
③ 班前休息不好，身体疲劳，精神不振者；
④ 大喜大悲、心事重重、情绪不稳定者；

⑤ 身体虚弱、耳聋、眼花者；

⑥ 马虎、凑合、盲目蛮干者；

⑦ 缺乏安全知识的新入矿者；

⑧ 班前饮酒者；

⑨ 严重“三违”，一旬出现两次及以上一般“三违”者；

⑩ 事故责任者。

(2) 安全薄弱人员排查方法

① 按照职业健康管理规定定期对职工进行健康查体。

② 日常排查。由各工区书记(副书记)具体负责，建立排查记录，包括时间、姓名、排查人、处理方式等，存档备查。

③ 班前排查。由值班人员具体负责，每班班前会上排查薄弱人物。通过望、闻、测、听、问等方式进行排查。

④ 入井排查。由带班区(队)长具体负责，通过“手指口述”安全确认进行排查。

⑤ 现场排查。由带班区(队)长具体负责，对现场工作人员逐一排查，对发现的薄弱人物，视具体情况调整岗位或安排升井。

⑥ 各单位每天排查的安全薄弱人员排查及转换情况，每天下午必须在日隐患排查报表中上报安监处。

(3) 安全薄弱人员的转换

对薄弱人物按照分类管理、分别转换的原则进行排查治理。

① 对连续休假 15 d 以上，第一天上班的，各工区要安排班前专门学习培训，并指定专人作为互保对象进行监控，3 d 后方可纳入正常管理。

② 患有高血压、心脏病、深度近视等人员，各工区对该类人员重点掌握，建档跟踪管理，不得安排高空作业，在安排其他工作时不允许独立作业。经医院诊断较重的，或心血管器质性疾病，经矿劳动技能鉴定小组鉴定，调离井下工作岗位。

③ 对班前休息不好，身体疲劳，精神不振者，要安排其休息或安排适当工作并有专人监控。

④ 对大喜大悲、心事重重、情绪不稳定者，班前认真做好思想工作，使其情绪稳定后，方可上岗，并安排互保人员重点监控。

⑤ 对耳聋、眼花、身体虚弱者经医院出具证明，矿技能鉴定小组鉴定安置适当工作，并安排互保人长期进行监控。

⑥ 对安全意识淡薄、马虎、凑合、盲目蛮干者，由区队进行重点帮教转换，并安排专人现场帮教，待改正后，方可纳入正常管理。

⑦ 对缺乏安全知识的新入矿者，必须经过入矿培训考试合格，并指定一名有经验的老职工与其结对子，签订师徒合同后，在师傅的监护下方可上岗。

⑧ 对班前饮酒者，安排停班休息。

⑨ 对严重“三违”、一旬出现两次及以上“三违”者，实行一般“三违”过“三关”、严重“三违”过“六关”进行帮教转换，待考试合格，安全意识提高后方可上岗。

⑩ 事故责任者，在进行处罚的同时，由书记（副书记）专门进行谈话，进行深入细致的思想工作，使他们既接受教训又放下包袱安心工作。

各单位严格按规定对薄弱人物进行排查、转换、监控，并建立薄弱人物管理档案。

8. 目标完成情况考核

按《安全奖罚制度》和《安全管理处罚办法》进行考核。

9. 相关/支持性文件

《薄弱人物管理档案》和《薄弱人物排查记录》。

10. 附则

略。

（二）网格式无缝隙零报告顶板排查治理制度

1. 目的

为切实加强顶板管理，加大顶板巡查力度，做到顶板排查无盲区，实现无缝隙式覆盖，保证各地点及后路顶板安全，特制定本制度。

2. 定义

略。

3. 适用范围

本制度适用于煤矿安监处及其相关单位。

4. 引用标准

《煤矿安全规程》

5. 引用流程

略。

6. 职责分工

（1）安监员及各工区负责所分区域顶板排查。

（2）信息办负责隐患信息的闭环管理。

7. 目标管理内容及要求

（1）实行网格化管理，将井下所有巷道根据卫生区域划分，责任到每个工区；根据安监员跑片范围责任到每班安监员，进行全覆盖、无缝隙式排查，使顶板排查无空点、盲区。

（2）每班安监员对所分区域顶板进行全面排查，对威胁安全的要现场安排处理，对顶板变形可滞后处理的，升井后将顶板排查情况填写顶板排查记录本。

（3）各工区带班区长对本工区范围顶板进行全面排查，威胁安全的现场处理，可滞后处理的汇报工区，各工区每天将顶板排查情况汇总，于每天18:00以前作为隐患排查内容（单列）书面汇报信息办。

(4) 安监员及各工区顶板排查情况汇报实行零报告制度，即有无顶板隐患都要汇报填写，确保顶板排查效果。

(5) 信息办负责将各工区及安监员排查的顶板问题按照信息运行办法，通过筛选、通知、整改、反馈、验收、销号进行闭环管理，使顶板隐患能够及时发现、处理，保证安全。

8. 目标完成情况考核

安监处采掘室负责督察本制度，对不按以上规定进行顶板排查治理的，对责任人给予100～1000元处罚；对因顶板排查治理不力造成事故的严肃追究责任。

9. 相关/支持性文件

《网格式无缝隙顶板排查表》。

10. 附则

略。

第五章　安全文化建设

一、文化建设规划

安全生产是我国煤炭行业的重要课题。近年来,全国各地始终坚持以人为本、安全发展,全面贯彻“安全第一、预防为主、综合治理”的方针,煤矿安全生产形势稳定好转。但是由于煤矿生产力发展水平不平衡、安全基础相对薄弱、管理科技水平相对落后、从业人员素质相对偏低等因素,安全生产形势依然严峻。

传统安全管理模式是被动的模式,是人们在活动中采取安全措施或事故发生后,通过总结教训,进行“亡羊补牢”式的管理。随着科学技术迅猛发展,市场经济导致个别人员的价值取向、行为方式不断变化,新的危险不断出现,发生事故的诱因增多,而传统安全管理模式已难以适应这种情况,安全管理体制改革势在必行。煤矿安全管理工作是一个受多方面因素影响、复杂的动态系统过程,从管理学的角度看,这一系统的有效性即是不断提高的煤矿安全管理水平。安全 100 管理模式是国内煤矿安全管理的经验和教训以及国际先进安全管理理论和方法的结合,可以有效促进煤矿的动态、全方位、全过程、闭环、信息化安全管理和风险预控,确保矿井长治久安。安全的模式如图 5-1 所示。

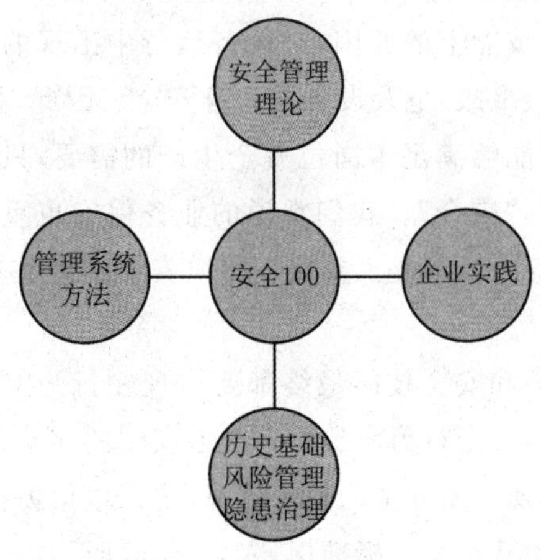

图 5-1　安全 100 模式

(一) 安全愿景

“安全 100”文化建设的愿景是“培育本质安全人,创建本质安全环境,打造本质安全矿井”。

1.培育本质安全人

本质安全人是想安全、会安全、能安全的人。塑造本质安全人是企业安全文化建设的重要切入点和突破口，是推动企业安全管理工作创新、实现企业又好又快发展的重要举措。

本质安全人包括两类人，一类是本质安全决策者和管理者，一类是本质安全操作者。塑造本质安全人是一项系统工程，必须始终坚持以人为本，以实现人的价值、保护人的生命安全与健康为宗旨，努力实现人的安全可靠性。

(1) 安全意识是首要

意识决定行动，人要实现本质安全，首先在意识上必须牢固树立“安全第一”的意识，彻底转变过去“不违章就出不了煤”、“煤矿不死人就办不了煤矿”的错误理念，要坚定“事故可防可控、必防必控”的信念，以人定胜天的气魄和胆识引领人的思想，搞好安全工作。如今，许多煤矿不遗余力地进行安全文化建设就是要营造一种氛围，不断增强人的安全意识，让安全思想扎根脑海，为决策安全行动提供思想保证。

(2) 安全知识是前提

知识改变命运，这是从人生角度而言，然而就脆弱的生命而言，能够挽救生命的知识恐怕更为重要。《入井须知》、《煤矿安全规程》、《煤矿安全技术操作规程》和《作业规程》等等，都是煤矿职工必须掌握的安全知识，也就是我们常说的“应知”。假如电工不懂得煤矿电工知识，就会在检修和安装电气设备时埋下安全隐患；采掘工对地质预兆现象不知晓，在遇到危险时就不可能正确处置，损失在所难免。所以，掌握安全知识是人要实现本质安全的重要前提。

(3) 安全技能是基础

安全技能是人为了安全地完成操作任务，经过训练而获得的完善化、自动化的行为方式。如果设备运行司机由于技能上的原因，对设备运行中出现的一些简单故障不能及时处理，小故障就很可能会酿成大事故，危及设备及人身安全。因此，技能培训应该是强制性的，要求每个人必须在技能上要能够满足本岗位安全生产的需要，只有具备了安全技能才能做到安全工作，这就是通常说的“应会”。我们常说的业务保安也重点强调了业务技能在安全工作中的重要作用。所以，安全技能是人要实现本质安全的重要基础。

(4) 安全行为是保障

人的安全意识、安全知识和安全技能最终都要体现在行为上。纵观我们身边发生的各类事故，十有八九都是人的不安全行为所致。一次不安全的违章行为，都有可能上演一幕惨剧，所以，安全行为是人要实现本质安全的根本保障，要采取得力措施规范每一个人的行为，推行准军事化的管理模式，做到个个上标准岗，人人干标准活，以规范的行为来保证安全。

2.创建本质安全环境

本质安全环境指的是人所工作的环境，既包括工作面、巷道、矿工作业空间气候这样的大环境，也包括人员旁边的机器设备、物料以及作业对象。本质安全环境就是能够做到人在这样的环境中作业能够有安全保障。本质安全环境主要从以下几个方面来达到安全。

(1) 环境设计的安全性

环境设计的本质安全性，要求从矿井设计、工作面设计上减少和杜绝危险源。

(2) 环境布置的安全性

环境布置的本质安全性，要求通过生产设备、安全设施、防护装置的现场布置，实现对人员工作的保障，最终目标要求做到即使出现人员失误，环境也能够保障人员的安全。

(3) 警示标识、文字牌板的安全性

警示标识、文字牌板的安全性建设的目的是，通过硬件标识的建设，对员工的行为在发生之前、发生之中进行影响和干预，达到员工提前辨识风险、及时中断违章和失误的效果。

3.打造本质安全矿井

有了本质安全型的人、本质安全型的环境，就可以建设本质安全型的矿井。建设本质安全型矿井是一项复杂的系统工程，它需要本质安全型的人和本质安全型的环境作为保障。

(二) 文化建设目标

按照风险预控管理建设的总体目标要求，以《企业安全文化建设导则》(AQ/T 9004—2008)为指导，按照有计划、有步骤、深入浅出、由表及里的建设程序，“硬件”建设和“软件”建设有机结合，良性互动，互为提升，基本建立符合煤矿发展战略，促进安全生产的本质安全文化体系，形成自我约束、持续改进的安全长效机制，有效预防和控制事故，实现人员零违章、设备零故障、系统零缺陷、管理零漏洞，达到人员、机器设备、环境、管理的本质安全，为建成本质安全型矿井提供强大的文化支撑。

通过安全文化建设，真正落实“安全第一、预防为主、综合治理”的安全生产方针，变“要我安全”为“我要安全”、“我会安全”，形成一个“我想安全、我要安全、我会安全”的良好氛围和“不能违章、不敢违章、不想违章”的自我管理和自我约束机制，使安全管理由外部监督控制逐步转化为员工的自我管理，实现人的本质安全。

通过安全文化建设，健全安全责任制度和群众性安全监管网络，逐步形成完善的符合煤矿实际的安全管理体系和保障体系，形成安全管理长效机制，以安全文化促进矿井健康、稳定、持续发展，从而实现长治久安，实现管理的本质安全。

通过安全文化建设，加强安全生产作业环境建设，提高全体员工的安全素质，自觉规范作业行为，创造一种良好的安全人文氛围和协调的人、机、环境关系，实现设备和环境的本质安全。

(三) 安全文化建设阶段

煤矿安全文化建设分为四个阶段：即自然本能阶段、严格监督阶段、独立自主管理阶段和团队互助管理阶段，如图 5-2 所示。

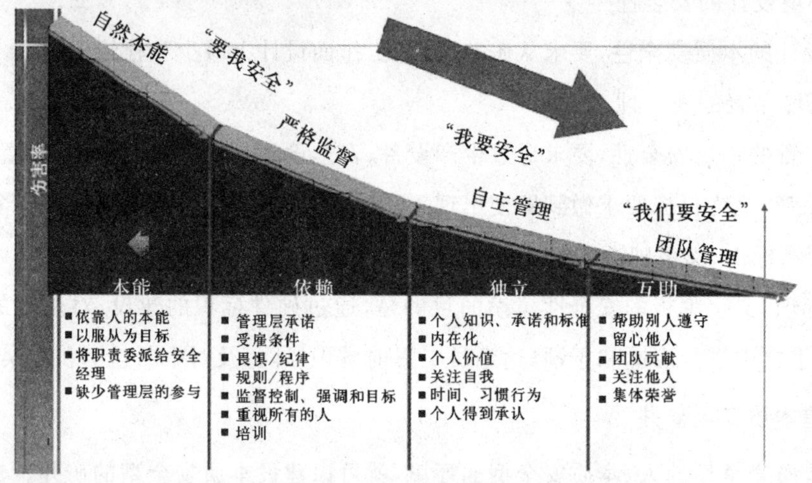

图 5-2　煤矿安全文化建设阶段

第一阶段，自然本能阶段。煤矿和员工对安全的重视仅仅是一种自然本能保护的反应，很少有安全的预防意识，安全承诺仅仅是口头上的，安全教育与培训制度不健全，缺乏严格的监督机制，机器设备的防护设施不齐全，安全投入不足。这个阶段事故率很高。

第二阶段，严格监督阶段。煤矿已经建立必要的安全管理系统和规章制度，各级管理层知道自己的安全责任，并做出安全承诺，但没有重视对员工安全意识的培养，员工处于从属和被动的状态，害怕被解雇或被纪律处分而遵守规章制度，执行制度没有自觉性。煤矿具有系统性和针对性的安全培训措施，依靠严格的监督管理，机器设备的防护设施比较齐全，基本能保证只要人不出现操作失误就不会发生事故，煤矿还没有形成良好的安全文化氛围。

第三阶段，独立自主管理阶段。煤矿已经具备很好的安全管理体系，员工已经具备熟识的安全知识和良好的安全意识，员工把安全视为自身生存的需要和价值的实现，人人都注重自身的安全，意识到安全不但是为了自己，也是为了家庭和亲人，养成了安全的行为习惯，实现了企业的安全目标。同时，煤矿有完善的安全投入与保障机制，确保人员、设备、环境处于安全状态。

第四阶段，团队互助管理阶段。员工不但自己注意安全，还关注他人的操作和情绪变化，帮助别人遵守安全规则，帮助别人提高安全业绩，将安全知识和经验分享给其他同事，并且将安全视为一项集体荣誉，进入安全管理的最高境界。

(四) 本质安全文化建设内容

本质安全文化建设与安全管理的各项工作有着很强的逻辑关系，其层次结构可以分为四层，即观念文化、制度文化、行为文化和物态文化。观念文化是安全文化的核心和灵魂，是形成和提高安全行为文化、制度文化和物态文化的基础和原因。本质安全文化建设的内容如图 5-3 所示。

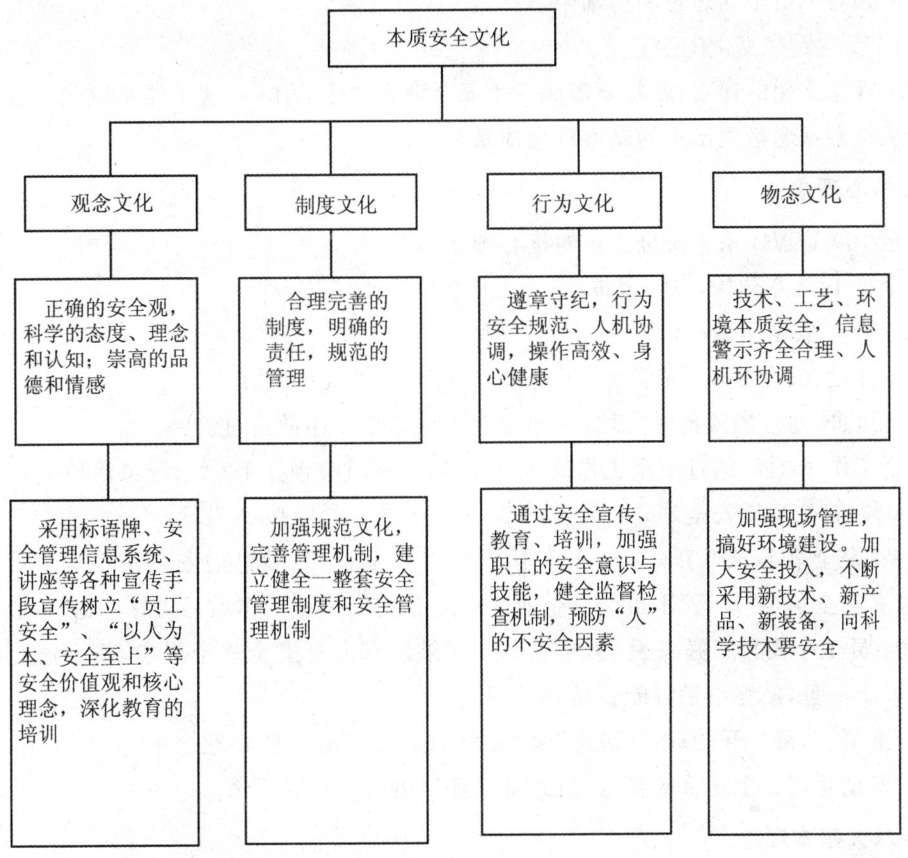

图 5-3 安全文化建设的内容

煤矿安全文化建设将从上述四个方面，按照建立(Plan)、执行(Do)、检查(Check)、改进(Action)四个步骤来推进最终形成“安全 100”安全文化体系，构建煤矿安全管理的长效机制。

二、安全观念文化

安全文化首先是一种观念文化，也可称为一种精神文化。安全观念文化主要是指决策者和员工共同接受的安全意识、安全理念、安全价值标准。安全观念文化是人的思想、情感和意志的综合体现，反映在对“安全第一、预防为主、综合治理”方针的贯彻、对安全法规和煤矿安全规章制度执行的态度和自觉性上；反映在煤矿的安全形象塑造、安全目标追求和员工的安全意识、安全素质上；反映在安全生产的全过程、保证煤质和安全操作上；反映在自觉学习安全规程、增长安全技能的热情和承担维护安全的义务和行动上。

煤矿安全观念文化的建设目标是：培育员工正确的安全价值观，树立“安全第一，从0开始，向0迈进”的安全理念和“打造本质安全矿井”的安全愿景，并使这一理念和愿景深入根植于全体领导和员工的思想和行动中。

（一）安全观念文化的建立

安全观念文化的建立，就是要形成一个安全观念文化的体系，这个体系既包括核心理念又包括从核心理念衍生出来的基本理念体系。

1. 核心理念

安全100管理体系中安全文化的核心理念如下：

安全第1，从0开始，向0迈进，安全工作100%。

安全第1：安全压倒一切。

从0开始：安全工作只有起点，没有终点，每天都要从0开始。

向0迈进：通过风险预控管理，向0“三违”、0隐患、0事故迈进。

安全工作100%：通过安全工作的持续改进，实现风险预控100%、隐患治理100%、事故防控100%，打造本质安全矿井。

坚持“安全第1，从0开始，向0迈进，安全工作100%”，就是说安全是根本。对于企业来说，没有安全这个“1”，就不可能有企业安全的100%，其他工作做得再好，放在一起也只能是0。对于员工个人和家庭来说，也是如此。如果没有人身安全这个根本，整个家庭的幸福可能就毁于一旦，最终结果可能就是0。

“安全第一，从0开始，向0迈进”是“安全100”的核心。核心理念中“从0开始，向0迈进”是对安全管理各个环节的要求，由此可以延伸出八大基本理念。

2. 八大基本理念

根据安全管理学理论，事故的发生是一系列因果连锁反应。危险源是事故发生的源头。事故的发生属于综合致因，人的不安全行为、环境的不安全状态和管理的漏洞是导致事故发生的原因。在这几种因素中，人的不安全行为是导致事故发生的主要原因，占事故发生直接原因的95%以上。事故发生的过程，如图5-4所示。

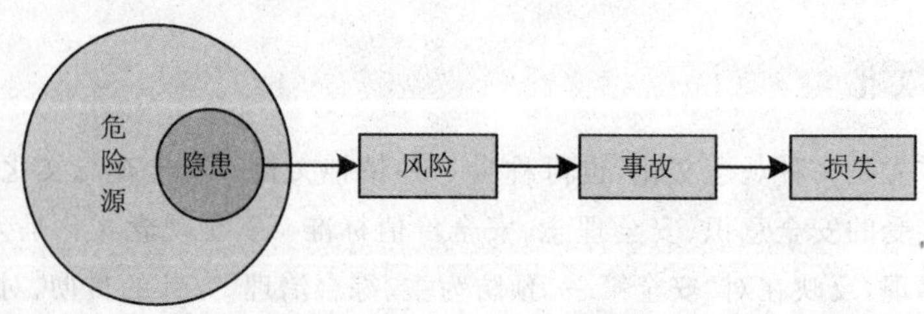

图5-4　事故的发生过程

安全文化基本理念基于对事故发生原因、发生过程和事故认识的观点，是核心理念的分解，是对煤矿安全管理工作的认知。

(1) 事故认知理念:事故不是偶然的,意外均可避免

事故的发生,往往不是由于某一个因素造成的,通常是人的不安全行为、环境的不安全状态共同作用的结果。事故的发生需要一定的条件,发生过程也是一个因果过程。因此,事故的发生不是偶然的,通过控制事故发生的影响因素,切断事故发生的因果链,就可以避免事故发生。

(2) 领导理念:领导的承诺、践诺是安全最大的保障

煤矿安全管理是一项一把手工程,煤矿的一把手是安全管理的第一责任人。安全来自于高层管理者和各级组织者,真正的安全更多依赖"领导"而不是"管理"。要求企业最高管理者面向社会和员工做出明确的安全管理承诺,并设身处地地为员工着想,在不断削减现场存在的"物的不安全状态"的同时,以身作则地引领大家走向行为安全,培育强大而有益的企业安全文化。

因为安全包括煤矿各个层面、每个角落、每位员工点点滴滴的事,只有煤矿高层管理层对所管辖的范围安全负责,做出承诺并认真履行,下属对各自范围安全负责,做出承诺并履行。区长对工区的安全负责,到生产班组长对管辖的范围安全负责,涉及的每个层面、每个角落安全都有人负责,全矿的安全才能真正有人负责。

领导进行承诺、践诺的过程实际上是一种"有感领导",它要求领导层必须让员工听到、看到、体会到其对安全的重视。各级生产指挥者和技术管理人员时刻充满对员工的关爱,像对待自己的亲人一样,并长期坚持不懈,就一定能感染员工、教育员工,让员工从内心接受各项规则并自觉执行,也就一定能够避免所有事故。

(3) 安全责任理念:我的安全我负责,他人安全我有责

实行互保联保,员工之间只有互相照应,互相制约,互相联责考核,才能变个体能力为群体能力,从而达到"1+1>2"的效果。其最终目的就是要使各级安全管理部门以及安全管理人员必须加强对职工进行安全知识教育,不断提高职工安全思想意识,增强自我安全防范意识。促使每一位职工在生产工作中都必须自觉严格遵守各项安全管理制度,规范自我作业安全行为,自觉做到"四不伤害",形成安全生产管理人人有责,层层把关,全员互相监督的新格局,以便更有利于促进生产现场安全管理,以最终实现最大限度地防止、减少或杜绝各类事故发生的目标。

(4) 安全培训理念:意识、知识、技能三到位,培育本质安全人

安全意识教育:在于激励操作者认同安全文化的理念,主动做到风险预控。安全知识教育:使操作者了解、掌握生产操作过程中,潜在的危险因素及防范措施。安全技能训练:使操作者逐渐掌握安全生产技能,获得完善化、自动化的行为方式,减少操作中的失误现象。

煤矿的安全培训工作应该从上述三个方面落实,做到"意识提高要安全,知识丰富能安全,技能提高会安全"。

(5) 危险源管控理念:危险源预控 100%是实现零隐患的必要条件

煤矿危险源辨识是对煤矿各单元或各系统的工作活动和任务中的危害因素的识别,并

分析其产生方式及其可能造成的后果。在此过程中需要考虑人、机、环、管四个方面的不安全因素、三种状态(正常、异常、紧急)及三种时态(过去、现在、未来)、同时还要分析各危险源可能导致的风险后果及事故类型,运用根危险源——状态危险源和工作任务分析法进行辨识,务求危险源辨识的100%。危险源辨识的目的是为了进行预先控制,只要危险源辨识全面,措施得当就一定能够控制煤矿生产过程中的风险。

隐患是已经处于失控中的危险源,要从根本上减少隐患,就必须做好危险源的辨识和管控工作。在安全检查中会发现许多隐患,要分析隐患发生的原因是什么,哪些是可以当场解决的,哪些是需要不同层次管理人员解决的,哪些是投入力量来解决的。重要的是把发现的隐患及时加以整理、分类,知道这个部门的安全隐患主要有哪些,解决需要多长时间,不解决会造成多大的风险,哪些是立即加以解决的,哪些是需要加以投入的。

(6) 隐患治理理念:隐患排查无盲区,隐患治理100%

根据事故伤害的"金字塔"理论(图5-5),越多的安全隐患带来伤害风险的概率更高,因此,隐患排查与治理是有效降低伤害事故的手段。对隐患的无视和容忍就是给事故的发生让路。对于预防事故发生的最后一环,隐患排查必须做到无盲区,隐患治理必须做到零容忍。

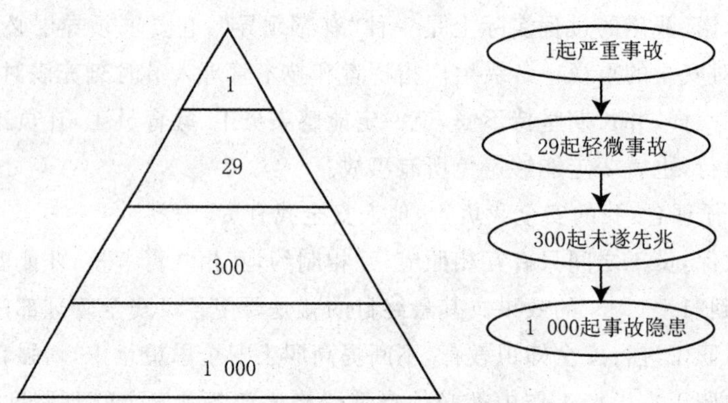

图5-5 事故伤害的"金字塔"理论

(7) 安全提升理念:持续改进无止境,安全管理无终点

煤矿安全管理工作不是为了应付检查,我们的最终目标是实现零"三违"、零事故。为了达到这个目标,就必须结合日常检查、定期考核、评估、内部审核以及管理评审,发现安全管理中的隐患和不符合项,找出安全管理的漏洞,持续改进,最终实现零事故的目标。

(8) 安全效益理念:安全就是企业最大的效益

事故带来的损失对于企业来说是不可接受的,事故的损失首先是人员的损失,此外还包括企业财产设备的损失、产量的损失以及员工士气的损失、管理层和企业信誉的损失……

"安全就是效益——向管理要安全,向安全要效益。"安全出了问题,效益就无法保证。没有安全就没有效益,安全是企业生存和发展的基本保障,安全生产能促进效益的提升。安全工作抓不好将导致出现大事故，会牵涉到许多财力、物力、人力，稍有疏忽就会造成直接和间接经济损失。安全抓好了，就为我们煤矿的生产经营创造了直接和间接的效益。

（二）安全观念文化的执行

1.执行原则

（1）坚持重在提升素质的原则

推行安全观念文化，重在通过安全文化理念教育和团队精神的提炼、熏陶，用安全文化的影响力潜移默化地转变员工的思想观念，规范员工的操作行为，提升员工的个人素养，打造具有凝聚力、向心力、战斗力的团队。

（2）坚持突出亲情和谐的原则

推行安全观念文化，要突出亲情教育，使企业、家庭、亲朋形成合力，通过关心、关爱、关怀，营造和谐的生活环境、工作环境、干群关系，用亲情的力量约束、改变员工的行为习惯，增强员工责任心和责任意识。

（3）坚持贴紧安全管理的原则

推行安全观念文化，要贴紧安全生产实际，树立"安全第一，从0开始，向0迈进"的核心理念和八大基本理念，推行先进的安全管理经验，灌输具有指导意义的安全管理原理和理论，落实干部的管理责任，落实各工种岗位责任，落实员工的行为责任，提高全员安全责任意识。

（4）坚持具有可操作性的原则

推行安全观念文化，要把一些理念性、理论性的教育和管理模式，创造性地提炼成具有可操作性的、具体的管理办法，同时出台有针对性的考核、管理措施和激励机制，在工作中按照要求严格的组织实施，纳入日常的安全管理和考核，使安全文化建设具体化。

2.执行方式

（1）安全观念文化集中培训。

对全矿领导和职工，分阶段进行安全观念文化的培训宣贯，同时借助事故案例进行学习，使安全管理的核心理念和八大基本理念深入所有领导和员工心中，为矿井全体人员所接受。

（2）在全矿安全管理相关的会议上宣讲。

全矿各级领导，在全矿各种会议中、在安全议题的讨论中，按照安全观念文化的理念去看待问题、解决问题。

（3）在建筑物外部、办公室、楼道、井下等合适位置悬挂核心理念标语，在员工文化衫、员工活动的标志物上显示安全文化核心理念。

（4）利用视频、广播、报纸杂志等媒体以及集体活动，强化员工的观念文化，开展全矿员工对本质安全文化理念理解的征文活动，将优秀作品在广播、电视台、网络上进行宣传。

（5）加强危险源辨识与控制，提高员工风险预控的能力，在处理实际问题的过程中，培养员工对观念文化的认知。

（三）安全观念文化的检查与改进

（1）安全观念文化的检查

安全观念文化检查分为现场检查和内业检查。现场检查包括现场询问对于安全理念的认知、理解，安全理念在自身岗位工作中的应用。内业检查包括对学习、培训记录、班前会、区队、班组的安全活动进行检查。考核主要包括全矿举行的安全培训考核、区队和班组自行组织的考试、考查等。

（2）安全观念文化的建设

安全观念文化的建设应该根据阶段性检查和考核的结果，围绕安全100的核心理念，提出加强安全观念文化建设的具体改善建议。

（3）安全观念文化的丰富

在体系确定的安全100核心理念和八大基本理念基础上，建议各专业、各部门提出自己的部门级安全理念，丰富安全100观念文化体系。如安全培训中心可以提出“培训不过关，人人是隐患”的理念。

三、安全制度文化

（一）安全制度文化的建立

煤矿安全制度文化为了安全生产及其经营活动，长期执行较为完善的保障人和物安全而形成的各种安全规章制度、操作规程、防范措施、安全教育培训制度、安全管理责任制以及遵章守纪的自律安全的矿规、矿纪，也包括安全生产法律、法规、条例及有关的安全卫生技术标准等。煤矿安全管理制度的目的是为了使煤矿管理趋向规范化，简单来说，主要解决以下几个问题。

- 问题一：每个人应该干什么？ ➡ 目　标
- 问题二：应怎样去干？ ➡ 组织执行
- 问题三：怎样能干好？ ➡ 控　制
- 问题四：怎样算干好？ ➡ 考　核
- 问题五：干好干不好又怎么样？ ➡ 奖　惩

制度是企业安全生产的运作保障机制重要组成部分，具有科学性、原则性、规范性和时代性特点，是企业安全观念文化物化体现和结果，是物质文化和精神文化遗传、涵化和优化的实用安全文化。它是煤矿安全生产的运作保障机制，对企业及其员工的行为有规范性、约束性影响和作用。

制度文化的建设表现于对企业安全生产责任制的落实，对国家劳动安全与卫生法规的认识、理解和贯彻执行的程度，企业安全生产制度和技术标准体系的建设等方面。

(1) 安全责任制的落实。包括：法人代表、主管领导、各职能部门（技术、行政、安技、后勤、政工、工会、青工、财务、宣传等）及其负责人、各级（区队、班组等）机构及负责人和各工作岗位操作者的安全生产职责。

(2) 国家劳动安全卫生法规的贯彻、执行。包括：对企业性法规（矿山安全法、劳动法等）及行业部门规程的学习、认识。

(3) 企业自身的安全制度和标准化体系的建设。包括：各种岗位和工艺的安全操作条例和规程；安全检查、检验制度；安全知识和技能的学习及培训制度；安全班组建设及其活动制度；事故管理及处理、劳动保护和女工保护等一系列安全与健康的制度建设。

煤矿安全制度文化建设主要表现在：对煤矿安全责任的落实、安全管理体系的健全和完善、自身安全生产制度和标准体系的建设等方面。包括：安全管理逐级负责制的落实，形成上自领导下到员工的安全生产管理责任网络；安全、技术、管理标准体系的建立健全；煤矿安全规程的学习培训及各种岗位和工艺的安全操作规定、安全管理绩效量化考核和奖惩制度、安全技术管理创新体系、现场隐患整改管理制度、安全检查、检验制度、安全知识和技能的学习培训制度、安全教育宣传制度、班组建设制度、劳动保护制度、党建、精神文明、企业文化建设考核评估等一系列的制度建设。

（二）制定与审核制度

(1) 制度制定原则

① 内容的合法性。矿井制定的规章制度内容应以法律法规的规定为依据。

② 公开的广泛性。矿井的规章制度必须向全体职工发布。

③ 修订的及时性。矿井的规章制度制定以后，应根据生产工艺、法律法规等实际情况改变，及时修订、补充相关内容。

(2) 制度制定程序（图 5-6）

① 各职能单位负责整理、修改、制定矿内的各种管理制度并及时收集煤矿相关的管理制度，确保矿井有完善的本质安全管理规章制度。

② 制度制定程序要合理、符合实际情况、简单易懂，考虑法律、法规依从性，初稿形成后要组织人员进行审核与修订，最终完成后由矿长批准下发。

③ 制度要通过各种渠道进行公示，广泛征求意见，结合合理性意见进行修改。

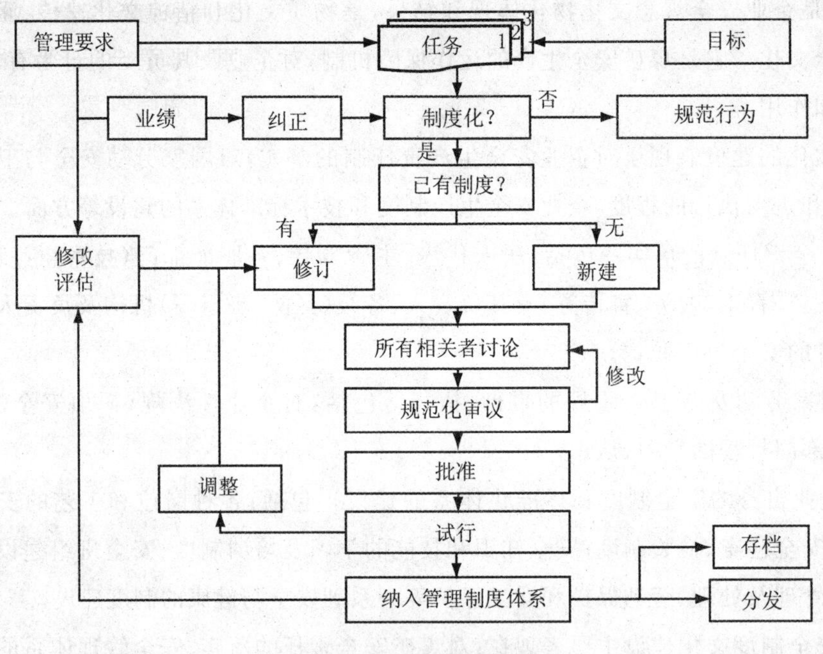

图 5-6　制度的制定程序

(3) 制度的模板

※※※※※※※※安全管理制度

1.目的

制定此制度的目的，为了解决什么问题※※※※※※※※。

2.定义

概念定义解释：※※。

3.适用范围

本制度适用于哪些部门、单位。

4.引用标准

国家法律法规、标准。

行业法律法规、标准。

5.引用流程

※※※※※※。

6.职责分工

(1) 部门一执行※※※※※※※※※※※※※※※※※※。

（2）部门二辅助※※※※※※※※※※※※※※※※※※。

（3）部门三检查※※※※※※※※※※※※※※※※※※。

（4）部门四复查※※※※※※※※※※※※※※※※※※。

7. 目标管理内容及要求

（1）执行内容一※※※※※※※※※※※※※※※※※※。

（2）实施细则二※※※※※※※※※※※※※※※※※※。

8. 目标完成情况考核

（1）考核一※※※※※※※※※※※※※※※※※※※※。

（2）考核二※※※※※※※※※※※※※※※※※※※※。

9. 相关/支持性文件

（1）《※※※※※※※※※※※※※※※※※※※文件》。

（2）《※※※※※※※※※※※※※※※※※※※※表格》。

（3）《※※※※※※※※※※※※※※※※※※※※记录》。

10. 附则

（1）※※※※※※※※※※※※※※※※※※此制度的例外情况，执行※※※※※※※※※※※※※※※※※※※。

（2）制度的解释权※※※※※※※※※※※※※※※※※※※※。

（3）制度的审核从九个方面：

① 制度框架是否符合规范；

② 制度内和制度之间的行文用语是否统一；

③ 制度内各项行为的主体是否明确，有无缺失；

④ 制度之间是否相互抵触；

⑤ 制度与执行是否一致：对于缺乏制度指引的，在修订时应予以完善；

⑥ 制度内容是否严密：如表达是否清晰、严密、无歧义、无遗漏；是否在关键环节缺乏控制（如是否明确时点控制）或控制不足；是否存在多余控制；

⑦ 合并后的制度是否涵盖了合并前相关制度的所有内容；

⑧ 制度之间的索引是否清晰；

⑨ 是否符合体系建设对制度的有关要求。

（4）制度的组成。

煤矿安全管理制度包括风险预控类制度、安全管理保障类制度、人员不安全行为管理类制度、生产要素类制度及辅助管理类制度。煤矿安全管理制度如图 5-7 所示。

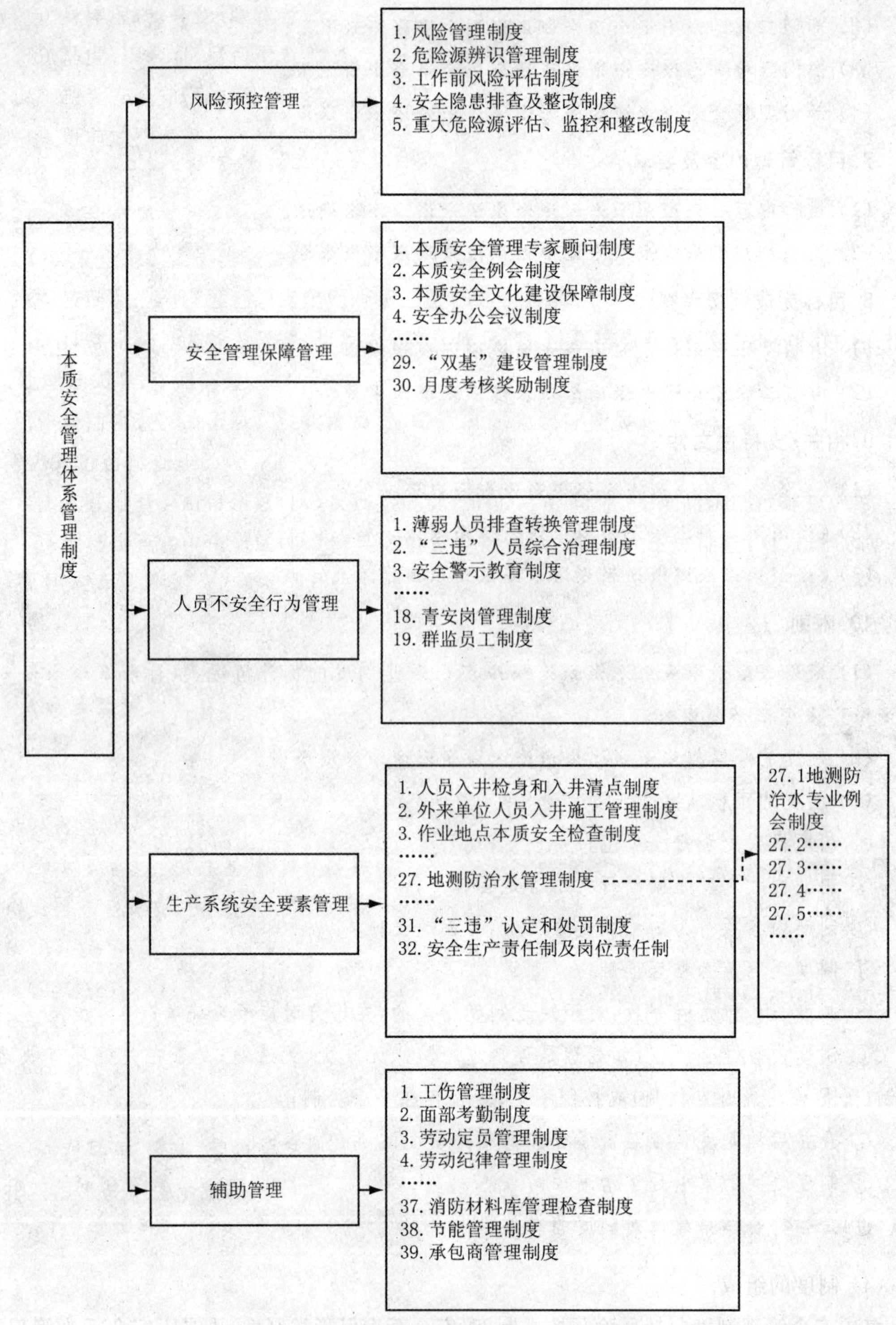

图 5-7　煤矿安全管理制度

（三）制度的培训与执行

制度正式运行之前必须由制度的制定部门和安培中心或区队、班组进行制度相关知识的培训。

在日常工作中，由制度的制定部门负责收集制度在执行过程中发现的问题和改进的建议，需要立即改正的问题，以补充规定的形式暂时修订并执行，在正式修订时合并为一个制度。

为保障安全制度建设的先进性，制定关于制度培训与执行的规范程序，对制度所涉及部门和制度主管部门进行同时规定。对制度的执行情况继续记录，从而发现制度的执行频率、执行效果以及执行中存在的问题。通过加强制度建设来保障煤矿的制度最新、最合适、最系统和全面，减少制度管理的漏洞，实现安全管理的零缺陷。再通过宣贯和组织沟通，并充分利用警示和激励作用，营造良好制度氛围，使制度切实发挥其应有的激励和约束力。制度的主要执行举措和目的，如图 5-8 所示。

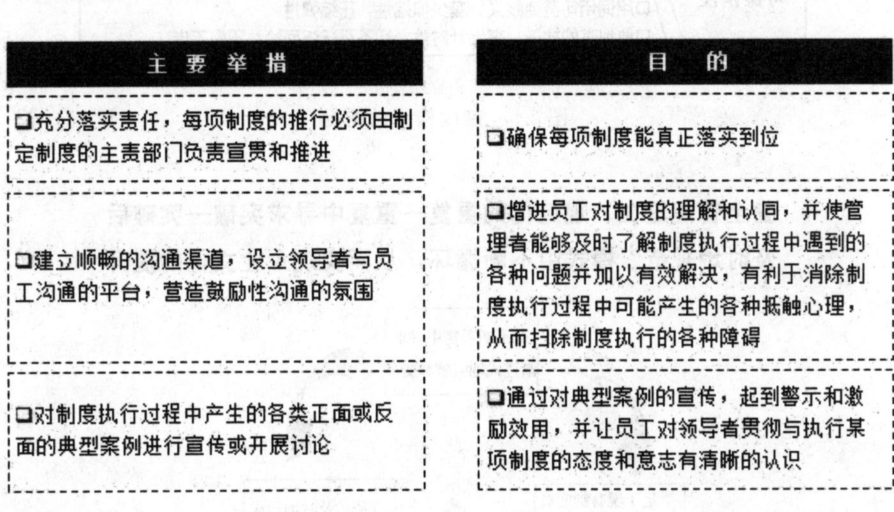

图 5-8　制度的主要执行举措和目的

（四）制度的检查

在每年的安全管理体系内审和评审中，检查小组根据现场和内业资料（制度执行记录、修改记录等）检查制度的制定、执行情况，提出制度制定、执行中存在的问题。其制度检查的前提如图 5-9 所示。

（五）制度的改进

制度制定部门根据体系内审和年审提出的意见，调研相关部门对于制度修改的意见，对现有制度进行修订、改进，并负责制度的落实。制度改进的流程如图 5-10 所示。

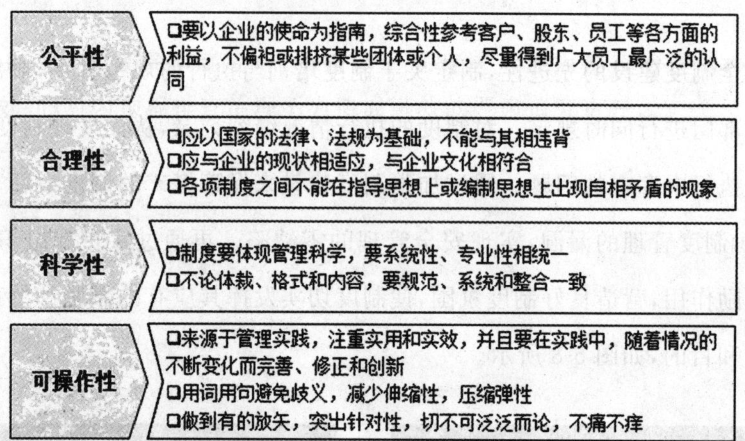

图 5-9　制度检查的前提

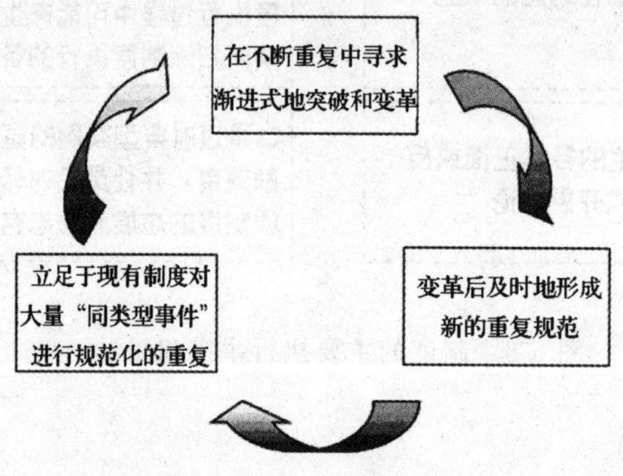

图 5-10　制度改进的流程

制度文化建设是煤矿企业管理的基础性工作，成功的企业背后一定有规范性与创新性的企业管理制度在规范性的实施。通过推进制度文化可以提升企业安全管理水平，最终实现本质安全型矿井建设的目标。煤矿制度文化建设的推进过程，如图 5-11 所示。

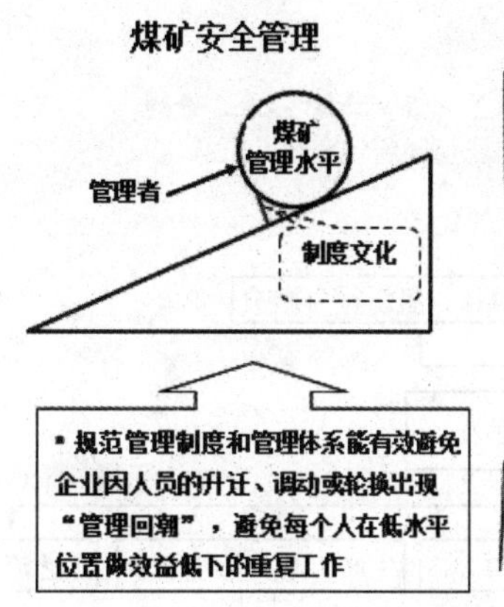

成功的企业在制度建设方面的共同特点

▪规范性的管理制度编制或创新（新的企业管理制度编制过程实际就是一种创新的过程）以及规范性管理制度实施的效果等因素较其他企业成功

▪在不断的、稳定的创新、优化过程中，循环性升级式地提高规范性管理制度的实施质量，保持和增强科学、高效的企业管理制度体系的运转效能

图 5-11　煤矿制度文化建设的推进过程

四、安全行为文化

安全行为文化是指在安全观念文化指导下，人们在生活和生产过程中的安全行为准则、思维方式、行为模式的表现，是全体员工在生产经营、学习娱乐中产生的活动文化。行为文化既是观念文化的反映，同时又作用和改变观念文化。

煤矿行为文化是指煤矿员工在生产作业、业余学习中产生的活动文化。主要是通过特殊培训、技能演习、全员教育、日常教育、案例回顾、安全宣传、文学艺术、行为抽样、四不伤害、科学监察、严格检查、安全活动、班组建设等来强化和巩固员工自身的安全意识和安全行为。最终目的主要体现在企业员工的遵章守纪、行为规范、人机协调、操作高效、文明活动、身心健康等方面。员工的行为分为安全行为和不安全行为，不安全行为是导致事故发生的主要因素。员工的不安全行为的分类如图 5-12 所示。

根据墨菲定理：事情如果有变坏的可能，不管这种可能性有多小，它总会发生。这句话用在员工的操作行为上，就是说员工的不安全行为将会带来事故，即 100－1＝0。

(一) 不安全行为的识别与培训

员工的不安全行为是造成事故发生的主要原因。不安全行为的内容主要包括：操作不安全性（误操作、不规范操作、违章操作）；现场指挥的不安全性（指挥失误、违章指挥）；失职（不认真履行本职工作任务）；决策失误；身体状况不佳的情况下工作；工作中心理异常；人员的其他不安全因素。

因此，确立煤矿行为文化，控制人员的不安全行为，对于实现煤矿“安全 100”目标具有关键的意义。员工的不安全行为管理，除了对已经识别出来的不安全行为进行管理和控制，还要对新的、潜在的不安全行为进行识别，进而进行控制。

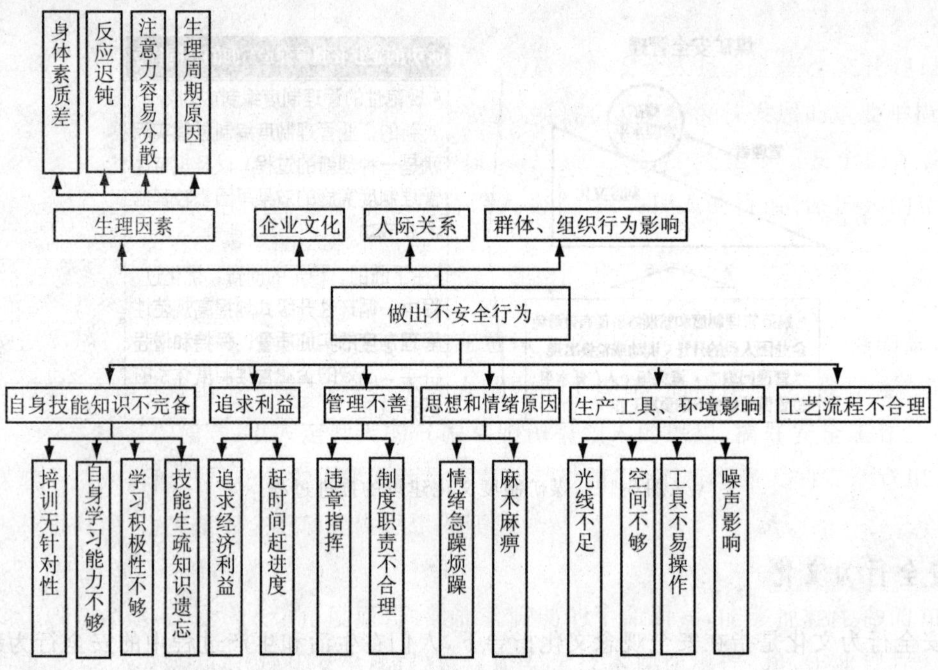

图 5-12 员工的不安全行为分类

1. 员工不安全行为的识别卡(表 5-1)

表 5-1 员工的不安全行为识别卡

岗位名称		岗位编号	
不安全行为描述		发生频率	可能结果描述
1.			
2.			
3.			
4.			
生理因素		自身技能知识不完备	
企业文化		追求利益	
人际关系		管理不善	
群体、组织行为影响		思想和情绪原因	
生产工具、环境影响		工艺流程不合理	
观察人		观察时间	

2.员工的安全教育培训

安全教育培训包括意识教育、知识教育和技能教育，分矿级教育培训、区队教育培训和岗位教育培训三级进行。

(1) 分矿级教育培训：是对新入矿的人员或调动工作的人员，在其分配到区队或工作地点之前，必须进行的初步安全生产教育培训。教育培训内容涵盖矿井整体概况和采煤、掘进、机电、运输、通防等专业基本知识，以及各类安全规程、规定。

(2) 区队教育培训：是新工人或调动工作人员分配到区队以后所进行的安全生产教育。要求受教育人员了解、掌握本区队的工作性质、工作区域及所担负的主要任务，对相关的作业规程、防灾救灾措施进行认真的学习。本级教育培训工作针对区队的具体情况实施。

(3) 岗位教育培训：是新工人或调动工作人员到了具体的工作岗位，在开始工作之前进行的安全生产教育。主要内容为该岗位的操作规程、操作标准、正规操作规范等。该级教育培训针对性、专业性、实用性较强。岗位教育的目的是使工人达到“八懂四会”，即：懂规章制度，懂安全技术知识，懂岗位作业规程，懂设备构造和性能，懂工艺流程和原理，懂职业危害和防治，懂防灾常识和规定，懂伤亡事故报告程序和伤亡事故急救知识；会操作和维修保养设备，会预防和排除事故，会正确使用个人防护用具，会预防灾变。

(4) 特殊工种：采煤机司机、瓦斯检查员等特殊岗位工人，必须经过专门的安全操作技术培训，经过严格的考试考核，取得上岗资格证后，才能被准许上岗作业；生产管理人员的培训，主要是提高各级生产管理人员的业务水平和管理人员对安全生产的认识、责任感，杜绝违章指挥，加强安全管理；经常性的安全教育，主要包括“安全活动日”教育、班前班后安全教育、安全工作会议、安全专题教育、节日前后安全教育和阶段性安全教育等。

在员工培训中，煤矿应建立有效的安全学习模式，实现动态发展的安全学习过程，保证安全绩效的持续改进。员工的安全自主学习模式，如图 5-13 所示。

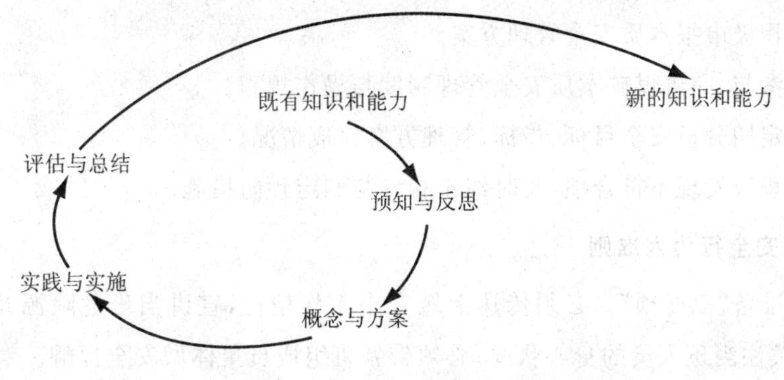

图 5-13　员工的安全自主学习模式

（二）安全行为文化的建立

建立煤矿安全行为文化，就是要建立煤矿的全员安全行为准则和规范，使煤矿从领导到员工的行为与之相契合。

1.决策层安全行为七准则

（1）率先执行国家安全政策法规，推动本质安全管理体系建立。

（2）对分管工作及所辖区域的安全责任和绩效做出明确承诺。

（3）授权管理者和员工参与安全生产工作、积极质疑安全问题。

（4）每季度参加安全委员会会议，每月至少实施一次现场安全检查。

（5）在公司重大会议上专题研究、在日常工作中强调安全生产。

（6）按“五同时”要求定期检查所辖区域的安全工作进展和绩效。

（7）对员工的安全行为及时给予激励和表彰。

2.管理层安全行为六准则

（1）明确承诺个人及所辖单位的安全责任与目标。

（2）建立完善规范的安全制度，并率先执行。

（3）确保所有的生产环节和管理活动均采用了安全的措施。

（4）鼓励员工在安全方面采取积极行动、激励员工的主观能动性。

（5）坚持带班下井管理，每周至少一次进行现场督导隐患排查和治理。

（6）促进各单位之间安全信息共享与协作。

3.安监员安全行为七准则

（1）坚持现场工作“勤”、“严”、“尖”、“硬”。

（2）坚持动态策划危险源辨识和风险评价。

（3）坚持传递最新安全法规、标准及要求。

（4）坚持积极申报本质安全管理方案。

（5）坚持参与、完善煤矿本质安全管理制度与操作规程。

（6）坚持定期分析安全目标、指标、管理方案完成情况。

（7）坚持积极发现不符合项，及时纠正和参与制定预防措施。

4.班组长安全行为六准则

（1）班前准备“三必须”。必须传达上级安全工作精神，宣讲当班危险源及安全生产注意事项；必须关注当班人员的身心状况；必须带领班组成员集体做安全提醒。

（2）工班交接“三不走”。发生异常情况未处理好不走；发现事故隐患未采取措施不走；工作未交接清楚不走。

(3) 隐患排查“三不少”。班前检查不能少；班中抽查不能少；班后总结不能少。

(4) 治理整改“三到位”。隐患整改分析到位；隐患整改措施到位；隐患整改效果到位。

(5) 班组学习“三要活”。学习内容要鲜活；学习形式要灵活；培训效果要激活。

(6) 班组沟通“三谈心”。要对身心异常的人谈心；要对受到批评的人谈心；要定期召开班组谈心会。

5.员工安全行为四准则

(1) 安全预防“明三危”

明确危险作业；明确危险区域；明确危险人群。

(2) 岗位达标“会四险一述”

知险：熟知自身工作环境安全风险；

识险：迅速识别、判断出工作中遇到的危险源；

排险：根据安全技术措施要求，科学排除险情并及时报告安全管理员和直接主管；

避险：根据现场指挥或标示指引迅速远离危险区域并及时报告安监员和直接领导。

手指口述。

(3) 自我防护“五不干”

安全风险不清楚，不干；安全措施不完善，不干；安全工具未配备，不干；安全环境不合格，不干；安全技能不具备，不干。

(4) 联保互保“四不伤害”

不伤害自己；不伤害他人；不被他人伤害；保护他人不被伤害。

(三) 安全行为文化的执行

1.薄弱人物排查转换——消除人的不安全因素

为确保人员本质安全，消除意外事故，矿井制定详细的薄弱人物排查治理制度，严格薄弱人物排查标准，开展薄弱人物排查治理工作。薄弱人物排查按照日常排查、班前排查、班中排查三种形式进行。

一是日常排查，从个人从业经历、身体状况、性格特征、家庭情况等方面为每名职工建立排查档案，对排查出的薄弱人物分类进行转换和控制。

二是班前排查，利用工前会对当班每个职工进行询问、观察，排查出临时性薄弱人物，并针对不同情况进行安排、处理。

三是班中排查，对工作过程中出现的身体不适等现象及时安排升井或调整岗位，消除不安全状态。通过薄弱人物的排查治理从源头上消除人的不安全因素，确保人员安全。

对于排查到的薄弱人物，必须严格执行转换办法，对人员的一般“三违”做到“过三关”，严重“三违”做到“过六关”过关流程见图 3-19 所示。必须认识到，“培训不过关，依然是隐患”，提高薄弱人物转换的效率。

2.安全警示互保联保——形成自保互保联保的安全防护网

为迅速提高职工的安全意识，采取多种形式开展安全警示教育。通过案例展览，职工现身说法、播放案例影像、全员案例征集等多种形式让职工从血的事故中吸取经验教训，提高安全意识，增长安全知识、积累安全经验，提高安全素质。同时，为使职工提高自主保安、互助保安的意识，实行职工与职工之间、职工与区队之间的互保联保。

一是职工自身签订自保承诺书，自我承诺自我约束保证自身安全。

二是实行“一对一”结对子，职工与职工签订互保责任书，进行互保，对对方的安全负责，互保人出现“三违”及安全问题，连带处罚互保对子。

三是每一位职工与班组长签订联保责任书，每位班组长与区长签订联保责任书，做到一级保一级，一级对一级负责的整体防护网，确保安全生产。

3.危险辨识应急演练——提高应急管理能力

一是为提高职工的自我防御和应急反应能力，开展职工危险源自我辨识活动，每名职工从入井到工作岗位对可能遇到的危险进行全面排查，并制定出针对性的防范措施，使职工对自己可能遇到的不安全因素达到预想、预知、预防、预控。采取个人查找、相互查找、班组点评、工区汇总的形式进行危险源辨识，逐步汇编成《职工岗位危险源自我辨识与控制条目》，并不断完善，使职工养成自主查找危险，自我防范危险，实现人人自主安全的好习惯。

二是为提高矿井防灾抗灾和应急处置能力，矿井要健全完善应急管理机制。制订符合现场实际的综合应急预案、专项应急预案和现场处置方案，组织全体职工进行培训，普及事故预防、避险、自救、互救、应急处置知识，并根据矿井实际不断进行实际演练，真正做到有备无患，提高全矿职工的防范意识和应急处置能力。

(四) 安全行为文化的检查与改进

1.安全行为文化的检查

(1) 日常监督检查：各级管理者根据任务进行监督和检查；监督检查应该包括自身所负责的整个区域；监督检查中发现人员不安全行为应该及时报告；监督检查要填写监督检查记录单。

(2) 全面检查：全面检查小组应该由矿领导、各部门主要负责人和职工代表构成；根据煤矿的实际表现，每月至少应完成一次全面检查，填写检查记录单；全面检查要考虑所有涉及人员不安全行为的要素；每次全面检查应该提出有意义的意见和建议；及时公布检查报告，包括所发现的不安全行为情况及需要采取的措施。

2.安全行为文化的改进

(1) 改进培训方法。年初，由矿安培中心组织对全矿进行培训需求调查，按照“干什么、学什么、缺什么、补什么”的原则，制订全员本质安全教育培训计划，明确培训人员、内容和目标。培训要坚持从实际、实用、实效出发，采取集中培训、定期轮训、专业培训、现场实训、案例教育、岗位练兵、技术比武、实际操作演示等形式方法，分类组织培训，突出应知应会、岗位规范操作、安全技能、业务水平、安全综合素质和动手解决问题等能力的提高，同时加强培训效果的检查评估，提高培训的针对性和实效性，为班组建设提供素质保障。

(2) 采取内培与外培相结合、送出去或请进来等多种形式，狠抓员工安全理论和专业技能培训，不断提高员工的安全生产素质。在安全培训上，要做到时间落实、内容落实、教师落实。每年至少对全体员工进行一次轮训，重要岗位半年进行一次复查考试，并建立安全培训档案。尤其对新招员工，要举办岗前培训班，签订师徒责任书。

(3) 在专业技术培训上，坚持不懈地开展岗位练兵、技术比武、技术革新和发明创造等科技创新创效活动，召开科技成果总结表彰大会。通过强化培训学习，提高员工业务素质、技术素质和安全文化素质，改变员工的不良工作习惯，促进专业达标，使安全质量标准化水平进一步提高，为安全生产提供人才保证。

(4) 强化要害工种和一般工种的岗位培训，井下所有的从业人员必须经培训后持证上岗。推行一人多证、一专多能，储备必要的专业技术人才，对要害工种实行动态管理，根据工作表现、专业知识、实际操作能力和对突发事故的应变处理能力，开展"技术标兵"、"岗位能手"等评比活动，提高相应的工资待遇，激励广大员工爱岗、敬业及学习技术的积极性。

(5) 采用科学、有效的风险评估方法，实现风险的超前预控，提高员工对作业环境安全隐患及险情预兆的认知和可控能力。建立班前风险评估卡，并不断补充、完善班组的风险评估表，定期组织评审，及时对风险的等级进行确认和再学习，实现风险评估的持续改进，不断提高员工的风险意识。

(6) 建立员工报告"不安全行为"的激励机制，鼓励员工自主反"不安全行为"、查隐患，由依靠安监部门抓"不安全行为"、查隐患为主向班组自主查隐患、抓"不安全行为"转变，使不安全因素"发现得快、控制得住、排查得早、解决得好"。

(7) 开展作业前风险评估活动。要求每位员工在作业前自觉进行风险评估，工作之前要思考五个问题。即：本人做此项工作有哪些风险？不知道不去做；本人是否具备做此项工作的技能？不具备不去做；做本项工作所处的环境是否安全？不安全不去做；做本项工作是否有适当的工具？不恰当不去做；做本项工作是否已佩戴了合适的个人防护用品？不合适不去做。有效提高员工的安全意识，保障作业安全。

五、安全物态文化

安全物态文化是安全文化的表层部分。从安全物态文化中往往能体现出组织或企业领导的安全认识和态度，反映出企业安全管理的理念和哲学，折射出安全行为文化的成效。

煤矿企业生产过程中的安全物态文化主要体现在：一是煤矿生产技术和生产工艺的本质安全性；二是生产和生活中所使用的技术和工具等人造物及与自然相适应有关的安全装置、仪器、工具等物态本身的安全条件和安全可靠性；三是生产企业的安全宣传载体、文化标识等。

（一）安全物态文化的建立

1.布局合理设计规范——为矿井安全奠定基础

按照安全、经济、高效的原则合理安排开拓方式和开采顺序，以合理的生产布局和规范的设计为煤矿安全生产奠定基础。

一是根据矿井煤层赋存情况（煤层厚度、倾角、顶底板岩性等）、地质及水文条件（地质构造情况和顶底板水文情况），从大的开拓布局到每个工作面、每条巷道的施工安排都要有利于安全，有利于防治水、火、瓦斯、煤尘、顶板、冲击地压、高温等矿井灾害，不因布局不合理而造成安全隐患（如高吊水、孤岛煤柱、瓦斯积聚等）。

二是在矿井生产过程中，强化三量（开拓煤量、准备煤量、回采煤量）管理，使采掘接续合理，生产井然有序。

三是在生产布局确定后，从矿井开拓到开采的每项工程都要进行规范设计，每个设计都要经过设计人员、管理人员、施工人员组成的"三结合"审查组进行认真会审，确保巷道布置、施工顺序、施工工艺、设备选型、支护参数、支护工艺等都要达到技术先进、经济实用、安全可靠。

2.系统完善装备精良——设备零缺陷，系统零漏洞

矿井建立完善的生产系统和配套的安全系统，通风、供电、排水、提升、运输等各大生产系统必须满足生产能力的要求。

一是各生产系统要尽量采用先进、精良的设备、材料和工艺，以确保安全可靠，各配套设施要齐全完善，满足系统运行要求，同时要加强日常维护、维修，保证系统运行正常。

二是业务部门根据矿井生产情况定期对各大系统进行全面评估，不断进行改进、完善，以满足安全生产需要。

三是按照规定健全完善监测监控、压风自救、供水施救、通信联络、人员定位、紧急避险等六大安全避险系统，为矿井安全提供保障。

3.健全各类安全设施、安全保护和警示标志，创造本质安全环境

一是安全设施健全完好，严格按标准设计、安装、使用。

二是各类保护安装齐全，加强日常实验，确保完好可靠。

三是健全各类警示标志，根据矿井实际建立完善的安全视觉识别系统，按照不同场所设立禁止、警告、指令、提示等警示标志，使职工在各种场所都知道哪些不允许做，哪些要引起注意，哪些必须做，哪些应该做，达到提前告知，超前预防，形成全方位、多层次的本质安全防护，实现环境本质安全。

4.安全物态文化建设亮点工程

煤矿安全视觉识别系统依据国家标准、结合行业特色与煤矿实际建立，是煤矿安全物态文化建设的一大亮点。

安全行为科学研究表明：人的安全行为除了受内因的作用和影响外，还受外因的影响。

环境、物的状况对劳动生产过程的人也有很大的影响。建立安全视觉识别系统就是要通过对人的视觉刺激，警示工作人员遵章作业，规范行为，从而达到促进安全生产的目的。

安全视觉识别系统主要包括安全色和安全标志。

(1) 安全色

安全色：传递安全信息的颜色，包括基础色和对比色，基础色包括红色、蓝色、黄色、绿色四种颜色，对比色包括黑色和白色。安全色的基本搭配，如表5-2所列。

红色：传递禁止、停止、危险或提示消防设备、设施的信息。

蓝色：传递必须遵守规定的指令性信息。

黄色：传递注意、警告的信息。

绿色：传递安全的提示性信息。

黑色：用于安全标志的文字、图形符号和警告标示的几何边框或文字样色。

白色：用于安全标志中黄、红、蓝、绿的背景，也可用于安全标志的文字和图形符号。

表5-2　安全色的基本搭配

安全色	对比色
红色	白色
蓝色	白色
黄色	黑色
绿色	白色

(2) 安全标志

安全标志：用以表达特定安全信息的标志，包括安全色、图形标志、说明标志或三者的组合。

① 井下安全标志。

根据《安全标志》(GB 2894—1998)，同时结合煤炭生产实际要求，井下安全标志主要包括禁止、警告、指令、提示、指导等五类安全标志。

a. 安全标志含义、图形符号及颜色。

禁止标志的含义是禁止人的不安全行为，其基本形式为带斜杠的圆形框，圆环和斜杠为红色，图形符号为黑色，衬底色为白色；

警告标志的含义是提醒人们对周围环境引起注意，以避免发生危险，其基本形式为正三角形边框，三角形边框及图形符号为黑色，衬底色为黄色；

指令标志的含义是强制人们必须做出某种动作或采取防范措施，其基本形式是圆形边框，图形符号为白色，实底色为蓝色；

提示标志的含义是向人们提供某种信息(如提示标明安全设施或场所等)，其基本形式是正方形边框，图形符号为白色，衬底色为绿色；

指导标志的含义是提高人们思想意识的标志，其基本形式是长方形边框，图形符号为绿色，衬底色为白色。

b. 安全标志的种类及设置。

禁止标志主要有：禁止乘坐胶带、禁止跨越胶带、禁止放明炮、禁止烟火、禁止酒后入井、禁止启动、禁止合闸、禁止带电作业、禁止扒乘矿车、禁止蹬钩、禁止攀牵线缆、禁止入内、禁止通行、禁止停车、禁止多挂车等；

警告标志主要有：注意安全、当心冒顶、当心爆炸、当心片帮、当心坠落、当心火灾、当心瓦斯、当心水灾、当心煤尘、当心触电、当心坠入溜煤眼、当心矿车行驶等；

指令标志主要有：必须戴安全帽、必须携带自救器、必须携带矿灯、必须穿戴绝缘保护用品、必须戴防尘口罩、必须走行人过桥、必须设置爆破警戒等；

提示标志主要有：鸣笛、安全出口、电话、爆破警戒、前方慢行、进风巷道、回风巷道、避灾路线、里程牌、水平标志及各种路标等；

指导标志主要有：安全生产指导标志、劳动卫生指导标志等。

c. 安全标志的设置与管理。

安全标志应设在与安全有关的明显的地方，并保证有足够的时间注意它所表示的内容；

安全标志应定期清洗，每季至少检查一次。如发现变形、损坏、变色、图形符号脱落、亮度老化等现象，应及时修理或更换；

安全标志由矿安监部门负责监督检查，各工区负责日常维护管理。

d. 管理牌板。

采掘管理牌板：井下所有采掘工作面均应设置工程平面图、巷道断面图、循环作业图、设备布置图、避灾路线图、劳动组织表、经济技术指标表等施工管理牌板和材料管理牌板等；

采掘工作面施工管理牌板设置，距巷道开口 50 m 范围之内（采煤工作面设置在副巷），且必须设置在行人侧；材料管理牌板设置在井下库房和材料堆放地点；

机电管理牌板：井下所有机电设备使用地点均应设置操作要领、包机制度等管理牌板，所有机电硐室均应设置岗位人员工作目标、责任、供电系统图等牌板；

运输管理牌板：井下运输大巷候车室均应设置运输示意图、乘车时刻表等管理牌板；运输斜坡应设置运输作业牌板；

"一通三防"管理牌板：井下应设置瓦斯检查牌板、瓦斯监测牌板、局部通风机管理牌板、隔爆设施管理牌板、测风管理牌板、通风设施管理牌板、煤层注水管理牌板、瓦斯抽放管理牌板等，设置位置根据现场作业环境而定；

所有管理牌板均为白底黑字，字体为仿宋体，牌板尺寸大小根据情况确定。

e. 报警装置。

井下行人、行车的主要风门应安装语音报警系统和弯道报警系统。设置位置视现场情况而定；

井下运输斜坡应安装声光语音报警系统，运输大巷应安装语音报站系统。设置位置视现场情况而定。

f. 安全标语。

所有安全标语均采用红底白字的长方形形状，字体为黑体。牌板尺寸视巷道断面而定。

② 设备管线识别标识。

a. 设备识别标识。

标识牌的形状为长方形，颜色标识为红底、黑字、黑框线；标识内容有设备名称、设备型号、电压等级、用途、使用单位、责任人。字体为仿宋体，字号根据牌板的大小而定。在用及备用设备均须按要求悬挂。

b. 管路识别标识。

各种管路按不同颜色进行识别。其中，压风管路为橘红色，压水管路为灰色，排水管路为黄色。在各趟管路底色基础上每隔一定距离喷制一处去向识别标志牌，牌上分别标明“压水管”、“压风管”、“排水管”字样，字样和框线为白色，字号根据各管径粗细而定，字体为仿宋体。固定管路的管卡、固定架及托勾为黑色标识。

在管路识别系统中的去向识别标志执行如下规范：大巷去向标志每隔 300 m 喷制一处，辅助巷道每隔100 m喷制一处。大巷每年至少更新一次，采区准备巷道及采煤工作面正、副巷每半年更新一次，开掘巷道应自开口处随掘随标识，滞后工作面不超过 50 m。

c. 线路识别标识。

防腐处理（黑色）代替线路识别色，至少每隔半年涂油一次，并在线路上每隔100 m安设一处线路识别标识牌。标识牌按示意图制作，红底、黑字、黑框线、字体为仿宋体，字号按视牌大小确定。内容包括：型号、截面、等级、用途、来源、去向等。

d. 里程识别标识。

井下运输大巷每隔 100 m，采区巷道每隔 20 m，采煤工作面正副巷、开掘巷道每隔10 m，悬挂一块里程牌，标明巷道距离。运输大巷水平牌每隔 10 m 悬挂一块。

e. 井下各级各类人员的识别。

工人：黄色安全帽；

区（科）、队领导和职能部门管理人员：红色安全帽；

矿级领导：红色安全帽，穿有反光条的蓝色工作服。

背火药工、送饭工、轨道工、架线工及其他大巷作业人员：红色安全帽，必须穿橘红色反光背心。

（3）安全标志的基本形式

① 禁止标志的基本形式：带杠的圆边框。

禁止标志基本形式的参数：

外经 $d_1=0.025L$；

内径 $d_2=0.800d_1$；

斜杠宽 $C=0.080d_1$；

斜杠与水平线的夹角 $\alpha=45^\circ$；

L 为观察距离。

② 警告标志基本形式：正三角边框；

警告标志基本形式的参数：

外边 $a_1=0.034L$；

内边 $a_2=0.700a_1$；

外框外角圆弧半径 $r=0.080a_1$；

L 为观察距离。

③ 指令标志基本形式：圆形边框。

禁止标志基本形式的参数：

直径 $d=0.025L$；

L 为观察距离。

④ 提示标志基本形式：正方形边框。

禁止标志基本形式的参数：

边长 $a=0.025L$；

L 为观察距离。

（二）安全物态文化的执行

1.隐患排查治理闭环——消除环境的不安全因素

一是利用日常管理人员下井检查、带班检查、每旬安全大检查、班前“三位一体”检查和岗位交接班检查等多种形式排查和岗位、班组、区队、专业、矿五级排查，使隐患排查无空点、无盲区。同时，不断规范各类检查行为，提高检查效果，对日常检查、带班检查制定专门检查制度；对旬检查实行各专业人员均匀分组，抽签分片，保证检查的专业、地点覆盖性；各工作地点开工前，由班组长、安监员、瓦检员三人联合进行“三位一体”检查，确保开工前环境安全；各岗位工上岗前按照单元检查表规定的内容进行交接班检查，保证特殊岗位开工前安全。

二是严格安全信息运行，保证隐患排查治理环节闭合。对排查出的隐患按照筛选、通知、整改、验收、销号五个环节进行闭环管理，对通过各种形式排查出的问题和隐患由安监处信息办公室进行筛选，筛选出的隐患通过电话通知、电脑发送等形式通知到各责任单位，各单位接到整改通知后，在规定时间内整改完毕，然后申请验收，经安监处安监员验收、科室复查合格后，进行销号，实现闭环管理，保证隐患及时消除，确保作业环境的本质安全。

2. 强化“双基”和质量标准化建设，夯实安全基础

一是把“双基”建设标准，层层细化、分解，落实工作责任，加大“双基”建设检查力度，不断夯实矿井安全基础。

二是根据质量标准化标准，实行旬检查、月验收、工程质量班评估等办法，严格落实验收与考核，同时强化动态检查，注重检查的效果和针对性，确保实现动态达标，并通过精品工程、亮点工程、标杆工程等活动，带动质量标准化水平不断提高，以高水平的工程质量，夯实本质安全根基。

3. 网格式无缝隙零报告顶板排查治理

根据各工区作业地点及职能不同，将井下所有巷道按网格划分为若干块段，将其具体分到每个工区及每班安监员，进行无缝隙式覆盖，同时每个工区及每班安监员按划分区域进行不间断巡查，使顶板排查工作无空点、无盲区。

具体划分为：采煤工区、掘进工区、开拓工区、准备工区所属范围为其作业区域的所有巷道、硐室；机电工区、运搬工区、通防工区为其各自工作区域的巷道及硐室。所有工区的分管区域随生产场所的变动而改变。

（三）安全物态文化的检查与改进

1. 安全物态文化的检查

煤矿物态安全文化的种类包括：日常性的检查、定期的检查、专题性的安全检查及特殊的安全检查。检查的内容以上述物态文化建设内容为准。安全物态文化检查的内容，如表5-3所列。

表 5-3 安全物态文化检查的内容

机器设备类	环境类
a. 没有按规定配备必需的设备； b. 设备选型不符合要求； c. 设备安装不符合规定； d. 设备维护保养不到位； e. 设备保护不齐全、有效； f. 防护设施不齐全、完好； g. 设备警示标识不齐全、清晰、正确，设置位置不合理； h. 机器的其他不安全因素	a. 水的威胁； b. 顶帮的威胁； c. 地热威胁； d. 瓦斯煤尘爆炸威胁； e. 火的威胁； f. 瓦斯突出威胁； g. 其他自然地质威胁； h. 工作地点温度、湿度、粉尘、噪声、有毒气体浓度等超过规定； i. 工作环境的其他不安全因素

安全检查的隐患信息和不符合项信息全部录入到安全管理信息系统进行闭环管理。在安全检查中可以按照“四有四必”原则对安全装置和设备进行检查，即“有台必有栏、有洞必有盖、有轴必有套、有轮必有罩”。

2.安全物态文化的改进

安全物态文化改进的最终目标是创造本质安全环境，在这样的环境中，即使人员的操作失误，也不至于产生伤害。安全物态文化改进的主要途径包括加大安全投入和提倡改革创新。

(1) 加大安全投入

设施、设备的安全可靠是安全生产的硬件，是安全文化的载体，以此为核心的安全物态文化又是形成观念文化和行为文化的先决条件。近年来，在安全生产投入上，企业党政工团思想认识应该高度一致，安全生产投入在企业所有投入中拥有第一优先权地位，只要能发挥作用，宁可早投入、多投入，甚至重复投入。

一是围绕营造安全文化整体氛围抓投入。整合安全生产文化资源，将职工安培中心、矿内广播、橱窗、网站、宣传栏、简报、电子显示屏等设施作为安全生产文化宣传的主阵地，利用内部局域网等新型传媒和闭路电视、内部报刊等载体，提供内容丰富、健康有益的安全生产文化产品，积极利用各种途径、多种方式传播安全知识、灌输安全理念，大力营造安全、健康、祥和、温馨的安全生产文化氛围。在办公和生产区域，悬挂设置各类安全宣传标语，宣传企业文化建设目标、安全文化建设的八大理念，构建浓厚的安全文化氛围。

二是围绕安全文明生产抓投入。在生产区域，对所有设备、建筑物配置明显的名称、编号以及安全警示牌、安全提示标志；在所有道路设置安全交通标志；在旋转机械周围、配电柜、控制屏等处标有安全警戒线；在工房和防爆区域处设置疏散标志；对全矿消防箱(栓)全部进行定置管理，明确责任人；在重点部位明确党员责任区；在各关键检查项目点上设置有检查内容，便于新同志巡检时按项目进行检查。切实做到设备标志齐全、管道色标清晰、道路指示明白、转动机械转向标识规范、安全围栏规范齐全、安全设施完好，现场安全文明生产得到有力保证。

三是围绕实现本质安全抓投入。始终坚持“科技兴安”，投入资金对全矿老旧生产设备实施进行改扩造和技术改造。在关键设备安装自动报警、联机停锁装置。淘汰落后的采煤设备，提高自动化程度，改善作业环境，减少一线操作人员，提高技术保障水平和安全保障能力。

(2) 提倡革新、创新来改善安全

全矿的本质安全文化建设是一个持续改进的过程，对于各个部门、区队和班组来说也是如此，安全管理工作只有起点没有终点。在安全物态文化建设上也应该倡导持续改进，做到全员参与、全过程改进，提升环境的本质安全水平。安全改善建议表如表5-4所列。

表 5-4　安全改善建议表

改善项目名称		提出时间		改善人	
改善范围		改善对象	◎系统◎设备◎设施◎防护装置		
现状描述					
潜在的危险源					
改善对策					
预计效果					
分管领导审核					
矿长审核					

六、安全文化的奖惩系统

(一) 安全奖惩的原则

奖惩是解决规章制度、标准措施落实的重要手段。在对职工的安全工作进行相关奖励和惩罚时，要遵守以下原则：

(1)坚持“奖惩分明、公平合理”的原则。

(2)坚持“奖惩及时”的原则。

(3)坚持“教育和惩罚相结合、以教育为主”的原则。

(4)坚持“奖惩形式多样化”的原则。

(二) 安全奖励和激励

马斯洛认为人都潜藏着五种不同层次的需要(图 5-14)，这些需要在不同的时期表现出来的迫切程度是不同的。人的最迫切的需要才是激励人行动的主要原因和动力。人的需要是从外部得到的满足逐渐向内在得到的满足转化。

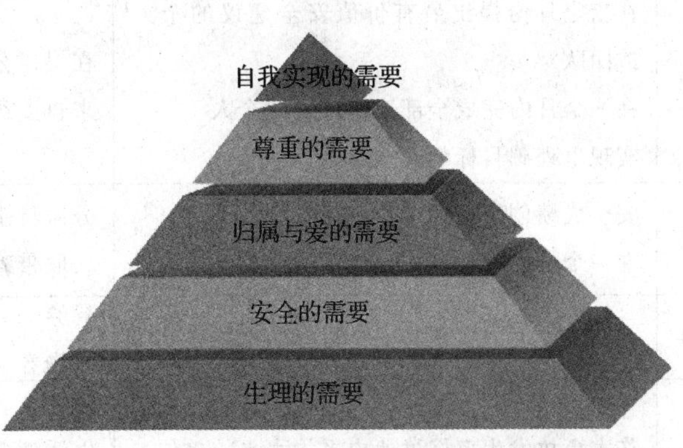

图 5-14　马斯洛的需要层次

一个组织的安全文化的重要组成部分，是其内部所建立的一种行为准则，在这个准则之下，安全和不安全行为均被评价，并且按照评价结果给予公平一致的奖励或惩罚。因此，矿井用于强化安全行为、抑制或改正不安全行为的奖惩系统，可以反映出该矿安全文化的情况。

安全奖励和激励应主要针对那些促进安全的行为，如实施安全行为观察、领导安全会议等。矿井可以每月举行一次安全业绩评比，对表现突出、实现零伤害事故、能够有效促进安全行为的个人或团体进行表彰、奖励，具体奖励范围如表 5-5 和表 5-6 所列。

表 5-5　安全表彰活动或奖励

社会的	来自高层领导的表扬 在煤矿公告栏上公布个人或团队的名字 给配偶或家人的表扬
与工作相关的	分配喜欢的工作 参与上级领导汇报的机会 晋升的培训机会 更长的休息时间 获取带薪休假的机会
实在的好处	某餐厅的二人餐券 礼物券 某大型超市的消费卡 生活日用品 纪念品

表 5-6　表彰工作表

级别	标准	表彰活动或奖励
1	提交安全建议并被批准实施的个人 领导安全会议的个人	给其配偶或家人的关于其安全成就的信 参与上级领导汇报的机会
2	在指定月份提出最有价值安全建议的个人或团队 在一个月内完成全部工作计划的个人 实现里程碑目标的安全团队	在煤矿公告栏上公布个人或团队的名字 来自上级领导的表彰信
3	安全成绩创新高的单位 在一个月内实现其安全目标的单位	分派特定的任务 获取带薪休假的机会
4	在一个季度内实现其安全目标的单位	餐券 礼物券
5	伤害事故发生率好过业内平均水平的单位	餐券 生活消费品 获取带薪休假的机会

（三）安全惩罚

以惩罚为基础的安全计划在减少不安全行为方面是有效果的，但在鼓励安全行为方面会产生阻碍作用，而且惩罚措施使用不当会带来许多隐藏性的问题。然而即便如此，纪律处分在安全计划中仍有适当的位置。如果某些员工正在做危害自己或他人的事情，他们必须马上停止。若矿工重复违反他们了解的一些安全政策，他们必须停止正在做的事情，遵守组织的安全管理要求。无论是纠正性的反馈还是更严厉的处罚行动，在这种情况下，对大多数员工来说，应用处罚措施是恰当的和可接受的。

惩罚的类型可以包括：停工学习；通报；现金罚款；晋升延期；辞退。

惩罚的对象主要分为管理者和操作者。

1.管理者责任

有以下情况之一者，应追究管理人员或主要责任人的责任：

(1) 不及时解决安全、防尘消毒方面存在的问题，造成重大事故，有尘毒危害严重的；

(2) 隐患不按期整改，放弃对安全工作的领导，导致安全管理混乱而造成事故的；

(3) 对职工不按规定进行安全教育和培训，职工缺乏安全技术知识，操作错误造成事故的；

(4) 发生事故后弄虚作假或隐瞒不报的；

(5) 违章指挥造成事故的。

2.发生以下行为之一的，应追究操作者责任

(1) 不听劝阻违章作业、冒险蛮干的；

(2) 忽视安全工作，玩忽职守的；

(3) 发现有立即发生事故危险情况，不采取措施，又不报告的；

(4) 对制止违章作业和违章指挥行为的人员进行打击报复的；

(5) 发生事故后，对肇事者姑息包庇或弄虚作假，知情不报，嫁祸于人的；

(6) 违反操作作业，屡教不改并造成事故，情节严重的。

七、安全文化的实施及改进

（一）安全文化的实施

1.管理层及决策者的安全文化实施

矿领导要站在可持续发展的战略高度重视本质安全文化建设，将本质安全文化建设与矿生产经营统一规划和部署，与党建、思想政治工作和精神文明建设等工作有机结合。在安全文化建设过程中，矿领导要身先士卒，身体力行，带头实践，既要成为本质安全文化的倡导者和培育者，又成为本质安全文化的设计者和执行者。矿生产、经营等职能部门与党群部门要紧密协作，根据各自的特点，发挥自己优势，创新工作思路，充分运用各种有效的载体，创造性并富有成效地开展文化建设。

2.班组及职工的安全文化建设

加强班组安全文化建设，规范班组岗位操作。利用班前会、班前岗位风险辨识评估、每日一题安全知识学习活动等有效形式，根据各自岗位责任情况，发掘危险因素，制定预防措施，控制人为失误，提高员工安全意识和安全技术素质，增强员工保安全的荣誉感、紧迫感和责任感，形成人人联保、自主保安、互助保安的现场安全保障格局。

3.生产现场的安全文化实施

主要体现在本质安全管理的"硬件"建设中，包括合理的矿井的开拓、盘区系统、运输系统、通风系统、供电系统、给排水系统、可靠的采掘技术和装备、先进的管理手段等。通过安全物态文化建设，加强"硬件"建设，最终建立一个本质安全的生产工作环境。体现在工作、生产和生活环境建设中。通过工作环境、生产环境和生活环境的美化、净化和现代化，陶冶员工情操，改善员工心智模式，为广大员工创造良好的生活环境，营造浓郁的安全文化建设氛围；体现在员工个体防护装备中。个体防护装备的完善，可以有效保护员工的人身安全，最大限度地避免和减轻员工在劳动过程中可能受到的事故伤害和职业危害，从而调动员工积极性，促进安全生产。

4.企业人文环境的安全文化实施

主要是通过以下几项活动来体现：辨识不安全行为，规范安全行为标准，制定控制措施，监督检查和纠正不安全行为；加强员工的安全教育和安全培训，推进风险预知训练，提高员工的安全意识、知识和技能，形成自我约束机制，使安全行为从他律走向自律；总结安全生产模范人物事迹，大力弘扬先进，营造健康向上的氛围，培育良好的员工精神风貌；加强班组安全文化建设，规范班组岗位操作，形成人人联保、自主保安、互助保安的现场安全保障格局；定期开展安全文化活动。例如，开展安全生产周(月)活动、安全电视节目、安全表彰会，事故防范活动、安全技能演习活动、安全宣传活动、安全教育活动、安全管理活动、安全科技创新活动、安全检查活动等，使员工在活动中受到教育。

(二)检查反馈，持续改进

科学化、制度化的考核评价，是本质安全文化建设良性发展过程中，承前启后、承上启下、必不可少的重要环节。考核评价的过程，也是对本质安全文化建设认识、实践、再认识、再实践的过程，既是认识不断提高的过程，也是实践不断成功的过程。

通过领导文化述职与现场考察相结合的考核评价，总结经验，发现问题，汲取经验，实现本质安全文化的良性循环，持续升华。

煤矿本质安全文化建设的考核评估方法分定性和定量两种。考核评价主要围绕组织领导、文化理念体系、组织实施与改进几个方面进行。对全矿的本质安全文化建设情况，由矿本质安全文化建设领导小组办公室和安监职能部门组成工作小组，采取领导文化述职、现场实地考察、文化问卷和民主评议等形式，就各级管理人员、员工对安全理念、安全目标的认知和认同度、自保意识和能力及安全管理、领导干部作风、区队安全生产状况等进行测评。分析测评结果，对员工的意见和建议及时给予解决和落实。

企业安全文化是企业文化的重要组成部分，随着煤炭生产的不断发展，现代安全管理的不断进步，企业安全质量标准化将面临新的课题，需要不断地研究、探索、完善、提高。要把握企业安全文化的发展方向，从煤矿的安全生产实际出发，发展自我、塑造自我、创新自我，用企业安全文化教育员工、影响员工、武装员工，真正锻炼出安全生产的精兵强将和打造精品工程。

企业安全文化建设是一个循序渐进的过程，需要不断的认识、实践，再认识、再实践，既要敢于肯定自己成功经验，又要勇于否定自己的不足之处，积极改进、充实、完善。企业安全文化建设机制的完善、提高要遵循以下工作原则：

求实的原则。按照安全文化的发展方向，发展要求，紧密结合企业安全生产实际进行规划制订、措施制定和工作内容的确定。

提升的原则。用战略眼光确定战略目标，要与世界先进文化接轨，用大企业、大集团先进文化武装和充实自己，提高安全文化的理论层次和实践真知。

创新的原则。要开阔视野，不断研究新问题，发现新事物，明确新思路，提出新举措，探求建立企业安全质量标准化长效机制的途径、办法，创新安全生产管理。

融合的原则。要把整改、完善、提高、提炼、发展贯穿到安全文化建设的全过程，使安全文化建设真正发挥其应有的渗透作用、整合作用、提升作用、建塑作用，为矿的发展注入用之不竭的生机和动力。

第六章　应用展示：王楼煤矿安全 100 风险预控管理体系

一、矿井概况

山东能源临矿集团王楼煤矿，位于济宁市喻屯镇境内，是经原国家计委批准在济宁市兴建的现代化矿井，2004 年 9 月开工建设，2007 年 7 月 1 日正式移交生产。矿井设计生产能力 90 万 t/a，2013 年 5 月核定生产能力 130 万 t/a，建有配套专用煤码头和选煤厂。井田资源可靠，主采 3 上煤层，平均开采厚度 2.28 m，属中厚煤层。煤种主要为低灰、低磷、高发热量的气肥煤和高油煤，适用于各种动力配煤、发电、化工和民用生活领域。

矿井自投产以来，始终坚持安全发展、科学发展，不断强化安全生产管理，连年实现了安全生产。矿区各职能单位密切配合，坚持务实与创新相结合，各项管理制度、考核机制进一步健全，安全生产、数字化矿山建设、经营管理、党务政工、后勤服务等各项工作扎实有效，实现了安全管理规范化、安全生产标准化、矿山操控数字化、经营管理精细化、职工行为文明化、矿区景象怡人化，矿井整体形势保持了安全快速、健康有序、低碳和谐的发展态势。矿井先后荣获国家级质量标准化矿井、山东省安全生产“双基”建设先进单位、安全程度评估 5A 级矿井、省级煤矿安全文化建设示范企业、省级煤矿安全生产诚信建设示范矿井等荣誉称号。

二、安全 100 风险预控管理体系建设背景

王楼煤矿自建矿以来，始终把安全放在首位，不断摸索安全管理的有效办法和手段。自 2009 年开始，矿井开展了全员危险源自我辨识活动，并根据矿井开采深度大、地压大、地温高、矿井涌水量大、职工新成分多等实际，从控制造成事故的两个直接原因——人和人工作的环境出发，提出了“培育本质安全人，创造本质安全环境，打造本质安全矿井”的安全工作思路。

(一) 本质安全人

本质安全人就是意识增强要安全、知识丰富会安全、技能提高能安全，即使环境存在缺

陷或不足，通过人员自身具有的安全意识和掌握的安全知识、技能，也能够避免自己受到伤害，这就是本质安全人。

为了培育本质安全人，矿井先后开展了安全意识讲座、安全警示教育，手指口述、危险源自我辨识与控制活动、薄弱人物排查与治理，编制了涵盖职工岗位学习题、自救互救、应急预案等内容的《职工安全手册》、出版了《煤矿职工岗位危险源自我辨识与控制读本》与《煤矿工人讲故事——安全警示故事汇》、自编了《安全警示录》和《容易诱发事故的不安全行为》等培训资料，如图 6-1 所示，采取了以师带徒和岗位练兵技术比武等技能培训。

图 6-1　安全读本

（二）本质安全环境

本质安全环境就是安全设施健全、安全保护可靠、警示标志齐全，即使人员行为不规范甚至违章操作，依靠环境本身具备的本质安全功能，也能够避免人身受到伤害，就是本质安全环境。

为了创造本质安全环境，矿井规范了安全设施的设计、安装、使用；强化了各类保护的安装和日常实验；健全了各类警示标志如图 6-2 所示，开展了以《危险源视觉识别系统》为主的安全视觉识别系统建设；采取了工前"三位一体"检查、岗位工交接班检查、顶板网格式无缝隙零报告排查治理等措施。

图 6-2　各类警示标志

（三）安全 100 风险预控管理体系的提出

王楼煤矿基于近年来“培育本质安全人，创造本质安全环境，打造本质安全矿井，实现矿井长治久安”的管理理念，结合国家安全监管总局 2011 年 7 月 12 日发布、并于同年 12 月 1 日起实施的《煤矿安全风险预控管理体系规范》(AQ/T1093－2011)，提出了“安全 100”，即“安全第 1，从 0 开始，向 0 迈进，实现安全工作 100％”的安全文化理念，并于 2012 年 4 月开始进行风险预控管理体系建设，经过 4 个月时间基本完成，2012 年四季度边试运行边完善，于同年 12 月进行了验收。

王楼煤矿“安全 100”风险预控管理体系以危险源辨识和风险评估为基础，以风险预控为核心，以不安全行为管控为重点，通过制订针对性的管控标准和措施，达到“人、机、环、管”的最佳匹配，从而实现煤矿安全生产。其核心是通过危险源辨识和风险评估，明确煤矿安全管理的对象和重点；通过保障机制，促进安全生产责任制的落实和风险管控标准与措施的执行；通过危险源监测监控和风险预警，使危险源始终处于受控状态。

三、安全 100 风险预控管理体系建设内容

安全 100 风险预控管理体系主要包括危险源管控（危险源辨识、风险评估、风险控制）、管理对象的管理标准和管理措施、人员不安全行为管理与控制、组织保障管理、管理体系考核评价、安全文化建设、安全 100 管理信息系统。同时依据《煤矿安全风险预控管理体系规范》要求编制了“安全 100 管理体系文件”，包括《管理手册》、《程序文件》、《制度手册》、《文化手册》和《考核评分标准》。

1.《管理手册》

《管理手册》规定了王楼煤矿安全 100 管理体系范围，明确了管理方针、目标，描述了安

全100管理体系涉及的过程及其相互关系，展示了体系总体框架，明确了矿内各层次不同单位的职责和权限。

2.《程序文件》

《程序文件》是通过程序化的管理对主要作业活动可能产生的风险予以控制，内容分为五大类(风险预控管理、组织保障管理、人员不安全行为管理、生产系统安全要素管理和辅助管理)，包含43个管理程序，各项管理程序均以PDCA的方法和思路建立，规定了相应过程控制的目的、适用范围、职责、执行程序、相关文件、相关记录和附则，符合矿井实际运作的要求，保证了各个过程功能的实现。

3.《制度手册》

《制度手册》通过制度化的管理对所有作业活动可能产生的风险予以控制，共包括有关安全管理的244个制度，涵盖风险预控管理、组织保障管理、人员不安全行为管理、生产系统安全要素管理和辅助管理等方面的内容。规定了相应制度控制的目的、定义、适用范围、引用标准、引用流程、职责分工、目标管理内容及要求、目标完成情况考核、相关/支持性文件、附则。

4.危险源管控

危险源管控过程分为三个步骤：危险源辨识、风险评估、风险控制，采用的方法主要有技术手段和管理措施两类。技术手段主要包括消除、弱化、隔离、劳动保护等；管理措施主要包括责任人措施、直接管理人员措施以及监管人员措施。

(1) 危险源辨识

按照任务工序法和根危险源——状态危险源方法，开展危险源辨识活动，细化、完善危险源辨识的岗位、工种和内容。

人员不安全行为管理："危险源辨识及风险评估"中辨识的风险类型为人的危险源，即"人员不安全行为"，根据所辨识的人员不安全行为，分析所有可能的原因，并针对每种原因制订相应的控制措施，制订相应的员工不安全行为管理控制程序与制度。

王楼煤矿共辨识出人员不安全行为7类、机器的不安全状态8类、环境的不安全范围16类、管理的缺陷10类，全矿15个部门最终辨识出根危险源353项、状态危险源1 638条，其中重大风险任务78条、中等风险任务873条、一般风险任务687条。

(2) 管理对象的管理标准与措施制定

根据辨识出来的根源危险源、状态危险源制定相应的管理标准与管理措施，要求达到标准即使得危险源处于可控状态，而管理措施是能确保达到管理标准的有效手段与方法。要求标准和措施具有较好的可操作性，符合实际情况，且具有一定的经济性。

在危险源辨识的基础上，根据管理对象提炼管理标准与管理措施，按照风险类型分为人、机、环、管四大部分，共353个管理对象。通过建立不同管理对象的管理标准与管理措施，指导员工的操作，确定相应人员的监督管理职责。

(3)危险源控制

对辨识出的危险源和制订的管理标准和管理措施，通过制作风险预控卡学习、危险源宣贯等形式，强化对职工的风险预控管理，确保了风险预控条目落实到现场，实现职工对不安全因素的预想、预知、预防、预控，提高自我防御能力，实现人本安全。

具体风险管理条目见附表1。

5.考核评价体系

《考核评分标准》共确立了5大部分，28个系统，198个元素，705个考核指标，建立了各单位生产及非生产系统的一、二、三、四级指标，确定了指标的考核部门、考核类型、考核周期等，是检验本质安全管理体系运行效果，判别企业是否达到本质安全管理体系总体要求的综合性评价标准。

具体考核评分标准见附录2。

王楼煤矿考评工作组在认真研究体系考评指标的基础上，将考评指标逐条分解到基础单位、个人，开展全矿考评工作，规范管理行为。通过奖惩，推动了各项安全管理措施落到实处，实现了安全管理在时间、空间上的全过程、全方位控制，保证了安全工作无漏洞，提高了矿井安全质量标准化建设水平。

6.安全文化建设

根据煤矿安全文化建设的要求，编制了《文化手册》，从观念文化、制度文化、行为文化和物态文化四个方面明确了安全100文化建设的内涵、建设模式、建设目标、建设内容及方法途径。同时结合企业的安全文化理念、企业形象等内容，综合利用一切有效的视觉符号，开发了煤矿安全视觉识别系统。《文化手册》是矿井构建本质安全文化的指导性文件，各部门负责具体的部门安全文化建设。

安全文化建设目标的考核采用山东省安监局下发的安全文化考核评价表作为考核的依据。安全文化考核评价表确立了15个一级指标和88个二级指标，并明确了考核方法，在执行的过程中将各项指标分解到全矿各部门。

四、信息支撑平台:安全100管理信息系统

《安全100管理信息系统》是以风险预控管理为核心的、为安全100风险预控管理体系量身定做的、支撑其有效运行的、基于浏览器/服务器模式的、减少其安全管理运行成本的、综合化、集成化的软件信息平台。信息系统功能涵盖安全100风险预控管理体系运行的全

过程，能降低贯标的难度，有利于流程化、规范化安全 100 管理体系的运行，提高贯标效果，提升安全绩效。

安全 100 管理信息系统和数据库服务器均安装在矿机房的一台服务器上，IP 地址为 172.27.0.27，实现系统和数据的统一部署，各科室区队通过矿局域网访问系统，完成各种相关操作；除了浏览器外，无需安装任何软件。其部署模式如图 6-3 所示。

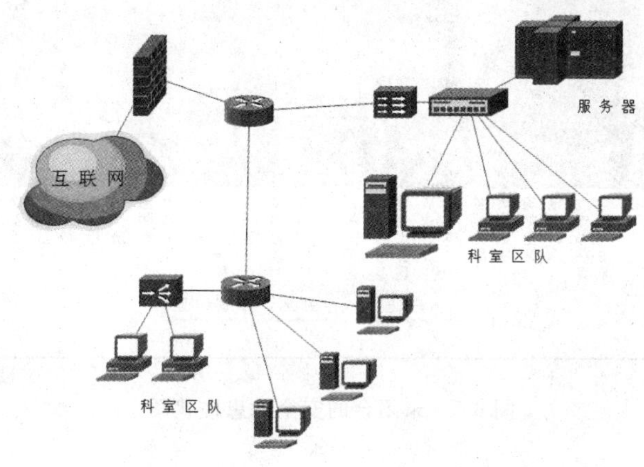

图 6-3　安全 100 管理信息系统部署模式

（一）系统前台

王楼煤矿安全 100 管理信息系统首页登录前台，如图 6-4 所示，是集组织机构、法律法规、文件发布、图片新闻、最新信息、会议纪要、通知通报、安全文化、安全培训和资源共享等为一体的信息发布平台，方便职工了解上级文件精神及矿井安全动态等。

图 6-4　王楼煤矿安全 100 管理信息系统首页

未闭合的安全隐患、最新不安全行为及未闭合的考评指标显示平台，将各单位存在的安全隐患、不安全行为及考评指标的闭合完成情况以柱状图的形式直观地显示出来，如图 6-5 所示。

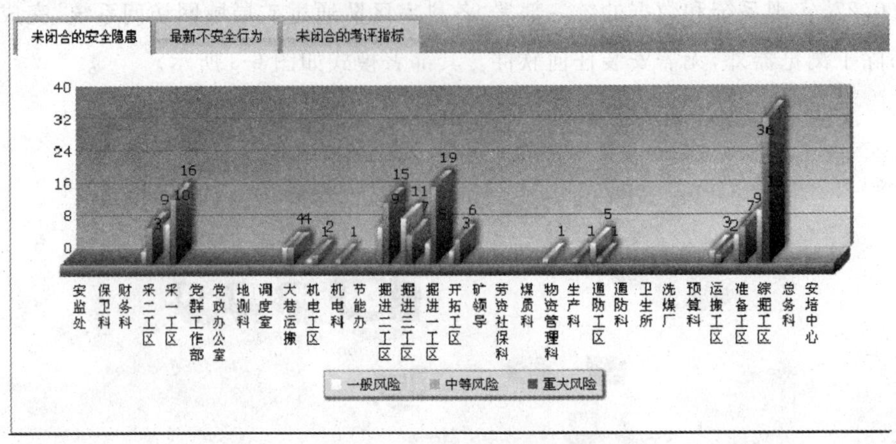

图 6-5　未闭合的安全隐患柱状图

信息系统用户可以通过安全信箱对安全 100 管理信息系统或矿井安全管理等方面提出意见或建议(图 6-6)。

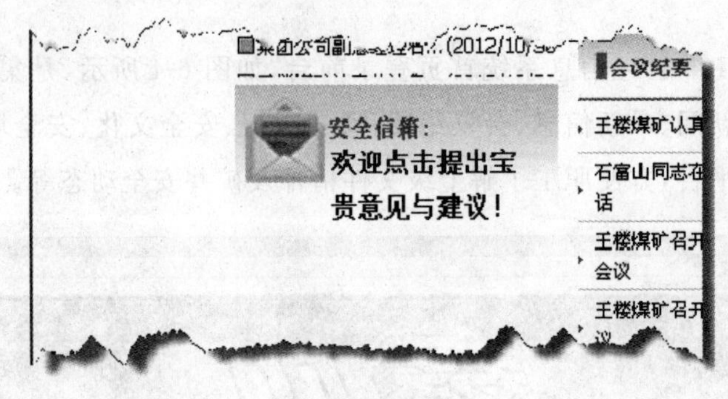

图 6-6　安全信箱

前台页面最下端设有相关安全网站链接，可点击直接进入，进行查询相关安全资料、获悉最新安全动态，安全网站链接如图 6-7 所示。

图 6-7　安全网站链接

(二) 系统后台

系统后台共由如下 15 个模块组成(图 6-8 所示)。

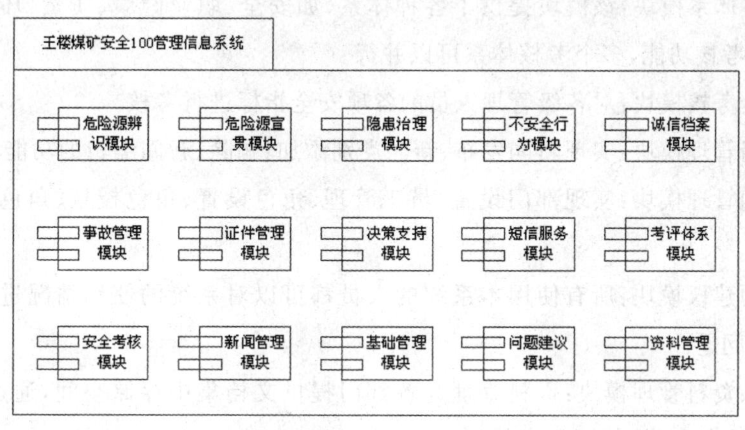

图 6-8　系统后台

安全 100 管理信息信息系统后台构成

(1) 危险源辨识模块：规范危险源辨识的业务流程，实现辨识单元划分、根源危险源辨识、状态危险源辨识、任务工序梳理、危险源统计分析等，能够导出各工种风险管理条目、及各工种任务工序(包含管理标准和管理措施)。可将导出的各工种风险管理条目为每名职工制作风险管理卡片，进行学习，已达到对本岗位可能遇到的风险超前预控的目的。

(2) 危险源宣贯模块：此模块可以制订危险源宣讲计划、进行各工种风险管理条目进行宣讲，生成危险源宣讲的统计分析报表。

(3) 隐患治理模块：实现隐患的闭环处理流程，包括隐患录入、整改确认、隐患复查、隐患查询、图形化分析、责任追究等。

(4) 不安全行为模块：实现不安全行为录入、不安全行为查询、生成不安全行为报表及不安全行为类型分析等功能。

(5) 诚信档案模块：可以根据员工的事实违章、安全生产、安全学习三个方面的情况计算衡量其安全诚信度。

(6) 事故管理模块：该模块实现的功能主要有事故等级设定、工伤等级设定、事故录入、事故查询。

(7) 证件管理模块：证件管理包括人员证件管理和单位证件管理，实现人员/单位证件的录入和查询。

(8) 决策支持模块：该模块能够显示各单位及个人的登录信息，更重要的是能够对各单位隐患内容进行统计分析，发现前一时期安全管理的薄弱环节，指明下一阶段安全管理的工作重点，并提供决策支持。

(9) 短信服务模块：利用该模块，可以实现隐患、不安全行为、考核指标等的短信通知，可以给员工发送安全相关信息、可以实现工作安排提醒等。

(10) 考评体系模块:该模块提供了各种体系(如安全、职业健康、质量、环境、综合管理体系)的设置、考核功能,多个考核体系可以并行。

(11) 安全考核模块:对各级管理人员的各项安全指标进行考核。

(12) 新闻管理模块:实现新闻发布、新闻类别添加、删除、新闻编辑的功能。

(13) 基础管理模块:实现部门设置、员工管理、角色设置、角色授权、角色分配、岗位类型设置等功能。

(14) 问题建议模块:所有使用本系统的人员都可以对系统的使用情况进行反馈,也可以回复别人的问题。

(15) 体系资料管理模块:资料管理为各部门提供文档集中存储空间,通过该功能各部门可以对文档进行归类、标识和存储。

系统后台管理界面如图 6-9 所示。

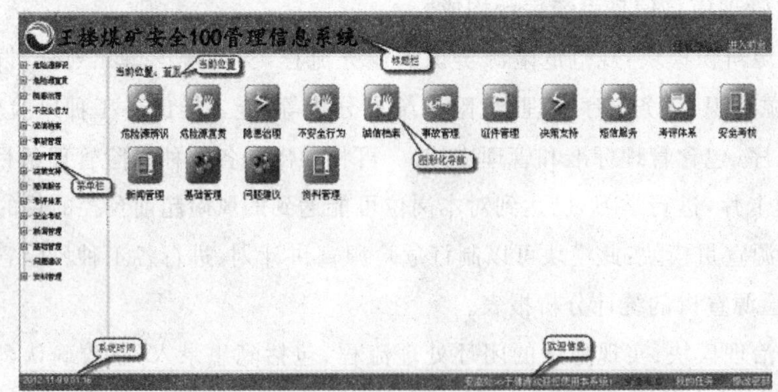

图 6-9　系统后台管理界面

安全 100 管理体系以安全第一为指针,以安全工作只有起点没有终点、每天从零开始为准则,以风险预控为核心,以 PDCA 管理为模式,坚持全员参与、持续改进,向零“三违”、零隐患、零事故迈进,最终实现矿井的安全。

体系的建设工作已经完成,运行完善阶段难免还会有很多问题要解决,需要各部门持续不断的将各项工作认真落实到位,确保安全 100 管理体系真正发挥实效,推动矿井的安全管理再上一个新台阶。

附录1　安全100风险预控管理体系风险管理条目

附表1-1　人的不安全行为

管理对象名称	不安全状态编号	不安全状态名称	受控对象名称	管理标准	施控主体名称	管理措施
人	R_01	携带烟草和点火物品，穿化纤衣服入井或入井前饮酒的	人	严禁穿化纤衣服；严禁携带烟草和点火物品；入井前严禁喝酒	人	副井入井检身工检查下井人员不得携带烟草和点火物品，不得穿化纤衣服入井，不得酒后入井
人	R_02	不随身携带、不按规定使用矿灯、安全帽、自救器的	人	入井人员必须佩戴安全帽，随身携带自救器、矿灯	安全生产管理人员	管理人员发现入人员不佩戴安全帽作业和不随身携带自救器、矿灯的，及时制止，并给予处罚或教育
人	R_03	乘罐或行走期间起哄，人为造成人员拥挤的	人	乘罐或行走期间严禁起哄、造成人员拥挤	安全生产管理人员	管理人员发现人员乘罐或行走期间起哄、造成人员拥挤的，及时制止，予以处罚
人	R_04	不按规定路线行走的	人	井下运输大巷，行人必须靠人行道右侧行走，严禁在轨道中间行走，跨越轨道时要注意左右车辆	安全生产管理人员	管理人员发现人员井下运输大巷，行人必须不靠人行道右侧行走，在轨道中间行走，跨越轨道时不注意左右车辆的，及时制止，予以处罚
人	R_05	肩扛长把工具、长物料等在带电的架空线下行走的	人	严禁肩扛长把工具、长物料等在带电的架空线下行走	安全生产管理人员	管理人员发现人员肩扛长把工具、长物料等在带电的架空线下行走的，及时制止，予以处罚
人	R_06	在带电的架空线下，站在矿车上工作的	人	严禁在带电的架空线下站在矿车上工作	人	在带电的架空线下登高作业的，必须确认架空线停电闭锁
人	R_07	不按规定乘坐架空乘人装置的	人	在乘坐架空乘人装置时，人员要坐稳，不得引起吊杆摆动，不得手扶牵引钢丝绳，不得触及临近的任何物体严禁同时运送携带爆炸物品的人员	安全生产管理人员	管理人员发现人员不按规定乘车的，及时制止，予以处罚
人	R_08	不按规定执行手指口述或执行不规范的	人	从入井到大巷行走，工作安全确认，都要按规定规范执行好手指口述	安全生产管理人员	加强监督管理，发现不按规定执行手指口述的，及时处理

续附表 1-1

管理对象名称	不安全状态编号	不安全状态名称	受控对象名称	管理标准	施控主体名称	管理措施
人	R_09	跨越胶带不走人行过桥的	人	严禁直接跨越和坐胶带,跨越胶带要走人行过桥	安全检查工	安检员发现直接跨越不走过桥和坐胶带的,及时制止
人	R_10	过风门未及时关闭的	人	要及时关闭风门,严禁同时打开两道风门	安全检查工	安检员与工人同上同下,过风门时安检员确认及时关闭风门,不得同时打开两道风门
人	R_11	不按规定佩戴各类劳保用品的	人	按规定佩戴各类劳保用品	人	提高安全意识,按规定佩戴劳保用品
人	R_12	登高作业无人监护或高空作业不按规定佩戴保险带、保险绳等的	人	登高作业必须有人监护、扶好梯子,高空作业时,必须戴安全帽并拴好安全带、保险绳	队组长	登高作业时,队长必须指定安全负责人,保证施工安全
人	R_13	违反“行车不行人,行人不行车”制度的	人	严格执行“行车不行人,行人不行车”制度,行车时,人员及时进入躲避硐	安全生产管理人员	管理人员发现违反“行车不行人,行人不行车”制度的,给予严肃处罚教育
人	R_14	扒车、跳车和坐矿车的	人	严禁扒车、跳车和坐矿车	安全生产管理人员	管理人员有扒车、跳车和坐矿车的,严肃处理
人	R_15	斜巷运输巷道片盘口、上、下车场蹲坐、逗留的	人	严禁在斜巷运输巷道片盘口、上、下车场蹲坐、逗留	安全生产管理人员	管理人员发现人员在斜巷运输巷道片盘口、上、下车场蹲坐、逗留的,及时制止,予以处罚
人	R_16	人力推车放飞车或在坡度大于7‰的巷道内人力推车的	人	严禁人力推车放飞车,巷道坡度大于7‰时,严禁人力推车	安全生产管理人员	管理人员发现有人力推车放飞车或在坡度大于7‰的巷道内人力推车的,及时制止
人	R_17	私自打开栅栏、密闭或擅自进入栅栏区、无风区及带有警示标志危险区的	人	不得私自打开栅栏、密闭或擅自进入栅栏区、无风区及带有警示标志危险区	安全检查工	安检员发现人员擅自进入栅栏区、无风区及带有警示标志危险区的,及时制止
人	R_18	起吊或拉移重物时,在重物下方或可能倒向的位置工作或逗留的	人	起吊或拉移重物时,人员不得在重物下方或可能倒向的位置工作或逗留	人	起吊或拉移重物时作业,队长应指定安全负责人,确保吊装作业安全

续附表 1-1

管理对象名称	不安全状态编号	不安全状态名称	受控对象名称	管理标准	施控主体名称	管理措施
人	R_19	带电检修、搬迁电气设备的	人	严禁带电检修、搬迁电气设备，非专职人员不得操作电气设备	安全生产管理人员	管理人员发现有带电检修、搬迁电气设备的，及时制止，给予批评教育或处罚
人	R_20	设备运行时，人员接触设备的机械转动和传动部位或带电体的	人	设备运行时，人员严禁接触设备的机械转动和传动部位或带电体	人	岗位工做好岗位巡查，发现人员靠近、接触设备的传动部位或带电体的，及时制止
人	R_21	用水冲洗电气、通讯设备的	人	严禁用水冲洗电气、通讯设备	安全生产管理人员	管理人员发现用水冲洗电气、通讯设备的，及时制止，并予以处罚
人	R_22	带压拆卸管路的	人	严禁带压拆卸管路	人	拆卸管路时，必须先泄压后拆卸
人	R_23	各类安全设施、保护、警示标志等不齐全，未处理继续使用的	人	各类安全设施、保护、警示标志要齐全完好，并能够正常使用	安全生产管理人员	加强安全设施、保护、警示标志等的检查，发现问题及时安排处理
人	R_24	上下井口车场阻车器、斜巷挡车设施等未正常使用的	人	上下井口车场阻车器、斜巷挡车设施要完好，并正常使用	安全检查工	安检员检查上下井口车场阻车器、斜巷挡车设施要完好，不符合要求的，及时要求整改
人	R_25	擦电缆不戴绝缘手套或绝缘手套不合格的	人	人员擦电缆时要佩戴好绝缘手套，并确保手套完好可靠	安全生产管理人员	管理人员加强监督、检查，发现不按规定戴绝缘手套的，及时处罚、制止
人	R_26	稀料、电气焊、冲击钻等现场不按规定放置、使用的	人	稀料、电气焊、冲击钻等现场要按规定放置、使用	安全生产管理人员	管理人员适时检查稀料、电气焊、冲击钻等是否按规定放置、使用
人	R_27	各类设备、设施不完好，材料失效等继续使用的	人	各类设备、设施要确保完好，使用的各类材料要完好、可用	安全生产管理人员	加强监督管理，发现设备、设施不完好，材料失效及时安排处理
人	R_28	不正常使用U形卡的	人	正常使用U形卡，不得用铁丝等代替U形卡，不得使用单边卡	安全检查工	安检员发现人员不规范使用U形卡的，按规定予以处罚
人	R_29	无措施施工或不按措施施工	人	严禁无措施施工或不按措施施工	安全生产管理人员	管理人员发现无措施施工或不按措施施工的，及时制止，并严格按规定处理

续附表 1-1

管理对象名称	不安全状态编号	不安全状态名称	受控对象名称	管理标准	施控主体名称	管理措施
人	R_30	因违章作业或现场存在隐患被悬挂“停止作业”牌而继续作业或私自摘掉“停止作业”牌的	人	因违章作业或现场存在隐患被悬挂“停止作业”牌的，不得继续作业或私自摘掉“停止作业”牌	安全检查工	因违章作业或现场存在隐患被悬挂“停止作业”牌而继续作业或私自摘掉“停止作业”牌的，安检员必须及时制止，并向上报汇报，严肃处理
人	R_31	岗位工睡岗的	人	岗位工严禁睡岗	安全生产管理人员	管理人员发现岗位工睡岗的，一律按严重三违处理
人	R_32	串岗、脱岗、空岗的	人	岗位工不得串岗、脱岗、空岗	安全生产管理人员	管理人员发现岗位工串岗、脱岗、空岗的，及时制止，并予以处罚
人	R_33	不按规定交接班的	人	按规定进行交接班，进行交接班“三位一体”检查和岗位交接班检查	安全生产管理人员	加强管理，发现未按规定交接班的，要及时处理
人	R_34	不按规定填写各类记录或记录不规范的	人	按规定填写各类记录	人	加强工作落实，规范填写记录
人	R_35	安排工作未落实或落实不到位的	人	认真落实各项工作	人	提高责任心，严格工作落实
人	R_36	井下打架斗殴的	人	不得打架斗殴	安全生产管理人员	对“三违”处罚无理取闹或辱骂安监员、管理人员的，安监员、管理人员依照相关规定予以严肃处罚
人	R_37	对“三违”处罚无理取闹或辱骂安监员、管理人员	人	对“三违”处罚不得无理取闹或辱骂安监员、管理人员	安全生产管理人员	对“三违”处罚无理取闹或辱骂安监员、管理人员的，安监员、管理人员依照相关规定予以严肃处罚
人	R_38	违反矿相关管理制度的	人	认真学习、遵守矿下发的各类管理制度	安全生产管理人员	管理人员加强检查、监督，发现违反矿管理制度的行为，及时处罚、制止
安全生产负责人	R_AQSCFZR01	未遵守国家有关安全生产的法律、法规、规章、标准和技术规范	安全生产负责人	遵守国家有关安全生产的法律、法规、规章、标准和技术规范	安全生产负责人	加强责任落实
安全生产负责人	R_AQSCFZR02	没有经常深入本矿生产现场，督促、检查本单位的安全生产工作，及时消除事故隐患	安全生产负责人	经常深入本矿生产现场，督促、检查本单位的安全生产工作，及时消除事故隐患	安全生产负责人	加强监督、检查，发现事故隐患及时安排处理

续附表 1-1

管理对象名称	不安全状态编号	不安全状态名称	受控对象名称	管理标准	施控主体名称	管理措施
安全生产负责人	R_AQSCFZR03	不按要求组织参加本矿安全生产办公会议	安全生产负责人	按要求组织参加本矿安全生产办公会议	安全生产负责人	加强责任落实，及时组织安全会议
安全生产负责人	R_AQSCFZR04	未能完成集团公司下达的下井个数、“三违”治理指标等	安全生产负责人	完成集团公司下达的下井个数、“三违”治理指标等	安全生产负责人	加强管理，及时深入现场，做好反“三违”工作
安全生产负责人	R_AQSCFZR05	未能按要求做好值班、下井带班工作	安全生产负责人	按要求做好值班、下井带班工作	安全生产负责人	加强责任落实，深入现场
矿长	R_KZH01	未认真组织本矿贯彻执行党和国家的安全生产方针、政策和有关安全工作的指令、规定，保证本矿在生产、建设过程中遵守国家有关安全生产的法律、法规、规章、标准和技术规范	矿长	认真组织本矿贯彻执行党和国家的安全生产方针、政策和有关安全工作的指令、规定，保证本矿在生产、建设过程中遵守国家有关安全生产的法律、法规、规章、标准和技术规范	矿长	认真遵守各类规定、标准等规范
矿长	R_KZH02	未按有关规定要求设置安全生产管理机构、配备适应工作需要的专职安全、生产管理人员，并保证本矿生产、管理过程中所配备的各类特种作业人员符合要求矿必须设立瓦斯治理机构和配备专业技术人员，建立瓦斯治理责任制度和管理制度，落实治理资金	矿长	按有关规定要求设置安全生产管理机构、配备适应工作需要的专职安全、生产管理人员，并保证本矿生产、管理过程中所配备的各类特种作业人员符合要求矿必须设立瓦斯治理机构和配备专业技术人员，建立瓦斯治理责任制度和管理制度，落实治理资金	矿长	加强管理，配齐各类机构、人员
矿长	R_KZH03	未组织建立、健全本矿各级领导安全生产责任制、职能机构安全生产责任制、岗位人员责任制，并严格按规定进行考核	矿长	组织建立、健全本矿各级领导安全生产责任制、职能机构安全生产责任制、岗位人员责任制，并严格按规定进行考核	矿长	严格考核，落实责任制

续附表 1-1

管理对象名称	不安全状态编号	不安全状态名称	受控对象名称	管理标准	施控主体名称	管理措施
矿长	R_KZH04	未组织建立、健全本矿安全目标管理制度、安全管理处罚办法、安全技术措施审批制度、安全隐患排查制度、瓦斯治理管理制度、安全检查制度、安全办公会议制度、入井检身和出入井清点制度等，并严格按照相关制度对各部门、人员进行考核、落实	矿长	组织建立、健全本矿安全目标管理制度、安全奖惩制度、安全技术措施审批制度、安全隐患排查制度、瓦斯治理管理制度、安全检查制度、安全办公会议制度、入井检身和出入井清点制度等，并严格按照相关制度对各部门、人员进行考核、落实	矿长	建立、健全各项管理制度，并严格考核、落实
矿长	R_KZH05	未建立、健全符合实际情况的各岗位工种操作规程，并做好宣传贯彻、教育工作，确保各岗位工种按章作业	矿长	建立、健全符合实际情况的各岗位工种操作规程，并做好宣传贯彻、教育工作，确保各岗位工种按章作业	矿长	落实好各岗位工种操作规程的教育、落实工作，确保各岗位工种按章作业
矿长	R_KZH06	未能保证本矿的安全生产投入符合有关规定要求，并按照安全生产投入计划，保证相关的资金及时到位、使用适当	矿长	保证本矿的安全生产投入符合有关规定要求，并按照安全生产投入计划，保证相关的资金及时到位、使用适当	矿长	加强管理，确保资金及时到位、使用适当
矿长	R_KZH07	没有负责组织编制本矿年度灾害预防与处理计划，并组织实施	矿长	负责组织编制本矿年度灾害预防与处理计划，并组织实施	矿长	加强管理，组织编制工作的实施
矿长	R_KZH08	不积极在本矿推广安全生产新技术，开展安全生产科研攻关，不断提高本矿技术水平和产品的科技含量	矿长	积极在本矿推广安全生产新技术，开展安全生产科研攻关，不断提高本矿技术水平和产品的科技含量	矿长	加强领导，积极推广安全生产新技术，开展安全生产科研攻关
矿长	R_KZH09	未做到每日对矿井瓦斯检查报表、安全监控系统报表等进行审阅、签字，发现异常及时处理	矿长	矿长是本矿瓦斯治理的第一责任人，每日对矿井瓦斯检查报表、安全监控系统报表等进行审阅、签字，发现异常及时处理	矿长	加强管理，认真检查，发现异常及时处理
矿长	R_KZH10	不能切实保证本矿生产过程中人、财、物等资源需求	矿长	切实保证本矿生产过程中人、财、物等资源需求	矿长	加强管理，落实措施，保证资源需求

续附表 1-1

管理对象名称	不安全状态编号	不安全状态名称	受控对象名称	管理标准	施控主体名称	管理措施
矿长	R_KZH11	未按要求主持召开本矿安全生产办公会议，贯彻上级的安全生产指示、分析安全生产中（特别是一通三防、防治水、顶板管理）存在的重大问题和安全隐患、制订解决措施、检查上一次办公会议确定的重点工作的落实情况、研究本矿安全生产过程中的重大决策	矿长	每月至少应主持召开一次本矿安全生产办公会议，贯彻上级的安全生产指示、分析安全生产中（特别是一通三防、防治水、顶板管理）存在的重大问题和安全隐患、制订解决措施、检查上一次办公会议确定的重点工作的落实情况、研究本矿安全生产过程中的重大决策	矿长	按时主持召开安全生产办公会议，及时发现、解决问题
矿长	R_KZH12	没有在本矿积极开展矿井安全质量标准化达标工作，切实提高本企业的安全管理水平	矿长	在本矿积极开展矿井安全质量标准化达标工作，切实提高本企业的安全管理水平	矿长	加强管理，开展好安全质量标准化达标工作，提高本企业的安全管理水平
矿长	R_KZH13	没有负责组织制订并实施本单位的重大事故应急救援预案	矿长	负责组织制订并实施本单位的重大事故应急救援预案	矿长	加强管理，组织制订并实施本单位的重大事故应急救援预案
矿长	R_KZH14	没有按照有关规定要求，安排对从业人员进行相关的安全教育、培训，安排未经培训的人员上岗作业	矿长	按照有关规定要求，安排对从业人员进行相关的安全教育、培训，不得安排未经培训的人员上岗作业	矿长	按规定安排相关从业人员培训
矿长	R_KZH15	没有定期向职工代表大会如实报告本矿的安全生产工作，自觉接受监督	矿长	定期向职工代表大会如实报告本矿的安全生产工作，自觉接受监督	矿长	定期召开职工代表大会，如实报告本矿的安全生产工作
矿长	R_KZH16	没有负责批准不能保证采煤工作面形成两个安全出口的三角煤、残留煤柱开采的安全措施	矿长	负责批准不能保证采煤工作面形成两个安全出口的三角煤、残留煤柱开采的安全措施	矿长	加强管理，认真审批
矿长	R_KZH17	没有负责批准水淹区域井下采掘工程设计	矿长	负责批准水淹区域井下采掘工程设计	矿长	加强管理，认真审批
矿长	R_KZH18	没有负责批准“带水压开采”安全措施	矿长	负责批准“带水压开采”安全措施	矿长	加强管理，认真审批

续附表 1-1

管理对象名称	不安全状态编号	不安全状态名称	受控对象名称	管理标准	施控主体名称	管理措施
矿长	R_KZH19	未加强职业危害的防治与管理，做好作业现场的劳动保护工作；未按规定安排对相关的从业人员进行健康检查	矿长	加强职业危害的防治与管理，做好作业现场的劳动保护工作，按规定安排对相关的从业人员进行健康检查	矿长	加强管理，做好职业危害的防治与管理工作
矿长	R_KZH20	没有确保本矿依法生产，超层越界开采、擅自提高开采上限、超核定能力生产	矿长	确保本矿依法生产，不得超层越界开采、不得擅自提高开采上限、不得超核定能力生产	矿长	严格落实，按规定组织生产
矿长	R_KZH21	本矿发生事故时，没有立即组织指挥抢救，没有按规定及时、如实向有关部门报告生产安全事故，没有保护事故现场和防止事故扩大	矿长	本矿发生事故时，矿长要立即组织指挥抢救，按规定及时、如实向有关部门报告生产安全事故，保护事故现场，防止事故扩大	矿长	发生事故立即组织抢救，防止事故扩大
矿长	R_KZH22	外出期间没有明确专人代行职权	矿长	外出期间必须明确专人代行矿长职权	矿长	外出期间明确专人代行职权
矿长	R_KZH23	没有监督检查副矿长、总工程师、副总工程师和各科室（区队）的安全生产责任制、业务保安制度的落实情况，并督促其对存在的问题及时进行整改	矿长	监督检查副矿长、总工程师、副总工程师和各科室（区队）的安全生产责任制、业务保安制度的落实情况，并督促其对存在的问题及时进行整改	矿长	加强监督，并督促其对存在的问题及时进行整改
党委书记、副书记	R_DWSJFSJ01	未认真配合矿长组织本企业贯彻执行党和国家的安全生产方针、政策和上级有关安全工作的指令、规定，保证本矿在生产、建设过程中必须遵守国家有关安全生产的法律、法规、规章、标准和技术规范	党委书记、副书记	认真配合矿长组织本企业贯彻执行党和国家的安全生产方针、政策和上级有关安全工作的指令、规定，保证本矿在生产、建设过程中必须遵守国家有关安全生产的法律、法规、规章、标准和技术规范	党委书记、副书记	认真配合矿长，严格遵守国家有关安全生产的法律、法规、规章、标准和技术规范
党委书记、副书记	R_DWSJFSJ02	未配合矿长监督检查副矿长、总工程师、副总工程师和各科室（区队）的安全生产责任制、业务保安制度的落实情况，并督促其对存在的问题及时进行整改	党委书记、副书记	配合矿长监督检查副矿长、总工程师、副总工程师和各科室（区队）的安全生产责任制、业务保安制度的落实情况，并督促其对存在的问题及时进行整改	党委书记、副书记	配合落实各安全生产责任制、业务保安制度的落实情况，督促其对存在的问题及时进行整改

续附表 1-1

管理对象名称	不安全状态编号	不安全状态名称	受控对象名称	管理标准	施控主体名称	管理措施
党委书记、副书记	R_DWSJFSJ03	不能充分发动工会、团委等组织，积极支持矿各副矿长和职能部门的安全生产工作，真正做到党政工团齐抓共管	党委书记、副书记	充分发动工会、团委等组织，积极支持矿各副矿长和职能部门的安全生产工作，真正做到党政工团齐抓共管	党委书记、副书记	发动工会、团委等组织，支持各副矿长、职能部门的安全生产工作，做到党政工团齐抓共管
党委书记、副书记	R_DWSJFSJ04	没有积极组织开展本矿安全生产教育，提高从业人员的安全意识	党委书记、副书记	积极组织开展本矿安全生产教育，提高从业人员的安全意识	党委书记、副书记	加强管理，组织开展本矿安全生产教育工作
党委书记、副书记	R_DWSJFSJ05	没有掌握本矿干部职工的思想动态，及时消除干部职工的不利于安全生产的思想	党委书记、副书记	掌握本矿干部职工的思想动态，及时消除干部职工的不利于安全生产的思想	党委书记、副书记	加强管理，及时消除不利于安全生产的思想
党委书记、副书记	R_DWSJFSJ06	未监督劳动合同的签订、执行，保护从业人员的合法权益	党委书记、副书记	监督劳动合同的签订、执行，保护从业人员的合法权益	党委书记、副书记	加强监督管理，保护从业人员的合法权益
副矿长	R_FKZ01	没有加强对分管职能科室(部门)的领导；没有对职能科室(部门)提出需要解决的安全生产问题，要协调好相关的工作，及时发现、解决有关问题	副矿长	加强对分管职能科室(部门)的领导；对职能科室(部门)提出需要解决的安全生产问题，协调好相关的工作，及时发现、解决有关问题	副矿长	加强领导、协调，及时发现、解决有关问题
副矿长	R_FKZ02	没有协助矿长主持召开安全生产办公会议和各类安全生产会议，研究分析安全生产情况，安排落实安全生产工作，并对本矿生产中的安全问题提出处理意见	副矿长	协助矿长主持召开安全生产办公会议和各类安全生产会议，研究分析安全生产情况，安排落实安全生产工作，并对本矿生产中的安全问题提出处理意见	副矿长	加强管理和责任落实，及时对生产中的安全问题提出处理意见
副矿长	R_FKZ03	未组织相关人员编制各专业安全管理规章制度等，并组织实施	副矿长	组织相关人员编制各专业安全管理规章制度等，并组织实施	副矿长	加强编制管理，严格组织实施
副矿长	R_FKZ04	未组织编制各专业年度考核管理目标和考核奖罚细则	副矿长	组织编制各专业年度考核管理目标和考核奖罚细则	副矿长	加强管理，严格考核奖罚
生产矿长	R_SCKZ01	没有参与制订年度、季度、月度的开拓、掘进、采煤等生产计划，合理组织生产	生产矿长	参与制订年度、季度、月度的开拓、掘进、采煤等生产计划，合理组织生产	生产矿长	认真参与计划编制，合理组织生产

续附表 1-1

管理对象名称	不安全状态编号	不安全状态名称	受控对象名称	管理标准	施控主体名称	管理措施
生产矿长	R_SCKZ02	未按规定要求召开生产班组长例会，贯彻上级的安全生产指示、分析安全生产中（特别是一通三防、防治水、顶板管理）的重大问题和隐患、制订解决的措施、检查上一次会议确定的重点工作落实情况	生产矿长	按规定要求召开生产班组长例会，贯彻上级的安全生产指示、分析安全生产中（特别是一通三防、防治水、顶板管理）的重大问题和隐患、制订解决的措施、检查上一次会议确定的重点工作落实情况	生产矿长	认真组织召开生产班组长例会，加强问题的落实
生产矿长	R_SCKZ03	未能定期组织进行生产系统重大安全隐患排查、治理	生产矿长	定期组织进行生产系统重大安全隐患排查、治理	生产矿长	加强领导，认真组织进行生产系统重大安全隐患排查、治理
生产矿长	R_SCKZ04	没有积极开展安全质量标准化工作，切实提高安全管理水平	生产矿长	积极开展安全质量标准化工作，切实提高安全管理水平	生产矿长	加强管理，组织开展安全质量标准化工作
生产矿长	R_SCKZ05	没有负责组织编制安全技措工程计划	生产矿长	负责组织编制安全技措工程计划	生产矿长	加强管理，组织编制安全技措工程计划
生产矿长	R_SCKZ06	没有对矿井通风及瓦斯、煤尘、自然发火、水害治理工作负监督检查责任	生产矿长	对矿井通风及瓦斯、煤尘、自然发火、水害治理工作负监督检查责任	生产矿长	加强监督检查
生产矿长	R_SCKZ07	没有负责监督采煤、掘进区队落实“采煤、掘进工作面作业规程”以及其他区队按章施工	生产矿长	负责监督采煤、掘进区队落实“采煤、掘进工作面作业规程”以及其他区队按章施工	生产矿长	加强监督管理
生产矿长	R_SCKZ08	未组织相关部门、人员进行采煤、掘进工作面投产验收	生产矿长	组织相关部门、人员进行采煤、掘进工作面投产验收	生产矿长	加强管理，认真组织验收
生产矿长	R_SCKZ09	未组织成立采煤工作面初采、回撤领导小组，并进行指导	生产矿长	组织成立采煤工作面初采、回撤领导小组，并进行指导	生产矿长	加强组织领导和现场指导
生产矿长	R_SCKZ10	外出期间没有明确专人代行职权	生产矿长	外出期间明确专人代行职权	生产矿长	外出期间明确专人代行职权
机电矿长	R_JDKZ01	大型机电设备的安装、检修安全管理不到位	机电矿长	负责大型机电设备的安装、检修安全管理	机电矿长	加强管理，严格落实安全工作

续附表 1-1

管理对象名称	不安全状态编号	不安全状态名称	受控对象名称	管理标准	施控主体名称	管理措施
机电矿长	R_JDKZ02	未定期组织进行机电、运输系统的重大安全隐患排查、治理对排查出来的安全隐患，未保证人员、时间、资金、措施、质量"五落实"	机电矿长	定期组织进行机电、运输系统的重大安全隐患排查、治理对排查出来的安全隐患，要保证人员、时间、资金、措施、质量"五落实"	机电矿长	加强管理，认真组织机电、运输系统的重大安全隐患排查、治理和落实工作
机电矿长	R_JDKZ03	未坚持开展本矿机电、运输系统安全质量标准化工作	机电矿长	坚持开展本矿机电、运输系统安全质量标准化工作，切实提高本企业的安全管理水平	机电矿长	加强领导，严格落实机电、运输系统安全质量标准化工作
机电矿长	R_JDKZ04	未定期召开机电设备管理工作会议，研究机电设备管理工作中的安全生产动态，及时解决存在问题	机电矿长	定期召开机电设备管理工作会议，研究机电设备管理工作中的安全生产动态，及时解决存在问题，确保安全生产	机电矿长	加强管理，及时组织召开机电设备管理工作会议，解决存在的问题
机电矿长	R_JDKZ05	没有对本矿机电、运输范围内的矿井通风及瓦斯、煤尘、自然发火、水害治理方案措施进行落实未组织开展本矿机电、运输系统安全生产巡回大检查，督促相关部门（人员）及时整改安全隐患	机电矿长	负责本矿机电、运输范围内的矿井通风及瓦斯、煤尘、自然发火、水害治理方案措施的落实每旬至少组织开展一次本矿机电、运输系统安全生产巡回大检查，督促相关部门（人员）及时整改安全隐患	机电矿长	加强领导，及时督促相关部门（人员）及时整改安全隐患
机电矿长	R_JDKZ06	未组织编制本矿机电、运输系统安全技措工程计划	机电矿长	负责组织编制本矿机电、运输系统安全技措工程计划	机电矿长	加强管理，组织机电、运输系统安全技措工程计划的编制
机电矿长	R_JDKZ07	未根据本矿的总体规划，进行机电、运输系统规划，监督有关部门及时进行机电运输设备、设施的维护、维修、保养等	机电矿长	根据本矿的总体规划，进行机电、运输系统规划，监督有关部门及时进行机电运输设备、设施的维护、维修、保养等，确保其满足要求	机电矿长	加强监督、管理，确保满足要求
机电矿长	R_JDKZ08	未参与机电设备、设施的选型、设计	机电矿长	参与机电设备、设施的选型、设计	机电矿长	加强管理，落实好机电设备、设施的选型、设计
机电矿长	R_JDKZ09	未检查、保证机电设备、设施"产品合格证""煤矿矿用产品安全标志""防爆合格证"等齐全	机电矿长	保证本矿使用的机电设备、设施"产品合格证""煤矿矿用产品安全标志""防爆合格证"等齐全	机电矿长	加强管理，确保机电设备、设施证照齐全

续附表 1-1

管理对象名称	不安全状态编号	不安全状态名称	受控对象名称	管理标准	施控主体名称	管理措施
机电矿长	R_JDKZ10	外出期间未明确专人代行职权	机电矿长	外出期间必须明确专人代行职权	机电矿长	外出期间明确专人代行职权
安全矿长(安监处处长)	R_AQKZ01	未及时向矿长提出设置安全管理部门(科室)、配备安全监察人员和装备的具体意见	安全矿长(安监处处长)	及时向矿长提出设置安全管理部门(科室)、配备安全监察人员和装备的具体意见,确保符合法律法规要求并适应本矿安全工作需要	安全矿长(安监处处长)	加强管理,及时提出具体意见
安全矿长(安监处处长)	R_AQKZ02	不能协助矿长督促检查业务保安、安全岗位责任制、安全管理制度等的落实情况	安全矿长(安监处处长)	协助矿长督促检查各分管矿长、总工程师(技术负责人)、副总工程师、业务部门、人员的业务保安、安全岗位责任制、安全管理制度等的落实情况	安全矿长(安监处处长)	加强管理,严格安全岗位责任制、安全管理制度等的落实
安全矿长(安监处处长)	R_AQKZ03	未能主持召开安全生产工作例会、安全监察工作会议	安全矿长(安监处处长)	每旬至少应主持召开一次安全生产工作例会,每月至少主持召开一次安全监察工作会议,及时贯彻上级的安全生产指示、分析安全生产中(特别是一通三防、防治水、顶板管理)存在的重大问题和隐患、制订解决的措施、检查上一次安全会议确定的重点工作的落实情况	安全矿长(安监处处长)	加强管理,组织召开安全生产会议,提出、解决问题
安全矿长(安监处处长)	R_AQKZ04	没有对矿井通风及瓦斯、煤尘、自然发火、水害治理工作负监督检查责任	安全矿长(安监处处长)	对矿井通风及瓦斯、煤尘、自然发火、水害治理工作负监督检查责任,经常深入本矿井下现场,及时组织本矿开展安全、质量大检查,发现、督促整改安全隐患	安全矿长(安监处处长)	加强检查管理,发现、督促整改安全隐患
安全矿长(安监处处长)	R_AQKZ05	未组织事故的调查处理并提出主导意见	安全矿长(安监处处长)	组织本矿事故的调查处理,提出主导意见	安全矿长(安监处处长)	加强管理,组织事故调查

续附表 1-1

管理对象名称	不安全状态编号	不安全状态名称	受控对象名称	管理标准	施控主体名称	管理措施
安全矿长（安监处处长）	R_AQKZ06	未能及时监督“矿井灾害预防和救灾演习”、“反风演习”方案、措施的落实	安全矿长（安监处处长）	及时监督本矿进行“矿井灾害预防和救灾演习”、“反风演习”方案、措施的落实	安全矿长（安监处处长）	加强监督、落实
安全矿长（安监处处长）	R_AQKZ07	未对本矿安全技措工程进行审查、监督	安全矿长（安监处处长）	审查、监督本矿按计划如期、保质的完成安全技措工程	安全矿长（安监处处长）	加强审查、监督
安全矿长（安监处处长）	R_AQKZ08	没有监督矿井重大隐患的排查、治理工作	安全矿长（安监处处长）	监督矿井重大隐患的排查、治理工作	安全矿长（安监处处长）	加强监督，落实矿井重大隐患的排查、治理工作
安全矿长（安监处处长）	R_AQKZ09	未负责监督相关安全培训教育、业务学习	安全矿长（安监处处长）	负责监督对安监人员、特种作业人员、从业人员进行的相关安全培训教育、业务学习，不断提高其业务能力和工作水平，及时清退不称职的安全管理人员	安全矿长（安监处处长）	加强监督，严格落实安全培训教育、业务学习工作
安全矿长（安监处处长）	R_AQKZ10	外出期间没有明确专人代行职权	安全矿长（安监处处长）	外出期间必须明确专人代行职权	安全矿长（安监处处长）	外出期间明确专人代行职权
总工程师	R_ZGCS01	技术管理工作不到位，在生产建设过程中未遵守国家有关安全生产的法律、法规、规章、标准和技术规范	总工程师	全面负责本矿技术管理工作，在生产建设过程中遵守国家有关安全生产的法律、法规、规章、标准和技术规范	总工程师	加强管理，严格技术管理工作
总工程师	R_ZGCS02	未抓好“一通三防”和防治水工作对矿井通风及瓦斯、煤尘、自然发火、水等灾害的治理未负技术责任，未组织制订治理上述灾害的方案和安全技术措施、资金的安排使用	总工程师	主要抓好“一通三防”和防治水工作对矿井通风及瓦斯、煤尘、自然发火、水等灾害的治理负技术责任，负责组织制订治理上述灾害的方案和安全技术措施，负责资金的安排使用	总工程师	加强领导，组织制订治理灾害的方案和安全技术措施，负责资金的安排使用

续附表 1-1

管理对象名称	不安全状态编号	不安全状态名称	受控对象名称	管理标准	施控主体名称	管理措施
总工程师	R_ZGCS03	未组织编制矿井长远发展规划、安全技术发展规划，未认真组织研究、制订本矿的生产布局及接续计划	总工程师	组织编制矿井长远发展规划、安全技术发展规划，认真组织研究、制订本矿的生产布局及接续计划，确保矿井采掘接续正常，有利于本矿的安全管理	总工程师	加强管理，认真组织研究、制订本矿的生产布局及接续计划
总工程师	R_ZGCS04	未组织编制矿井年度灾害预防与处理计划，救灾演戏不及时或未进行	总工程师	组织编制矿井年度灾害预防与处理计划，并根据工作安排，每年至少组织一次救灾演习	总工程师	加强管理，组织落实灾害预防与处理计划的编制，救灾演习工作的落实
总工程师	R_ZGCS05	未组织编制（修编）矿井地质报告，并做到合理开发、三量平衡	总工程师	负责编制（修编）矿井地质报告，并做到合理开发、三量平衡	总工程师	加强领导，认真组织矿井地质报告的编制（修编）
总工程师	R_ZGCS06	未对本矿的“三下”开采设计、改变通风系统设计、采区设计、水平延深设计、采掘工程设计、作业规程、“一通三防”、防治水安全措施等进行严格审查	总工程师	对本矿的“三下”开采设计、改变通风系统设计、采区设计、水平延深设计、采掘工程设计、作业规程、“一通三防”、防治水安全措施等进行严格审查	总工程师	加强管理，严格设计、规程、措施的审查
总工程师	R_ZGCS07	未对水淹区域下废弃煤柱开采安全措施进行严格审批	总工程师	负责批准水淹区域下废弃煤柱开采安全措施	总工程师	加强管理，认真审批
总工程师	R_ZGCS08	未及时组织相关部门对本矿的作业规程、安全措施进行会审	总工程师	及时组织相关部门对本矿的作业规程、安全措施进行会审	总工程师	加强管理，认真组织会审
总工程师	R_ZGCS09	未积极推广安全生产新技术、新工艺、新材料、新设备，开展安全生产科研攻关	总工程师	积极在本矿推广安全生产新技术、新工艺、新材料、新设备，开展安全生产科研攻关，不断提高本矿安全技术水平	总工程师	加强管理，组织新技推广，开展安全生产科研攻关
总工程师	R_ZGCS10	未定期组织进行重大安全隐患排查并制订治理措施	总工程师	定期组织进行本矿重大安全隐患排查，制订治理措施	总工程师	加强领导，定期组织隐患排查、治理
总工程师	R_ZGCS11	未对矿井瓦斯检查报表、监控系统报表进行审阅、签字，发现异常未及时处理	总工程师	每日对矿井瓦斯检查报表、监控系统报表进行审阅、签字，发现异常及时处理	总工程师	认真检查，发现异常及时处理

续附表 1-1

管理对象名称	不安全状态编号	不安全状态名称	受控对象名称	管理标准	施控主体名称	管理措施
总工程师	R_ZGCS12	未按时参加矿长、安全生产副矿长召开的有关安全生产会议,并提出安全技术管理工作意见	总工程师	按时参加矿长、安全生产副矿长召开的有关安全生产会议,并提出安全技术管理工作意见	总工程师	按时参加会议,提出安全技术管理工作意见
总工程师	R_ZGCS13	未督促、检查相关部门(人员)的责任制落实和技术管理等工作	总工程师	督促、检查相关部门(人员)的责任制落实和技术管理等工作,定期组织进行评比活动	总工程师	加强管理,督促、检查责任制落实和技术管理等工作
总工程师	R_ZGCS14	未协助矿长组织事故的抢险救灾工作	总工程师	协助矿长组织事故的抢险救灾工作	总工程师	落实责任,协助矿长组织事故的抢险救灾工作
总工程师	R_ZGCS15	未组织编制重大事故应急救援预案	总工程师	组织编制重大事故应急救援预案	总工程师	加强管理,组织编制重大事故应急救援预案
总工程师	R_ZGCS16	外出期间未明确专人代行职权	总工程师	外出期间必须明确专人代行职权	总工程师	外出期间明确专人代行职权
经营矿长	R_JYKZ01	没有监督安全费用的提取和使用等工作或监督不到位	经营矿长	监督安全费用的提取和使用等工作	经营矿长	加强监督管理和落实
经营矿长	R_JYKZ02	未协调好相关科室的工作,没有积极支持采掘一线和职能部门的工作	经营矿长	加强对相关科室的领导,协调好相关的工作,积极支持采掘一线和职能部门的工作	经营矿长	加强领导、协调,积极支持采掘一线和职能部门的工作
经营矿长	R_JYKZ03	未定期召开会议,研究确保安全生产工作所需物资、资金、设备等供应问题	经营矿长	根据本矿安全生产的实际情况,定期召开会议,研究确保安全生产工作所需物资、资金、设备等供应问题,不得影响现场使用	经营矿长	加强领导,定期召开会议,研究确保安全生产工作所需物资、资金、设备等供应问题
副总工程师	R_FZGCS01	不积极配合总工程师在本矿安全生产过程中落实国家有关安全生产的法律、法规、规章、技术规范、标准等,搞好本企业的技术管理工作	副总工程师	积极配合总工程师在本矿安全生产过程中落实国家有关安全生产的法律、法规、规章、技术规范、标准等,搞好本企业的技术管理工作	副总工程师	认真配合总工程师,搞好技术管理工作
副总工程师	R_FZGCS02	未加强对分管业务科室的技术领导,协调好相关的工作	副总工程师	加强对分管业务科室的技术领导,协调好相关的工作	副总工程师	加强领导,搞好协调工作

续附表 1-1

管理对象名称	不安全状态编号	不安全状态名称	受控对象名称	管理标准	施控主体名称	管理措施
副总工程师	R_FZGCS03	没有协助总工程师组织编制本矿的长远规划,对本矿的生产布局及接续计划进行审查,确保矿井接续正常,有利于本矿的安全管理	副总工程师	协助总工程师组织编制本矿的长远规划,对本矿的生产布局及接续计划进行审查,确保矿井接续正常,有利于本矿的安全管理	副总工程师	加强管理,认真审查生产布局及接续计划,确保接续正常
副总工程师	R_FZGCS04	不能协助总工程师进行重大隐患排查和治理措施的制定	副总工程师	协助总工程师进行重大隐患排查和治理措施的制定	副总工程师	认真落实、协助总工程师进行重大隐患排查和治理措施的制定
副总工程师	R_FZGCS05	不能负责组织对专项工程、设施的竣工验收,对存在的问题要及时组织复查	副总工程师	负责组织对专项工程、设施的竣工验收,对存在的问题要及时组织复查	副总工程师	加强工作落实,认真组织验收
副总工程师	R_FZGCS06	未尽职尽责,杜绝"三违"现象	副总工程师	必须尽职尽责,杜绝"三违"现象	副总工程师	认真遵守各项规章制度
生产副总	R_SCFZ01	未协助总工程师组织编制年度、季度、月度原煤生产计划和开拓、掘进年度、季度、月度原煤生产计划	生产副总	协助总工程师组织编制年度、季度、月度原煤生产计划和开拓、掘进年度、季度、月度原煤生产计划	生产副总	加强工作落实,协助总工程师完成生产计划的编制
生产副总	R_SCFZ02	未组织有关人员编制采掘专业的规程、安全技术措施等;生产工作面现场条件发生变化时,未能及时组织制订、补充相关的安全技术措施	生产副总	组织有关人员编制采掘专业的规程、安全技术措施等;生产工作面现场条件发生变化时,及时组织制订、补充相关的安全技术措施	生产副总	加强管理,组织规程、措施的编制
生产副总	R_SCFZ03	未协助总工程师对采掘工作面作业规程进行审批,总工程师外出期间,未代理行使有关采掘技术等方面审批职权	生产副总	协助总工程师对采掘工作面作业规程进行审批,总工程师外出期间,代理行使有关采掘技术等方面审批职权	生产副总	加强工作落实,完成作业规程的审批工作
生产副总	R_SCFZ04	未对采煤工作面初采、初放、回撤等进行技术指导	生产副总	对采煤工作面初采、初放、回撤等进行技术指导	生产副总	加强管理,严格技术指导
生产副总	R_SCFZ05	未对采掘工作面的技术管理工作进行把关或把关不严	生产副总	对采掘工作面的技术管理工作严格把关	生产副总	加强管理,严格把关

续附表 1-1

管理对象名称	不安全状态编号	不安全状态名称	受控对象名称	管理标准	施控主体名称	管理措施
生产副总	R_SCFZ06	未协助总工程师(技术负责人)对本矿的生产布局、开拓方案及接续计划审查把关	生产副总	协助总工程师(技术负责人)对本矿的生产布局、开拓方案及接续计划审查把关	生产副总	加强管理,严格审查把关
生产副总	R_SCFZ07	未负责组织掘进工作面开工前的现场勘查,对存在的问题未及时监督整改	生产副总	负责组织掘进工作面开工前的现场勘查,对存在的问题未及时监督整改	生产副总	加强领导,认真组织勘查
生产副总	R_SCFZ08	未参加掘进巷道竣工验收	生产副总	参加掘进巷道竣工验收	生产副总	加强管理,严格竣工验收
机电副总	R_JDFZ01	未对本矿机电、运输设备、设施的技术管理全面负责	机电副总	对本矿机电、运输设备、设施的技术管理全面负责	机电副总	加强领导,严格机电、运输设备、设施的技术管理
机电副总	R_JDFZ02	对分工业务的技术领导不到位,未协调好相关的工作	机电副总	加强对分工业务的技术领导,协调好相关的工作	机电副总	加强管理,做好领导、协调工作
机电副总	R_JDFZ03	未协助总工程师(技术负责人)组织制订本矿机电、运输技术管理制度	机电副总	协助总工程师(技术负责人)组织制订本矿机电、运输技术管理制度	机电副总	加强工作落实,严格管理
机电副总	R_JDFZ04	未协助总工程师(技术负责人)组织制订本矿的机电、运输设备的更新、维修计划	机电副总	协助总工程师(技术负责人)组织制宁肯本矿的机电、运输设备的更新、维修计划,确保机电、运输系统正常、安全运转	机电副总	加强工作落实
机电副总	R_JDFZ05	未组织有关人员编制机电、运输专业安全技术措施	机电副总	组织有关人员编制机电、运输专业安全技术措施	机电副总	加强管理,组织有关安全技术措施的编制
机电副总	R_JDFZ06	未协助总工程师(技术负责人)对机电、运输专项措施进行审批,总工程师外出期间,未代理行使有关机电、运输技术等方面审批职权	机电副总	协助总工程师(技术负责人)对机电、运输专项措施进行审批,总工程师外出期间,代理行使有关机电、运输技术等方面审批职权	机电副总	加强工作落实,完成措施的审批工作
机电副总	R_JDFZ07	未对机电设备的选型、进货质量验收等进行技术把关	机电副总	对机电设备的选型、进货质量验收等进行技术把关	机电副总	加强管理,严格把关
机电副总	R_JDFZ08	未参与大型固定设备的安全保护装置、提升钢丝绳等的试验、检查、探伤、测定等工作	机电副总	参与大型固定设备的安全保护装置、提升钢丝绳等的试验、检查、探伤、测定等工作	机电副总	加强管理,严格工作落实

续附表 1-1

管理对象名称	不安全状态编号	不安全状态名称	受控对象名称	管理标准	施控主体名称	管理措施
机电副总	R_JDFZ09	高低压供电、各类保护不合理	机电副总	保证高低压供电、各类保护的合理性	机电副总	加强监督、管理，保证高低压供电、各类保护的合理性
机电副总	R_JDFZ10	未及时组织进行机电、运输设备的防爆性能等技术检查	机电副总	及时组织进行机电、运输设备的防爆性能等技术检查，保证机电、运输设备符合有关规定要求	机电副总	加强管理，及时组织检查，发现、解决存在的问题
机电副总	R_JDFZ11	在采区、工作面投产验收中，未能确保机电、运输系统合理、可靠	机电副总	在采区、工作面投产验收中，确保机电、运输系统合理、可靠	机电副总	加强管理，严格验收把关
机电副总	R_JDFZ12	未协助总工程师（技术负责人）组织编制“雨季三防”、“冬季四防”等计划	机电副总	协助总工程师（技术负责人）组织编制“雨季三防”、“冬季四防”等计划	机电副总	加强管理，严格工作落实
防冲副总	R_FCFZ01	未组织有关人员编制防冲专业安全技术措施，总工程师外出期间，未代理行使防冲技术等方面审批职权	防冲副总	组织有关人员编制防冲专业安全技术措施，总工程师外出期间，代理行使防冲技术等方面审批职权	防冲副总	加强工作落实，完成措施的审批工作
防冲副总	R_FCFZ02	未及时根据采掘工作地点的变动情况，监督、批准有关防冲安全技术措施	防冲副总	及时根据采掘工作地点的变动情况，监督、批准有关防冲安全技术措施	防冲副总	加强监督，严格有关防冲安全技术措施的批准、落实
防冲副总	R_FCFZ03	没有深入现场，及时掌握各地点压力变化情况，发现问题及时解决	防冲副总	深入现场，及时掌握各地点压力变化情况，发现问题及时解决	防冲副总	加强检查管理，发现问题及时安排落实
防冲副总	R_FCFZ04	没有落实防治冲击地压措施、监控等	防冲副总	落实防治冲击地压措施，监控等	防冲副总	加强管理，落实好防治冲击地压措施，监控等工作
安全副总	R_AQFZ01	未积极配合安监处长开展安全管理、安全检查工作，保证本矿在生产、建设过程中遵守国家有关安全生产的法律、法规、规章、标准和技术规范等规定	安全副总	积极配合安监处长开展安全管理、安全检查工作，保证本矿在生产、建设过程中遵守国家有关安全生产的法律、法规、规章、标准和技术规范等规定	安全副总	加强管理，组织安全检查，遵守各项规章制度
安全副总	R_AQFZ02	未组织制订本处室各岗位安全生产责任制和各项管理制度并按规定进行考核	安全副总	组织制订本处室各岗位安全生产责任制和各项管理制度并按规定进行考核	安全副总	加强管理，严格考核落实

续附表 1-1

管理对象名称	不安全状态编号	不安全状态名称	受控对象名称	管理标准	施控主体名称	管理措施
安全副总	R_AQFZ03	未参与本矿生产布局及接续计划的审查	安全副总	参与本矿生产布局及接续计划的审查	安全副总	加强管理，严格生产布局及接续计划的审查
安全副总	R_AQFZ04	未参与其他科室编制的有关设计、规程、安全措施审查	安全副总	参与其他科室编制的有关设计、规程、安全措施审查	安全副总	加强工作监督和落实
安全副总	R_AQFZ05	未监督施工单位在安措工程施工中安全资金的使用	安全副总	监督施工单位在安措工程施工中安全资金的使用	安全副总	加强监督管理，落实安全资金的使用
安全副总	R_AQFZ06	未根据实际情况分析本矿的安全状况，向安监处长提出具体建议	安全副总	根据实际情况分析本矿的安全状况，向安监处长提出具体建议	安全副总	及时分析安全状况，提出具体建议
安全副总	R_AQFZ07	未加强对排查的重大安全隐患、重大危险源治理情况的督查	安全副总	加强对排查的重大安全隐患、重大危险源治理情况的督查，确保重大隐患按时得到有效整改	安全副总	加强对重大安全隐患、重大危险源的排查、治理，强化工作落实
安全副总	R_AQFZ08	未协助相关部门开展职工安全教育、安全培训等工作	安全副总	协助相关部门开展职工安全教育、安全培训等工作，切实提高本矿干部职工的安全意识	安全副总	加强管理，落实好职工安全教育、安全培训等工作
安全副总	R_AQFZ09	未按时参加本矿召开的有关安全生产的会议，未做好安全例会的会议记录、存档管理，没有提出具体建议	安全副总	按时参加本矿召开的有关安全生产的会议，做好安全例会的会议记录、存档管理，提出具体建议	安全副总	加强管理，组织召开的有关安全生产的会议，提出具体建议
安全副总	R_AQFZ10	未规定组织进行定期、不定期的安全检查	安全副总	按规定组织进行定期、不定期的安全检查	安全副总	加强监督管理，认真组织安全检查
安全副总	R_AQFZ11	未及时汇总、总结各安全监察员的检查情况，提出具体改进意见	安全副总	及时汇总、总结各安全监察员的检查情况，提出具体改进意见，不断提高本矿安全监察员的工作水平	安全副总	加强工作落实，不断提高安全监察员的工作水平
安全副总	R_AQFZ12	及时分析、处理安全系统工程中存在的问题	安全副总	保证本矿安全系统工程的正常运行，及时分析、处理存在的问题	安全副总	加强管理，及时分析、处理存在的问题
安全副总	R_AQFZ13	未经常深入现场，及时查处现场存在的问题，检查特殊工种的持证上岗情况和本矿从业人员的培训情况，未掌握采掘工程的进度等情况，并及时向有关领导汇报	安全副总	经常深入现场，及时查处现场存在的问题，经常检查特殊工种的持证上岗情况和本矿从业人员的培训情况，随时掌握采掘工程的进度等情况，及时向有关领导汇报	安全副总	严格工作落实，出现问题及时处理

续附表 1-1

管理对象名称	不安全状态编号	不安全状态名称	受控对象名称	管理标准	施控主体名称	管理措施
安全副总	R_AQFZ14	对“三违”人员的处罚和管理不到位	安全副总	负责组织对“三违”人员进行相应的处罚和管理	安全副总	严格“三违”人员的处罚和管理
安全副总	R_AQFZ15	未参与事故调查分析、处理	安全副总	参与事故调查分析、处理	安全副总	加强领导，参与事故调查分析、处理
安全副总	R_AQFZ16	未参与矿井安全生产应急救援预案和灾害预防与处理计划的编制、审查、实施	安全副总	参与矿井安全生产应急救援预案和灾害预防与处理计划的编制、审查、实施	安全副总	加强管理，参与矿井安全生产应急救援预案和灾害预防与处理计划的编制、审查、实施
安全副总	R_AQFZ17	未按照本矿安全奖罚规定对责任单位、责任人进行相应的处罚	安全副总	按照本矿安全奖罚规定对责任单位、责任人进行相应的处罚	安全副总	加强管理，严格安全奖罚制度落实
安全副总	R_AQFZ18	未监督本矿安全设施、设备、仪器（表）、保护等的使用及采掘作业规程的执行情况或监督不到位	安全副总	监督本矿安全设施、设备、仪器（表）、保护等的使用及采掘作业规程的执行情况	安全副总	加强管理，严格监督落实
安全副总	R_AQFZ19	外出期间未明确专人代行职权	安全副总	外出期间必须明确专人代行职权	安全副总	外出期间明确专人代行职权
地测防治水副总	R_DCFZSFZ01	没有参与编制矿井年、季、月度的生产计划和灾防计划，没有编制地测技术发展的远景规划，并提出实现计划的技术方案	地测防治水副总	参与编制矿井年、季、月度的生产计划和灾防计划，编制地测技术发展的远景规划，并提出实现计划的技术方案	地测防治水副总	加强工作落实，严格生产计划和灾防计划的编制
地测防治水副总	R_DCFZSFZ02	没有根据生产需要，组织编制和审查矿井地质、水文地质补充勘探工作，未组织有关人员做好矿区测量控制网改造、矿井大型贯通等重大工程的实施	地测防治水副总	根据生产需要，组织编制和审查矿井地质、水文地质补充勘探工作，组织有关人员做好矿区测量控制网改造、矿井大型贯通等重大工程的实施	地测防治水副总	加强领导，做好矿井地质、水文地质补充勘探工作等工作
地测防治水副总	R_DCFZSFZ03	没有组织好地测防治水安全质量标准化达标工作，使矿井地测工作逐步走向标准化、现代化；未推广应用地测新技术、新工艺和地测先进经验	地测防治水副总	组织好地测防治水安全质量标准化达标工作，使矿井地测工作逐步走向标准化、现代化；推广应用地测新技术、新工艺和地测先进经验	地测防治水副总	加强管理，做好地测防治水安全质量标准化达标工作落实，做好新技推广工作

续附表 1-1

管理对象名称	不安全状态编号	不安全状态名称	受控对象名称	管理标准	施控主体名称	管理措施
地测防治水副总	R_DCFZSFZ04	没有组织、审查地测资料，没有组织相关人员及时提交矿井安全生产所需的各种地测资料，未按规定时间及时组织修编矿井地质报告	地测防治水副总	组织、审查地测资料，组织相关人员及时提交矿井安全生产所需的各种地测资料，按规定时间及时组织修编矿井地质报告	地测防治水副总	加强管理，严格组织、审查
地测防治水副总	R_DCFZSFZ05	没有组织有关人员开展地质、地质水害的研究，掌握其规律性并及时进行预测、预报；没有掌握储量动态，并加强储量管理；没有做好地表岩移观测工作，合理确定矿区岩移参数；没有督促有关人员及时下发贯通危险距离通知单	地测防治水副总	组织有关人员开展地质、地质水害的研究，掌握其规律性并及时进行预测、预报；掌握储量动态，并加强储量管理；做好地表岩移观测工作，合理确定矿区岩移参数；督促有关人员及时下发贯通危险距离通知单	地测防治水副总	加强管理，发现问题及时落实整改
地测防治水副总	R_DCFZSFZ06	没有深入现场，及时掌握各头、面地质情况，发现问题及时解决	地测防治水副总	深入现场，及时掌握各头、面地质情况，发现问题及时解决	地测防治水副总	加强管理，发现问题及时安排解决
地测防治水副总	R_DCFZSFZ07	没有根据矿井生产计划，合理安排月、季、年度的地测工作计划并督促落实，进行定期检查	地测防治水副总	根据矿井生产计划，合理安排月、季、年度的地测工作计划并督促落实，进行定期检查	地测防治水副总	加强管理，严格地测工作计划并督促落实
通防副总	R_TFFZ01	未组织有关人员编制通防专业安全技术措施，总工程师外出期间，未代理行使通防技术等方面审批职权	通防副总	组织有关人员编制通防专业安全技术措施，总工程师外出期间，代理行使通防技术等方面审批职权	通防副总	加强工作落实，做好措施的审批工作
通防副总	R_TFFZ02	未协助总工程师（技术负责人）进行矿井配风计划的审批	通防副总	协助总工程师（技术负责人）进行矿井配风计划的审批	通防副总	加强管理，严格矿井配风计划的审批工作
通防副总	R_TFFZ03	未及时根据采掘工作地点的变动情况，监督、审批有关通防安全技术措施	通防副总	根据采掘工作地点的变动情况，及时监督、审批有关通防安全技术措施	通防副总	加强管理，认真监督、审批有关通防安全技术措施
通防副总	R_TFFZ04	未对“一通三防”的技术管理工作把关，没有检查“一通三防”管理制度、措施的执行情况	通防副总	对“一通三防”的技术管理工作把关经常检查“一通三防”管理制度、措施的执行情况	通防副总	加强管理，严格“一通三防”的技术管理、管理制度、措施的执行情况

续附表 1-1

管理对象名称	不安全状态编号	不安全状态名称	受控对象名称	管理标准	施控主体名称	管理措施
通防副总	R_TFFZ05	通风系统做重大调整时,未协助总工程师(技术负责人)编制调整方案、安全技术措施,未进行现场指挥	通防副总	通风系统做重大调整时,通防副总工程师应协助总工程师(技术负责人)编制调整方案、安全技术措施,并进行现场指挥	通防副总	加强管理,通风系统做重大调整时,做好调整方案、安全技术措施的编制工作,并进行现场指挥
通防副总	R_TFFZ06	反风演习时,未协助总工程师(技术负责人)组织编制反风演习计划,未进行现场指挥	通防副总	反风演习时,通防副总工程师应协助总工程师(技术负责人)组织编制反风演习计划,并进行现场指挥	通防副总	加强管理,组织好反风演习计划的编制,并进行现场指挥
安全生产管理人员	R_AQSCGLRY01	未深入现场,及时掌握各头、面情况,及时解决发现得问题	安全生产管理人员	深入现场,及时掌握各头、面情况,发现问题及时解决	安全生产管理人员	加强管理,及时发现、解决存在的问题
安全生产管理人员	R_AQSCGLRY02	未尽职尽责,杜绝"三违"现象	安全生产管理人员	必须尽职尽责,杜绝"三违"现象	安全生产管理人员	严格遵守各项规章制度
安全生产管理人员	R_AQSCGLRY03	管理不到位的	安全生产管理人员	各级管理人员要加强责任落实,加强管理	安全生产管理人员	加强工作落实,管理不到位,负连带责任
生产科科长	R_SCKKZ01	没有积极协助安全生产副矿长、配合总工程师贯彻落实国家有关本矿安全生产法律、法规、规章、技术规范、规定,搞好本企业的技术管理工作	生产科科长	积极协助安全生产副矿长、配合总工程师贯彻落实国家有关本矿安全生产法律、法规、规章、技术规范、规定,搞好本企业的技术管理工作	生产科科长	加强工作落实,搞好技术管理工作
生产科科长	R_SCKKZ02	未组织制订本科室各岗位安全生产责任制、各项管理制度,并按规定进行考核	生产科科长	组织制订本科室各岗位安全生产责任制、各项管理制度,并按规定进行考核	生产科科长	加强各项责任制、管理制度的考核落实
生产科科长	R_SCKKZ03	未组织编制本矿的采掘接续计划,并按规定报有关领导审批	生产科科长	组织编制本矿的采掘接续计划,并按规定报有关领导审批	生产科科长	加强管理,认真编制采掘接续计划
生产科科长	R_SCKKZ04	未组织人员进行采掘工作面的工程质量检查、验收、评比,负责本矿采掘安全质量标准化检查、考核等工作	生产科科长	组织人员进行采掘工作面的工程质量检查、验收、评比,负责本矿采掘安全质量标准化检查、考核等工作	生产科科长	加强管理,严格工程质量检查、验收、评比和安全质量标准化检查、考核等工作

续附表 1-1

管理对象名称	不安全状态编号	不安全状态名称	受控对象名称	管理标准	施控主体名称	管理措施
生产科科长	R_SCKKZ05	没有负责推广安全生产新技术、新材料、新工艺、新设备	生产科科长	负责推广安全生产新技术、新材料、新工艺、新设备	生产科科长	加强管理，及时推广新技
生产科科长	R_SCKKZ06	没有参加采掘工作面作业规程、措施的审查，未组织采、掘工作面贯彻规程、措施的检查活动	生产科科长	参加采掘工作面作业规程、措施的审查，组织采、掘工作面贯彻规程、措施的检查活动	生产科科长	加强管理，严格作业规程、措施的审查、贯彻落实检查等
生产科科长	R_SCKKZ07	没有经常深入现场，并及时解决现场存在的问题	生产科科长	经常深入现场，并及时解决现场存在的问题	生产科科长	加强工作落实，及时解决存在的问题
生产科科长	R_SCKKZ08	未及时上报各类技术资料、报表	生产科科长	及时组织上报各类技术资料、报表	生产科科长	加强工作落实，按规定上报各类技术资料、报表
生产科科长	R_SCKKZ09	没有建立本矿技术档案并做好技术资料的整理归档工作	生产科科长	建立本矿技术档案并做好技术资料的整理归档工作	生产科科长	强化工作落实，做好技术资料的整理归档工作
生产科科长	R_SCKKZ10	未组织本科室职工进行业务技术学习，提高技术水平	生产科科长	组织本科室职工进行业务技术学习，提高技术水平	生产科科长	加强管理，组织好本科室职工进行业务技术学习
生产科科长	R_SCKKZ11	未组织进行分工范围内的重大隐患排查工作	生产科科长	组织进行分工范围内的重大隐患排查工作	生产科科长	加强管理，严格重大隐患排查工作
生产科科长	R_SCKKZ12	外出期间未明确专人代行职权	生产科科长	外出期间必须明确专人代行职权	生产科科长	外出期间明确专人代行职权
机电科科长	R_JDZKZ01	没有积极配合机电副矿长、总工程师在机电、运输管理方面贯彻落实国家有关本矿安全的法律、法规、规章、技术规范等规定，搞好本企业的技术管理工作	机电科科长	积极配合机电副矿长、总工程师在机电、运输管理方面贯彻落实国家有关本矿安全的法律、法规、规章、技术规范等规定，搞好本企业的技术管理工作	机电科科长	严格工作落实，搞好技术管理工作
机电科科长	R_JDZKZ02	未组织制订本科室各岗位安全生产责任制和各项管理制度，并按规定进行考核	机电科科长	组织制订本科室各岗位安全生产责任制和各项管理制度，并按规定进行考核	机电科科长	加强管理，严格责任制和制度落实、考核
机电科科长	R_JDKKZ03	发现有故意损坏本矿机电、运输安全设施的现象或影响到正常安全生产管理的行为，未立即制止并及时向有关领导汇报	机电科科长	发现有故意损坏本矿机电、运输安全设施的现象或影响到正常安全生产管理的行为，要立即制止并及时向有关领导汇报	机电科科长	加强管理，发现故意损坏及时处理

续附表 1-1

管理对象名称	不安全状态编号	不安全状态名称	受控对象名称	管理标准	施控主体名称	管理措施
机电科科长	R_JDKKZ04	未配合有关科室，进行设备的进货验收，保证采购的设备符合规定要求	机电科科长	配合有关科室，进行设备的进货验收，保证采购的设备符合规定要求	机电科科长	加强管理，严格工作落实
机电科科长	R_JDKKZ05	未组织本科室人员学习新知识，掌握本矿设备的工作原理和维护要求	机电科科长	组织本科室人员学习新知识，掌握本矿设备的工作原理和维护要求	机电科科长	加强管理，及时组织人员进行学习
机电科科长	R_JDKKZ06	对制订的规程、措施进行审查时把关不严，不符合有关规定要求	机电科科长	对制订的规程、措施进行审查时严格把关，确保符合有关规定要求	机电科科长	加强管理，严格把关
机电科科长	R_JDKKZ07	未组织建立本矿机电、运输设备、设施技术档案	机电科科长	组织建立本矿机电、运输设备、设施技术档案	机电科科长	加强工作落实，严格档案管理
机电科科长	R_JDKKZ08	没有推广机电、运输安全生产新技术、新设备，开展安全生产科研攻关	机电科科长	推广机电、运输安全生产新技术、新设备，开展安全生产科研攻关	机电科科长	加强管理，搞好新技推广
机电科科长	R_JDKKZ09	对分管机修车间的管理不到位，修理的设备、器材不符合规定要求	机电科科长	加强对分管机修车间的管理，确保修理的设备、器材符合规定要求	机电科科长	加强管理，严格工作落实考核
机电科科长	R_JDKKZ10	外出期间未明确专人代行职权	机电科科长	外出期间明确专人代行职权	机电科科长	外出期间明确专人代行职权
通防科科长	R_TFZKZ01	没有配合矿长、总工程师贯彻落实国家有关本矿安全生产的法律、法规、规章、技术规范及“一通三防”有关规定，搞好本企业的“一通三防”工作	通防科科长	配合矿长、总工程师贯彻落实国家有关本矿安全生产的法律、法规、规章、技术规范及“一通三防”有关规定，搞好本企业的“一通三防”工作	通防科科长	加强工作落实，搞好“一通三防”技术管理工作
通防科科长	R_TFZKZ02	未组织制订本科室各岗位安全生产责任制和“一通三防”各项管理制度，并按规定进行考核	通防科科长	组织制订本科室各岗位安全生产责任制和“一通三防”各项管理制度，并按规定进行考核	通防科科长	加强各项责任制、“一通三防”管理制度的考核落实
通防科科长	R_TFKKZ03	在“一通三防”措施设计等方面把关不严，设计不符合有关规定要求	通防科科长	在“一通三防”措施设计等方面严格把关，确保设计符合有关规定要求	通防科科长	加强管理，严格把关

续附表 1-1

管理对象名称	不安全状态编号	不安全状态名称	受控对象名称	管理标准	施控主体名称	管理措施
通防科科长	R_TFKKZ04	在参与审查的本矿有关具体安全措施过程中把关不严	通防科科长	参与审查的本矿有关具体安全措施，并严格把关	通防科科长	加强工作落实，严格把关
通防科科长	R_TFKKZ05	未及时推广“一通三防”新技术，开展“一通三防”科研攻关，不断提高本矿“一通三防”工作水平	通防科科长	及时推广“一通三防”新技术，开展“一通三防”科研攻关，不断提高本矿“一通三防”工作水平	通防科科长	加强工作落实，组织进行新技推广，提高我矿“一通三防”水平
通防科科长	R_TFKKZ06	未负责安排并及时进行通防设施的施工和维护，保证矿井通防系统的稳定、可靠	通防科科长	负责安排并及时进行通防设施的施工和维护，保证矿井通防系统的稳定、可靠	通防科科长	严格管理，加强工作安排落实
通防科科长	R_TFKKZ07	没有负责及时按计划安排进行矿井的通风系统调整等工作	通防科科长	负责及时按计划安排进行矿井的通风系统调整等工作	通防科科长	加强管理，按计划安排通风系统调整工作
通防科科长	R_TFKKZ08	没有经常深入现场，组织人员检查通风设施、设备，确保其完好、满足安全生产要求	通防科科长	经常深入现场，组织人员检查通风设施、设备，确保其完好、满足安全生产要求	通防科科长	加强检查，发现问题及时安排处理
通防科科长	R_TFKKZ09	未组织对防灭火系统、设施进行及时检查、有效维护，确保正常工作，未按规定对火区进行定期检查、建立火区管理制度、技术档案	通防科科长	组织对防灭火系统、设施进行及时检查、有效维护，确保正常工作同时按规定对火区进行定期检查、建立火区管理制度、技术档案	通防科科长	加强检查、管理，发现问题及时处理
通防科科长	R_TFKKZ10	未组织开展“一通三防”隐患排查工作，未及时发现本矿“一通三防”方面存在的隐患，安排整改	通防科科长	组织开展“一通三防”隐患排查工作，及时发现本矿“一通三防”方面存在的隐患，并安排整改	通防科科长	加强隐患排查，发现问题及时安排整改
通防科科长	R_TFKKZ11	未及时检查本矿所用的通防仪器仪表、安全监控系统（设备）是否达到规定要求，未按期进行检定和标校	通防科科长	及时检查本矿所用的通防仪器仪表、安全监控系统（设备）是否达到规定要求，按期进行检定和标校	通防科科长	加强检查，发现问题及时安排处理
通防科科长	R_TFKKZ12	未组织拟定反风演习方案、瓦斯等级、煤尘爆炸性、煤的自燃倾向性等各类鉴定方案的编制和实施	通防科科长	组织拟定反风演习方案、瓦斯等级、煤尘爆炸性、煤的自燃倾向性等各类鉴定方案的编制和实施	通防科科长	加强工作落实，及时组织拟定各类方案

续附表 1-1

管理对象名称	不安全状态编号	不安全状态名称	受控对象名称	管理标准	施控主体名称	管理措施
通防科科长	R_TFKKZ13	未负责自救器的管理、检查,保证数量充足、质量符合规定要求	通防科科长	负责自救器的管理、检查,保证数量充足、质量符合规定要求	通防科科长	加强管理,确保自救器数量充足,质量符合规定要求
通防科科长	R_TFKKZ14	外出期间未明确专人代行职权	通防科科长	外出期间明确专人代行职权	通防科科长	加强管理,外出期间明确专人代行职权
调度室主任	R_DDSZR01	没有在分管副矿长的领导下,做好调度室的全面管理工作,没有根据煤炭生产的方针政策和生产计划,对日常生产进行安排和调度指挥	调度室主任	在分管副矿长的领导下,做好调度室的全面管理工作,根据煤炭生产的方针政策和生产计划,对日常生产进行安排和调度指挥	调度室主任	加强工作落实,严格日常管理
调度室主任	R_DDSZR02	没有协助分管矿领导组织安全生产调度会议,未对有关安全生产安排和决议负责督促检查	调度室主任	协助分管矿领导组织安全生产调度会议,对有关安全生产安排和决议负责督促检查	调度室主任	加强管理,严格督促检查
调度室主任	R_DDSZR03	未及时掌握生产完成情况和生产动态,搞好综合平衡,组织均衡生产,协助有关领导抓好安全生产	调度室主任	及时掌握生产完成情况和生产动态,搞好综合平衡,组织均衡生产,协助有关领导抓好安全生产	调度室主任	及时掌握生产情况和动态,加强管理
调度室主任	R_DDSZR04	未及时掌握采掘部署、工作面的衔接和采区准备情况,督促解决问题,保持矿井正常生产	调度室主任	及时掌握采掘部署、工作面的衔接和采区准备情况,督促解决问题,保持矿井正常生产	调度室主任	加强管理,存在问题及时督促解决
调度室主任	R_DDSZR05	接受和传达矿领导及上级下达的有关安全生产指令和布置工作不及时,未检查落实情况	调度室主任	及时接受和传达矿领导及上级下达的有关安全生产指令和布置工作,并检查落实情况	调度室主任	加强管理,严格落实情况检查
调度室主任	R_DDSZR06	对妨碍安全生产的问题和生产中的薄弱环节,未组织有关部门及时解决发生重大事故时,未负责调动人力、物力、车辆,对同级业务部门进行统一调度,行使调度职权	调度室主任	对妨碍安全生产的问题和生产中的薄弱环节,组织有关部门及时解决发生重大事故时,负责调动人力、物力、车辆,对同级业务部门进行统一调度,行使调度职权	调度室主任	加强管理,存在问题及时解决落实

续附表 1-1

管理对象名称	不安全状态编号	不安全状态名称	受控对象名称	管理标准	施控主体名称	管理措施
调度室主任	R_DDSZR07	未做好工业电视系统、安全监测系统、通讯系统、计算机网络系统、核子称计量的维修、维护管理	调度室主任	做好工业电视系统、安全监测系统、通讯系统、计算机网络系统、核子称计量的维修、维护管理，保证整个调度系统正常运作	调度室主任	严格管理，加强工作落实
调度室主任	R_DDSZR08	未组织调度人员的业务学习和培训工作	调度室主任	组织调度人员的业务学习和培训工作，不断提高调度人员的思想政治素质和业务水平	调度室主任	加强管理，认真组织学习、培训工作
安监处采掘室主任	R_AJCCJSZR01	没有在安监处长的领导下，对矿井采、掘管理等安全工作负监督监察责任，并未做好采、掘管理等安全管理工作	安监处采掘室主任	在安监处长的领导下，对矿井采、掘、通防、火工品管理等安全工作负监督监察责任，并做好采、掘、通防、火工品管理等安全管理工作	安监处采掘室主任	加强管理，严格工作落实
安监处采掘室主任	R_AJCCJSZR02	没有经常深入采掘施工现场，检查顶板，发现隐患未及时通知有关单位限期解决	安监处采掘室主任	经常深入采掘施工现场，检查顶板、通防、火工品的使用与管理等情况，发现隐患及时通知有关单位限期解决	安监处采掘室主任	加强现场管理，发现问题及时安排落实
安监处采掘室主任	R_AJCCJSZR03	未参加矿组织的安全大检查和有关顶板管理等专业大检查，并及时对查出的问题进行督促整改、落实	安监处采掘室主任	参加矿组织的安全大检查和有关顶板、通防、火工品管理等专业大检查，并对查出的问题督及时促整改、落实	安监处采掘室主任	严格工作落实，查出问题及时督促整改
安监处采掘室主任	R_AJCCJSZR04	没有参加采掘工程质量验收并对工程质量的定级进行审核	安监处采掘室主任	参加采掘、通防工程质量验收并对工程质量的定级进行审核	安监处采掘室主任	严格落实，加强工程质量的验收的审核
安监处采掘室主任	R_AJCCJSZR05	未参加顶板等事故的调查分析，未对防范措施的兑现进行监督	安监处采掘室主任	参加顶板、通防、爆破等事故的调查分析，并对防范措施的兑现进行监督	安监处采掘室主任	认真进行事故分析，加强措施落实监督
安监处采掘室主任	R_AJCCJSZR06	没有掌握矿井顶板管理等动态情况，发现问题，未及时提出建议	安监处采掘室主任	掌握矿井顶板、一通三防、火工品管理等动态情况，发现问题，及时提出建议	安监处采掘室主任	加强工作落实，发现问题及时提出建议

续附表 1-1

管理对象名称	不安全状态编号	不安全状态名称	受控对象名称	管理标准	施控主体名称	管理措施
安监处机运室主任	R_AJCJYSZR01	没有在安监处长的领导下，对矿井机电、提升运输安全工作负监督监察责任，未做好矿井机电、提升运输安全管理工作	安监处机运室主任	在安监处长的领导下，对矿井机电、提升运输安全工作负监督监察责任，做好矿井机电、提升运输安全管理工作	安监处机运室主任	加强安全管理、监督，做好机电、提升运输安全管理工作
安监处机运室主任	R_AJCJYSZR02	没有负责监督检查机电、提升运输方面贯彻执行三大规程和国家有关规定等情况	安监处机运室主任	负责监督检查机电、提升运输方面贯彻执行三大规程和国家有关规定等情况	安监处机运室主任	严格工作落实，加强监督检查
安监处机运室主任	R_AJCJYSZR03	未监督检查提升、运输、供电、排水等机电设备的入井许可、技术鉴定、试验、检查、检修保养等制度的落实	安监处机运室主任	监督检查采掘、提升、运输、供电、通风、排水等机电设备的入井许可、技术鉴定、试验、检查、检修保养等制度的落实	安监处机运室主任	严格管理，加强监督检查
安监处机运室主任	R_AJCJYSZR04	没有监督检查各类安全设施、安全装置、保护装置的正常使用、定期试验、定期整定制度的落实	安监处机运室主任	监督检查各类安全设施、安全装置、保护装置的正常使用、定期试验、定期整定制度的落实	安监处机运室主任	加强检查，发现问题及时安排处理
安监处机运室主任	R_AJCJYSZR05	未监督检查设备使用、防爆、完好情况和停送电、设备运行期间各项制度的落实	安监处机运室主任	监督检查设备使用、防爆、完好情况和停送电、设备运行期间各项制度的落实	安监处机运室主任	加强监督检查，发现问题及时处理
安监处机运室主任	R_AJCJYSZR06	未参加机电、提升运输安全大检查，未对检查出的问题督促整改、落实	安监处机运室主任	参加机电、提升运输安全大检查，对检查出的问题督促整改、落实	安监处机运室主任	加强工作落实，查出问题及时督促整改、落实
安监处机运室主任	R_AJCJYSZR07	没有参加机电、提升运输事故的调查分析，未对防范措施的兑现进行监督	安监处机运室主任	参加机电、提升运输事故的调查分析，对防范措施的兑现进行监督	安监处机运室主任	严格调查分析，督促防范措施的兑现
物资管理科科长	R_WZGLKKZ01	未编制年度、月度工作计划或编制不合理，没有定期检查工作计划的执行情况和审批各单位需求的各种物资采购计划	物资管理科科长	编制年度、月度工作计划或编制合理，定期检查工作计划的执行情况和审批各单位需求的各种物资采购计划	物资管理科科长	加强工作落实，严格各类计划的编制、落实
物资管理科科长	R_WZGLKKZ02	没有负责工作面验收、交接、处理有质量问题的材料	物资管理科科长	负责工作面验收、交接、处理有质量问题的材料	物资管理科科长	加强管理，及时验收、交接、处理有质量问题的材料

续附表 1-1

管理对象名称	不安全状态编号	不安全状态名称	受控对象名称	管理标准	施控主体名称	管理措施
物资管理科科长	R_WZGLKKZ03	没有负责联系设备外出维修工作，未监督维修合同签订工作	物资管理科科长	负责联系设备外出维修工作，监督维修合同签订工作	物资管理科科长	加强工作落实，做好设备维修等工作
物资管理科科长	R_WZGLKKZ04	未负责协调有关部门对到矿设备进行验收，并交付使用	物资管理科科长	负责协调有关部门对到矿设备进行验收，并交付使用	物资管理科科长	加强管理，严格验收工作落实
物资管理科科长	R_WZGLKKZ05	未对各单位设备、材料违规存放和浪费现象进行监督及废旧物资处理	物资管理科科长	对各单位设备、材料违规存放和浪费现象进行监督及废旧物资处理	物资管理科科长	加强监督管理，避免浪费
物资管理科科长	R_WZGLKKZ06	未负责对矿属各单位设备和材料使用情况进行考核	物资管理科科长	负责对矿属各单位设备和材料使用情况进行考核	物资管理科科长	加强管理，严格考核
物资管理科科长	R_WZGLKKZ07	没有负责编制设备检修项目，组织比价选厂、安排检修、质量验收、信息反馈	物资管理科科长	负责编制设备检修项目，组织比价选厂、安排检修、质量验收、信息反馈	物资管理科科长	加强工作落实，严格管理
工会副主席	R_GHFZX01	未建立完善工作制度，布置任务，检查督促本部门职责的执行情况	工会副主席	组织开展各类会议和活动，做好计划生育工作	工会副主席	加强管理，严格检查监督
工会副主席	R_GHFZX02	未协助党群部部长处理党群工作部日常工作	工会副主席	协助党群部部长处理党群工作部日常工作	工会副主席	加强协助、管理，严格日常工作落实
工会副主席	R_GHFZX03	没有做好宣传工作，发挥媒体作用，提升矿井美誉度	工会副主席	没有做好宣传工作，发挥媒体作用，提升矿井美誉度	工会副主席	加强工作落实，做好宣传工作
工会副主席	R_GHFZX04	未通过职代会、民主协商、矿务公开等机制，强化民主管理工作	工会副主席	通过职代会、民主协商、矿务公开等机制，强化民主管理工作	工会副主席	加强工作落实，强化民主管理
工会副主席	R_GHFZX05	没有负责对内外重要活动、专题稿、简讯、视频新闻的编审	工会副主席	负责对内外重要活动、专题稿、简讯、视频新闻的编审	工会副主席	加强管理，严格工作落实
党群工作部部长	R_DQGZBBZ01	未协助党委副书记处理党群工作部日常工作，做好宣传和干部管理工作	党群工作部部长	协助党委副书记处理党群工作部日常工作，做好宣传和干部管理工作	党群工作部部长	严格落实，加强日常宣传和管理工作
党群工作部部长	R_DQGZBBZ02	未协助工会主席处理工会日常工作，组织召开职代会、矿务公开、帮扶救济工作	党群工作部部长	协助党委副书记处理党群工作部日常工作，做好宣传和干部管理工作	党群工作部部长	加强工作落实，做好协助工作

续附表 1-1

管理对象名称	不安全状态编号	不安全状态名称	受控对象名称	管理标准	施控主体名称	管理措施
党群工作部部长	R_DQGZBBZ03	未根据党章规定及集团公司党委安排，制订发展规划	党群工作部部长	根据党章规定及集团公司党委安排，制订发展规划	党群工作部部长	加强管理，严格发展规划的制订
党群工作部部长	R_DQGZBBZ04	没有负责企业文化建设工作，丰富职工业余文化生活	党群工作部部长	负责企业文化建设工作，丰富职工业余文化生活	党群工作部部长	加强工作落实，做好企业文化建设工作
党群工作部部长	R_DQGZBBZ05	未协助纪委书记抓好党风廉政建设，推动廉洁风险防控工作的全面进行	党群工作部部长	协助纪委书记抓好党风廉政建设，推动廉洁风险防控工作的全面进行	党群工作部部长	加强管理，协助做好廉政建设、廉洁风险防控工作
党群工作部部长	R_DQGZBBZ06	未组织开展各类会议和活动，做好计划生育工作	党群工作部部长	组织开展各类会议和活动，做好计划生育工作	党群工作部部长	加强管理，做好计划生育工作
党政办公室主任	R_DZBGSZR01	未负责起草全矿工作总结，会议报告，上报材料	党政办公室主任	负责起草全矿工作总结，会议报告，上报材料	党政办公室主任	加强管理，严格工作落实
党政办公室主任	R_DZBGSZR02	未负责对外公文的审核、把关以及文印室的管理	党政办公室主任	负责对外公文的审核、把关以及文印室的管理	党政办公室主任	加强管理，严格把关
党政办公室主任	R_DZBGSZR03	未负责大型会议的筹备、组织，负责公务用车管理	党政办公室主任	负责大型会议的筹备、组织，负责公务用车管理	党政办公室主任	加强管理，严格工作落实
党政办公室主任	R_DZBGSZR04	未负责来宾接待及业务接待费的使用考核	党政办公室主任	负责来宾接待及业务接待费的使用考核	党政办公室主任	加强管理，严格考核
党政办公室主任	R_DZBGSZR05	未负责对矿职能部门报审合同的管理	党政办公室主任	负责对矿职能部门报审合同的管理	党政办公室主任	加强工作落实，严格管理
劳资社保科科长	R_LZSBKKZ01	未及时宣传和学习集团公司劳资、社保政策，落实好集团公司文件精神	劳资社保科科长	及时宣传和学习集团公司劳资、社保政策，落实好集团公司文件精	劳资社保科科长	加强管理，严格落实
劳资社保科科长	R_LZSBKKZ02	没有根据《劳动法》、《劳动合同法》，对违反劳动纪律的员工，进行教育和处理	劳资社保科科长	根据《劳动法》、《劳动合同法》，对违反劳动纪律的员工，进行教育和处理	劳资社保科科长	加强管理，严格教育工作落实
劳资社保科科长	R_LZSBKKZ03	未做好工资、社保费用总额的全面预算以及工资、奖金发放的审核工作	劳资社保科科长	做好工资、社保费用总额的全面预算以及工资、奖金发放的审核工作	劳资社保科科长	加强管理，严格审核工作落实

续附表 1-1

管理对象名称	不安全状态编号	不安全状态名称	受控对象名称	管理标准	施控主体名称	管理措施
劳资社保科科长	R_LZSBKKZ04	未做好职工定级、调动、奖励等管理工作	劳资社保科科长	做好职工定级、调动、奖励等管理工作	劳资社保科科长	加强管理，严格职工定级、调动、奖励等管理工作
劳资社保科科长	R_LZSBKKZ05	没有针对全矿人力资源需求，制订人员需求规划和补充措施，并落实到位	劳资社保科科长	针对全矿人力资源需求，制订人员需求规划和补充措施，并落实到位	劳资社保科科长	加强管理，严格资源和措施落实
劳资社保科科长	R_LZSBKKZ06	没有结合现场实际，依据集团公司定员、定额标准，合理对矿内部人员进行岗位调配和修订劳动定额	劳资社保科科长	针对全矿人力资源需求，制订人员需求规划和补充措施，并落实到位	劳资社保科科长	严格落实，合理对矿内部人员进行岗位调配和修订劳动定额
财务科科长	R_CWKKZ01	未根据集团公司年度经营计划，组织编制本公司年度综合财务计划的控制标准	财务科科长	根据集团公司年度经营计划，组织编制本公司年度综合财务计划的控制标准	财务科科长	加强管理，严格标准编制
财务科科长	R_CWKKZ02	未负责组织《会计法》及地方政府有关财务工作法律法规的贯彻落实	财务科科长	负责组织《会计法》及地方政府有关财务工作法律法规的贯彻落实	财务科科长	加强管理，严格贯彻落实
财务科科长	R_CWKKZ03	未负责制订本单位各项财务会计制度，并督促贯彻执行	财务科科长	负责制订本单位各项财务会计制度，并督促贯彻执行	财务科科长	加强工作落实，严格督促贯彻
财务科科长	R_CWKKZ04	未分析税收政策，制订税收筹划	财务科科长	分析税收政策，制订税收筹划	财务科科长	加强工作落实，严格计划编制
财务科科长	R_CWKKZ05	未监察公司资产管理、往来账管理以及费用开支管理	财务科科长	监察公司资产管理、往来账管理以及费用开支管理	财务科科长	加强工作落实，严格监察
卫生所所长	R_WSSSZ01	未在经营后勤副矿长领导下，负责矿井卫生医疗工作	卫生所所长	在经营后勤副矿长领导下，负责矿井卫生医疗工作	卫生所所长	加强工作落实，做好卫生医疗工作
卫生所所长	R_WSSSZ02	未及时做好受伤职工的救护工作一旦矿井发生人身事故，未负责组织医务人员迅速赶赴现场抢救，必要时未及时护送到医院救	卫生所所长	及时做好受伤职工的救护工作一旦矿井发生人身事故，负责组织医务人员迅速赶赴现场抢救，必要时及时护送到医院救	卫生所所长	加强工作落实，做好救护工作

续附表 1-1

管理对象名称	不安全状态编号	不安全状态名称	受控对象名称	管理标准	施控主体名称	管理措施
卫生所所长	R_WSSSZ03	未负责职业病和职业中毒的防治和管理工作，未定期组织有关工种的职工体检，未定期检测尘毒和其他职业危害，没有建立有毒有害作业人员的健康管理制度	卫生所所长	负责职业病和职业中毒的防治和管理工作，定期组织有关工种的职工体检，定期检测尘毒和其他职业危害，建立有毒有害作业人员的健康管理制度	卫生所所长	加强工作落实，严格职业病和职业中毒防治、管理
卫生所所长	R_WSSSZ04	未协同有关部门做好工伤人员、职业病患者的伤残程度的医务鉴定	卫生所所长	协同有关部门做好工伤人员、职业病患者的伤残程度的医务鉴定	卫生所所长	加强工作落实，协同做好鉴定工作
总务科科长	R_ZWKKZ01	未根据工作安排，组织制订工作措施，完成矿井地面宿舍、澡堂、绿化卫生服务和工农关系协调工作，为企业安全生产提供后勤服务和保障	总务科科长	根据工作安排，组织制订工作措施，完成矿井地面宿舍、澡堂、绿化卫生服务和工农关系协调工作，为企业安全生产提供后勤服务和保障	总务科科长	加强工作落实，完成协调工作
总务科科长	R_ZWKKZ02	未负责指导全矿办公用品的计划、采购、保管、分发等工作	总务科科长	负责指导全矿办公用品的计划、采购、保管、分发等工作	总务科科长	加强管理，做好办公用品的计划、采购、保管、分发等工作
总务科科长	R_ZWKKZ03	未负责监督全矿零星基建、维修工作及食堂管理工作的监督	总务科科长	负责监督全矿零星基建、维修工作及食堂管理工作的监督	总务科科长	严格工作落实，加强监督
总务科科长	R_ZWKKZ04	未负责监督物业公司卫生清扫及卫生管理工作	总务科科长	负责监督物业公司卫生清扫及卫生管理工作	总务科科长	加强监督管理
总务科科长	R_ZWKKZ05	未编制、修订内部绩效考核办法，定期进行绩效评价与考核，兑现工资奖金	总务科科长	编制、修订绩效考核办法，定期进行绩效评价与考核，兑现工资奖金	总务科科长	加强管理，严格考核落实
总务科科长	R_ZWKKZ06	没有根据下达的预算指标，进行指标分解，合理使用工作经费	总务科科长	没有根据下达的预算指标，进行指标分解，合理使用工作经费	总务科科长	加强管理，严格工作落实
保卫科科长	R_BWKKZ01	未根据相关法律法规和企业规章制度，对矿消防安全情况进行检查、处罚和整改	保卫科科长	根据相关法律法规和企业规章制度，对矿消防安全情况进行检查、处罚和整改	保卫科科长	加强管理，严格消防安全检查、处罚，督促整改

续附表 1-1

管理对象名称	不安全状态编号	不安全状态名称	受控对象名称	管理标准	施控主体名称	管理措施
保卫科科长	R_BWKKZ02	未根据相关法律法规和企业规章制度，对全矿火工品的运输、储存、使用情况进行监控对相关人员进行政审、动态管理，考核、奖惩	保卫科科长	根据相关法律法规和企业规章制度，对全矿火工品的运输、储存、使用情况进行监控对相关人员进行政审、动态管理，考核、奖惩	保卫科科长	加强管理，严格考核、奖惩
保卫科科长	R_BWKKZ03	未依照相关法律法规和企业规章制度，对违法乱纪人员进行帮教、考核、处罚，教育员工遵纪守法、爱岗敬业，保护企业和员工安全，保证矿井工作和生产秩序	保卫科科长	未依照相关法律法规和企业规章制度，对违法乱纪人员进行帮教、考核、处罚，教育员工遵纪守法、爱岗敬业，保护企业和员工安全，保证矿井工作和生产秩序	保卫科科长	加强管理，严格对违法乱纪人员的帮教、考核、处罚
保卫科科长	R_BWKKZ04	未编制、修订本单位奖惩办法，对员工进行奖惩	保卫科科长	编制、修订本单位奖惩办法，对员工进行奖惩	保卫科科长	加强管理，严格奖惩
保卫科科长	R_BWKKZ05	未编制、修订本单位绩效考核办法，定期对各班组、岗位进行绩效评价与考核	保卫科科长	编制、修订本单位绩效考核办法，定期对各班组、岗位进行绩效评价与考核	保卫科科长	加强管理，严格绩效考核
区长	R_QZ01	在组织生产过程中，未严格遵守国家有关安全生产的法律、法规、规章、标准和技术规范	区长	在组织生产过程中，要严格遵守国家有关安全生产的法律、法规、规章、标准和技术规范	区长	严格工作落实，认真遵守各项标准、技术规范等
区长	R_QZ02	未协调好各队（班、组）的工作，没有严格按照《作业规程》、安全措施的规定组织生产、安排工作	区长	协调好各队（班、组）的工作，严格按照《作业规程》、安全措施的规定组织生产、安排工作	区长	加强协调管理，严格按照《作业规程》、安全措施的规定组织生产、安排工作
区长	R_QZ03	未根据本矿制订的各项工作标准、质量标准组织安排井下作业	区长	根据本矿制订的各项工作标准、质量标准组织安排井下作业	区长	加强管理，安排好井下工作
区长	R_QZ04	未组织好班前会，没有合理、及时地安排有关工作，传达安全生产的规定、通知、会议要求	区长	组织好班前会，合理、及时地安排有关工作，传达安全生产的规定、通知、会议要求	区长	认真组织班前会，安排落实各项工作
区长	R_QZ05	没有根据实际情况定期组织召开安全会议，及时研究、解决在生产中遇到的问题	区长	根据实际情况定期组织召开安全会议，及时研究、解决在生产中遇到的问题	区长	加强管理，认真组织召开安全会议，研究解决生产中存在的问题

续附表 1-1

管理对象名称	不安全状态编号	不安全状态名称	受控对象名称	管理标准	施控主体名称	管理措施
区长	R_QZ06	各工种操作人员调配不合理	区长	合理调配各工种操作人员	区长	加强管理，合理调配人员
区长	R_QZ07	没有为操作人员配齐工具、安全用品或不合格等	区长	为操作人员配齐工具、安全用品	区长	加强管理，为操作人员配齐工具、安全用品
区长	R_QZ08	未组织制订本工区各岗位安全生产责任制、各项管理制度，并按规定进行考核	区长	组织制订本工区各岗位安全生产责任制、各项管理制度，并按规定进行考核	区长	加强管理，严格考核
区长	R_QZ09	没有及时组织安全质量检查，排查和处理现场存在的问题和隐患	区长	及时组织安全质量检查，排查和处理现场存在的问题和隐患	区长	加强管理，严格安全质量检查，排查和处理现场存在的问题和隐患
区长	R_QZ10	没有安全生产办公会议，并对本矿生产现场的具体问题提出主导意见	区长	按时参加安全生产办公会议，并对本矿生产现场的具体问题提出主导意见	区长	加强管理，及时对生产现场的具体问题提出主导意见
区长	R_QZ11	区队（班、组）《作业规程》、安全措施的落实不到位或未落实	区长	加强区队（班、组）《作业规程》、安全措施的落实	区长	加强管理，严格规程、措施的落实
区长	R_QZ12	没有定期组织职工进行安全业务知识学习和培训，未开展区队安全教育，没有组织好班组安全教育	区长	定期组织职工进行安全业务知识学习和培训，开展区队安全教育，组织好班组安全教育	区长	加强管理，落实好职工安全业务知识学习和培训
区长	R_QZ13	没有及时组织隐患排查，排查生产中的安全隐患，并组织治理	区长	及时组织隐患排查，排查生产中的安全隐患，并组织治理	区长	加强检查管理，排查安全隐患
区长	R_QZ14	没有组织好本工区新工人师徒合同的签订，监督执行不到位	区长	组织好本工区新工人师徒合同的签订，并监督执行	区长	加强监督，落实师徒合同的签订、执行
区长	R_QZ15	对本工区特种作业人员的持证上岗监督、管理不到位	区长	加强本工区特种作业人员的持证上岗监督、管理	区长	加强管理，确保职工持证上岗，不持证上岗严格处罚
区长	R_QZ16	未组织进行事故分析、"三违"分析	区长	组织进行本工区事故分析、"三违"分析	区长	加强管理，认真组织事故分析、"三违"分析
区长	R_QZ17	没有如实、及时汇报安全事故，并协助、积极配合事故调查处理	区长	如实、及时汇报安全事故，并协助、积极配合事故调查处理	区长	加强管理，如实汇报
区长	R_QZ18	没有组织落实安全质量标准化工作	区长	组织落实安全质量标准化工作	区长	加强管理，加强安全质量标准化工作的落实

续附表 1-1

管理对象名称	不安全状态编号	不安全状态名称	受控对象名称	管理标准	施控主体名称	管理措施
区长	R_QZ19	外出期间未明确专人代行职权	区长	外出期间必须明确专人代行职权	区长	外出期间明确专人代行职权
副科长	R_FKeZ01	没有积极配合科长开展工作，并贯彻落实国家有关本矿安全生产的法律、法规、规章、技术规范等规定，搞好本企业的技术管理工作	副科长	积极配合科长开展工作，并贯彻落实国家有关本矿安全生产的法律、法规、规章、技术规范等规定，搞好本企业的技术管理工作	副科长	加强责任落实，积极配合科长开展工作，遵守各项标准、规章制度，搞好技术管理工作
副科长	R_FKeZ02	没有按照分工要求编制本矿的采掘接续计划，并按规定报有关领导审批	副科长	按照分工要求编制本矿的采掘接续计划，并按规定报有关领导审批	副科长	加强工作落实，按分工要求编制采掘接续计划
副科长	R_FKeZ03	没有按照分工组织人员进行采掘工作面的工程质量检查、验收	副科长	按照分工组织人员进行采掘工作面的工程质量检查、验收	副科长	加强管理，落实好工程质量检查、验收工作
副科长	R_FKeZ04	没有按照分工负责组织进行采煤、掘进工作面的安全质量标准化检查评比活动	副科长	按照分工负责组织进行采煤、掘进工作面的安全质量标准化检查评比活动	副科长	加强管理，落实好分管范围内的安全质量标准化检查评比活动
副科长	R_FKeZ05	没有对采、掘工作面贯彻规程、措施进行经常检查	副科长	对采、掘工作面贯彻规程、措施进行经常检查	副科长	加强管理，落实好采、掘工作面规程、措施的贯彻
副科长	R_FKeZ06	没有经常深入现场，并及时解决现场存在的问题，随时掌握采掘工程的进度等情况，及时向有关领导汇报	副科长	经常深入现场，并及时解决现场存在的问题，随时掌握采掘工程的进度等情况，及时向有关领导汇报	副科长	加强责任落实，经常深入现场，及时解决现场存在的问题
副科长	R_FKeZ07	没有及时向科长提出改进工作的具体建议	副科长	及时向科长提出改进工作的具体建议	副科长	加强责任落实，及时提出改进工作的具体建议
生产科副科长	R_SCKFKZ01	未积极配合生产技术科科长开展工作，贯彻落实国家有关本矿安全生产的法律、法规、规章、技术规范等规定，未搞好本企业的技术管理工作	生产科副科长	积极配合生产技术科科长开展工作，贯彻落实国家有关本矿安全生产的法律、法规、规章、技术规范等规定，搞好本企业的技术管理工作	生产科副科长	加强工作落实，积极配合科长工作，搞好技术管理

续附表 1-1

管理对象名称	不安全状态编号	不安全状态名称	受控对象名称	管理标准	施控主体名称	管理措施
生产科副科长	R_SCKFKZ02	未按照分工要求编制本矿的采掘接续计划,按规定报有关领导审批,确保矿井采掘接续正常,并有利于本矿的安全管理	生产科副科长	按照分工要求编制本矿的采掘接续计划,按规定报有关领导审批,确保矿井采掘接续正常,并有利于本矿的安全管理	生产科副科长	加强工作落实,认真编制采掘接续计划
生产科副科长	R_SCKFKZ03	未按照分工组织人员进行采掘工作面的工程质量检查、验收	生产科副科长	按照分工组织人员进行采掘工作面的工程质量检查、验收	生产科副科长	加强管理,严格工程质量检查、验收
生产科副科长	R_SCKFKZ04	未按照分工负责组织进行采煤、掘进工作面的安全质量标准化检查评比活动	生产科副科长	按照分工负责组织进行采煤、掘进工作面的安全质量标准化检查评比活动	生产科副科长	加强管理,严格安全质量标准化检查评比工作落实
生产科副科长	R_SCKFKZ05	没有经常进行采、掘工作面贯彻规程、措施的检查	生产科副科长	经常进行采、掘工作面贯彻规程、措施的检查	生产科副科长	加强管理,严格规程、措施的贯彻检查
生产科副科长	R_SCKFKZ06	没有经常深入现场,及时解决现场存在的问题,随时掌握采掘工程的进度等情况,及时向有关领导汇报	生产科副科长	经常深入现场,及时解决现场存在的问题,随时掌握采掘工程的进度等情况,及时向有关领导汇报	生产科副科长	严格工作落实,经常深入现场,发现解决现场存在的问题
生产科副科长	R_SCKFKZ07	未及时向科长提出改进工作的具体建议	生产科副科长	及时向科长提出改进工作的具体建议	生产科副科长	提高工作责任心,经常向科长提出工作改进意见
生产科副科长	R_SCKFKZ08	未尽职尽责,存在“三违”现象	生产科副科长	尽职尽责,杜绝“三违”现象	生产科副科长	加强工作落实,尽职尽责
机电科副科长	R_JDKFKZ01	没有积极配合机电科科长开展机电、运输管理等工作,保证其符合国家有关煤矿安全生产的法律、法规、规章、规程、标准和技术规范的要求	机电科副科长	积极配合机电科科长开展机电、运输管理等工作,保证其符合国家有关煤矿安全生产的法律、法规、规章、规程、标准和技术规范的要求	机电科副科长	加强工作落实,积极配合科长开展工作,加强技术管理
机电科副科长	R_JDKFKZ02	未按照分工要求,在分工范围内完成或组织完成相应的工作	机电科副科长	按照分工要求,在分工范围内完成或组织完成相应的工作	机电科副科长	尽职尽责,及时完成相应工作
机电科副科长	R_JDKFKZ03	未按照分工要求及时组织机电、运输管理检查,发现本矿使用的设备、安全设施不符合有关规定时,未立即组织整改	机电科副科长	按照分工要求及时组织机电、运输管理检查,发现本矿使用的设备、安全设施不符合有关规定时,立即组织整改	机电科副科长	加强管理,发现问题及时组织整改

续附表 1-1

管理对象名称	不安全状态编号	不安全状态名称	受控对象名称	管理标准	施控主体名称	管理措施
机电科副科长	R_JDKFKZ04	发现有关人员不适宜担任相关岗位的工作时,未及时向有关部门汇报	机电科副科长	发现有关人员不适宜担任相关岗位的工作时,及时向有关部门汇报	机电科副科长	加强工作落实,发现不适宜岗位人员及时汇报
机电科副科长	R_JDKFKZ05	科长未在岗位时,未承担科长职责,保证相关工作的连续性	机电科副科长	科长未在岗位时,承担科长职责,保证相关工作的连续性	机电科副科长	加强工作落实,尽职尽责,保证工作的连续性
机电科副科长	R_JDKFKZ06	未按照分工要求,及时制订规程、措施,保证其符合有关规定要求	机电科副科长	按照分工要求,及时制订规程、措施,保证其符合有关规定要求	机电科副科长	加强工作落实,及时制订规程、措施
机电科副科长	R_JDKFKZ07	未及时向机电科科长提出改进工作的具体建议	机电科科长	及时向机电科科长提出改进工作的具体建议	机电科副科长	加强工作责任心,及时提出改进工作的意见
机电科副科长	R_JDKFKZ08	没有尽职尽责,存在“三违”现象	机电科副科长	尽职尽责,杜绝“三违”现象	机电科副科长	加强工作落实,遵守各项规章制度
地测科副科长	R_DCKFKZ01	没有根据安全生产需要制订地质、水文地质勘探计划和设计,对施工中的勘探工程进行监督检查	地测科副科长	根据安全生产需要制订地质、水文地质勘探计划和设计,对施工中的勘探工程进行监督检查	地测科副科长	加强管理,严格勘探工程的监督检查
地测科副科长	R_DCKFKZ02	未按规定申报地测、防治水设备材料,编制材料使用管理奖惩办法,并监督实施过程	地测科副科长	按规定申报地测、防治水设备材料,编制材料使用管理奖惩办法,并监督实施过程	地测科副科长	加强工作落实,严格奖惩,加强监督
地测科副科长	R_DCKFKZ03	没有负责矿井测量工作和月底采掘工作面收尺工作	地测科副科长	负责矿井测量工作和月底采掘工作面收尺工作	地测科副科长	加强管理,严格测量和收尺工作落实
地测科副科长	R_DCKFKZ04	没有根据地测、防治水任务的安排,审批地测防治水工程措施,并实施全过程管理和考核	地测科副科长	根据地测、防治水任务的安排,审批地测防治水工程措施,并实施全过程管理和考核	地测科副科长	加强管理,严格措施审批和管理、考核落实
地测科副科长	R_DCKFKZ05	没有编制年度技术规划,开展技术攻关;没有对地测防治水进行技术指导,对技术人员进行业务培训	地测科副科长	编制年度技术规划,开展技术攻关;对地测防治水进行技术指导,对技术人员进行业务培训,为安全生产提供技术支持和保证	地测科副科长	加强技术规划、管理和指导,严格工作落实
地测科副科长	R_DCKFKZ06	没有对地测防治水工作过程中出现的事故进行分析处理,制订整改措施	地测科副科长	对地测防治水工作过程中出现的事故进行分析处理,制订整改措施	地测科副科长	严格事故分析,加强措施落实

续附表 1-1

管理对象名称	不安全状态编号	不安全状态名称	受控对象名称	管理标准	施控主体名称	管理措施
安监处通防室主任	R_AJCTFSZR01	未组织通防质量验收,进行定级考核,并对考核结果负责	安监处通防室主任	组织通防质量验收,进行定级考核,并对考核结果负责	安监处通防室主任	加强工作落实,严格通防质量验收、考核
安监处通防室主任	R_AJCTFSZR02	未参加矿组织的安全大检查,并对查出问题督促整改落实	安监处通防室主任	参加矿组织的安全大检查,并对查出问题督促整改落实	安监处通防室主任	加强工作落实,按时参加大检查,加强问题的督促落实
安监处通防室主任	R_AJCTFSZR03	未参加信息办值班,履行值班责任	安监处通防室主任	参加信息办值班,履行值班责任	安监处通防室主任	加强工作责任心,尽职尽责
安监处通防室主任	R_AJCTFSZR04	没有按时参加有关安全生产的会议并提出具体建议	安监处通防室主任	按时参加有关安全生产的会议并提出具体建议	安监处通防室主任	加强工作落实,按时参加会议并提出意见
安监处通防室主任	R_AJCTFSZR05	未深入现场,监督检查"一通三防"、火工品的使用与管理等情况,及时纠正不安全行为并作出处理、处罚	安监处通防室主任	深入现场,监督检查"一通三防"、火工品的使用与管理等情况,及时纠正不安全行为并作出处理、处罚	安监处通防室主任	加强工作落实,经常深入现场,严格奖惩
安监处通防室主任	R_AJCTFSZR06	未监督检查"一通三防"安全技措资金的使用、完成情况	安监处通防室主任	未监督检查"一通三防"安全技措资金的使用、完成情况	安监处通防室主任	加强安全技措资金的管理
安监处信息办主任	R_AJCXXBZR01	没有在安监处长的领导下,负责全矿安全信息系统工程管理工作	安监处信息办主任	在安监处长的领导下,负责全矿安全信息系统工程管理工作	安监处信息办主任	加强工作落实,做好安全信息系统工程管理工作
安监处信息办主任	R_AJCXXBZR02	未负责组织信息办全体人员的政治学习和业务学习	安监处信息办主任	负责组织信息办全体人员的政治学习和业务学习	安监处信息办主任	加强工作落实,组织好信息办人员学习工作
安监处信息办主任	R_AJCXXBZR03	未负责审查各类下井汇报卡,没有对隐患的筛选、搜集、整理、下达、反馈严格把关	安监处信息办主任	负责审查各类下井汇报卡,对隐患的筛选、搜集、整理、下达、反馈关严格把关	安监处信息办主任	加强工作落实,做好隐患的筛选、搜集、整理、下达、反馈等工作
安监处信息办主任	R_AJCXXBZR04	未经常向安监处长汇报工作及安全信息运行情况	安监处信息办主任	经常向安监处长汇报工作及安全信息运行情况	安监处信息办主任	严格工作落实,经常汇报安全信息运行情况
安监处信息办主任	R_AJCXXBZR05	没有负责监督检查信息办的各项日常工作,严格各项管理制度,以身作则	安监处信息办主任	负责监督检查信息办的各项日常工作,严格各项管理制度,以身作则	安监处信息办主任	加强工作落实,做好日常管理工作
安监处信息办主任	R_AJCXXBZR06	未严格执行安全信息管理奖罚制度以及矿井安全奖惩办法	安监处信息办主任	严格执行安全信息管理奖罚制度以及矿井安全奖惩办法,坚持原则,不徇私情	安监处信息办主任	尽职尽责,严格奖惩考核落实

续附表 1-1

管理对象名称	不安全状态编号	不安全状态名称	受控对象名称	管理标准	施控主体名称	管理措施
安培中心主任	R_APZXZR01	没有协助分管领导做好煤矿安全教育培训工作	安培中心主任	协助分管领导做好煤矿安全教育培训工作	安培中心主任	加强工作落实，协助搞好安全教育培训工作
安培中心主任	R_APZXZR02	没有根据中心工作目标和省煤监局、集团公司及与培训工作有关的部门及时联系和沟通，制订年度和半年工作计划，并抓好实施、检查、总结等工作	安培中心主任	根据中心工作目标和省煤监局、集团公司及与培训工作有关的部门及时联系和沟通，制订年度和半年工作计划，并抓好实施、检查、总结等工作	安培中心主任	严格计划编制和工作落实
安培中心主任	R_APZXZR03	未及时建立健全中心各项工作制度，做好对中心教师及工作人员的管理与考核	安培中心主任	及时建立健全中心各项工作制度，做好对中心教师及工作人员的管理与考核	安培中心主任	加强落实，严格管理和考核
安培中心主任	R_APZXZR04	没有抓师资队伍建设、建立一支素质高、能力强的培训工作队伍	安培中心主任	抓师资队伍建设、建立一支素质高、能力强的培训工作队	安培中心主任	严格工作落实，抓好师资队伍建设
安培中心主任	R_APZXZR05	未健全培训设施、中心实验、实习设备等	安培中心主任	健全培训设施、中心实验、实习设备等	安培中心主任	加强工作落实，健全设施、设备
安培中心主任	R_APZXZR06	未组织建立、健全培训档案	安培中心主任	组织建立、健全培训档案	安培中心主任	加强管理，健全培训档案
安培中心主任	R_APZXZR07	未对培训费用、培训考核奖罚进行监督、审核	安培中心主任	对培训费用、培训考核奖罚进行监督、审核	安培中心主任	加强工作落实，严格考核奖罚的监督、审核
物资管理科副科长	R_WZGLKFKZ01	科室负责人外出期间未负责科室日常管理工作	物资管理科副科长	科室负责人休班期间未负责科室日常管理工作	物资管理科副科长	加强工作落实，做好代行职权工作
物资管理科副科长	R_WZGLKFKZ02	未负责各单位机电设备的调配管理工作和材料使用计划的审批	物资管理科副科长	负责各单位机电设备的调配管理工作和材料使用计划的审批	物资管理科副科长	加强工作落实，认真做好设备管理工做和计划的审批
物资管理科副科长	R_WZGLKFKZ03	未负责对到矿设备和工作面材料进行验收、交接，处理有关质量问题	物资管理科副科长	负责对到矿设备和工作面材料进行验收、交接，处理有关质量问题	物资管理科副科长	加强管理，严格验收、交接工作落实
物资管理科副科长	R_WZGLKFKZ04	未负责对矿属各单位设备和材料使用情况进行考核	物资管理科副科长	负责对矿属各单位设备和材料使用情况进行考核	物资管理科副科长	加强管理，严格设备和材料使用情况考核

续附表 1-1

管理对象名称	不安全状态编号	不安全状态名称	受控对象名称	管理标准	施控主体名称	管理措施
物资管理科副科长	R_WZGLKFKZ05	未对各单位设备、材料违规存放和浪费现象进行监督及废旧物资处理	物资管理科副科长	对各单位设备、材料违规存放和浪费现象进行监督及废旧物资处理	物资管理科副科长	加强管理，严格监督管理
节能办副科长	R_JNBFKZ01	未负责编制节能环保规划，没有根据实际情况，每月对各单位制订节能计划的完成指标情况进行奖罚，每月一兑现，与工资额挂钩	节能办副科长	负责编制节能环保规划，根据实际情况，每月对各单位制订节能计划的完成指标情况进行奖罚，每月一兑现，与工资额挂钩	节能办副科长	加强工作落实，及时编制节能环保规范，严格考核奖罚
节能办副科长	R_JNBFKZ02	未负责全矿用电、用水、用煤、用油的考核管理，没有制订各单位的月度消耗计划	节能办副科长	负责全矿用电、用水、用煤、用油的考核管理，制订各单位的月度消耗计划，与工资挂钩，每月奖惩兑现	节能办副科长	加强管理，严格考核管理和计划制订
节能办副科长	R_JNBFKZ03	未负责全矿的节能检查工作，没有定期对矿区各地点进行检查，对违反节能规定的相关部门未进行处罚批评，杜绝一切浪费现象	节能办副科长	负责全矿的节能检查工作，定期对矿区各地点进行检查，对违反节能规定的相关部门进行处罚批评，杜绝一切浪费现象	节能办副科长	加强工作落实，严格节能检查，杜绝浪费
节能办副科长	R_JNBFKZ04	未负责污水站的管理及日常巡检，排查隐患	节能办副科长	负责污水站的管理及日常巡检，排查隐患，做到设备正常运行，确保矿井水和生活水出水水质达标	节能办副科长	加强工作落实，严格日常管理、巡检，认真排查、治理隐患
节能办副科长	R_JNBFKZ05	没有负责节能环保办公室人员的日常绩效考核情况，根据日常工作情况，对人员进行打分，与工资额挂钩	节能办副科长	负责节能环保办公室人员的日常绩效考核情况，根据日常工作情况，对人员进行打分，与工资额挂钩	节能办副科长	加强管理，严格绩效考核
工会女工部主任	R_GHNGBZR01	未在工会主席的领导下，搞好工会资金管理工作	工会女工部主任	在工会主席的领导下，搞好工会资金管理工作	工会女工部主任	加强工作落实，搞好资金管理工作
工会女工部主任	R_GHNGBZR02	未协助主管领导做好计划生育工作	工会女工部主任	协助主管领导做好计划生育工作	工会女工部主任	严格工作落实，搞好计划生育工作
工会女工部主任	R_GHNGBZR03	未负责女工协管和女工协管基金的管理工作	工会女工部主任	负责女工协管和女工协管基金的管理工作	工会女工部主任	加强工作落实，做好基金管理工作
工会女工部主任	R_GHNGBZR04	未负责按照规定组织职工疗养及其他活动	工会女工部主任	负责按照规定组织职工疗养及其他活动	工会女工部主任	加强工作落实，安排好疗养等活动

续附表 1-1

管理对象名称	不安全状态编号	不安全状态名称	受控对象名称	管理标准	施控主体名称	管理措施
工会女工部主任	R_GHNGBZR05	未编制、修订绩效考核办法,定期进行绩效评价与考核,兑现工资奖金	工会女工部主任	编制、修订绩效考核办法,定期进行绩效评价与考核,兑现工资奖金	工会女工部主任	加强管理,严格考核、兑现工作
监察副科长	R_JCFKZ01	没有协助上级和主管领导抓好全矿党风廉政建设和反腐败工作	监察副科长	协助上级和主管领导抓好全矿党风廉政建设和反腐败工作	监察副科长	加强工作落实,做好党风廉政建设和反腐败工作
监察副科长	R_JCFKZ02	未拟定职责范围内的纪检监察工作计划、总结、报告及其他有关文件材料未负责纪检监察有关文件资料的收集、整理、保管等工作	监察副科长	拟定职责范围内的纪检监察工作计划、总结、报告及其他有关文件材料负责纪检监察有关文件资料的收集、整理、保管等工作	监察副科长	加强工作落实,做好文件收集、保管工作
监察副科长	R_JCFKZ03	未做好党风廉政建设和反腐败方面的宣传教育工作	监察副科长	做好党风廉政建设和反腐败方面的宣传教育工作	监察副科长	加强管理,做好党风廉政建设和反腐败宣传教育工作
监察副科长	R_JCFKZ04	未负责全矿管理人员作风监督及矿规矿纪的监督、落实	监察副科长	负责全矿管理人员作风监督及矿规矿纪的监督、落实	监察副科长	加强工作落实,严格监督
监察副科长	R_JCFKZ05	未负责有关信访接待和处理工作	监察副科长	负责有关信访接待和处理工作	监察副科长	加强工作落实,做好信访接待工作
团委书记	R_TWSJ01	未根据分工要求监督指导团委组织开展团的各项活动,指导团委制订、实施和检查团委的年、月工作计划,团委年、月工作总结和表彰奖励等工作	团委书记	根据分工要求监督指导团委组织开展团的各项活动,指导团委制订、实施和检查团委的年、月工作计划,团委年、月工作总结和表彰奖励等工作	团委书记	加强管理,做好计划实施、总结,及表彰奖励等工作
团委书记	R_TWSJ02	未正确表达和维护职工的利益,了解职工需求,掌握职工的思想动态,做好经常性的思想政治工作,关心职工的学习、工作和生活,及时反映并协同有关部门解决一些实际问题	团委书记	正确表达和维护职工的利益,了解职工需求,掌握职工的思想动态,做好经常性的思想政治工作,关心职工的学习、工作和生活,及时反映并协同有关部门解决一些实际问题	团委书记	加强管理,严格工作落实
团委书记	R_TWSJ03	未监督指导群监、青岗、党员安全员、井口接待站和劳动保护工作	团委书记	监督指导群监、青岗、党员安全员、井口接待站和劳动保护工作	团委书记	加强管理,做好监督指导工作

续附表 1-1

管理对象名称	不安全状态编号	不安全状态名称	受控对象名称	管理标准	施控主体名称	管理措施
团委书记	R_TWSJ05	未组织指导开展健康有益的文体活动和义务劳动	团委书记	组织指导开展健康有益的文体活动和义务劳动	团委书记	加强管理,组织开展好文体活动和义务劳动
团委书记	R_TWSJ06	没有协助部门负责人搞好对外关系协调及家属协管工作	团委书记	协助部门负责人搞好对外关系协调及家属协管工作	团委书记	严格工作落实做好关系协调及家属协管工作
财务科副科长	R_CWKFKZ01	未负责审核财务报表及年度审计工作,指导会计人员的核算业务工作,提高工作质量	财务科副科长	负责审核财务报表及年度审计工作,指导会计人员的核算业务工作,提高工作质量	财务科副科长	加强管理,做好报表审核等工作
财务科副科长	R_CWKFKZ02	未组织对财务科下发的文件、制度的督促、检查、落实等工作	财务科副科长	组织对财务科下发的文件、制度的督促、检查、落实等工作	财务科副科长	加强管理,做好文件、制度的督促、检查、落实等工作
财务科副科长	R_CWKFKZ03	没有负责工会会计和食堂会计工作的全面审核	财务科副科长	负责工会会计和食堂会计工作的全面审核	财务科副科长	加强管理,严格审核工作落实
财务科副科长	R_CWKFKZ04	未负责签订相关合同、市场调研、工程签证等事项的监督审计工作	财务科副科长	负责签订相关合同、市场调研、工程签证等事项的监督审计工作	财务科副科长	加强管理,做好合同等的监督审计工作
财务科副科长	R_CWKFKZ05	未负责所有记账凭证的记账工作及其他会计基础工作规范的审核	财务科副科长	负责所有记账凭证的记账工作及其他会计基础工作规范的审核	财务科副科长	加强工作落实,做好记账机其他会计基础工作规范的审核
财务科副科长	R_CWKFKZ06	未分析税收政策,制订税收筹划	财务科副科长	未分析税收政策,制订税收筹划	财务科副科长	加强管理,做好税收筹划的制订工作
预算科副科长	R_YSKFKZ01	未研究、制订和修改预算管理制度,保障预算科各项工作制度化、规范化、科学化、精细化	预算科副科长	研究、制订和修改预算管理制度,保障预算科各项工作制度化、规范化、科学化、精细化	预算科副科长	加强管理,严格预算管理制订的研究、制订和修改
预算科副科长	R_YSKFKZ02	未编制年度预算草案,办理年度预算调整事宜,初审部门预算方案,并提出建议	预算科副科长	编制年度预算草案,办理年度预算调整事宜,初审部门预算方案,并提出建议	预算科副科长	加强管理,严格预算方案的审核
预算科副科长	R_YSKFKZ03	未进行预算分析,分析预算差额和预算外经济事项	预算科副科长	进行预算分析,分析预算差额和预算外经济事项	预算科副科长	加强管理,严格预算分析工作落实
预算科副科长	R_YSKFKZ04	未编制预算资金收支计划,提出增收节支和平衡预算收支的建议	预算科副科长	编制预算资金收支计划,提出增收节支和平衡预算收支的建议	预算科副科长	加强管理,严格计划编制工作

续附表 1-1

管理对象名称	不安全状态编号	不安全状态名称	受控对象名称	管理标准	施控主体名称	管理措施
预算科副科长	R_YSKFKZ05	未编制年度项目承包费用指标和预算准备费	预算科副科长	未编制年度项目承包费用指标和预算准备费	预算科副科长	加强管理，严格年度项目承包费用指标和预算准备费计划的编制
总务科副科长	ZWKFKZ01	没有协助科长协调好本部门内部日常工作	总务科副科长	协助科长协调好本部门内部日常工作	总务科副科长	严格工作落实，协助科长加强日常管理工作
总务科副科长	ZWKFKZ02	未搞好立项项目施工质量的现场监督按规定组织验收工作	总务科副科长	负责对地面零星土建维修项目的立项、编制预算、报审、施工管理	总务科副科长	加强工作落实，做好地面零星土建维修项目的立项、编制预算、报审、施工管理
				搞好立项项目施工质量的现场监督按规定组织验收工作		加强挂历，搞好施工质量监督验收工作
总务科副科长	ZWKFKZ03	没有负责全矿基本建设项目的招投标、工程质量监管不到位	总务科副科长	负责全矿基本建设项目的招投标、工程质量管理工作	总务科副科长	加强管理，做好建设项目的招投标、工程质量管理工作
总务科副科长	ZWKFKZ04	未按照财政资金管理制度进行审计运作，确保基建项目支出规范化和透明化	总务科副科长	按照财政资金管理制度进行审计运作，确保基建项目支出规范化和透明化	总务科副科长	加强管理，做好财政资金管理制度的审计运作
总务科副科长	ZWKFKZ05	未做好基本建设及房产维修的预算和决算	总务科副科长	做好基本建设及房产维修的预算和决算	总务科副科长	加强工作落实，做好基本建设及房产维修的预算和决算
煤质科副科长	R_MZKFKZ01	未根据生产作业计划，组织制订工作计划，搞好煤场管理工作	煤质科副科长	根据生产作业计划，组织制订工作计划，搞好煤场管理工作	煤质科副科长	加强工作落实，搞好煤场管理工作
煤质科副科长	R_MZKFKZ02	未根据运销公司的发运计划，安排每日的煤炭称量和发运工作	煤质科副科长	根据运销公司的发运计划，安排每日的煤炭称量和发运工作	煤质科副科长	加强工作落实，做好煤炭称量和发运工作
煤质科副科长	R_MZKFKZ03	未根据煤炭发热量安排铲车司机进行煤炭的配比工作	煤质科副科长	根据煤炭发热量安排铲车司机进行煤炭的配比工作	煤质科副科长	加强管理，做好配比工作落实
煤质科副科长	R_MZKFKZ04	未负责煤质的采样、制样、化验以及煤质的通报工作	煤质科副科长	负责煤质的采样、制样、化验以及煤质的通报工作	煤质科副科长	加强煤质的采样、制样、化验以及煤质的通报工作管理，严格落实
煤质科副科长	R_MZKFKZ05	未做好煤炭销售的称重工作	煤质科副科长	搞好煤炭销售的称重工作，保证计量准确无误	煤质科副科长	加强管理，做好煤炭销售的称重工作

续附表 1-1

管理对象名称	不安全状态编号	不安全状态名称	受控对象名称	管理标准	施控主体名称	管理措施
煤质科副科长	R_MZKFKZ06	未加强煤质管理，检查生产现场和运输环节存在的问题	煤质科副科长	加强煤质管理，检查生产现场和运输环节存在的问题	煤质科副科长	加强管理，发现问题及时处理
主任工程师	R_ZRGCS01	没有全面负责部门专业技术管理工作，在进行安全管理过程中未遵守国家有关安全生产的法律、法规、规章、标准和技术规范	主任工程师	全面负责部门专业技术管理工作，在进行安全管理过程中遵守国家有关安全生产的法律、法规、规章、标准和技术规范	主任工程师	加强管理，负责部门专业技术管理工作，遵守各项标准、规章制度
主任工程师	R_ZRGCS02	没有组织编制矿井安全检查月度、季度、年度计划	主任工程师	组织编制矿井安全检查月度、季度、年度计划	主任工程师	加强管理，认真组织计划的编制
主任工程师	R_ZRGCS03	没有参加审查采掘工作面作业规程、安全技措计划、矿井灾害预防和处理计划、大修计划、生产作业计划以及有关安全生产方面的各种计划	主任工程师	参加审查采掘工作面作业规程、安全技措计划、矿井灾害预防和处理计划、大修计划、生产作业计划以及有关安全生产方面的各种计划	主任工程师	加强管理，负责部门专业技术管理工作，遵守各项法律、法规、规章制度等
主任工程师	R_ZRGCS04	全矿范围内的专业技术监督检查不到位	主任工程师	负责全矿范围内的专业技术监督检查	主任工程师	加强管理，严格专业技术监督检查
主任工程师	R_ZRGCS05	没有经常深入现场，及时发现和解决不安全问题	主任工程师	经常深入现场，及时发现和解决安全问题	主任工程师	加强工作落实，经常深入现场，及时发现和解决安全问题
主任工程师	R_ZRGCS06	没有协助总工程师、副总工程师搞好重大安全隐患排查和治理工作	主任工程师	协助总工程师、副总工程师搞好重大安全隐患排查和治理工作	主任工程师	加强工作落实，协助总工程师、副总工程师搞好重大安全隐患排查和治理工作
主任工程师	R_ZRGCS07	没有及时根据实际情况分析安全生产状况向上级提出具体意见	主任工程师	及时根据实际情况分析安全生产状况向上级提出具体意见	主任工程师	加强管理，及时根据实际情况提出具体安全工作意见
主任工程师	R_ZRGCS08	没有参与专业事故的调查、分析、处理	主任工程师	参与专业事故的调查、分析、处理	主任工程师	加强责任落实，认真进行事故的调查、分析、处理
主任工程师	R_ZRGCS09	没有检查落实“三大规程”的贯彻执行情况	主任工程师	检查落实“三大规程”的贯彻执行情况	主任工程师	加强管理，强化“三大规程”的贯彻情况
主任工程师	R_ZRGCS10	没有尽职尽责，杜绝“三违”现象	主任工程师	必须尽职尽责，杜绝“三违”现象	主任工程师	严格遵守各项规章制度
生产科主任工程师	R_SCKZRGCS01	未根据集团公司生产计划和矿实际情况完成生产规划	生产科主任工程师	根据集团公司生产计划和矿实际情况完成生产规划	生产科主任工程师	加强工作落实，认真完成生产规划

续附表 1-1

管理对象名称	不安全状态编号	不安全状态名称	受控对象名称	管理标准	施控主体名称	管理措施
生产科主任工程师	R_SCKZRGCS02	未对矿井生产计划地区进行安排	生产科主任工程师	对矿井生产计划地区进行安排	生产科主任工程师	加强工作落实，认真对生产计划进行安排
生产科主任工程师	R_SCKZRGCS03	未根据生产任务的安排，审批生产工程措施、生产技术规程，未实施全过程管理和考核	生产科主任工程师	根据生产任务的安排，审批生产工程措施、生产技术规程，实施全过程管理和考核	生产科主任工程师	加强工作落实，严格管理和考核
生产科主任工程师	R_SCKZRGCS04	未对各单位申报生产材料进行审批；未编制、修订材料使用、管理奖惩办法；未监督检查材料在生产过程中的使用情况	生产科主任工程师	对各单位申报生产材料进行审批；编制、修订材料使用、管理奖惩办法；监督检查材料在生产过程中的使用情况	生产科主任工程师	严格工作落实，加强审批、管理和监督
生产科主任工程师	R_SCKZRGCS05	未编制年度技术规划，开展技术攻关；未对安全生产进行技术指导，对技术人员进行业务管理，为安全生产提供技术支持和保证	生产科主任工程师	编制年度技术规划，开展技术攻关；对安全生产进行技术指导，对技术人员进行业务管理，为安全生产提供技术支持和保证	生产科主任工程师	严格管理，加强技术攻关和制度
生产科主任工程师	R_SCKZRGCS06	未对生产过程中出现的事故进行分析处理，制定整改措施	生产科主任工程师	对生产过程中出现的事故进行分析处理，制定整改措施	生产科主任工程师	加强管理，严格事故分析处理，制定整改措施
机电科主任工程师	R_JDKZRGCS01	没有全面负责机电科技术管理工作，未保证机电科在进行安全管理过程中遵守国家有关安全生产的法律、法规、规章、标准和技术规范	机电科主任工程师	全面负责机电科技术管理工作，保证机电科在进行安全管理过程中遵守国家有关安全生产的法律、法规、规章、标准和技术规范	机电科主任工程师	加强工作落实，严格技术管理
机电科主任工程师	R_JDKZRGCS02	未组织编制机电月度、季度、年度工作计划，保证矿井机电管理工作的正常进行	机电科主任工程师	组织编制机电月度、季度、年度工作计划，保证矿井机电管理工作的正常进行	机电科主任工程师	严格工作落实，认真组织编制机电月度、季度、年度工作计划
机电科主任工程师	R_JDKZRGCS03	没有协助科长根据本矿的生产计划，编制设备检修计划等，保证矿井安全生产	调度室主任	协助科长根据本矿的生产计划，编制设备检修计划等，保证矿井安全生产	机电科主任工程师	加强工作落实，认真编制检修计划
机电科主任工程师	R_JDKZRGCS04	未及时对现场机电管理进行技术指导，开展好相关的工作	机电科主任工程师	及时对现场机电管理进行技术指导，开展好相关的工作	机电科主任工程师	严格管理，加强现场技术指导

续附表 1-1

管理对象名称	不安全状态编号	不安全状态名称	受控对象名称	管理标准	施控主体名称	管理措施
机电科主任工程师	R_JDKZRGCS05	没有在机电副总工程师的组织下，及时编制机电、运输专业安全技术措施	机电科主任工程师	在机电副总工程师的组织下，及时编制机电、运输专业安全技术措施	机电科主任工程师	严格工作落实，及时编制机电、运输专业的安全技术措施
机电科主任工程师	R_JDKZRGCS06	对机电设备的选型、进货质量验收等技术把关不严	机电科主任工程师	对机电设备的选型、进货质量验收等技术严格把关	机电科主任工程师	加强管理，严格把关
机电科主任工程师	R_JDKZRGCS07	未参与大型固定设备的安全保护装置、提升钢丝绳等的试验、检查、探伤、测定等工作	机电科主任工程师	参与大型固定设备的安全保护装置、提升钢丝绳等的试验、检查、探伤、测定等工作	机电科主任工程师	加强现场工作落实
机电科主任工程师	R_JDKZRGCS08	未协助其他专业编制采、掘等工作面的配电设计和电气整定计算，保证采、掘等工作面供、配电的合理性	机电科主任工程师	协助其他专业编制采、掘等工作面的配电设计和电气整定计算，保证采、掘等工作面供、配电的合理性	机电科主任工程师	加强管理，严格工作落实
机电科主任工程师	R_JDKZRGCS09	没有经常深入现场，及时发现和解决安全隐患，及时向机电科科长汇报，提出处理意见	机电科主任工程师	经常深入现场，及时发现和解决安全隐患，及时向机电科科长汇报，提出处理意见	机电科主任工程师	严格工作落实，加强现场管理，并及时汇报提出具体意见
机电科主任工程师	R_JDKZRGCS10	未协助机电副总工程师、机电科长搞好重大事故隐患排查和治理安排，未按规定及时上报	机电科主任工程师	协助机电副总工程师、机电科长搞好重大事故隐患排查和治理安排，按规定及时上报	机电科主任工程师	加强工作落实，搞好隐患排查、治理及上报工作
机电科主任工程师	R_JDKZRGCS11	未根据实际情况及时分析本矿机电技术管理状况，向机电科科长提出具体意见	机电科主任工程师	根据实际情况及时分析本矿机电技术管理状况，向机电科科长提出具体意见	机电科主任工程师	加强管理，及时分析并提出具体意见
机电科主任工程师	R_JDKZRGCS12	没有负责本矿机电、运输设备、设施技术档案的整理、管理工作	机电科主任工程师	负责本矿机电、运输设备、设施技术档案的整理、管理工作	机电科主任工程师	加强工作落实，做好管理工作
机电科主任工程师	R_JDKZRGCS13	未尽职尽责，未杜绝"三违"现象	机电科主任工程师	尽职尽责，杜绝"三违"现象	机电科主任工程师	提高工作责任心，尽职尽责
通防科主任工程师	R_TFKZRGCS01	未根据要求对矿井通风系统、局部通风进行检查，掌握各地点的通风情况，发现问题及时督促、及时解决	通防科主任工程师	根据要求对矿井通风系统、局部通风进行检查，掌握各地点的通风情况，发现问题及时督促、及时解决	通防科主任工程师	加强管理，发现问题及时督促、解决

续附表 1-1

管理对象名称	不安全状态编号	不安全状态名称	受控对象名称	管理标准	施控主体名称	管理措施
通防科主任工程师	R_TFKZRGCS02	未对井下各地点的防尘设施使用、防尘情况进行监督检查，发现问题未及时督促及时解决；未对现场操作不规范的职工，进行业务指导，指导按章操作	通防科主任工程师	对井下各地点的防尘设施使用、防尘情况进行监督检查，发现问题及时督促及时解决；对现场操作不规范的职工，进行业务指导，指导按章操作	通防科主任工程师	加强管理，发现问题及时督促解决
通防科主任工程师	R_TFKZRGCS03	没有加强与其他业务科室及工区沟通，充分了解现场情况，及时解决现场出现的临时性问题	通防科主任工程师	加强与其他业务科室及工区沟通，充分了解现场情况，及时解决现场出现的临时性问题	通防科主任工程师	加强沟通，及时解决现场存在的问题
通防科主任工程师	R_TFKZRGCS04	未检查各类报表、数据，保证数据准确	通防科主任工程师	检查各类报表、数据，保证数据准确	通防科主任工程师	加强工作落实，保证数据准确
通防科主任工程师	R_TFKZRGCS05	没有负责审查各类通防措施、计划、报告的审查工作；未根据要求在“一通三防”措施设计等方面严格把关	通防科主任工程师	负责审查各类通防措施、计划、报告的审查工作；根据要求在“一通三防”措施设计等方面严格把关	通防科主任工程师	加强管理，严格审查、把关
通防科主任工程师	R_TFKZRGCS06	没有协助科长做好工作，提出合理化建议，促进通防工作的开展	通防科主任工程师	没有协助科长做好工作，提出合理化建议，促进通防工作的开展	通防科主任工程师	加强管理，严格通防工作落实
地测科主任工程师	R_DCKZRGCS01	没有积极配合本矿安全生产副矿长、矿总工程师开展地质测量、图纸资料整理等工作，为保证本矿在生产、建设过程中遵守国家有关安全生产的法律、法规、规章、标准和技术规范	地测科主任工程师	积极配合本矿安全生产副矿长、矿总工程师开展地质测量、图纸资料整理等工作，为保证本矿在生产、建设过程中遵守国家有关安全生产的法律、法规、规章、标准和技术规范	地测科主任工程师	加强工作落实，积极配合工作
地测科主任工程师	R_DCKZRGCS02	未按照《煤矿测量规程》，按时、准确完成地质测量各项工作任务	地测科主任工程师	按照《煤矿测量规程》，按时、准确完成地质测量各项工作任务	地测科主任工程师	加强工作落实，按时完成各项工作
地测科主任工程师	R_DCKZRGCS03	没有建立本矿地质测量、防治水管理制度，未组织落实	地测科主任工程师	建立本矿地质测量、防治水管理制度，并组织落实	地测科主任工程师	加强管理，认真组织落实
地测科主任工程师	R_DCKZRGCS04	未组织制订本科室各岗位安全生产责任和各项管理制度，未按规定进行考核	地测科主任工程师	组织制订本科室各岗位安全生产责任和各项管理制度，并按规定进行考核	地测科主任工程师	加强责任制和管理制度落实，严格考核

续附表 1-1

管理对象名称	不安全状态编号	不安全状态名称	受控对象名称	管理标准	施控主体名称	管理措施
地测科主任工程师	R_DCKZRGCS05	没有建立健全各种地质测量图纸，完善相关的地质资料管理制度，实行档案化管理	地测科主任工程师	建立健全各种地质测量图纸，完善相关的地质资料管理制度，实行档案化管理	地测科主任工程师	加强工作落实，严格考核
地测科主任工程师	R_DCKZRGCS06	未及时检查施工现场的情况，没有及时进行地质测量工作，发现问题未及时解决	地测科主任工程师	建立健全各种地质测量图纸，完善相关的地质资料管理制度，实行档案化管理	地测科主任工程师	加强管理，发现问题未能及时解决
地测科主任工程师	R_DCKZRGCS07	未按时编制、提供地质说明书，并按规定报批	地测科主任工程师	按时编制、提供地质说明书，并按规定报批	地测科主任工程师	加强管理，严格地质说明说的编制、报批
地测科主任工程师	R_DCKZRGCS08	未及时安排进行井巷控制测量工作，误差未控制在标准规定之内	地测科主任工程师	及时安排进行井巷控制测量工作，误差控制在标准规定之内	地测科主任工程师	加强管理，严格工作落实
地测科主任工程师	R_DCKZRGCS09	未组织检查地面水害、临近矿区水害情况，及时发现隐患	地测科主任工程师	组织检查地面水害、临近矿区水害情况，及时发现隐患	地测科主任工程师	加强管理，及时发现隐患并安排治理
地测科主任工程师	R_DCKZRGCS10	没有负责排查本矿水文地质、防治水等方面的安全隐患，未落实解决措施	地测科主任工程师	负责排查本矿水文地质、防治水等方面的安全隐患，并组织落实解决措施	地测科主任工程师	加强管理，认真排查安全隐患，及时落实措施
地测科主任工程师	R_DCKZRGCS11	未及时发出巷道预透通知单和水害安全通知单，通知施工单位制订相应安全技术措施	地测科主任工程师	及时发出巷道预透通知单和水害安全通知单，通知施工单位制订相应安全技术措施	地测科主任工程师	加强工作落实，及时发出通知单
地测科主任工程师	R_DCKZRGCS12	外出期间未明确专人代行职权	地测科主任工程师	外出期间明确专人代行职权	地测科主任工程师	外出期间必须明确专人代行职权
地测科主任工程师	R_DCKZRGCS13	未尽职尽责，有“三违”现象	地测科主任工程师	尽职尽责，杜绝“三违”现象	地测科主任工程师	加强工作落实，尽职尽责，杜绝“三违”
副区长	R_FQZ01	在组织生产过程中未严格遵守国家有关安全生产的法律、法规、规章、标准和技术规范	副区长	在组织生产过程中严格遵守国家有关安全生产的法律、法规、规章、标准和技术规范	副区长	加强管理，严格遵守各项规章、标准和技术规范
副区长	R_FQZ02	未协调好各队（班、组）的工作，并严格按照《作业规程》、安全措施的规定组织生产	副区长	协调好各队（班、组）的工作，并严格按照《作业规程》、安全措施的规定组织生产	副区长	加强协调管理，严格按照规程、措施的规定组织生产

续附表 1-1

管理对象名称	不安全状态编号	不安全状态名称	受控对象名称	管理标准	施控主体名称	管理措施
副区长	R_FQZ03	未根据本矿制订的各项工作标准、质量标准组织工作面的生产	副区长	根据本矿制订的各项工作标准、质量标准组织工作面的生产	副区长	加强管理，按标准组织生产
副区长	R_FQZ04	未组织好班前会，没有合理、及时安排有关工作，传达安全生产的规定、通知、会议要求	副区长	组织好班前会，合理、及时安排有关工作，传达安全生产的规定、通知、会议要求	副区长	加强管理，组织好班前会，合理、及时安排有关工作
副区长	R_FQZ05	未根据实际情况定期组织召开安全会议，及时研究、解决在生产中遇到的问题	副区长	根据实际情况定期组织召开安全会议，及时研究、解决在生产中遇到的问题	副区长	加强管理，严格工作落实，定期组织召开会议
副区长	R_FQZ06	各工种操作人员调配不合理	副区长	合理调配各工种操作人员	副区长	加强管理，合理调配人员
副区长	R_FQZ07	没有按规定为操作人员配齐工具、安全用品等	副区长	按规定为操作人员配齐工具、安全用品等	副区长	加强管理，严格落实
副区长	R_FQZ08	未组织制订本工区各岗位安全生产责任制和各项管理制度，并按规定进行考核	副区长	组织制订本工区各岗位安全生产责任制和各项管理制度，并按规定进行考核	副区长	严格各岗位安全生产责任制和各项管理制度的考核、落实
副区长	R_FQZ09	没有及时组织安全质量检查，排查和处理现场存在的问题和隐患	副区长	及时组织安全质量检查，排查和处理现场存在的问题和隐患	副区长	加强管理，认真组织检查，及时解决存在的问题和隐患
副区长	R_FQZ10	没有安全生产办公会议，并对本矿生产现场的具体问题提出主导意见	副区长	参加相关安全生产会议，并对本矿生产现场的具体问题提出主导意见	副区长	加强工作落实，及时对生产现场的具体问题提出主导意见
副区长	R_FQZ11	没有负责对区队（班、组）《作业规程》、安全措施的落实	副区长	负责对区队（班、组）《作业规程》、安全措施的落实	副区长	加强管理，落实好《作业规程》、安全措施
副区长	R_FQZ12	没有定期组织职工进行安全业务知识学习和培训，没有开展区队安全教育，未组织好班组安全教育	副区长	定期组织职工进行安全业务知识学习和培训，开展区队安全教育，组织好班组安全教育	副区长	加强管理，组织好安全业务知识学习和培训工作
副区长	R_FQZ13	没有及时组织隐患排查，排查生产中的安全隐患，并组织治理	副区长	及时组织隐患排查，排查生产中的安全隐患，并组织治理	副区长	加强管理，组织好隐患排查、治理
副区长	R_FQZ14	没有组织好本工区新工人师徒合同的签订，监督执行不到位	副区长	组织好本工区新工人师徒合同的签订，并监督执行	副区长	加强监督管理，落实好师徒合同的执行

续附表 1-1

管理对象名称	不安全状态编号	不安全状态名称	受控对象名称	管理标准	施控主体名称	管理措施
副区长	R_FQZ15	对本工区特种作业人员持证上岗的监督、管理不到位	副区长	加强本工区特种作业人员持证上岗的监督、管理	副区长	加强管理，确保特殊工种持证上岗
副区长	R_FQZ16	未组织进行事故分析、"三违"分析	副区长	组织进行本工区事故分析、"三违"分析	副区长	加强管理，严格事故分析、"三违"分析
副区长	R_FQZ17	未如实、及时汇报安全事故，没有协助、积极配合事故调查处理	副区长	如实、及时汇报安全事故，协助、积极配合事故调查处理	副区长	严格工作落实，积极配合事故调查处理
副区长	R_FQZ18	没有组织落实安全质量标准化工作	副区长	组织落实安全质量标准化工作	副区长	强化责任，落实好安全质量标准化工作
支部书记（副书记）	R_FSJ01	没有支持、配合区长组织本工区贯彻执行国家有关本矿安全生产的法律、法规、规章、标准和技术规范	支部书记（副书记）	支持、配合区长组织本工区贯彻执行国家有关本矿安全生产的法律、法规、规章、标准和技术规范	支部书记（副书记）	加强管理，严格遵守各项标准、规章制度
支部书记（副书记）	R_FSJ02	没有抓好质量标准和安全规章制度的监督落实工作	支部书记（副书记）	抓好质量标准和安全规章制度的监督落实工作	支部书记（副书记）	加强管理，抓好工作落实
支部书记（副书记）	R_FSJ03	没有抓好安全重点人员及"三违"人员的排查帮教工作	支部书记（副书记）	抓好安全重点人员及"三违"人员的排查帮教工作	支部书记（副书记）	加强管理，抓好安全重点人员及"三违"人员的排查帮教工作
支部书记（副书记）	R_FSJ04	未组织进行从业人员的安全思想教育	支部书记（副书记）	组织进行从业人员的安全思想教育	支部书记（副书记）	加强管理，做好安全思想教育工作
支部书记（副书记）	R_FSJ05	未参加班前会，并在会上及时传达安全生产的规定、通知没有及时深入现场，了解安全情况，并协助区长及时分析解决安全生产中的重大问题	支部书记（副书记）	参加班前会，并在会上及时传达安全生产的规定、通知及时深入现场，了解安全情况，并协助区长及时分析解决安全生产中的重大问题	支部书记（副书记）	加强管理，落实现场存在的问题
支部书记（副书记）	R_FSJ06	没有监督区长、副区长、技术员和各班组长的安全生产责任制、业务保安制度的落实情况，并督促其对存在的问题及时进行整改	支部书记（副书记）	监督区长、副区长、技术员和各班组长的安全生产责任制、业务保安制度的落实情况，并督促其对存在的问题及时进行整改	支部书记（副书记）	加强监督、管理，落实好责任、制度
支部书记（副书记）	R_FSJ07	没有监督检查特殊工种、岗位工种培训和持证上岗情况或监督不到位	支部书记（副书记）	监督检查特殊工种、岗位工种培训和持证上岗情况	支部书记（副书记）	加强检查管理，确保做到持证上岗

续附表 1-1

管理对象名称	不安全状态编号	不安全状态名称	受控对象名称	管理标准	施控主体名称	管理措施
支部书记（副书记）	R_FSJ08	没有监督本区队师徒合同执行情况或监督不到位	支部书记（副书记）	监督本区队师徒合同执行情况	支部书记（副书记）	加强管理，严格本区队师徒合同执行情况的监督
工区技术员	R_GQJSY01	没有积极配合工区区长开展技术管理工作，组织好工区的生产，未遵守国家有关本矿安全生产的法律、法规、规章、规程、标准和技术规范	工区技术员	积极配合工区区长开展技术管理工作，组织好工区的生产，遵守国家有关本矿安全生产的法律、法规、规章、规程、标准和技术规范	工区技术员	强化责任落实，积极配合工区区长开展技术管理工作，组织好工区的生产
工区技术员	R_GQJSY02	工程开工前规程、措施不齐全	工区技术员	工程开工前将规程、措施准备齐全	工区技术员	加强工作落实，严格规程、措施的编制
工区技术员	R_GQJSY03	《作业规程》、安全措施内容不齐全、不符合现场实际	工区技术员	《作业规程》、安全措施编制内容要有针对性，符合现场实际	工区技术员	加强工作落实，严格按规定编制《作业规程》、安全措施
工区技术员	R_GQJSY04	未定期复查《作业规程》并根据现场情况及上级有关规定及时修改补充完善	工区技术员	定期复查《作业规程》并根据现场情况及上级有关规定及时修改补充完善	工区技术员	及时根据现场情况变更补充完善《作业规程》
工区技术员	R_GQJSY05	工区的岗前培训不合理，未待从业人员考试合格即安排上岗操作	工区技术员	组织好新工人的岗前培训，待从业人员考试合格即安排上岗操作	工区技术员	加强管理，认真组织岗前培训
工区技术员	R_GQJSY06	未深入现场，对生产工艺和职工规范操作进行技术指导	工区技术员	经常深入施工现场，对生产工艺和职工规范操作进行技术指导	工区技术员	深入现场，加强管理
工区技术员	R_GQJSY07	地质条件发生变化（断层、陷落柱、破碎带、煤层变薄、老巷、托伪顶、夹矸、留底煤、软底等）时，未及时编制具有针对性的安全技术措施	工区技术员	地质条件发生变化（断层、陷落柱、破碎带、煤层变薄、老巷、托伪顶、夹矸、留底煤、软底等）时，及时编制具有针对性的安全技术措施	工区技术员	及时根据现场情况编制具有针对性的安全技术措施
工区技术员	R_GQJSY08	对工区生产系统排查出的安全隐患，未落实整改措施	工区技术员	对工区生产系统排查出的安全隐患，落实整改措施	工区技术员	加强检查，落实安全隐患的整改措施
工区技术员	R_GQJSY09	没有按时参加有关安全生产会议，提出具体建议	工区技术员	按时参加有关安全生产会议，提出具体建议	工区技术员	加强工作落实，按时参加有关安全生产会议
工区技术员	R_GQJSY10	没有协助区长组织好本工区的安全质量标准化活动	工区技术员	协助区长组织好本工区的安全质量标准化活动	工区技术员	加强管理和工作落实，组织好安全质量标准化活动

续附表 1-1

管理对象名称	不安全状态编号	不安全状态名称	受控对象名称	管理标准	施控主体名称	管理措施
工区技术员	R_GQJSY11	未掌握工作面顶板来压的规律性，分析研究工区安全生产的动态，认真抓好工作面的正规循环作业，搞好工作面的搬家和接续的准备工作	工区技术员	掌握工作面顶板来压的规律性，分析研究工区安全生产的动态，认真抓好工作面的正规循环作业，搞好工作面的搬家和接续的准备工作	工区技术员	加强管理，根据工区安全生产的动态，抓好各项工作
工区技术员	R_GQJSY12	没有组织好调查研究并及时总结本工区安全生产、技术方面的方法和经验，学习新知识，推广新技术和新经验	工区技术员	组织调查研究并及时总结本工区安全生产、技术方面的方法和经验，学习新知识，推广新技术和新经验	工区技术员	加强管理，及时总结经验，推广新技
工区技术员	R_GQJSY13	未搜集本工区各种技术经济指标的资料，并及时分析完成情况，采取各种有效的技术措施，完成各项技术经济指标	工区技术员	搜集本工区各种技术经济指标的资料，并及时分析完成情况，采取各种有效的技术措施，完成各项技术经济指标	工区技术员	加强管理和各项措施落实，完成各项技术经济指标
科员	R_KY01	没有完成科长、副科长安排的各项工作	科员	完成科长、副科长安排的各项工作	科员	加强工作落实，及时完成各项工作
科员	R_KY02	没有坚持反“三违”	科员	坚持反“三违”	科员	加强管理，坚持反“三违”
科员	R_KY03	没有积极参加矿、科组织的各类会议并作好会议记录工作	科员	积极参加矿、科组织的各类会议并作好会议记录工作	科员	加强管理，按规定参加矿、科组织的各类会议
生产科科员	R_SCKKY01	未完成科长、副科长安排的各项工作	生产科科员	按时完成科长、副科长安排的各项工作	生产科科员	加强工作落实，按时完成各项工作
生产科科员	R_SCKKY02	没有参加专业旬检查、月验收工作，未及时形成书面总结材料	生产科科员	参加专业旬检查、月验收工作，及时形成书面总结材料	生产科科员	加强管理，严格验收，及时形成总结材料
生产科科员	R_SCKKY03	不熟悉各工作面地质构造条件及施工技术要求，未经常深入现场，解决现场的技术问题，未严格落实各项安全管理制度和规程、措施的执行情况	生产科科员	熟悉各工作面地质构造条件及施工技术要求，经常深入现场，解决现场的技术问题，严格落实各项安全管理制度和规程、措施的执行情况	生产科科员	经常深入现场，加强工作落实

续附表 1-1

管理对象名称	不安全状态编号	不安全状态名称	受控对象名称	管理标准	施控主体名称	管理措施
生产科科员	R_SCKKY04	未组织推广新技术、新工艺、新经验，不定期的进行总结，形成书面材料，申报矿务局科技成果	生产科科员	熟悉各工作面地质构造条件及施工技术要求，经常深入现场，解决现场的技术问题，严格落实各项安全管理制度和规程、措施的执行情况	生产科科员	及时组织新技推广，加强工作落实
生产科科员	R_SCKKY05	未负责施工中的技术管理，没有严把工程质量关	生产科科员	负责施工中的技术管理，严把工程质量关，把安全质量隐患消灭在萌芽状态	生产科科员	加强技术管理，严格把关
生产科科员	R_SCKKY06	没有坚决与违章现象作斗争，狠反“三违”	生产科科员	坚决与违章现象作斗争，狠反“三违”	生产科科员	加强工作落实，狠反“三违”
生产科科员	R_SCKKY07	没有积极参加矿、科组织的各类会议并作好会议记录工作	生产科科员	积极参加矿、科组织的各类会议并作好会议记录工作	生产科科员	加强工作落实，做好记录
机电科科员	R_JDKKY01	未完成分管科长、工程师安排的各项工作	机电科科员	按时完成分管科长、工程师安排的各项工作	机电科科员	加强工作落实，按时完成各项工作
机电科科员	R_JDKKY02	没有积极学习机电技术，熟悉全矿供电系统，掌握机电设备的结构、性能，做好技术管理工作	机电科科员	积极学习机电技术，熟悉全矿供电系统，掌握机电设备的结构、性能，做好技术管理工作	机电科科员	严格工作落实，加强技术管理工作
机电科科员	R_JDKKY03	未参加专业旬检查、月验收，未严格执行机电运输管理标准，没有及时完成机运专业达标工作	机电科科员	参加专业旬检查、月验收，严格执行机电运输管理标准，及时完成机运专业达标工作	机电科科员	加强工作落实，严格验收，做好专业达标工作
机电科科员	R_JDKKY04	未负责月度机电配件、材料计划的编制审查、汇总工作	机电科科员	负责月度机电配件、材料计划的编制审查、汇总工作	机电科科员	加强工作落实，严格计划的审查、汇总工作
机电科科员	R_JDKKY05	没有认真做好设备安装施工的现场监督、编制安全技术措施，施工质量把关不严	机电科科员	认真做好设备安装施工的现场监督、编制安全技术措施，严把施工质量关	机电科科员	加强现场使用监督，严格质量把关
机电科科员	R_JDKKY06	没有负责机电各岗位操作人员的技术管理工作，坚决与违章现象作斗争，狠反“三违”	机电科科员	负责机电各岗位操作人员的技术管理工作，坚决与违章现象作斗争，狠反“三违”	机电科科员	加强技术管理，狠反“三违”
机电科科员	R_JDKKY07	未积极参加矿、科组织召开的有关会议、学习活动	机电科科员	积极参加矿、科组织召开的有关会议、学习活动	机电科科员	加强工作落实，积极会议、学习活动

续附表 1-1

管理对象名称	不安全状态编号	不安全状态名称	受控对象名称	管理标准	施控主体名称	管理措施
通防科科员	R_TFKKY01	没有在通防科科长的直接领导下，搞好"一通三防"技术业务工作	通防科科员	在通防科科长的直接领导下，努力搞好"一通三防"技术业务工作，当好科长的助手	通防科科员	加强工作落实，搞好"一通三防"技术工作
通防科科员	R_TFKKY02	没有做好"一通三防"技术资料的收集和汇总分析工作	通防科科员	做好"一通三防"技术资料的收集和汇总分析工作	通防科科员	严格工作落实，做好技术资料的收集、汇总分析工作
通防科科员	R_TFKKY03	未参与编制矿井灾害预防与处理计划，没有及时绘制和修正通风系统图、防尘管路图、避灾路线图等有关图纸	通防科科员	参与编制矿井灾害预防与处理计划，负责及时绘制和修正通风系统图、防尘管路图、避灾路线图等有关图纸	通防科科员	加强工作落实，做好图纸绘制、修正工作
通防科科员	R_TFKKY04	没有编制反风措施和反风演习总结报告	通防科科员	负责编制反风措施和反风演习总结报告	通防科科员	加强工作落实，做好反风措施编制和总结工作
通防科科员	R_TFKKY05	没有编制矿井瓦斯等级鉴定报告	通防科科员	负责编制矿井瓦斯等级鉴定报告	通防科科员	加强工作落实，做好瓦斯等级鉴定报告工作
通防科科员	R_TFKKY06	没有深入现场了解"一通三防"工作中存在的问题并及时向领导汇报"一通三防"方面存在的问题和工作进展情况	通防科科员	不断深入现场了解"一通三防"工作中存在的问题并及时向领导汇报"一通三防"方面存在的问题和工作进展情况	通防科科员	加强工作落实，严格现场管理，发现问题及时汇报处理
防冲办科员	R_FCBKY01	矿压观测、防治冲击地压基础知识及程序掌握不熟练，不能熟悉、熟练观测方法、数据处理和矿压防冲资料整理及存档	防冲办科员	认真学习矿压观测、防治冲击地压基础知识及程序，熟悉、掌握观测方法、数据处理和矿压防冲资料整理及存档	防冲办科员	加强业务知识学习，并熟练掌握观测方法、数据处理，做好资料整理及存档工作
防冲办科员	R_FCBKY02	不了解微震监测系统的组成和工作原理，不熟悉井下测站位置，不能熟练掌握微震软件的相关操作和波形标记、能量计算、震源定位、震动记录等工作	防冲办科员	认真学习微震监测系统的组成和工作原理，熟悉井下测站位置，熟练掌握微震软件的相关操作和波形标记、能量计算、震源定位、震动记录等工作	防冲办科员	加强学习，数量掌握，做好微震观测工作
防冲办科员	R_FCBKY03	未收集、整理、筛选有关冲击地压监测的数据，综合分析不及时，没有提出相关防冲措施和建议	防冲办科员	每天负责收集、整理、筛选有关冲击地压监测的数据，综合分析，并提出相关防冲措施和建议	防冲办科员	加强工作落实，认真分析数据，及时提出相关防冲措施和建议

续附表 1-1

管理对象名称	不安全状态编号	不安全状态名称	受控对象名称	管理标准	施控主体名称	管理措施
防冲办科员	R_FCBKY04	没有对整个矿井分区域进行能量和震动次数的统计,统计结果未经领导审批,发现异常没有及时向领导汇报	防冲办科员	对整个矿井分区域进行能量和震动次数的统计,统计结果交予领导审批,发现异常及时向领导汇报	防冲办科员	加强工作落实,及时统计分析,发现问题及时汇报
防冲办科员	R_FCBKY05	没有定期对各项矿压观测数据及资料进行整理分析,对微震监测和其他矿压观测方式监测数据进行比对,摸索规律并出具书面总结报告	防冲办科员	定期对各项矿压观测数据及资料进行整理分析,对微震监测和其他矿压观测方式监测数据进行比对,摸索规律并出具书面总结报告	防冲办科员	加强工作落实,认真进行数据及资料的整理分析、对比
防冲办科员	R_FCBKY06	当台站位置发生变化时,没有及时做好记录和矿区图的修改工作	防冲办科员	操作人员除完成每天的震源定位和能量计算工作外,当台站位置发生变化时,要及时做好记录和矿区图的修改工作	防冲办科员	加强工作落实,台站发生变化时,及时做好记录和修改
防冲办科员	R_FCBKY07	工作中没有注意保护微震监测仪器,未定期对微震设备巡检,发现问题和隐患没有及时向领导汇报	防冲办科员	工作中注意保护微震监测仪器,定期对微震设备巡检,发现问题和隐患要及时向领导汇报	防冲办科员	加强巡检,发现问题及时汇报处理
节能办科员	R_JNBKY01	未负责污水站的管理及日常巡检,排查隐患,没有做到设备正常运行,出水水质达标排放	节能办科员	负责污水站的管理及日常巡检,排查隐患,做到设备正常运行,出水水质达标排放	节能办科员	加强日常巡检,发现问题及时处理
节能办科员	R_JNBKY02	未负责全矿范围内有关节能、减排、环保、计量等的资料管理和各种工作报表、统计工作	节能办科员	负责全矿范围内有关节能、减排、环保、计量等的资料管理和各种工作报表、统计工作	节能办科员	加强工作落实,做好资料管理和统计分析工作
节能办科员	R_JNBKY03	没有负责编制计量器具的配备、购置、周期检定、修理、保养和报废计划等工作,未按要求建立完善计量台账	节能办科员	负责编制计量器具的配备、购置、周期检定、修理、保养和报废计划等工作,按要求建立完善计量台账	节能办科员	加强工作落实,完善计量台账
节能办科员	R_JNBKY04	没有负责节能环保办公室的月度预算工作,做到预算准确	节能办科员	负责节能环保办公室的月度预算工作,做到预算准确	节能办科员	加强工作落实,做好预算工作

续附表 1-1

管理对象名称	不安全状态编号	不安全状态名称	受控对象名称	管理标准	施控主体名称	管理措施
物资管理科科员	R_WZGLKKY01	没有负责对到货设备的验收工作，将参加验收人员名单、验收结果以及有关资料存入设备档案	物资管理科科员	负责对到货设备的验收工作，将参加验收人员名单、验收结果以及有关资料存入设备档案	物资管理科科员	加强管理，严格验收工作落实
物资管理科科员	R_WZGLKKY02	未负责检查、监督和考核各单位的设备使用情况和管理制度的执行情况	物资管理科科员	负责检查、监督和考核各单位的设备使用情况和管理制度的执行情况	物资管理科科员	加强管理，严格检查、监督和考核
物资管理科科员	R_WZGLKKY03	未对检修的设备进行检修质量验收，办理设备检修验收单、合格证和防爆合格证，检修结果未存入档案	物资管理科科员	对检修的设备进行检修质量验收，办理设备检修验收单、合格证和防爆合格证，检修结果存入档案	物资管理科科员	加强管理，严格质量验收
物资管理科科员	R_WZGLKKY04	没有负责库存设备的管理工作，未严格按发放制度进行发放，未负责设备的封存、调拨及报废工作	物资管理科科员	负责库存设备的管理工作，严格按发放制度进行发放，负责设备的封存、调拨及报废工作	物资管理科科员	严格工作落实，加强设备管理
物资管理科科员	R_WZGLKKY05	没有经常深入现场，了解设备使用情况，未及时发现存在问题并下达整改通知书，并按时复查	物资管理科科员	经常深入现场，了解设备使用情况，及时发现存在问题并下达整改通知书，并按时复查，保证设备的完好性能，提高设备的利用率	物资管理科科员	加强管理，经常深入现场，解决存在的问题
物资管理科科员	R_WZGLKKY06	没有努力学习业务技术知识，不断提高管理水平，提高工作效率	物资管理科科员	努力学习业务技术知识，不断提高管理水平，提高工作效率	物资管理科科员	加强业务技术知识学习，提高管理水平
物资管理科科员	R_WZGLKKY07	未按照矿《设备管理规定》的范围干好自己的本职工作，没有负责设备事故的登记、调查、分析、统计和上报	物资管理科科员	未按照矿《设备管理规定》的范围干好自己的本职工作，没有负责设备事故的登记、调查、分析、统计和上报	物资管理科科员	严格工作落实，做好设备事故的登记、调查、分析、统计和上报工作
物资管理科科员	R_WZGLKKY08	未参加专业旬检查、月验收，严格执行机电运输管理标准，没有及时完成机运专业达标工作	物资管理科科员	参加专业旬检查、月验收，严格执行机电运输管理标准，及时完成机运专业达标工作	物资管理科科员	加强管理，严格验收，做好专业达标工作

续附表 1-1

管理对象名称	不安全状态编号	不安全状态名称	受控对象名称	管理标准	施控主体名称	管理措施
测量员	R_DCKCLY01	未在测量主任工程师的领导下，做好矿井测量工作工作前未按分工做好仪器，工具及资料的准备工作完成任务后未及时擦拭仪器，发现问题未及时汇报	测量员	在测量主任工程师的领导下，做好矿井测量工作工作前按分工做好仪器，工具及资料的准备工作完成任务后及时擦拭仪器，发现问题及时汇报	测量员	加强工作落实，发现问题及时处理
测量员	R_DCKCLY02	在搬运、测量时未妥善保护仪器、工具，不熟悉仪器性能，未按规定观测仪器	测量员	在搬运、测量时妥善保护仪器、工具，熟悉仪器性能，严格按规定观测仪器	测量员	加强管理，熟悉仪器性能，按规定观测
测量员	R_DCKCLY03	内业纪录未做到记录真实、标记明确、整洁美观、格式统一	测量员	内业纪录做到记录真实、标记明确、整洁美观、格式统一	测量员	加强工作落实，认真记录
测量员	R_DCKCLY04	未对外业观测记录进行全面审核，未按要求进行计算，计算未坚持对算	测量员	对外业观测记录进行全面审核，确认无误且精度符合规程要求后，方可计算计算坚持对算，并在计算成果表上签字	测量员	加强工作落实，认真审核、计算
测量员	R_DCKCLY05	未及时下达巷道贯通、爆破站岗、施工放线等通知书	测量员	及时下达巷道贯通、爆破站岗、施工放线等通知书	测量员	加强工作落实，按规定下达各类通知书
测量员	R_DCKCLY06	未认真学习《煤矿安全操作规程》、《煤矿测量规程》加强业务技术学习，做好业务保安工作	测量员	认真学习《煤矿安全操作规程》、《煤矿测量规程》加强业务技术学习，做好业务保安工作	测量员	加强技术学习，做好业务保安工作
地质员	R_DCKDZY01	未在地质主任工程师的领导下，掌握执行《矿井地质测量工作质量标准化标准》、《矿井地质规程》及上级有关规定	地质员	在地质主任工程师的领导下，掌握执行《矿井地质测量工作质量标准化标准》、《矿井地质规程》及上级有关规定	地质员	加强工作落实，及时掌握执行有关规定
地质员	R_DCKDZY02	未负责矿井地质观测、编录，没有按时填制矿井地质台账及图纸	地质员	负责矿井地质观测、编录，按时填制矿井地质台账及图纸，使之正规，内容齐全	地质员	加强工作落实，做好地质观测、编录机台账、图纸填制工作
地质员	R_DCKDZY03	未负责为生产、设计提供所需的地质资料	地质员	负责为生产、设计提供所需的地质资料	地质员	加强工作落实，及时提供各类地质资料

续附表 1-1

管理对象名称	不安全状态编号	不安全状态名称	受控对象名称	管理标准	施控主体名称	管理措施
地质员	R_DCKDZY04	未完成领导布置的任务	地质员	完成领导布置的任务	地质员	加强工作落实，按时完成任务
地质员	R_DCKDZY05	未学习专业技术知识，独立解决生产中的一般问题	地质员	学习专业技术知识，独立解决生产中的一般问题	地质员	认真学习技术知识，出现问题及时解决
绘图员	R_DCKHTY01	不熟悉《图例》、《图式》及规程中有关图纸的规定要求，未按时完成领导交给的绘、描图工作	绘图员	熟悉《图例》、《图式》及规程中有关图纸的规定要求，按时完成领导交给的绘、描图工作	绘图员	加强工作落实，按时完成领导交给的绘、描图工作
绘图员	R_DCKHTY02	绘图纸时未选有关的图式、图例要求进行，未做到精度符合要求，内容齐全，图面整洁美观	绘图员	绘图纸时选有关的图式、图例要求进行，并做到精度符合要求，内容齐全，图面整洁美观	绘图员	加强工作落实，按规定进行绘图
绘图员	R_DCKHTY03	不熟悉现场实际情况，对于图纸中出现的问题未及时修改，图纸与现场实际不符	绘图员	熟悉现场实际情况，对于图纸中出现的问题及时修改，确保图纸与现场实际相符合	绘图员	加强工作落实，熟悉现场，做到图纸与现场实际相符
绘图员	R_DCKHTY04	图纸出现错误	绘图员	对于所绘图纸进行相互检查确保无误	绘图员	加强工作落实，提高工作责任心
绘图员	R_DCKHTY06	没有学习先进技术，不断提高自身的技术水平，提高图纸的精度及工艺水平	绘图员	学习先进技术，不断提高自身的技术水平，提高图纸的精度及工艺水平	绘图员	加强学习，不断提高技术水平
绘图员	R_DCKHTY07	未做好图纸保密工作，向外单位提供图纸未经矿总工程师批准，发放图纸时领取人未签字	绘图员	做好图纸保密工作，向外单位提供图纸须由矿总工程师批准，发放图纸时要按等级由领取人签字	绘图员	加强工作落实，做好保密工作
安全监测监控工	R_DDSAQJCJKG01	没有依法经过培训，未做到持证上岗	安全监测监控工	必须依法经过培训，取得特种作业操作资格证书后，持证上岗	安全监测监控工	加强工作落实，做到持证上岗
安全监测监控工	R_DDSAQJCJKG02	未做好矿井安全监控系统、装置的安装、调试、维护、标校等方面的工作	安全监测监控工	负责矿井安全监控系统、装置的安装、调试、维护、标校等方面的工作	安全监测监控工	加强工作落实，未做好矿井安全监控系统、装置的安装、调试、维护、标校等方面的工作
安全监测监控工	R_DDSAQJCJKG03	在籍的装置未建立台账，未填写设备及仪表台账、传感器使用管理卡片、故障登记表、检修校正记录	安全监测监控工	将在籍的装置逐台建账，并认真填写设备及仪表台账、传感器使用管理卡片、故障登记表、检修校正记录	安全监测监控工	加强工作落实，规范台账、记录管理

续附表 1-1

管理对象名称	不安全状态编号	不安全状态名称	受控对象名称	管理标准	施控主体名称	管理措施
安全监测监控工	R_DDSAQJCJKG04	检测系统图的绘制、修改，监测报表的打印、签字、送审等工作不及时	安全监测监控工	负责检测系统图的绘制、修改监测报表的打印、签字、送审等工作	安全监测监控工	加强工作落实，及时绘制、修改检测系统图，按时上报监测报表
安全监测监控工	R_DDSAQJCJKG05	不熟悉入井人员的有关安全规定，矿井安全监控系统、装置的工作原理矿井监控系统、装置的安装要求，以及煤矿安全规程对矿井气体指标和超现时的处理方法，瓦斯监测仪的性能、参数及使用方法	安全监测监控工	熟悉入井人员的有关安全规定，矿井安全监控系统、装置的工作原理矿井监控系统、装置的安装要求，以及煤矿安全规程对矿井气体指标和超现时的处理方法，瓦斯监测仪的性能、参数及使用方法	安全监测监控工	提高业务技能，加强工作落实
安全监测监控工	R_DDSAQJCJKG06	没有掌握煤矿安全规程和煤矿安全监控系统及检测仪器使用管理规范对矿井安全监控系统、装置的有关规定	安全监测监控工	掌握煤矿安全规程和煤矿安全监控系统及检测仪器使用管理规范对矿井安全监控系统、装置的有关规定	安全监测监控工	加强规定的学习、掌握，严格工作落实
安全监测监控工	R_DDSAQJCJKG07	不了解矿井安全监控系统、装置的主要性能指标以及有关瓦斯管理方面的知识	安全监测监控工	了解矿井安全监控系统、装置的主要性能指标以及有关瓦斯管理方面的知识	安全监测监控工	加强学习，提高工作技能，做好瓦斯管理工作
调度员	R_DDSDDY01	未全面了解矿井当班安全生产情况，掌握全矿当班生产作业计划完成情况，没有负责对当班生产数据的统计和原因分析及第二天的生产预报工作	调度员	全面了解矿井当班安全生产情况，掌握全矿当班生产作业计划完成情况，负责对当班生产数据的统计和原因分析及第二天的生产预报工作	调度员	加强管理，及时掌握现场情况
调度员	R_DDSDDY02	在矿井发生重大事故时，未按照事故汇报程序立即向领导和有关部门汇报，调动一切力量，积极组织抢救工作	调度员	在矿井发生重大事故时，按照事故汇报程序立即向领导和有关部门汇报，调动一切力量，积极组织抢救工作	调度员	加强工作落实，发生事故时，及时汇报，积极组织抢救
调度员	R_DDSDDY03	未准确无误的计算各种数据，填写牌版和图表，并记录好各种资料台账	调度员	准确无误的计算各种数据，填写牌版和图表，并记录好各种资料台账	调度员	加强工作落实，认真做好数据计算，记录
调度员	R_DDSDDY04	未认真做好对上级的通知、指示的接收和下达工作，未做好完整记录	调度员	认真做好对上级的通知、指示的接收和下达工作，并做好完整记录	调度员	加强工作落实，认真做好记录

续附表 1-1

管理对象名称	不安全状态编号	不安全状态名称	受控对象名称	管理标准	施控主体名称	管理措施
调度员	R_DDSDDY05	未掌握矿井生产建设存在的问题，没有及时向有关单位联系，并积极解决	调度员	掌握矿井生产建设存在的问题，及时向有关单位联系，并积极解决	调度员	加强管理，积极解决现场存在问题
调度员	R_DDSDDY06	未深入井下了解熟悉情况，掌握现场生产条件和存在的问题	调度员	深入井下了解熟悉情况，掌握现场生产条件和存在的问题	调度员	加强工作落实，及时掌握现场存在的问题
调度员	R_DDSDDY07	没有认真执行业务保安责任制，搞好安全生产工作，制止违章指挥、违章作业和违反劳动纪律的现象，并做好记录	调度员	认真执行业务保安责任制，搞好安全生产工作，制止违章指挥、违章作业和违反劳动纪律的现象，并做好记录	调度员	加强工作落实，认真执行业务保安责任制，搞好安全生产工作
调度员	R_DDSDDY08	未认真执行业务不擅离工作岗位，保证24 h不间断值班，没有及时认真处理好当班生产中出现的各类问题	调度员	认真执行业务不擅离工作岗位，保证24 h不间断值班，及时认真处理好当班生产中出现的各类问题	调度员	提高工作责任心，尽职尽责
通讯维护工	R_DDSTXWHG01	没有在调度室主任的领导下，做好调度室内的所有通讯设备和井下、地面及本矿各系统的通讯设备进行维护保养工作	通讯维护工	在调度室主任的领导下，负责对调度室内的所有通讯设备和井下、地面及本矿各系统的通讯设备进行维护保养工作	通讯维护工	加强工作落实，做好通讯设备的维护保养工作
通讯维护工	R_DDSTXWHG02	没有做好对调度台的通讯设施的检查、维修工作	通讯维护工	负责对调度台的通讯设施进行检查、维修	通讯维护工	加强工作落实，做好通讯设施的检查、维护工作，发现问题及时处理
通讯维护工	R_DDSTXWHG03	没有做好通讯设施的日常维护工作	通讯维护工	认真做好通讯设施的日常维护工作，保证通讯工作的正常运行	通讯维护工	加强日常维护，发现问题及时处理
通讯维护工	R_DDSTXWHG04	未经常深入生产队组及作业地点，不了解通讯设施使用情况	通讯维护工	经常深入生产队组及作业地点，了解通讯设施使用情况，做好自保与互保的安全工作	通讯维护工	加强现场工作落实，发现问题及时处理解决
通讯维护工	R_DDSTXWHG05	对维修工具的使用和保管不到位	通讯维护工	负责对维修工具的使用和保管工作	通讯维护工	加强工具的使用和保管，发现问题及时处理
通讯维护工	R_DDSTXWHG06	井下通讯不畅通未能及时处理	通讯维护工	确保井下通讯畅通无阻，及时、迅速处理井下通讯故障	通讯维护工	加强巡回检查，发现通讯不畅及时处理

续附表 1-1

管理对象名称	不安全状态编号	不安全状态名称	受控对象名称	管理标准	施控主体名称	管理措施
信息员	R_AJCXXY01	未在安监处长和信息办主任的领导下，严格执行处各项规章制度，热爱本职工作，按时参加政治、业务学习和安监处工作会议，努力提高自身素质没有反馈工作，未监督检查管理干部下井汇报卡质量	信息员	在安监处长和信息办主任的领导下，严格执行处各项规章制度，热爱本职工作，按时参加政治、业务学习和安监处工作会议，努力提高自身素质反馈工作，并监督检查管理干部下井汇报卡质量	信息员	加强管理，严格工作落实
信息员	R_AJCXXY02	信息值班员未做好各类隐患的分口归类、整理、筛选、上传下达和反馈，未与交班人详细交代清楚当日隐患落实整改情况及尚未整改的隐患和原因	信息员	信息值班员要做好各类隐患的分口归类、整理、筛选、上传下达和反馈，与交班人详细交代清楚当日隐患落实整改情况及尚未整改的隐患和原因	信息员	加强工作落实，做好隐患的分类、整理、筛选、上传下达和反馈等工作
信息员	R_AJCXXY03	信息值班员随意脱岗、串岗	信息员	信息值班员不得随意脱岗、串岗	信息员	加强工作责任心，不得脱岗、串岗
信息员	R_AJCXXY04	重大隐患未及时填入信息日报并及时通知有关单位立即整改，未安排跟班安监员跟踪监督整改	信息员	重大隐患要及时填入信息日报并及时通知有关单位立即整改，并安排跟班安监员跟踪监督整改	信息员	严格管理，加强重大隐患的落实整改，跟踪监督
信息员	R_AJCXXY05	没有经常深入现场，监督检查管理干部下井质量，对弄虚作假、下井质量差的汇报卡，未废除卡片、考勤	信息员	经常深入现场，监督检查管理干部下井质量，对弄虚作假、下井质量差的汇报卡，废除卡片，不予考勤	信息员	严格工作落实，经常深入现场，加强现场管理
文书	R_AJCWS01	没有负责对安办会、安全生产例会、安监例会、科务会、安全研究会等各类会议纪要的整理	文书	负责对安办会、安全生产例会、安监例会、科务会、安全研究会等各类会议纪要的整理	文书	加强工作落实，做好会议纪要整理工作
文书	R_AJCWS02	没有负责对安全月度工作意见、总结及季度工作总结的资料整理	文书	负责对安全月度工作意见、总结及季度工作总结的资料整理	文书	加强工作落实，做好资料整理工作
文书	R_AJCWS03	没有负责对月度各种报表的统计上报、各种汇报材料、应急预案、灾防计划、危险源监控等文字整理	文书	负责对月度各种报表的统计上报、各种汇报材料、应急预案、灾防计划、危险源监控等文字整理	文书	加强工作落实，做好文字整理工作

续附表 1-1

管理对象名称	不安全状态编号	不安全状态名称	受控对象名称	管理标准	施控主体名称	管理措施
文书	R_AJCWS04	没有搞好职业危害防治工作和安监处内部其他内务、报表、文字等工作	文书	搞好职业危害防治工作和安监处内部其他内务、报表、文字等工作	文书	加强工作落实，做好职业危害防治和文字整理工作
文书	R_AJCWS05	没有深入现场了解现场安全工作中存在的问题并及时向领导汇报，及时发现处理现场存在的违章现象、安排处理各类隐患等	文书	深入现场了解现场安全工作中存在的问题并及时向领导汇报，及时发现处理现场存在的违章现象、安排处理各类隐患等	文书	加强管理，经常深入现场，发现处理现场违章、隐患等
培训教师	R_APZXJS01	未按照教学工作计划和教学大纲的要求，编制授课计划，按时上课，完成教学任务	培训教师	按照教学工作计划和教学大纲的要求，编制授课计划，按时上课，完成教学任务	培训教师	加强工作落实，严格计划编制，按时上课，完成教学任务
培训教师	R_APZXJS02	未熟练掌握教材，没有认真备课、讲课	培训教师	熟练掌握教材，认真备课、讲课	培训教师	加强工作落实，认真备课、讲课
培训教师	R_APZXJS03	未严格执行考勤制度，没有维护好班级纪律	培训教师	严格执行考勤制度，维护好班级纪律	培训教师	加强管理，严格考勤、班级纪律落实
培训教师	R_APZXJS04	未积极参加教科研活动，深入生产现场，调查研究，做到理论和实践相结合	培训教师	积极参加教科研活动，深入生产现场，调查研究，做到理论和实践相结合	培训教师	经常深入现场，结合实践，提高教学质量
培训教师	R_APZXJS05	没有虚心听取意见，采纳正确建议，认真钻研业务，提高业务水平，改进教学方法，不断提高教学质量	培训教师	虚心听取意见，采纳正确建议，认真钻研业务，提高业务水平，改进教学方法，不断提高教学质量	培训教师	虚心听取意见，提高教学质量
培训教师	R_APZXJS06	未严格落实各项安全教育培训奖惩制度	培训教师	严格落实各项安全教育培训奖惩制度	培训教师	加强管理，严格培训制度落实
档案管理员	R_APZXDAGLY01	未做好借阅档案登记工作，办理借阅手续未及时收还归档	档案管理员	做好借阅档案登记工作，办理借阅手续及时收还归档	档案管理员	加强管理，做好登记、归档工作
档案管理员	R_APZXDAGLY02	未及时建立“三项岗位”人员培训台账	档案管理员	及时建立“三项岗位”人员培训台账	档案管理员	严格工作落实，加强培训台账管理
档案管理员	R_APZXDAGLY03	未及时建立培训档案	档案管理员	及时建立培训档案	档案管理员	严格工作落实，加强档案管理
档案管理员	R_APZXDAGLY04	未做好培训费用报销及培训费用预算工作	档案管理员	做好培训费用报销及培训费用预算工作	档案管理员	加强工作落实，做好培训费用管理

续附表 1-1

管理对象名称	不安全状态编号	不安全状态名称	受控对象名称	管理标准	施控主体名称	管理措施
队组长	R_DZZ01	未执行现场交接班制度，每班工作前，没有与安全员进行“三位一体”检查	队组长	执行现场交接班制度，每班开始工作以前，与安全员一起对采煤工作面进行全面的检查规范填写“三位一体”表，发现隐患立即进行处理，确保安全	队组长	加强现场管理、监督，严格工作落实
队组长	R_DZZ02	未坚持执行“敲帮问顶”等管理制度，空顶作业	队组长	坚执行持“敲帮问顶”制度，严禁空顶作业	队组长	作业前安排专人“敲帮问顶”，及时使用前探支护，适时检查工作面和危险地段的顶板状况，发现问题，及时整改
队组长	R_DZZ03	工作地点发生险情，不适宜进行工作时，未及时命令工人安全撤离	队组长	工作地点发生险情，不适宜进行工作时，要及时命令工人撤离，保证安全	队组长	加强管理，工作地点发生险情，立即安排撤人
队组长	R_DZZ04	生产过程中的安全设施、防尘措施等不符合要求时，仍然安排工人作业	队组长	安全设施、防尘措施等不符合要求的，不得作业	队组长	每班工作前，检查各类安全、防尘设施，保证正常使用，出现问题时及时安排人员整改
队组长	R_DZZ05	汇报情况与实际不符，虚报工作量	队组长	汇报情况与实际相符，不得虚报工作量	队组长	当班生产结束后，及时汇总工作量，认真核实，并按规定如实上报
队组长	R_DZZ06	没有组织落实班组劳动竞赛、安全质量标准化活动	队组长	组织落实班组劳动竞赛、安全质量标准化活动	队组长	加强管理，监督班组劳动竞赛、安全质量标准化活动的落实
队组长	R_DZZ07	未督促工人按章操作，及时解决在生产中的问题	队组长	督促工人按章操作，及时解决在生产中的问题	队组长	加强管理，监督好生产中问题的解决落实
队组长	R_DZZ08	队组长安排工作不合理，人员搭配不得当	队组长	采煤班组长根据当班出勤人员的特点，合理组织、安排人员工作，保证其能够按照《作业规程》、措施规定进行生产	队组长	加强现场管理，合理组织人员施工
特殊工种	R_TSGZ01	无证上岗、证件过期的	特殊工种	特殊工种必须持有效证件上岗	安全生产管理人员	管理人员加强管理，监督落实特殊工种的持证上岗情况

续附表 1-1

管理对象名称	不安全状态编号	不安全状态名称	受控对象名称	管理标准	施控主体名称	管理措施
特殊工种	R_TSGZ02	未严格按操作规程要求作业	特殊工种	严格按操作规程要求作业	特殊工种	特殊工种自觉遵守规程措施规定，规范作业
安全检查工	R_AQJCG01	安全检查工巡回检查不到位	安全检查工	安全检查工每班对施工现场巡回检查，查出的问题及时督促处理	安全生产管理人员	管理人员加强对安检员的管理，监督其对现场认真巡回检查，有检查不到位的，给予处罚教育
安全检查工	R_AQJCG02	安全检查工每班“三位一体”检查不认真	安全检查工	每班开工前，安检员与班组长、瓦斯检查工一同对施工现场进行“三位一体”检查，并根据检查情况给出开工意见	安全生产管理人员	管理人员适时检查“三位一体”检查表，确认安全检查工对施工现场如实检查
安全检查工	R_AQJCG03	对于现场安全隐患没有督促班组人员及时整改	安全检查工	安全检查工对责任区域内检查出的安全隐患必须及时督促班组人员处理	安全生产管理人员	管理人员发现安检员未及时督促整改现场安全隐患的，给予处罚教育
安全检查工	R_AQJCG04	安全质量评估不实或未评估	安全检查工	安全检查工在班前班末对施工现场进行两次安全质量评估，保证评估真实	安全生产管理人员	安全生产管理人员对安全质量评估情况适时抽检，发现评估不实或未按要求评估的，严肃处理
爆破工	R_BPG01	在交接班时间，乘猴车运送爆破材料	爆破工	在上下班时，严禁乘猴车运送爆破材料	爆破工	按规定时间乘猴车运送爆破材料
爆破工	R_BPG02	电雷管和炸药没有分开运送	爆破工	电雷管和炸药必须分开运送	爆破工	严格按规定运送电雷管和炸药
爆破工	R_BPG03	炸药领退与记录填写不符	爆破工	炸药领退与记录填写规范	爆破工	加强责任落实，认真填写记录
爆破工	R_BPG04	剩余炸药、雷管不退库	爆破工	当班剩余炸药、雷管不得交接班，必须及时退库	爆破工	剩余炸药、雷管按规定退库
爆破工	R_BPG05	私藏爆破材料	爆破工	严禁私藏爆破材料	爆破工	不得私藏爆破材料
爆破工	R_BPG06	装药、爆破时平行作业，未撤出全部人员，设置警戒	爆破工	严禁迎头装药时平行作业	爆破工	认真落实，迎头装药时严禁平行作业
爆破工	R_BPG07	不按规定装配引药	爆破工	装配引药时必须用竹、木签扎孔，严禁将电雷管斜插在药卷的中部或捆在药卷上	爆破工	严格按规定装配引药

续附表 1-1

管理对象名称	不安全状态编号	不安全状态名称	受控对象名称	管理标准	施控主体名称	管理措施
爆破工	R_BPG08	装药爆破不使用专用炮杆、炮泥或用可燃物代替炮泥	爆破工	装药爆破必须使用专用炮杆、炮泥	爆破工	工区加强监管，严禁使用可燃物代替炮泥
爆破工	R_BPG09	装药前设备设施保护不到位	爆破工	装药爆破前要保护好设备设施	爆破工	加强管理，保护好设备
爆破工	R_BPG10	空顶距离超规定装药	爆破工	采掘工作面的空顶距离要符合作业规程的规定，支架无损坏，伞檐不得超规定	爆破工	空顶距离超规定不得装药爆破
爆破工	R_BPG11	装药不合格或反向装药	爆破工	保证装药合格，不得反向装药	爆破工	按规定装药
爆破工	R_BPG12	炮眼深度、角度、位置等不符合作业规程规定装药	爆破工	炮眼深度、角度、位置等不符合作业规程规定的，不能装药	爆破工	炮眼深度、角度、位置等要符合作业规程规定
爆破工	R_BPG13	装药前未检查迎头支护和顶、帮情况	爆破工	装药前要检查迎头支护和顶、帮情况，支护不完好不得装药爆破	爆破工	加强检查，确保迎头和顶、帮支护完好
爆破工	R_BPG14	雷管脚线未按规定扭结、悬空	爆破工	电雷管插入药卷后，必须用脚线将药卷缠住，并将电雷管脚线扭结成短路装药后，必须把电雷管脚线悬空，严禁电雷管脚线、爆破母线与运输设备、电气设备以及采掘机械等导电体相接触	爆破工	雷管脚线要按规定扭结、悬空
爆破工	R_BPG15	不执行“一炮三检”、“三人联锁”及“三保险”制度	爆破工	必须严格执行“一炮三检”、“三人联锁”及“三保险”制度	爆破工	加强制度落实
爆破工	R_BPG16	瓦斯超限或停风时爆破	爆破工	爆破地点附近20 m以内风流中瓦斯浓度达到1.0%时，严禁爆破；停风地点，严禁爆破	爆破工	瓦斯超限或停风时不得进行爆破
爆破工	R_BPG17	在爆破地点20 m范围内，煤矸、杂物堵塞巷道断面 1/3 以上进行爆破的	爆破工	在爆破地点20 m范围内，煤矸、杂物堵塞巷道1/3 以上断面的，不得进行爆破	爆破工	爆破前检查巷道是否堵塞，煤矸、杂物堵塞巷道 1/3 以上断面不得进行爆破
爆破工	R_BPG18	无封泥、封泥不足或不实的炮眼进行爆破	爆破工	无封泥、封泥不足或不实的炮眼不得进行爆破	爆破工	按规定进行封泥

续附表 1-1

管理对象名称	不安全状态编号	不安全状态名称	受控对象名称	管理标准	施控主体名称	管理措施
爆破工	R_BPG19	爆破喷雾不完好进行爆破	爆破工	爆破喷雾应保持完好,水压充足,吊挂位置、角度正确	爆破工	爆破喷雾要不完好不得爆破作业
爆破工	R_BPG20	爆破不使用水泡泥,不使用净化水幕	爆破工	爆破必须使用水泡泥,并使用净化水幕	爆破工	爆破前检查,水泡泥和净化水幕是否合格,并按规定使用
爆破工	R_BPG21	不按规定处理残爆、拒爆,裸露爆破	爆破工	处理拒爆、残爆时,必须在班组长指导下进行,并应在当班处理完毕如果当班未能处理完毕,当班爆破工必须在现场向下一班爆破工交接清楚	爆破工	按规定处理残爆、拒爆,裸露爆破
爆破工	R_BPG22	瞎炮、落炮不处理进行其他工作	爆破工	瞎炮、落炮及时处理才能进行其他工作	爆破工	严格按规定处理瞎炮、落炮
爆破工	R_BPG23	巷道贯通时未按要求检查有害气体	爆破工	预贯通巷道和掘进工作面及其回风流中的 CH_4 浓度都必须在1.0%以下,方可进行装药爆破,进行贯通	爆破工	巷道贯通时,按规定检查有害气体
爆破工	R_BPG24	爆破后炮烟未散尽或擅自撤岗进入迎头	爆破工	爆破后,待工作面的炮烟被吹散后,方可进入迎头	爆破工	炮烟未散尽,不得擅自撤岗进入迎头
爆破工	R_BPG25	爆破前后在爆破地点20 m巷道内不洒水灭尘	爆破工	爆破前后必须在爆破地点20 m巷道内洒水灭尘	爆破工	爆破前后,按规定洒水灭尘
爆破工	R_BPG26	私自调整爆破参数进行爆破作业	爆破工	严格按照爆破参数进行爆破作业	爆破工	不得私自调整爆破参数
爆破工	R_BPG27	一次装药分次起爆的、炮眼深度小于0.6 m无措施装药爆破	爆破工	严禁一次装药分次起爆的,炮眼深度小于0.6 m无措施不能装药爆破	爆破工	按规定装药起爆
采掘机械维修工	R_CJJWXG01	检修设备时不停电闭锁	采掘机械维修工	检修煤机、溜子、破碎机、转载机、胶带等必须停电闭锁	采掘机械维修工	检修机电设备前必须确认已经停电闭锁
采掘机械维修工	R_CJJWXG02	胶带运行时维修、清理胶带	采掘机械维修工	胶带运行时严禁接触和靠近转动部位	采掘机械维修工	设备运行过程中,维修工不得靠近、检修转动部位,转动部位加设防护网
采掘机械维修工	R_CJJWXG03	站在综掘机截割头上工作检修时未停电闭锁	采掘机械维修工	站在综掘机截割头上工作检修时必须停电闭锁	采掘机械维修工	维修工检查停电闭锁后才可站在综掘机截割头上工作

续附表 1-1

管理对象名称	不安全状态编号	不安全状态名称	受控对象名称	管理标准	施控主体名称	管理措施
采掘机械维修工	R_CJJWXG04	液压系统带压掐接管路	采掘机械维修工	液压系统不能带压掐接管路	采掘机械维修工	液压系统泄压后才能压掐接管路
采掘机械维修工	R_CJJWXG05	检修采煤机时煤机上、下5 m内未关闭液压支架进液阀	采掘机械维修工	检修采煤机时煤机及其上、下5 m内必须关闭液压支架进液阀	采掘机械维修工	确认煤机及其上、下5 m内液压支架进液阀已关闭，才能检修采煤机
采掘机械维修工	R_CJJWXG06	检修采煤机未打开支架护帮板，检查顶、帮情况	采掘机械维修工	检修采煤机必须打开支架护帮板，检查顶、帮情况，确保顶、帮完好	采掘机械维修工	检修采煤机前，必须打开支架护帮板，敲帮问顶，找净危岩悬矸，确认顶帮安全
采掘机械维修工	R_CJJWXG07	采煤机、运输机更换大型设备时，起吊点挂在液压缸上	采掘机械维修工	采煤机、运输机更换大型设备时，严禁将起吊点挂在液压缸上	采掘机械维修工	采煤机、运输机更换大型设备时，必须选择恰当的起吊点，在架间打吊装锚杆
采掘机械维修工	R_CJJWXG08	采煤机检修时未切断电源、打开采煤机隔离开关和离合器并对工作面溜子闭锁	采掘机械维修工	采煤机更换截齿和滚筒上下3 m内有人检修时必须切断电源、打开采煤机隔离开关和离合器并对工作面溜子进行闭锁	采掘机械维修工	采煤机附近有人检修时必须切断电源、打开隔离开关和离合器并对工作面溜子闭锁
采掘机械维修工	R_CJJWXG09	检修综掘机时，人员在截割臂和转载桥下方停留或作业	采掘机械维修工	检修综掘机时，人员不得在截割臂和转载桥下方停留或作业	采掘机械维修工	需要在截割臂和转载桥下方停留、作业的，必须停电闭锁
采掘机械维修工	R_CJJWXG10	在溜子附近作业时未与司机联系并停电、闭锁、挂牌	采掘机械维修工	在溜子附近进行支护、检修、起吊和运送设备、支柱、长料等必须与司机联系并确定停电、闭锁、挂牌	采掘机械维修工	在溜子附近进行作业时必须与司机联系明确并停电、闭锁、挂牌
采掘机械维修工	R_CJJWXG11	耙装机固定不牢固即在耙装机上、下、周围附近检修	采掘机械维修工	在耙装机上、下、周围附近检修时，耙装机支撑腿必须撑实、卡轨器卡紧，并落实好防滑措施	采掘机械维修工	在耙装机上、下、周围检修时，必须确认耙装机卡紧、撑实、固定牢固
采掘机械维修工	R_CJJWXG12	综掘机停机后，截割头未落地、未切断电源和启动器隔离开关	采掘机械维修工	综掘机停止工作和检修时，截割头必须落地并断开电源开关和启动器隔离开关	采掘机械维修工	综掘机停止工作和检修时，截割头必须落地并断开电源开关和启动器隔离开关
采煤机司机	R_CMJSJ01	开关附近20 m以内风流中瓦斯浓度达到1.5%，未停机处理	采煤机司机	电机开关附近20 m以内风流中瓦斯浓度达到1.5%，必须停机处理	采煤机司机	采煤机司机发现电机、开关附近瓦斯超限，立即停机汇报处理

续附表 1-1

管理对象名称	不安全状态编号	不安全状态名称	受控对象名称	管理标准	施控主体名称	管理措施
采煤机司机	R_CMJSJ02	信号不清或不按信号开机	采煤机司机	信号必须清晰,并按信号开机	采煤机司机	开机前检查,确认信号清晰,并严格按信号开机
采煤机司机	R_CMJSJ03	隔离开关、操作按钮不正常就开机	采煤机司机	隔离开关、操作按钮必须完好、能够正常使用	采煤机司机	采煤机司机开机前检查隔离开关、操作按钮,保证完好、正常使用
采煤机司机	R_CMJSJ04	刮板输送机未正常运行就开机	采煤机司机	必须在刮板输送机正常运行后再开机	采煤机司机	煤机司机必须按顺序开机,必须在刮板输送机正常运行后再开机
采煤机司机	R_CMJSJ05	割煤时不正常使用喷雾的	采煤机司机	割煤时必须规范使用防尘喷雾	采煤机司机	煤机司机割煤时必须规范使用防尘喷雾
采煤机司机	R_CMJSJ06	煤机检修未停机或停机后未将操作按钮、隔离开关等复位、闭锁工作面刮板输送机	采煤机司机	拆、装煤机配件或检修采煤机时,必须停止采煤机、闭锁工作面刮板输送机	采煤机司机	拆、装煤机配件或检修采煤机前,认真检查,确认已经停机闭锁
采煤机司机	R_CMJSJ07	开机前没有先开冷却水	采煤机司机	煤机开机前先开冷却水	采煤机司机	煤机司机必须严格按照开机顺序开机
采煤机司机	R_CMJSJ08	煤机周围有人作业就开机	采煤机司机	煤机周围有人作业不得开机	采煤机司机	开机前必须进行安全确认、观察采煤机周围人员情况
采煤机司机	R_CMJSJ09	采煤机截齿不完好,继续割煤	采煤机司机	采煤机截齿不完好不得继续割煤	采煤机司机	采煤机截齿不完好及时停机更换
采煤机司机	R_CMJSJ10	开煤机不使用遥控器或带载启动	采煤机司机	开煤机应使用遥控器,不得带载启动或带病运转	采煤机司机	煤机司机应使用遥控器开煤机,严禁带载启动或带病强行运转
采煤机司机	R_CMJSJ11	割煤时站位不正确	采煤机司机	人员应在煤机滚筒五架以外操作,操作时观察附近顶板情况	采煤机司机	煤机司机合理站位,操作时确认附近顶板情况,发现问题及时停机处理
采煤机司机	R_CMJSJ12	工作面遇硬岩强行截割	采煤机司机	工作面遇硬岩严禁强行截割	采煤机司机	煤机司机发现工作面遇硬岩,及时停机汇报
采煤机司机	R_CMJSJ13	随意留顶、底煤	采煤机司机	严禁随意留顶、底煤	采煤机司机	煤机司机严格按规程措施要求作业,严禁随意留顶、底煤
采煤机司机	R_CMJSJ14	煤机滚筒缠绕锚杆、金属网等未停机处理	采煤机司机	煤机滚筒缠绕锚杆、金属网等及时停机处理	采煤机司机	煤机司机发现煤机滚筒缠绕锚杆、金属网等,及时停机处理

续附表 1-1

管理对象名称	不安全状态编号	不安全状态名称	受控对象名称	管理标准	施控主体名称	管理措施
采煤机司机	R_CMJSJ15	煤机上方、电缆槽等地点出现大块煤矸没有及时处理	采煤机司机	煤机上方、电缆槽等地点出现大块及时停机处理	采煤机司机	煤机司机割煤过程中注意观察，发现大块及时停机破碎
采煤机司机	R_CMJSJ16	煤机电缆落地或被卡住未停机处理	采煤机司机	煤机电缆落地或被卡住必须及时处理，人员可扶电缆夹进行电缆复位	采煤机司机	煤机电缆落地或被卡住必须及时处理，防止拉坏电缆
采煤机司机	R_CMJSJ17	割煤后不及时打前探梁或护帮板	采煤机司机	割煤后及时打开前探梁和护帮板	采煤机司机	煤机司机割煤后及时打开前探梁和护帮板
采煤机司机	R_CMJSJ18	用采煤机牵引、顶推、拖吊设备、物料	采煤机司机	不得用采煤机牵引、顶推、拖吊设备、物件	采煤机司机	煤机司机不能开机牵引、顶推、拖吊设备、物件
采煤机司机	R_CMJSJ19	采煤机停机后滚筒未落地	采煤机司机	煤机停机或突然停电，必须将各手把打到零位	采煤机司机	跟班人员加强监管，确保煤机停电后开关复位、闭锁
采煤机司机	R_CMJSJ19	采煤机停机后滚筒未落地	采煤机司机	采煤机停机后滚筒必须落地，内外喷雾必须关闭	采煤机司机	采煤机停机后滚筒必须落地，并关闭内外喷雾
采煤机司机	R_CMJSJ20	爆破时，煤机未停在安全距离以外	采煤机司机	过断层爆破时，煤机必须退回爆破地点5 m以外	采煤机司机	过断层爆破时，煤机必须退回到安全距离以外
电机车司机	R_DJCSJ01	机车前后有人就开车	电机车司机	机车前后有人不得开车	电机车司机	确认机车前后无人后再开车
电机车司机	R_DJCSJ02	司机开车前未发信号	电机车司机	司机开车前必须发出开车信号	电机车司机	司机开车前要先发出信号
电机车司机	R_DJCSJ03	车灯、喇叭、制动闸、撒沙装置、控制器、连接装置等不完好未处理就开机	电机车司机	电机车的车灯、喇叭、制动闸、撒沙装置、控制器、连接装置等要完好、可靠	电机车司机	开车前认真检查车灯、喇叭、制动闸、撒沙装置、控制器、连接装置等完好情况
电机车司机	R_DJCSJ04	电机(瓶)车或列车运行时，前无照明后无红灯	电机车司机	电机(瓶)车或列车运行时，要前有照明后有红灯	电机车司机	电机(瓶)车或列车运行前，司机检查照明、红尾灯完好并正确悬挂
电机车司机	R_DJCSJ05	电机(瓶)车上搭乘人员	电机车司机	电机(瓶)车上不能搭乘人员	电机车司机	电机车司机开车时，严禁搭载其他人员
电机车司机	R_DJCSJ06	电机(瓶)车顶车运行时，不挂链环、红灯以及速度快、未连续鸣笛(铃)	电机车司机	电机(瓶)车顶车运行时，必须挂链环、红尾灯，速度不得过快、必须连续鸣笛(铃)	电机车司机	电机(瓶)车顶车运行时，要按规定挂链环、红灯等
电机车司机	R_DJCSJ07	电机(瓶)车运行中，司机将身体任何部位或携带物品伸(露)出车外	电机车司机	电机(瓶)车运行中，司机不得将身体任何部位或携带物品伸(露)出车外	电机车司机	电机(瓶)车运行中，不得将身体等部位露出车位

续附表 1-1

管理对象名称	不安全状态编号	不安全状态名称	受控对象名称	管理标准	施控主体名称	管理措施
电机车司机	R_DJCSJ08	电机(瓶)车运行中未按规定进行减速并发出警号	电机车司机	电机车在接近风门、巷道口、硐室口、弯道、道岔、坡度较大或噪声较大等处所,双轨对开机车会车前,以及前面有人、有机车或视线有障碍物时,都必须减低速度,并发出警号	电机车司机	电机(瓶)车运行中要按规定进行减速并发出警号
电机车司机	R_DJCSJ09	电机(瓶)车制动时造成矿车掉道	电机车司机	列车的制动距离每年至少测定1次运送物料时不得超过40 m;运送人员时不得超过20 m	电机车司机	电机车要匀速行驶
电机车司机	R_DJCSJ10	两车或列车同向同轨行驶时,相距100 m以内	电机车司机	2机车或2列车在同一轨道同一方向行驶时,必须保持不少于100 m的距离	电机车司机	两车或列车同向同轨行驶时,距离不得低于100 m
电机车司机	R_DJCSJ11	电机(瓶)车超挂车运行	电机车司机	电机(瓶)车不能超挂车运行	电机车司机	电机(瓶)车不得超挂车运行
电机车司机	R_DJCSJ12	"四超"车辆无安全措施、封车不合格或装车偏载进行运输	电机车司机	"四超"车辆运输要有安全技术措施,封车不合格或装车偏载的不能进行运输	电机车司机	电机车司机严格按措施规定运输"四超"车辆
电机车司机	R_DJCSJ13	电机(瓶)车司机在非车场段顶车运行	电机车司机	电机(瓶)车司机不能在非车场段顶车运行	电机车司机	不得在非车场段顶车运行
电机车司机	R_DJCSJ14	无紧急情况电机车打反电制动	电机车司机	无紧急情况电机车不能打反电制动	电机车司机	电机车不得随意打反电制动
电机车司机	R_DJCSJ15	司机在机车驾驶室外驾驶机车或机车未停稳就离开驾驶室	电机车司机	司机不得在机车驾驶室外驾驶机车,机车未停稳不得离开驾驶室	电机车司机	司机在机车不能在驾驶室外驾驶机车,机车未停稳不得离开驾驶室
电机车司机	R_DJCSJ16	司机离开座位,未切断电机电源、取下控制把手或钥匙、扳紧车闸、打开车灯	电机车司机	司机离开座位,必须切断电机电源、取下控制把手或钥匙、扳紧车闸、打开车灯	电机车司机	司机离开座位前,必须确认已经切断电机电源、取下控制把手或钥匙、扳紧车闸、打开车灯
电机车司机	R_DJCSJ17	人行车行驶中未停稳时即上下人	电机车司机	人行车行驶中未停稳时不得上下人	电机车司机	人行车行驶中,停稳后才能上下人
电机车司机	R_DJCSJ18	电机(瓶)车、矿车掉道后,强行牵引复位	电机车司机	电机(瓶)车、矿车掉道后,严禁强行牵引复位	电机车司机	电机(瓶)车、矿车掉道后要按规定复轨
充电工	R_CDG01	配置硫酸电解液未用蒸馏水	充电工	配置硫酸电解液必须使用蒸馏水	充电工	充电工配置硫酸电解液时,必须选用蒸馏水

续附表 1-1

管理对象名称	不安全状态编号	不安全状态名称	受控对象名称	管理标准	施控主体名称	管理措施
充电工	R_CDG02	井下充电室风流中以及局部积聚处的氢气浓度超过 0.5%未及时停电	充电工	井下充电室风流中以及局部积聚处的氢气浓度超过 0.5%必须及时停电	充电工	充电工充电时，密切检查充电室氢气浓度，超过规定时马上停电
充电工	R_CDG03	蓄电池电解液的密度不按时检查和调整	充电工	蓄电池电解液的密度必须按时检查和调整	充电工	充电工按时检查和调整蓄电池电解液的密度
测风测尘工	R_CFCCG01	仪器、仪表使用不规范	测风测尘工	测风测尘员必须正确使用仪器、仪表	测风测尘工	测风测尘员必须经过培训，熟练掌握测风测尘工作流程
测风测尘工	R_CFCCG02	架线巷道测风距离架线过近	测风测尘工	架线巷道测风时，要距离架空线 10 cm 以上，确保安全	测风测尘工	架线巷道测风点与架线保持安全距离
测风测尘工	R_CFCCG03	机车巷道测风不注意来往车辆	测风测尘工	机车巷道测风时要注意来往车辆	测风测尘工	机车巷道测风时保证不受车辆伤害
测风测尘工	R_CFCCG04	测尘站位不当	测风测尘工	粉尘浓度测定时要合理站位，确保安全	测风测尘工	测尘合理站位，保证测定数据准确，人员安全
测风测尘工	R_CFCCG05	粉尘浓度测定不准确	测风测尘工	每 10 d 进行一次全矿井测风，根据测风结果，对需要调整风量的地点及时调整	测风测尘工	规范使用测风工具，确保测风数据准确，保证合理配风
测风测尘工	R_CFCCG05	粉尘浓度测定不准确	测风测尘工	测尘员要按规定采样平行测尘，确保数据测定准确	测风测尘工	测尘员要按规定采样平行测尘，确保数据测定准确
测风测尘工	R_CFCCG06	测风、测尘报表不及时、数据有错误	测风测尘工	测风测尘人员必须经过专门培训，具有一定的通防专业知识，采样地点应接近作业人员的操作部位及呼吸带附近，并规范使用仪器，按规定采集平行样品	测风测尘工	测风测尘工接受培训，学习通防专业知识，掌握仪器、仪表的规范使用方法
测风测尘工	R_CFCCG07	测风、测尘报表不及时、数据有错误	测风测尘工	测风、测尘报表必须及时、数据确保正确，每旬一次	测风测尘工	工区技术员必须仔细审核确保数据准确
测风测尘工	R_CFCCG08	未按规定进行测风、测尘	测风测尘工	按规定每旬进行一次测风、测尘	测风测尘工	工区加强管理，确保按时测风测尘
测风测尘工	R_CFCCG09	不及时调整各作业地点风量	测风测尘工	各地点风量要达到配风计划要求	测风测尘工	工区技术员加强管理，严格按配风计划调整各地点风量

续附表 1-1

管理对象名称	不安全状态编号	不安全状态名称	受控对象名称	管理标准	施控主体名称	管理措施
防爆电器设备维检工	R_FBSBWJG01	未定期对电气设备进行防爆安全性能检查	防爆电器设备维检工	每月对电气设备进行一次防爆安全性能检查	防爆电器设备维检工	防爆检查员定期对电气设备进行防爆安全性能检查
防爆电器设备维检工	R_FBSBWJG02	检修电气设备未约时停送电或送电前不通知检修人员	防爆电器设备维检工	检修电气设备严禁约时停送电，送电前必须通知检修人员	防爆电器设备维检工	执行好停、送电制度，跟班人员加强监督
防爆电器设备维检工	R_FBSBWJG03	电工操作使用不合格不齐全绝缘用品、用具	防爆电器设备维检工	电工操作必须使用合格、齐全的绝缘用品、用具	防爆电器设备维检工	作业前，检查绝缘用品、用具是否合格，能正常使用
爆破管理工	R_BPGLG01	井筒运输雷管、炸药未分开运送或人料混提	爆破管理工	①电雷管和炸药必须分开运送； ②必须事先通知绞车司机和井上、下把钩工； ③在装有爆破材料的罐笼或吊桶内，除爆破材料运送工或护送人员外，不得有其他人员	爆破管理工	井筒运输雷管、炸药必须分开运送，严禁人料混提
爆破管理工	R_BPGLG02	不按规定押运爆破材料	爆破管理工	电雷管和炸药必须分开运送，交接班期间严禁运送爆破材料	爆破管理工	严格按规定押运爆破材料
爆破管理工	R_BPGLG03	在交接班上下井时间内运送爆破材料	爆破管理工	交接班、人员上下井的时间内，严禁运送爆破材料	爆破管理工	严禁在交接班、人员上下井的时间内运送爆破材料
爆破管理工	R_BPGLG04	未按规定储存爆破材料或数量超过规定	爆破管理工	库房内储存的爆破材料数量不得超过安全设计定量(井下爆破材料库的最大贮存量，不得超过矿井 3 d 的炸药需要量和 10 d 的电雷管需要量；发放硐室材料的贮存量不得超过 1 d 的供应量，其中炸药量不得超过 400 kg)，性质相抵额爆破材料必须分库储存，并挂有明显标志牌	爆破管理工	严格按规定储存爆破材料，储存数量不能超过规定

续附表 1-1

管理对象名称	不安全状态编号	不安全状态名称	受控对象名称	管理标准	施控主体名称	管理措施
爆破管理工	R_BPGLG04	未按规定储存爆破材料或数量超过规定	爆破管理工	库房内爆破材料的堆高，必须遵守下列规定：①药箱堆高不得超过1.8 m，宽四箱(袋)为限，袋堆高度不得超过1.2 m；②箱堆间距不得小于0.3 m，箱堆与墙壁间距不小于0.3 m，人行通道不小于1.3 m；③雷管箱存放地面时，高度不超过1 m，地面均应铺设软垫或木板	爆破管理工	严格按规定储存爆破材料，储存数量不能超过规定
爆破管理工	R_BPGLG05	不执行人员入、出炸药库制度	爆破管理工	严禁无关人员进入，外来人员必须持上级主管部门签发的检查证或经公安保卫部门批准的介绍信方可入库，先登记后入库	爆破管理工	严格执行人员入、出炸药库制度
爆破管理工	R_BPGLG06	擅自发放雷管、炸药	爆破管理工	库管人员收发环节必须严格执行交接手续，核实质量、数量后双方签字或盖章；火工品应有爆破员亲自持爆破作业证，到炸药库办理领取退库手续，严禁他人代领、代退、代签字；无专用工具，库管人员不得发放	爆破管理工	严格执行交接手续，爆破员亲自持证和专用工具领取火工品
爆破管理工	R_BPGLG07	炸药、雷管存入与发放记录不规范、不准确	爆破管理工	炸药库设专职保管人员，发放必须有专人负责，领退手续必须记录清楚，不得涂改，并做到日清、旬结，账、卡、物相符	爆破管理工	炸药库设专职保管人员，专人负责发放，清楚记录领退手续
架空乘人装置司机	R_JKCRZZSJ01	开机前未按规定进行开机检查	架空乘人装置司机	开机前按规定进行开机检查	架空乘人装置司机	架空乘人装置司机每班进行一次全面检查，才可开机
架空乘人装置司机	R_JKCRZZSJ02	不按规定程序、信号及运行时间开启设备	架空乘人装置司机	按照规定程序、信号及运行时间开启设备	架空乘人装置司机	严格按规定程序、信号及运行时间开启设备

续附表 1-1

管理对象名称	不安全状态编号	不安全状态名称	受控对象名称	管理标准	施控主体名称	管理措施
架空乘人装置司机	R_JKCRZZSJ03	人员上下车未维持秩序	架空乘人装置司机	人员上下车时维持好秩序	架空乘人装置司机	架空乘人装置司机维持好人员上下车秩序
架空乘人装置司机	R_JKCRZZSJ04	设备出现故障甩保护运行设备	架空乘人装置司机	设备出现故障时不得甩保护运行设备	架空乘人装置司机	设备出现故障，及时查找原因，汇报处理，严禁甩保护运行设备
架空乘人装置司机	R_JKCRZZSJ05	各种保护未定期试验或失效未及时汇报处理	架空乘人装置司机	每班对各种保护进行试验，出现问题及时汇报处理	架空乘人装置司机	每班对各种保护进行试验，出现问题及时汇报处理
绞车操作工	R_JCCZG01	绞车未经验收或固定安装不合格、闸把不合格而使用	绞车操作工	小绞车未经验收或固定安装不合格、闸把不合格，严禁使用	绞车操作工	小绞车安装后必须经过验收，确认固定安装合格、闸把合格才能使用
绞车操作工	R_JCCZG02	开机前未检查绞车各部位完好及固定情况	绞车操作工	绞车各部位要完好，固定要牢固	绞车操作工	开机前要检查绞车各部位完好及固定情况
绞车操作工	R_JCCZG03	司机不按信号或信号不清开车	绞车操作工	司机必须严格按信号开机，信号不清不得开机	绞车操作工	绞车司机严格按信号开机，信号不明确严禁开机
绞车操作工	R_JCCZG04	绞车启动困难未查明原因强行启动开机	绞车操作工	绞车启动困难未查明原因不得强行启动开机	绞车操作工	绞车启动困难，绞车司机必须查明原因并及时处理，否则不能开机
绞车操作工	R_JCCZG05	挡车设施未安装或不完好就开车	绞车操作工	按规定安设“一坡三挡”，斜巷每 100 m 安设一组超速挡车器	绞车操作工	开车前要检查挡车设施是否完好
绞车操作工	R_JCCZG06	绞车开关不完好、不能正常使用就开机	绞车操作工	绞车开关要完好，且能正常使用	绞车操作工	开机前要检查绞车开关是否完好、能否正常使用
绞车操作工	R_JCCZG07	电源及警铃不正常、可靠就开机	绞车操作工	绞车电源、警铃要完好、可靠	绞车操作工	绞车司机开机前检查电源、警铃，必须保证完好、可靠后才可开机
绞车操作工	R_JCCZG08	工作范围内有无障碍物或人员就开机	绞车操作工	开机前要确保工作范围内无障碍物或人员	绞车操作工	绞车司机开车前必须确认工作范围内无障碍物和人员才能开机
绞车操作工	R_JCCZG09	绞车不带电放车	绞车操作工	绞车司机严禁不带电放车	绞车操作工	操作前认真进行安全确认，规范操作

续附表 1-1

管理对象名称	不安全状态编号	不安全状态名称	受控对象名称	管理标准	施控主体名称	管理措施
绞车操作工	R_JCCZG10	提升装置存在隐患，继续走钩	绞车操作工	提升装置存在隐患，不得继续走钩	绞车操作工	绞车司机发现提升装置存在隐患，必须及时处理后才能继续使用
绞车操作工	R_JCCZG11	操作不当造成绞车钢丝绳挤绳、咬绳影响排绳	绞车操作工	绞车操作工操作时要保持匀速，不能生拉硬拽，出现挤绳、咬绳要及时处理	绞车操作工	绞车司机必须规范作业，避免发生钢丝绳挤绳、咬绳，发现问题及时处理
绞车操作工	R_JCCZG12	绞车运行时，司机离开操作台	绞车操作工	绞车运行时，司机不得离开操作台	绞车操作工	提高责任心和安全意识，绞车运行时，严禁离开操作台
绞车操作工	R_JCCZG13	提升斜巷中途停车后，绞车司机双手离开闸把	绞车操作工	提升斜巷中途停车后，绞车司机双手不得离开闸把	绞车操作工	提升斜巷中途停车后，绞车司机必须双手握紧闸把，防止松动造成跑车
绞车操作工	R_JCCZG14	调速手柄未调至零位	绞车操作工	调速手柄要调至零位	绞车操作工	绞车司机检查调速手柄，保证调至零位
金属焊接工	R_JSHJG01	电气焊作业无措施施工或未按措施要求施工	金属焊接工	电气焊作业要制订安全技术措施，并严格按措施施工	金属焊接工	严格按措施施工
金属焊接工	R_JSHJG02	氧气、乙炔瓶不设防震胶圈、无安全防护帽	金属焊接工	氧气、乙炔瓶必须设防震胶圈、安全防护帽	金属焊接工	施工前，检查氧气、乙炔瓶的防震胶圈、安全防护帽是否齐全、完好
金属焊接工	R_JSHJG03	用带有油渍的手搬运氧气瓶	金属焊接工	不得用带有油渍的手搬运氧气瓶	金属焊接工	搬运氧气瓶前将手上油污清理干净
金属焊接工	R_JSHJG04	氧气瓶与乙炔瓶混装混运	金属焊接工	氧气瓶与乙炔瓶不得混装混运	金属焊接工	氧气瓶与乙炔瓶要分开运输
金属焊接工	R_JSHJG05	氧气、乙炔瓶摆放位置或距离不合格	金属焊接工	氧气、乙炔瓶与施工地点的距离不得小于10 m，两瓶必须放在施工地点的进风侧，乙炔瓶在氧气瓶的上首，两瓶的距离不得小于10 m	金属焊接工	氧气、乙炔瓶摆放位置、距离要符合规定
金属焊接工	R_JSHJG06	氧气、乙炔压力表损坏、显示不正常未及时处理	金属焊接工	氧气、乙炔压力表要完好，显示正常	金属焊接工	加强检查，氧气、乙炔压力表损坏、显示不正常要及时处理
金属焊接工	R_JSHJG07	电焊机无接地或接地不合格	金属焊接工	电焊机必须有可靠接地	金属焊接工	作业前，检查电焊机是否按规定接地

续附表 1-1

管理对象名称	不安全状态编号	不安全状态名称	受控对象名称	管理标准	施控主体名称	管理措施
金属焊接工	R_JSHJG08	防护用具不齐全、不完好	金属焊接工	电气焊护目镜等防护用具必须齐全、完好并规范使用	金属焊接工	作业前检查防护用具是否齐全、完好
金属焊接工	R_JSHJG09	进风侧 5 m 未悬挂瓦斯便携式检测仪，未测定风流中瓦斯浓度	金属焊接工	进风侧 5 m 处悬挂瓦斯便携式检测仪，并测定风流中瓦斯浓度	金属焊接工	按规定悬挂瓦斯便携式检测仪，测定瓦斯浓度
金属焊接工	R_JSHJG10	灭火器材不齐全，焊接前未进行洒水灭尘	金属焊接工	灭火器要准备齐全，焊接前进行洒水灭尘	金属焊接工	施工前进行检查，确保灭火器材齐全，并按规定进行洒水灭尘
金属焊接工	R_JSHJG11	不规范使用安全防护工具	金属焊接工	电气焊作业必须规范使用安全防护工具	金属焊接工	施工前，要检查安全防护工具齐全、完好，并规范使用
金属焊接工	R_JSHJG12	割具、气线、电缆等不完好继续使用	金属焊接工	割具、气线、电缆要完好无破损	金属焊接工	割具、气线、电缆等不完好不得继续使用
金属焊接工	R_JSHJG13	作业完毕未检查现场，消灭火种，未确认无起火危险后就离开	金属焊接工	作业完毕及时检查现场，消灭火种，确认无起火危险后方可离开	金属焊接工	加强检查，消灭火种
金属焊接工	R_JSHJG14	电焊机使用完毕后未停电	金属焊接工	电焊机使用完毕后必须停电	金属焊接工	电焊机使用完毕后，检查电焊机是否停电，未停电及时停电
井下电钳工	R_JXDQG01	电工不穿合格绝缘靴、不带验电笔及便携仪	井下电钳工	电工必须穿合格绝缘靴、带验电笔及便携仪	井下电钳工	入井前，穿合格绝缘靴，检查带验电笔和便携仪是否齐全、合格
井下电钳工	R_JXDQG02	不按规定程序及要求停送电作业或无紧急情况、未经批准随意停电的	井下电钳工	严格遵守供电管理制度	井下电钳工	加强责任落实，执行好供电管理制度
井下电钳工	R_JXDQG02	不按规定程序及要求停送电作业或无紧急情况、未经批准随意停电的	井下电钳工	严格按规定程序及要求进行停送电作业	井下电钳工	加强责任落实，规范操作
井下电钳工	R_JXDQG03	检修不到位造成电气设备失爆	井下电钳工	设备检修时执行停电、放电、验电制度，悬挂检修设备牌	井下电钳工	认真检修电器设备
井下电钳工	R_JXDQG04	检修电气设备未约时停送电或送电前不通知检修人员	井下电钳工	检修电气设备严禁约时停送电，送电前必须通知检修人员	井下电钳工	执行好停、送电制度

续附表 1-1

管理对象名称	不安全状态编号	不安全状态名称	受控对象名称	管理标准	施控主体名称	管理措施
井下电钳工	R_JXDQG05	检修机电设备或在设备上从事其他工作时,不停电、不闭锁、不挂停电牌	井下电钳工	检修机电设备或在设备上从事其他工作时,要停电、闭锁、挂停电牌	井下电钳工	规范操作
井下电钳工	R_JXDQG06	修理调整高压电气设备无工作票和施工安全措施	井下电钳工	修理调整高压电气设备必须有工作票和施工安全措施	井下电钳工	修理调整高压电气设备时,严格按措施执行
井下电钳工	R_JXDQG07	检修电气设备未按规定进行停电、验电、放电、挂接地线、挂警示牌、检查瓦斯	井下电钳工	检修电气设备按规定进行停电、验电、放电、挂接地线、挂警示牌、检查瓦斯	井下电钳工	按规定检修电气设备
井下电钳工	R_JXDQG08	机电设备未按规定、定期进行技术性能测定和预防性试验	井下电钳工	机电设备按规定每半年进行一次技术性能测定和预防性试验	井下电钳工	按规定进行技术性能测定和预防性试验
井下电钳工	R_JXDQG09	电气设备检修前未对检修地点瓦斯浓度进行检查	井下电钳工	电气设备检修前要对检修地点瓦斯浓度进行检查,瓦斯浓度超过1.0%时,不得检修	井下电钳工	检修前认真检查瓦斯浓度
井下电钳工	R_JXDQG10	检修电气设备完成后未摘除警示牌,闭锁复位	井下电钳工	电气设备检修完成后,要摘除警示牌,将闭锁复位	井下电钳工	检修电气设备完成后,及时摘除警示牌,闭锁复位
井下电钳工	R_JXDQG11	高压停送电无工作票、倒闸操作票,未严格执行"两票三制"工作制度	井下电钳工	高压停送电要有工作票、倒闸操作票,严格执行"两票三制"工作制度	井下电钳工	规范操作,严格执行好"两票三制"工作制度
井下电钳工	R_JXDQG12	操作高压电气设备主回路不戴绝缘手套、不穿绝缘靴或不站在绝缘台上	井下电钳工	操作高压电气设备主回路要戴绝缘手套、穿绝缘靴并站在绝缘台上	井下电钳工	操作高压电气设备主回路时,佩戴好防护用具
井下电钳工	R_JXDQG13	各种电气保护不按时进行试验	井下电钳工	各种电气保护要按时进行试验	井下电钳工	按规定进行保护试验,不得弄虚作假
井下电钳工	R_JXDQG14	电工操作使用不合格不齐全绝缘用品、用具	井下电钳工	电工操作必须使用合格、齐全的绝缘用品、用具	井下电钳工	作业前,检查绝缘用品、用具是否合格,能正常使用
井下电钳工	R_JXDQG15	电气设备及电缆绝缘值低继续使用	井下电钳工	电气设备及电缆绝缘值必须符合操作规程规定	井下电钳工	使用前,加强设备检查,定期摇测
井下电钳工	R_JXDQG16	电缆之间的连接,未用与电气设备性能相符的接线盒	井下电钳工	电缆之间的连接,必须使用与电气设备性能相符的接线盒	井下电钳工	按规定使用与电气设备性能相符的接线盒

续附表 1-1

管理对象名称	不安全状态编号	不安全状态名称	受控对象名称	管理标准	施控主体名称	管理措施
井下电钳工	R_JXDQG17	未按规定使用煤安标志产品、粘贴设备标志牌	井下电钳工	按规定使用煤安标志产品、黏贴设备标志牌	井下电钳工	检查检查,确保煤安标志、设备标志牌齐全
井下电钳工	R_JXDQG18	保险丝用铜(铝、铁)丝等代替	井下电钳工	保险丝不得用铜(铝、铁)丝等代替	井下电钳工	使用合格的保险丝
井下电钳工	R_JXDQG19	拆除电器设备时,随意截割电缆	井下电钳工	拆除电器设备时,不得截割电缆	井下电钳工	不得随意截割电缆
井下电钳工	R_JXDQG20	操作过程中损坏电缆不及时处理	井下电钳工	规范操作行为,操作过程中不得损坏电缆	井下电钳工	操作过程中损坏电缆或损伤电缆致使露出芯线的必须及时处理
掘进机司机	R_JJJSJ01	铲板前方及掘进机附近有人就开机	掘进机司机	铲板前方及掘进机附近有人,严禁开机	掘进机司机	掘进机司机开机前必须撤出前方机附近人员,才能开机
掘进机司机	R_JJJSJ02	不按规定截割割坏金属网	掘进机司机	掘进机司机必须规范操作	掘进机司机	掘进机司机按规定截割,防止割坏金属网
掘进机司机	R_JJJSJ03	停机不停电闭锁或急停开关不正常使用	掘进机司机	停机必须停电闭锁并且急停开关可正常使用	掘进机司机	掘进机司机停机必须停电闭锁,必须正常使用急停开关
掘进机司机	R_JJJSJ04	截割头正常运转时变速	掘进机司机	截割头正常运转时严禁变速	掘进机司机	掘进机司机严禁截割头正常运转时变速
掘进机司机	R_JJJSJ05	使用截割头起吊各种物料	掘进机司机	不得使用截割头起吊各种物料	掘进工	提高工作责任心,按规程操作,不使用截割头起吊物料
掘进机司机	R_JJJSJ06	随意留顶、底煤	掘进机司机	严禁随意留顶、底煤	掘进机司机	在无相关措施规定情况下,掘进机司机不得随意留顶、底煤时
掘进机司机	R_JJJSJ07	大块煤(矸)未破碎上胶带	掘进机司机	大块煤(矸)未破碎不得上胶带	掘进工	加强检查,发现大块及时处理
掘进机司机	R_JJJSJ08	停机截割头未落地	掘进机司机	掘进机停机截割头必须落地	掘进机司机	掘进机司机停机前必须将截割头落地
掘进机司机	R_JJJSJ09	截割头上有铁丝等杂物,未及时停机处理	掘进机司机	截割头上有铁丝等杂物,要及时停机处理	掘进机司机	发现截割头上有铁丝等杂物,掘进机司机及时停机处理
掘进机司机	R_JJJSJ10	没有检查截齿齐全、完好情况	掘进机司机	掘进机截齿要齐全、完好	掘进机司机	掘进机司机开机前检查截齿情况,保证齐全、完好
掘进机司机	R_JJJSJ11	没有检查警铃情况	掘进机司机	警铃要完好可用	掘进机司机	掘进机司机开机前检查警铃情况,保证完好可用

续附表 1-1

管理对象名称	不安全状态编号	不安全状态名称	受控对象名称	管理标准	施控主体名称	管理措施
掘进机司机	R_JJJSJ12	没有检查操作手把、开关情况	掘进机司机	掘进机操作手把、开关要完好	掘进机司机	掘进机司机开机前检查操作手把、开关情况，保证完好可用
掘进机司机	R_JJJSJ13	掘进机内外喷雾不完好继续开机	掘进机司机	掘进机内外喷雾要完好，能够正常使用	掘进机司机	掘进机司机开机前检查掘进机内外喷雾，保证正常使用
空压机司机	R_KYJSJ01	电话不完好，运行记录、交接班记录不全	空压机司机	要确保电话通畅完好，认真填写运行记录及交接班记录	空压机司机	空压机司机每班确认通讯通畅，规范填写各类记录
空压机司机	R_KYJSJ02	消防器材、绝缘用具不齐全、不完好	空压机司机	消防器材、绝缘用具要齐全、完好	空压机司机	适时检查消防器材、绝缘用具，保证齐全、完好
空压机司机	R_KYJSJ03	风包内的油水混合物较多	空压机司机	风包内必须保持清洁，不得有油水混合物	空压机司机	空压机司机要每班对风包内的油水混合物进行清理
空压机司机	R_KYJSJ04	高压柜、低压柜运行不正常就开机	空压机司机	高压柜、低压柜要运行正常	空压机司机	加强对整流柜、高压柜的维护管理，保证运行正常
空压机司机	R_KYJSJ05	压风机运行不正常、备用机不完好	空压机司机	压风机要运行正常、备用机完好	空压机司机	加强对压风机检查管理，保证运行正常、备用机完好
空压机司机	R_KYJSJ06	压风机综合保护装置失灵	空压机司机	压风机综合保护装置要完好、可靠	空压机司机	定期检查压风机综合保护装置，保证完好、可靠
空压机司机	R_KYJSJ07	不按操作规程开启和停止空压机	空压机司机	岗位工要严格按规程开启和停止空压机	空压机司机	岗位工要严格按规程开启和停止空压机
空压机司机	R_KYJSJ08	空气压缩机各系统发生故障时未立即停机检查处理	空压机司机	岗位工要按时进行设备巡回检查，发现异常要及时处理和汇报工区	空压机司机	岗位工要按时进行设备巡回检查，发现异常要及时处理和汇报工区
空压机司机	R_KYJSJ09	风包内的油水混合物每班不排放或敲击、碰撞风包	空压机司机	风包内的油水混合物每班都要进行清理，禁止敲击、碰撞风包	空压机司机	风包内的油水混合物每班都要进行清理，禁止敲击、碰撞风包
空压机司机	R_KYJSJ10	运行产生噪音	空压机司机	岗位工工作地点的噪音大小不能超过100 dB(A)	空压机司机	空压机司机要按规定佩戴好耳塞等劳保用品，不可长时间站在空压机附近

续附表 1-1

管理对象名称	不安全状态编号	不安全状态名称	受控对象名称	管理标准	施控主体名称	管理措施
空压机司机	R_KYJSJ11	安全阀和断水保护不完好	空压机司机	安全阀和断水保护必须完好，断水保护要每天进行检查，并做好记录	空压机司机	① 加强日常巡检，确保各种阀门和保护完好；② 岗位工要严格要求对断水保护进行试验，并认真填写试验记录
空压机司机	R_KYJSJ12	安全阀和断水保护未按时试验并做好记录	空压机司机	空压机司机必须每天对安全阀和断水保护进行试验，并做好试验记录	空压机司机	空压机司机必须每天对安全阀和断水保护进行试验，并做好试验记录
空压机司机	R_KYJSJ12	安全阀和断水保护未按时试验并做好记录	空压机司机	空压机运行过程中，各种仪表必须指示正常，无异味、异响	空压机司机	① 加强日常检修，及时更换不能正常指示的仪表，处理和汇报发现的异常情况；② 加强巡回检查，发现问题及时汇报和处理
矿井泵工	R_KJBG01	闲杂人员进入要害场所不制止	矿井泵工	岗位工要对想要害场所的闲杂人员予以制止	矿井泵工	岗位工要对想进入要害场所的闲杂人员予以制止
矿井泵工	R_KJBG02	水仓水位控制器失灵	矿井泵工	水仓必须加设水位自动报警和机械水位观测装置	矿井泵工	实时观测水仓水位，发现水位控制器失灵，及时维修处理
矿井泵工	R_KJBG03	运转部位保护设施不齐全	矿井泵工	运转部位保护设施要齐全可靠	矿井泵工	加强检查，保护不齐全及时处理
矿井泵工	R_KJBG04	出水阀门关不紧或漏水	矿井泵工	主排水泵停泵前，必须关紧出水闸门再停泵，且出水管路不得漏水	矿井泵工	矿井泵工每班检查排水泵阀门与排水管路，确保正常排水
矿井泵工	R_KJBG05	盘根漏水	矿井泵工	排水泵盘根适度压紧，排水时做到滴水不成线	矿井泵工	矿井泵工每班检查排水泵，确保水泵盘根完好，正常可用
矿井泵工	R_KJBG06	仪表不齐全，指示不正确，各阀门操作不灵活继续使用	矿井泵工	水泵各类仪表要完好，各操作阀门灵活可靠	矿井泵工	主排水泵司机在开机前要检查好设备、仪表和各种阀门的完好情况，确认完好后才能开机
矿井泵工	R_KJBG07	观察水仓水位不及时或水位报警仪不正常	矿井泵工	主排水泵司机要每隔一小时进行一次设备巡检，对发现的异常情况及时处理和汇报	矿井泵工	主排水泵司机要每隔一小时进行一次设备巡检，对发现的异常情况及时处理和汇报

续附表 1-1

管理对象名称	不安全状态编号	不安全状态名称	受控对象名称	管理标准	施控主体名称	管理措施
矿井泵工	R_KJBG08	不按规定程序开启水泵	矿井泵工	水泵司机要严格按规程开启水泵	矿井泵工	水泵司机要熟悉水泵开启程序，严格按规程开启水泵
矿井泵工	R_KJBG09	电动阀门、水泵、射流泵及主电机、远控柜等运行不正常未汇报或处理	矿井泵工	电动阀门、水泵、射流泵及主电机、远控柜要正常运行	矿井泵工	电动阀门、水泵、射流泵及主电机、远控柜要加强维护管理，保证正常运行
矿井泵工	R_KJBG10	水泵频繁启停	矿井泵工	水泵不得频繁启动	矿井泵工	加强工作落实，不得频繁启停水泵
矿井泵工	R_KJBG11	积水中杂物多，未清理	矿井泵工	排水水质差的排水泵，必须加设过滤网	矿井泵工	积水中存有杂物及时清理，要检查水泵外围过滤网是否完好
配电工	R_PDG01	高压停送电无工作票、倒闸操作票，未严格执行“两票三制”工作制度	配电工	高压操作必须严格执行“两票三制”工作制	配电工	变配电工高压操作必须严格执行“两票三制”工作制
配电工	R_PDG02	操作高压设备时不戴绝缘手套、穿绝缘靴或不站在绝缘台上进行	配电工	电工操作高压设备时必须戴绝缘手套、穿绝缘靴且站在绝缘台上进行	配电工	电工操作高压设备时必须戴绝缘手套、穿绝缘靴且站在绝缘台上进行
配电工	R_PDG03	倒闸操作时带负荷进行或不执行一人操作、一人监护	配电工	倒闸操作时禁止带负荷进行，倒闸操作必须一人操作、一人监护	配电工	倒闸操作时禁止带负荷进行，倒闸操作必须一人操作、一人监护
配电工	R_PDG04	巡检不到位，对设备隐患未及时发现	配电工	变配电工必须每小时进行一次设备巡检，发现设备异常要及时处理和汇报	配电工	变配电工对设备巡检，发现异常要及时汇报处理
配电工	R_PDG05	随意调整开关保护整定值，甩保护；各种保护不按时进行试验	配电工	变配电工不得随意更改开关的整定值或甩掉开关保护，各种保护试验必须按规定进行试验	配电工	变配电工不得随意更改开关的整定值或甩掉开关保护，各种保护试验必须按规定进行试验
配电工	R_PDG06	发生停电故障未查找停电原因，带故障强行送电	配电工	变配电工发现设备出现故障或异常后要及时汇报工区值班人员，发生停电故障后，要先检查原因，待故障解除后再送电	配电工	变配电工发现设备出现故障或异常后要及时汇报工区值班人员，发生停电故障后，要先检查原因，待故障解除后再送电

续附表 1-1

管理对象名称	不安全状态编号	不安全状态名称	受控对象名称	管理标准	施控主体名称	管理措施
配电工	R_PDG07	各种保护不按时进行试验	配电工	按时进行各类保护试验	配电工	各类保护定期试验
配电工	R_PDG08	设备出现故障或事故不及时汇报，发生停电故障未查找停电原因，带故障强行送电	配电工	变配电工发现设备出现故障或异常后要及时汇报工区值班人员，发生停电故障后，要先检查原因，待故障解除后再送电	配电工	变配电工发现设备出现故障或异常后要及时汇报工区值班人员，发生停电故障后，要先检查原因，待故障解除后再送电
配电工	R_PDG09	未经批准带领外来人员进入要害工作场所	配电工	未经相关部门同意，变配电工不得让闲杂人员进入要害场所	配电工	闲杂人员进入要害场所，变配电工必须制止
输送机司机	R_SSJSJ01	输送机开机前未检查机头、机尾滚筒、护网完好和固定情况	输送机司机	输送机的机头、机尾及滚筒要固定牢固，并有金属防护网	输送机司机	开机前要检查机头、机尾、滚筒、护网完好固定情况
输送机司机	R_SSJSJ02	刮板输送机开机前未检查溜槽、刮板链及连接螺丝完好情况	输送机司机	刮板输送机溜槽、刮板链及连接螺丝要完好	输送机司机	刮板输送机开机前要检查溜槽、刮板链及连接螺丝完好情况
输送机司机	R_SSJSJ03	胶带头挡煤板护皮损坏未处理开机	输送机司机	胶带头挡煤板护皮损坏必须及时处理	输送机司机	胶带头挡煤板护皮损坏不得开机
输送机司机	R_SSJSJ04	胶带清扫器不完好、托辊不齐全就开机	输送机司机	胶带清扫器要完好，托辊要齐全	输送机司机	开机前要检查胶带清扫器是否完好、托辊是否齐全
输送机司机	R_SSJSJ05	信号不清或不按信号开机	输送机司机	信号要完好、清晰，司机要按信号开机，信号不清不得开机	输送机司机	输送机司机要按信号开、停机
输送机司机	R_SSJSJ06	胶带接头不完好就开机	输送机司机	胶带输送机胶带接头必须完好	输送机司机	开机前要检查胶带接头是否完好
输送机司机	R_SSJSJ07	输送机上有人就开机	输送机司机	输送机上有人不得开机	输送机司机	开机前要检查输送机上是否有人，开机前要进行预警
输送机司机	R_SSJSJ08	胶带运行将控制器打在手动上	输送机司机	无特殊情况，胶带运行不能将控制器打在手动上	输送机司机	控制器不得打在手动上
输送机司机	R_SSJSJ09	胶带卸载点处有积煤未处理	输送机司机	胶带卸载点处有积煤要及时处理	输送机司机	胶带卸载点处有积煤必须及时处理
输送机司机	R_SSJSJ10	不按规定进行巡回检查	输送机司机	按规定进行巡回检查	输送机司机	按规定进行巡回检查，发现问题及时汇报或处理
输送机司机	R_SSJSJ11	喷雾不正常使用或不能正常使用	输送机司机	输送机转载点喷雾要完好、可靠，开机时正常使用	输送机司机	开机前要检查喷雾能否正常使用

续附表 1-1

管理对象名称	不安全状态编号	不安全状态名称	受控对象名称	管理标准	施控主体名称	管理措施
输送机司机	R_SSJSJ12	各种保护不按时进行试验、不完好	输送机司机	各类保护要每班进行试验,确保完好	输送机司机	按规定对各种保护进行试验
输送机司机	R_SSJSJ13	胶带上有大块、长物料等影响胶带运行安全不停机处理	输送机司机	影响胶带运行的大块、长物料等,不得上胶带运输	输送机司机	输送机司机发现胶带上有大块、长物料等,必须及时停机处理
通风安全监测工	R_TFAQJCG01	局部通风机无风电、瓦斯电闭锁功能或断电功能不正常	通风安全监测工	局部通风机要设有风电闭锁、瓦斯电闭锁,确保断电功能正常	通风安全监测工	局部通风机开机供风前,必须加设风电、瓦斯电闭锁装置,并定期试验保证有效断电
通风安全监测工	R_TFAQJCG02	传感器安设、悬挂位置不当、数量不足、不及时维修标校、试验	通风安全监测工	按规定在机电设备硐室、工作面回风巷、采区回风巷安设传感器,并定期维修、标校	通风安全监测工	按规程要求安设传感器,并及时维修标校、试验
通风安全监测工	R_TFAQJCG03	传感器显示数据不准、误差超过规定	通风安全监测工	便携仪、传感器显示数据要准确	通风安全监测工	便携仪、传感器显示数据不准、误差超过规定
通风安全监测工	R_TFAQJCG04	未按规定进行风电、瓦斯电闭锁试验和断电功能测试或无记录、记录不全	通风安全监测工	每 10 d 进行一次闭锁试验和断电功能测试,并做好记录	通风安全监测工	按规定定期进行闭锁试验和断电功能测试,并规范记录
瓦斯检查工	R_WSJCG01	瓦斯检查仪不合格下井使用	瓦斯检查工	瓦斯检查仪必须合格有效才能下井使用	瓦斯检查工	入井前,认真检查瓦斯检查仪完好情况
瓦斯检查工	R_WSJCG02	检查瓦斯前未在新鲜风流中对零	瓦斯检查工	检查瓦斯前光瓦要在新鲜风流中进行对零	瓦斯检查工	工区管理人员加强监管,发现不凋零的进行处罚
瓦斯检查工	R_WSJCG03	硐室、机电设备安装地点未按规定设点或未进行瓦斯检查	瓦斯检查工	硐室、机电设备安装地点严格按规定设点并进行瓦斯检查,每班不得少于1次	瓦斯检查工	按设点计划进行瓦斯检查
瓦斯检查工	R_WSJCG04	瓦斯检查空班、漏检、假检或不“三对口”	瓦斯检查工	严格执行瓦斯巡回检查制度和请示报告制度按矿规定的巡回检查路线进行检查瓦检员要严格按照确定的地点、次数、检查方式进行检查,做到瓦斯检查“三对口”、“班组长签字”,严禁虚报、假报,严禁空班漏检和假检	瓦斯检查工	落实责任,杜绝空班、漏检、假检,做到“三对口”

续附表 1-1

管理对象名称	不安全状态编号	不安全状态名称	受控对象名称	管理标准	施控主体名称	管理措施
瓦斯检查工	R_WSJCG05	未按规定交接班	瓦斯检查工	严格执行现场交接班制度,认真填写交接班记录	瓦斯检查工	井下设立交接班站,并落实好交接班制度
瓦斯检查工	R_WSJCG06	发现瓦斯超限不及时处理、汇报	瓦斯检查工	恢复通风前必须检查瓦斯,只有恢复通风的巷道风流中瓦斯浓度不超过1.0%和二氧化碳浓度不超过1.5%时,方可人工恢复局部通风机供风巷道内电气设备的供电和采区回风系统内的供电,恢复通风	瓦斯检查工	恢复通风前,按规定进行瓦斯检查
瓦斯检查工	R_WSJCG06	发现瓦斯超限不及时处理、汇报	瓦斯检查工	"一炮三检"记录数据不得涂改、记录完整	瓦斯检查工	认真填写"一炮三检"记录
瓦斯自动检测报警系统维修工	R_WSJCWXG01	瓦斯自动检测报警系统未定期检查校正	瓦斯自动检测报警系统维修工	定期对瓦斯自动检测报警系统进行检查校正	瓦斯自动检测报警系统维修工	瓦斯自动检测报警系统必须定期检查校正
信号把钩工	R_XHBGG01	钩头未挂好、安全设施未安装或不合格就发开车信号	信号把钩工	钩头挂好,安全设施齐全、完好才能发开车信号	信号把钩工	发开车信号前检查钩头是否挂好、安全设施是否完好
信号把钩工	R_XHBGG012	提升超挂车的,把钩工未执行"六不挂"	信号把钩工	提升超挂车的,把钩工严格执行"六不挂":安全设施不齐全可靠不挂、信号联系不通不挂、"四超"(长、宽、高、重)车辆无运输安全措施不挂、料车装得不标准不挂、连接装置不合格不挂、斜巷有行人不挂	信号把钩工	提升超挂车时,加强检查
信号把钩工	R_XHBGG02	信号把钩工发送的信号不明确	信号把钩工	信号把钩工发送明确的信号	信号把钩工	认真负责,发出的信号要明确
信号把钩工	R_XHBGG03	信号发出后未及时进入躲避硐	信号把钩工	信号发出后把钩工要及时进入躲避硐	信号把钩工	提高安全意思,信号发出后及时进入躲避硐,确保安全
信号把钩工	R_XHBGG04	把钩工操作时,头和身体伸入两车之间进行操作	信号把钩工	把钩工操作时,头和身体不得伸入两车之间进行操作	信号把钩工	合理站位,规范操作

续附表 1-1

管理对象名称	不安全状态编号	不安全状态名称	受控对象名称	管理标准	施控主体名称	管理措施
信号把钩工	R_XHBGG05	斜巷运输时，不使用闭锁插销或插销不闭锁，不用保险绳的	信号把钩工	斜巷运输时，正确使用闭锁插销，严禁不使用保险绳运输	信号把钩工	发出信号前认真检查
信号把钩工	R_XHBGG06	无措施用马蹬或者其他物品代替插销	信号把钩工	无措施严禁使用马蹬或者其他物品代替插销	信号把钩工	规范操作，严格按措施施工
信号把钩工	R_XHBGG07	信号把钩工站在轨道内侧或车辆未停稳时摘挂钩或提拉、脚蹬钢丝绳	信号把钩工	信号把钩工不能站在轨道内侧摘挂钩，车辆停稳后方可摘挂钩，不得提拉、脚蹬钢丝绳	信号把钩工	信号把钩工合理站位、规范操作
信号把钩工	R_XHBGG08	斜巷提升变坡点以上留有余绳放车	信号把钩工	斜巷提升变坡点以上不能留有余绳放车	信号把钩工	加强检查，斜巷运输时，要使用闭锁插销、保险绳
信号把钩工	R_XHBGG09	提升斜巷中停车后，未采取可靠掩车措施就上车作业	信号把钩工	提升斜巷中停车后，必须与司机明确联系后，并采取可靠掩车措施才能上车作业	信号把钩工	提升斜巷中停车后，要与司机联系并采取可靠措施
信号把钩工	R_XHBGG10	提升、运输、安装、检修过程中错发、误发或不用信号	信号把钩工	提升、运输、安装、检修过程中必须正确使用信号	信号把钩工	工作认真，正确使用信号，确保不错发、误发
信号把钩工	R_XHBGG11	车场把钩工对封车状况检查不到位	信号把钩工	车场把钩工对封车状况检查到位	信号把钩工	对封车情况加强检查
主副井提升信把工	R_JD_ZFJTSXBG01	提升、检修的过程中错发、误发或不用信号	主副井提升信把工	信号的发出必须准确无误	主副井提升信把工	加强工作责任心，按规定发信号
主副井提升信把工	R_JD_ZFJTSXBG02	井口检身不认真，造成违禁物品下井、饮酒者入井	主副井提升信把工	下井人员禁止携带火柴、火机、不防爆电话等违禁物品，禁止酒后下井	主副井提升信把工	加强工作落实，认真做好井口检身工作
主副井提升信把工	R_JD_ZFJTSXBG03	信号闭锁保护不正常使用，不处理就进行操作	主副井提升信把工	信号闭锁必须完好、可靠	主副井提升信把工	操作前提前检查好信号闭锁情况，信号闭锁不能正常使用不准操作
主副井提升信把工	R_JD_ZFJTSXBG04	副井上下人期间，将车辆推入第二道阻车器以内	主副井提升信把工	副井上下人期间，信号工不得将矿车推至第二道阻车器以内	主副井提升信把工	规范操作，不得在上下人期间将矿车推至第二道阻车器以内

续附表 1-1

管理对象名称	不安全状态编号	不安全状态名称	受控对象名称	管理标准	施控主体名称	管理措施
主副井提升信把工	R_JD_ZFJTSXBG05	副井口、副井底不按规定行走，逗留的，不制止	主副井提升信把工	①下井人员必须从进车侧出罐笼，经洗脚池到工作地点；上井人员必须经洗脚池到副井底等候室等候上罐笼； ②副井口、底禁止闲杂人员逗留	主副井提升信把工	加强管理，发现人员不按规定行走及时制止
主副井提升信把工	R_JD_ZFJTSXBG06	同一层罐笼内人员和物料混合提升	主副井提升信把工	同一层罐笼禁止内人员和物料混合提升	主副井提升信把工	规范操作，不得混合提升
主副井提升信把工	R_JD_ZFJTSXBG07	跨越运行中的推车器或两矿车之间	主副井提升信把工	禁止跨越运行中的推车器和两矿车之间	主副井提升信把工	提高安全意识，规范操作行为
主副井提升信把工	R_JD_ZFJTSXBG08	副井井口、井底把钩工罐笼未完全到位，就允许乘罐人员走出候车室门或亮允许通行灯	主副井提升信把工	信把钩工必须等罐笼到位后，才能允许人员上下罐笼	主副井提升信把工	提高工作责任心，待罐笼完全到位后，方可允许乘罐人员走出候车室门或亮允许通行灯
主副井提升信把工	R_JD_ZFJTSXBG09	上、下井口阻车器内存放车辆超限	主副井提升信把工	井口、底阻车器之间的车辆不能超过两辆	主副井提升信把工	加强工作落实，按规定操作
主副井提升信把工	R_JD_ZFJTSXBG10	罐笼超员，闲杂人员进入井口房不进行制止	主副井提升信把工	大罐单层提升人数不能超过38人，小罐单层提升人数不能超过23人，闲杂人员禁止进入井口房	主副井提升信把工	加强工作落实，严格按照规定控制人员上下井
主副井提升信把工	R_JD_ZFJTSXBG11	人员未完全进入罐笼，把钩工就放罐帘危及人身安全	主副井提升信把工	人员必须全部进入罐笼后，把钩工才能发出下方罐帘的信号	主副井提升信把工	提高工作责任心，规范操作
液压泵站工	R_YYBZG01	开泵前未检查泵体各部件、管路和泵体油位	液压泵站工	乳化泵各部位管路连接牢靠，油位不低于2/3	液压泵站工	液压泵站工每班检查乳化泵管路连接和油位，保证正常运行
液压泵站工	R_YYBZG02	乳化浓度比不合格	液压泵站工	乳化液配比浓度为3%～5%	液压泵站工	严格控制好乳化液配比浓度
液压泵站工	R_YYBZG03	未按规定使用乳化液自动配液装置	液压泵站工	浓度配比计必须正常使用，现场配备浓度表，检测乳化液浓度	液压泵站工	正常使用浓度配比计和现场配备浓度表，保证乳化液浓度合格

续附表 1-1

管理对象名称	不安全状态编号	不安全状态名称	受控对象名称	管理标准	施控主体名称	管理措施
液压泵站工	R_YYBZG04	乳化泵未从滤网口加油、未按规定换油、未清扫油池、水箱	液压泵站工	乳化泵运行 150 h 内对泵站进行清理	液压泵站工	液压泵站工及时对泵站进行清理
液压泵站工	R_YYBZG05	开停泵时，未向工作面发出开信号	液压泵站工	开停泵时，必须向工作面发出开停泵信号	液压泵站工	液压泵站工先向工作面发出开停泵信号，才能开停泵
液压泵站工	R_YYBZG06	检修或更换泵站的机械液压元件时，控制开关未闭锁或者带压作业	液压泵站工	检修乳化泵时必须停机闭锁	液压泵站工	液压泵站工确认停机闭锁后再检修乳化泵
液压泵站工	R_YYBZG07	不安信号开泵	液压泵站工	必须等工作面人员发出开机信号并确认后方可开机	液压泵站工	必须等工作面人员发出开机信号并确认后方可开机
液压泵站工	R_YYBZG08	未按规定延时开泵	液压泵站工	必须发出信号 5 s 以后方可开机	液压泵站工	液压泵站工发出信号延时 5 s 以后方可开机
液压泵站工	R_YYBZG09	乳化泵漏液不及时处理	液压泵站工	乳化泵漏液要及时处理	液压泵站工	液压泵站工及时处理乳化泵漏液
液压泵站工	R_YYBZG10	使用前未排除进液腔气体	液压泵站工	乳化泵修复后或第一次使用时，要排除进液腔气体	液压泵站工	乳化泵修复后或第一次使用时，要排除进液腔气体
液压泵站工	R_YYBZG11	乳化油桶及乳化泵箱不及时封盖	液压泵站工	乳化泵水箱、油桶及时封盖，杜绝杂物进入水箱	液压泵站工	乳化泵水箱、油桶及时封盖，杜绝杂物进入水箱
液压泵站工	R_YYBZG12	停泵后未将各控制阀打到非工作位置	液压泵站工	乳化泵停机必须将泵把手打到零位上	液压泵站工	液压泵站工在乳化泵停机后确认把手打到零位上
主提升机司机	R_ZTSJSJ01	无监护司机，司机单岗作业	主提升机司机	主提升机司机禁止单岗作业，监护司机和操作司机要做好互保联保	主提升机司机	提升机司机禁止单岗作业，监护司机和操作司机要做好互保联保
主提升机司机	R_ZTSJSJ02	主提绞车联络信号不清晰	主提升机司机	绞车运输信号必须清晰无杂音，保证可靠联络	主提升机司机	主提升机司机必须规范作业，信号不清不开
主提升机司机	R_ZTSJSJ03	滚筒前方未加防护罩	主提升机司机	滚筒前方必须安设栅栏，并悬挂闲杂人员禁止靠近牌板	主提升机司机	主提升机司机在打扫卫生或巡检时要注意安全，避免被转动部位碰伤
主提升机司机	R_ZTSJSJ04	电话不完好，运行记录、交接班记录不全	主提升机司机	要确保电话通畅完好，认真填写运行记录及交接班记录	主提升机司机	每班确认通讯通畅，规范填写各类记录

续附表 1-1

管理对象名称	不安全状态编号	不安全状态名称	受控对象名称	管理标准	施控主体名称	管理措施
主提升机司机	R_ZTSJSJ05	斜巷提升绞车钩头弯曲变形严重	主提升机司机	斜巷提升绞车钩头必须完好，钩头一个捻距内断丝与钢丝绳总断面积之比不得超过10%，钢丝绳磨损后直径减小不得超过10%	主提升机司机	绞车司机禁止向盘形闸闸盘上洒水，尽量减少闸盘锈蚀
主提升机司机	R_ZTSJSJ06	操作台、信号、控制柜等运行不正常开机	主提升机司机	操作台、信号、控制柜等要正常运行	主提升机司机	加强对操作台、信号、控制柜等维护管理，保证正常运行
主提升机司机	R_ZTSJSJ07	滚筒、主电机、液压制动系统等不正常开机	主提升机司机	滚筒、主电机、液压制动系统要运行正常	主提升机司机	加强对滚筒、主电机、液压制动系统的维护管理，保证运行正常
主提升机司机	R_ZTSJSJ08	整流柜、高压柜运行不正常开机	主提升机司机	整流柜、高压柜要运行正常	主提升机司机	加强对整流柜、高压柜的维护管理，保证运行正常
主提升机司机	R_ZTSJSJ09	冷却风机及启动装置运行不正常开机	主提升机司机	冷却风机及启动装置要运行正常	主提升机司机	加强对冷却风机及启动装置的维护管理，保证运行正常
主提升机司机	R_ZTSJSJ10	变压器、电抗器、直流快开等运行不正常开机	主提升机司机	变压器、电抗器、直流快开等要运行正常	主提升机司机	加强对变压器、电抗器、直流快开等的维护管理，保证运行正常
主提升机司机	R_ZTSJSJ11	消防器材、绝缘用具不齐全、不完好	主提升机司机	消防器材、绝缘用具要齐全、完好	主提升机司机	适时检查消防器材、绝缘用具，保证齐全、完好
主提升机司机	R_ZTSJSJ12	提升机运行中出现异常时，未紧急停车	主提升机司机	提升机运行中出现以下情况时，必须紧急停车： ① 场工作闸操作失灵； ② 接到紧急停车信号； ③ 过正常减速位置，不能正常减速； ④ 提升机主要部件失灵或出现严重故障时； ⑤ 保护装置失效，可能发生重大事故时； ⑥ 有其他异常时	主提升机司机	提升机运行中出现异常时，必须紧急停车，立即汇报处理

续附表 1-1

管理对象名称	不安全状态编号	不安全状态名称	受控对象名称	管理标准	施控主体名称	管理措施
主提升机司机	R_ZTSJSJ13	保护试验不及时或造假	主提升机司机	主提升机司机必须每天进行一次保护试验,并认真填写试验记录	主提升机司机	主提升机司机必须每天进行一次保护试验,并认真填写试验记录
主提升机司机	R_ZTSJSJ14	绞车司机打连勤上岗的,开车期间聊天	主提升机司机	主提升机司机开车期间禁止嬉戏打闹、聊天,禁止打连勤	主提升机司机	主提升机司机开车期间禁止嬉戏打闹、聊天,禁止打连勤
主提升机司机	R_ZTSJSJ15	绞车运行期间司机双手离开闸把	主提升机司机	主提升机司机开车期间禁止双手离开闸把	主提升机司机	主提升机司机开车期间双手握紧闸把
装岩机司机	R_ZYJSJ01	开机前未检查回头轮固定情况	装岩机司机	回头轮要完好、固定牢固	装岩机司机	开机前检查回头轮固定情况,发现问题及时处理
装岩机司机	R_ZYJSJ02	开机前未检查钢丝绳及耙头连接情况	装岩机司机	钢丝绳与耙头连接要完好、可靠,耙头统一使用溜子连接环、链子进行连接,不得使用其他连接装置代替	装岩机司机	开机前检查钢丝绳及耙头连接情况
装岩机司机	R_ZYJSJ03	开机前未检查耙装机护栏完好情况	装岩机司机	耙装机必须装有封闭式金属挡绳栏和防耙斗出槽的护栏	装岩机司机	开机前检查耙装机护栏完好情况,发现问题及时处理
装岩机司机	R_ZYJSJ04	耙装机固定不牢固就开机	装岩机司机	使用前必须将机身和尾轮固定牢靠	装岩机司机	每班开机前检查耙装机固定情况,出现问题及时处理
装岩机司机	R_ZYJSJ05	耙装机照明不完好或未正常使用	装岩机司机	耙装机作业时必须照明,且照明灯高度距轨面不得低于1.8 m	装岩机司机	每班开机前检查耙装机照明完好情况,确保能够正常使用
装岩机司机	R_ZYJSJ06	开机前未检查瓦斯传感器悬挂情况	装岩机司机	耙装作业前,甲烷传感器必须悬挂在耙斗作业段的上方	装岩机司机	加强管理、检查,确保瓦斯传感器正确悬挂
装岩机司机	R_ZYJSJ07	开机前未检查风筒吊挂情况	装岩机司机	风筒悬挂平直,末节风筒距迎头距离不得超过15 m	装岩机司机	开机前,装岩机司机确认风筒吊挂合格,正常供风
装岩机司机	R_ZYJSJ08	耙装时耙头运行范围内有风水管、电缆或其他障碍物	装岩机司机	耙装时耙头运行范围内不得风水管、电缆或其他障碍物	装岩机司机	耙装运行前,检查耙头运行范围内有无风水管、电缆或其他障碍物
装岩机司机	R_ZYJSJ09	耙装机运行范围内有人逗留或工作就开耙装机	装岩机司机	耙装机运行范围内有人逗留或工作严禁开耙装机	装岩机司机	加强管理,开耙装机前,检查运行范围内是否有人逗留或工作

续附表 1-1

管理对象名称	不安全状态编号	不安全状态名称	受控对象名称	管理标准	施控主体名称	管理措施
装岩机司机	R_ZYJSJ10	未正常使用耙装喷雾	装岩机司机	正常使用耙装喷雾	装岩机司机	加强现场检查，确保耙装喷雾完好，能够正常使用
装岩机司机	R_ZYJSJ11	超规定距离耙装	装岩机司机	无措施严禁超规定距离耙装，耙装机作业时，其与掘进工作面的最大和最小允许距离必须在作业规程中明确规定	装岩机司机	按规定执行，不得超规定距离耙装
装岩机司机	R_ZYJSJ12	耙装时违反平行作业管理规定或平行作业护栏闭锁不完好	装岩机司机	耙装与其他工作平行作业时必须符严格按作业规程管理执行	装岩机司机	落实好平行作业措施
装岩机司机	R_ZYJSJ13	斜巷耙装机两侧或下方有人移耙装机	装岩机司机	斜巷移耙装机时，两侧或下方不得有人	装岩机司机	加强检查，斜巷移耙装机，首先检查两侧或下方有无人员
装岩机司机	R_ZYJSJ14	停机不停电或不摘把手离开耙装机的	装岩机司机	停机必须停电闭锁，摘下操作把手	装岩机司机	加强检查，确保耙装机停机停电、摘除把手
磁选机司机	R_XX_CXJSJ01	未检查安全保护装置	磁选机司机	每班认真检查磁选机安全保护装置	磁选机司机	认真检查，发现问题及时处理
磁选机司机	R_XX_CXJSJ02	未及时检查清理磁选机分料箱、入料管	磁选机司机	开机前认真检查清理磁选机分料箱、入料管，防止堵塞	磁选机司机	发现磁选机分料箱或入料管堵塞，及时处理
磁选机司机	R_XX_CXJSJ03	未检查滚筒是否完好	磁选机司机	司机开机前认真检查滚筒完好情况，确保滚筒完好	磁选机司机	认真检查，发现问题及时汇报处理
磁选机司机	R_XX_CXJSJ04	未检查尾矿有无溢流	磁选机司机	认真检查，确保尾矿无溢流	磁选机司机	发现尾矿溢流及时汇报处理
离心机司机	R_XX_LXJSJ01	未检查离心机完好情况就开机	离心机司机	离心机启动前认真检查离心机完好情况，确保离心机完好可靠	离心机司机	发现离心机不完好，及时汇报处理
离心机司机	R_XX_LXJSJ02	直接开启主电机	离心机司机	先开启油泵电机，在开启主电机	离心机司机	规范操作，提高工作责任心，按顺序开机
离心机司机	R_XX_LXJSJ03	离心机润滑油油压不足	离心机司机	离心机进口处油压为0.1～0.35 MPa，润滑油油压要符合规定	离心机司机	加强检查，确保油压符合规定
离心机司机	R_XX_LXJSJ04	在停机时，先停油泵电机	离心机司机	按顺序停机，先停主电机再停油泵电机	离心机司机	规范操作，按顺序停机

续附表 1-1

管理对象名称	不安全状态编号	不安全状态名称	受控对象名称	管理标准	施控主体名称	管理措施
压滤机司机	R_XX_YLJSJ01	传动链不完好开机	压滤机司机	压滤机传动链要完好、连接牢固可靠	压滤机司机	加强检查，发现传动链不完好及时汇报处理
压滤机司机	R_XX_YLJSJ02	滤板、滤布不完好就开机	压滤机司机	地面不得有积水、积煤	压滤机司机	地面有积水、积煤及时处理
压滤机司机	R_XX_YLJSJ02	滤板、滤布不完好就开机	压滤机司机	滤板、滤布要保持完好	压滤机司机	加强检查，发现不完好及时处理、更换
压滤机司机	R_XX_YLJSJ03	油压不足开机	压滤机司机	加强检查，压滤机不得缺油，发现油质不好及时更换	压滤机司机	发现压滤机缺油、油质不好及时处理
压滤机司机	R_XX_YLJSJ04	滤液排水管缺失，滤液槽积煤	压滤机司机	加强管理，确保滤液排水管无缺失，滤液槽无积煤	压滤机司机	加强检查，发现问题，及时处理
压滤机司机	R_XX_YLJSJ05	开机前未检查周围人员情况	压滤机司机	压滤机司机开机前认真检查周围是否有人	压滤机司机	认真检查，发现周围有人不得开机
压滤机司机	R_XX_YLJSJ06	卸料前未开启刮板	压滤机司机	压滤机司机卸料前要开启刮板	压滤机司机	加强安全确认，确保卸料前开启刮板
压滤机司机	R_XX_YLJSJ07	入料完成没有及时停入料泵	压滤机司机	入料完成后及时停止入料泵	压滤机司机	提高责任心，入料完成后及时停入料泵
振动筛司机	R_XX_ZDSSJ01	开机前未检查振动筛周围是否有人	振动筛司机	振动筛附近有人不得开机	振动筛司机	加强检查，发现振动筛附近有人靠近及时制止
振动筛司机	R_XX_ZDSSJ02	入料槽及筛下溜槽不畅通	振动筛司机	入料槽及筛槽要保持畅通	振动筛司机	发现不畅通及时处理
振动筛司机	R_XX_ZDSSJ03	未按规定检查筛体紧固件是否完好、紧固	振动筛司机	筛体紧固件要保持完好、紧固、可靠	振动筛司机	加强检查，发现筛体紧固件不完好、不紧固、不可靠等及时处理
振动筛司机	R_XX_ZDSSJ04	未按规定检查激振器及润滑情况	振动筛司机	激振器要保持完好，润滑有效	振动筛司机	发现问题及时汇报处理
振动筛司机	R_XX_ZDSSJ05	未按规定检查减振弹簧弹性及橡胶弹簧的老化情况	振动筛司机	减振弹簧机橡胶弹簧要保持完好	振动筛司机	发现减振弹簧弹性差或橡胶弹簧老化，及时处理、更换
振动筛司机	R_XX_ZDSSJ06	未按规定检查筛板是否完好	振动筛司机	按规定检查筛板，确保完好	振动筛司机	发现筛板不完好及时处理
振动筛司机	R_XX_ZDSSJ07	未按操作规程进行送电	振动筛司机	按操作规定进行送电	振动筛司机	规范操作，严格按规程送电

续附表 1-1

管理对象名称	不安全状态编号	不安全状态名称	受控对象名称	管理标准	施控主体名称	管理措施
振动筛司机	R_XX_ZDSSJ08	未按操作程序进行操作	振动筛司机	按规定操作程序进行操作	振动筛司机	提高操作技能，按操作程序进行操作
振动筛司机	R_XX_ZDSSJ09	振动筛运行时未按规定检查传动部位是否有异响、温度是否正常	振动筛司机	振动筛运行时按规定检查传动部位，确保无异响、温度正常	振动筛司机	认真检查，发现传动部位有异响、温度有异常及时汇报处理
振动筛司机	R_XX_ZDSSJ10	停机前未排尽振动筛上物料	振动筛司机	停机前排尽振动筛上的物料	振动筛司机	停机前认真检查，确保振动筛上的物料排尽后方可停机
振动筛司机	R_XX_ZDSSJ11	停机时未闭锁	振动筛司机	振动筛停机时要闭锁	振动筛司机	停机时认真检查，确保振动筛闭锁
振动筛司机	R_XX_ZDSSJ12	停电未按要求闭锁、未挂警示牌	振动筛司机	停电要按要求进行闭锁、并挂警示牌	振动筛司机	规范操作，按要停电闭锁、挂警示牌
端头支护工	R_DTZHG01	进行超前支护、回柱时无专人负责安全	端头支护工	支柱应山角合格，压力不小于 11.5 MPa	端头支护工	支设支柱时，必须保证支护质量，顶梁接实顶板
端头支护工	R_DTZHG01	进行超前支护、回柱时无专人负责安全	端头支护工	进行超前支护施工时必须设安全负责人	队组长	进行超前支护施工时必须指定专门的安全负责人
端头支护工	R_DTZHG02	支护前不进行“敲帮问顶”	端头支护工	支护前认真执行好“敲帮问顶”制度，摘除危岩悬矸	端头支护工	支护前认真执行好“敲帮问顶”制度，摘除危岩悬矸
端头支护工	R_DTZHG03	回柱时未坚持先支后回或站位不当	支护工	端头工在回撤或改柱时，必须遵守先支后回的原则，正确站位	端头支护工	改柱时坚持先支后回，作业时人员合理站位
端头支护工	R_DTZHG04	支柱漏液不及时处理	端头支护工	支柱必须保持完好，不得漏液	端头支护工	加强检查，发现支柱漏液，必须及时处理
端头支护工	R_DTZHG05	两端头及超前支护作业，未停机闭锁或站在运行的设备上方	端头支护工	两端头及超前支护架设长梁、回柱作业等工作时需停机闭锁	端头支护工	两端头及超前支护架设长梁、回柱作业等工作时必须停机闭锁
端头支护工	R_DTZHG06	支设支柱前未将缸体内空气排净	端头支护工	支设支柱前要将缸体内空气排净	端头支护工	支设支柱时必须排净缸体内的空气，保证不回压
端头支护工	R_DTZHG07	支设支柱前未清洗注液阀嘴	端头支护工	支设支柱前要先清洗注液阀嘴	端头支护工	支设支柱前要先清洗注液阀嘴

续附表 1-1

管理对象名称	不安全状态编号	不安全状态名称	受控对象名称	管理标准	施控主体名称	管理措施
端头支护工	R_DTZHG08	进入关门柱以里	端头支护工	人员不得随意进入关门柱以里	端头支护工	人员不得随意进入关门柱以里
端头支护工	R_DTZHG09	顶梁未接实	端头支护工	顶梁要接实	端头支护工	支设支柱时，必须保证支护质量，顶梁接实顶板
端头支护工	R_DTZHG10	支柱支在浮煤上或未穿铁鞋	端头支护工	不准将支柱打在浮煤(矸)上，坚硬底板要刨柱窝、见麻面；底板松软时，支柱必须穿鞋	端头支护工	工区加强检查，发现不合格的支柱及时整改
端头支护工	R_DTZHG11	支柱初撑力不够、钻底量超规定	端头支护工	端头工支护时必须保证两顺槽的超前支护达到初撑力11.5 MPa以上；不准将支柱打在浮煤(矸)上	端头支护工	支柱初撑力必须逐根检查，不足的及时加压
端头支护工	R_DTZHG12	支柱未拴防倒绳或防倒绳断股严重	端头支护工	支柱要拴防倒绳	端头支护工	支柱支设后及时加设拴防倒绳
端头支护工	R_DTZHG13	注液完成后注液枪未停液	端头支护工	注液完成后注液枪要停液	端头支护工	注液完成后，注液枪要停液
端头支护工	R_DTZHG14	端头出现网兜未及时处理	端头支护工	端头出现网兜要及时处理	端头支护工	端头出现网兜必须及时处理
翻车机司机	R_FCJSJ01	交班时未对抱闸、阻车器、翻车架等检查	翻车机司机	对抱闸、阻车器、翻车架等要完好、可靠	翻车机司机	交班时对抱闸、阻车器、翻车架等检查，发现问题及时处理
翻车机司机	R_FCJSJ02	未对矿车完好情况检查强行将车推入翻车机内	翻车机司机	车进翻车机前，对矿车完好情况检查后，才能将车推入翻车机内	翻车机司机	车进翻车机前，对矿车完好情况检查后，才能将车推入翻车机内
翻车机司机	R_FCJSJ03	在车前方采用拉车沿的方式拉车	翻车机司机	推车时不得在车前方拉车沿的方式推车	翻车机司机	人员合理站位，选择得当方式推车，不得在车前方拉车沿的方式推车
翻车机司机	R_FCJSJ04	矿车放飞车直接进入翻车机	翻车机司机	严禁矿车放飞车直接进入翻车机	翻车机司机	严禁矿车放飞车直接进入翻车机
翻车机司机	R_FCJSJ05	进入翻车机内作业未系好保险带、无人监护	翻车机司机	进入翻车机内作业必须系好保险带、并安排专人监护	翻车机司机	进入翻车机内作业前必须检查保险带完好，并系好保险带，有专人监护
翻车机司机	R_FCJSJ06	不放车时，未将翻车机前阻车器处于关闭状态	翻车机司机	不放车时，必须将翻车机前阻车器处于关闭状态	翻车机司机	不放车时，必须将翻车机前阻车器处于关闭状态
防尘工	R_FCG01	登高作业无人监护	防尘工	登高作业时，要有专人看护，防止梯子滑倒	防尘工	登高作业要有专人监护，跟班副区长加强监督

续附表 1-1

管理对象名称	不安全状态编号	不安全状态名称	受控对象名称	管理标准	施控主体名称	管理措施
防尘工	R_FCG02	各类喷雾不正常不及时维修	防尘工	各类喷雾必须完好，雾化效果好	防尘工	定期检查维护，发现问题及时处理
防尘工	R_FCG03	维修风门时两道风门未闭锁，站位不当	防尘工	维修无压风门前要确认闭锁装置完好，人员要合理站位	防尘工	定期检查风门闭锁装置完好情况，副区长加强现场监督管理
防尘工	R_FCG04	电工操作使用不合格不齐全绝缘用品、用具	防尘工	电工操作必须使用合格、齐全的绝缘用品、用具	防尘工	作业前，检查绝缘用品、用具是否合格，能正常使用
束管监测工	R_SGJCG01	束管监测仪器不能正常运行	束管监测工	束管监测仪器应时刻保持完好	束管监测工	束管监测系统要定期维护，有故障及时处理，确保系统正常运行
束管监测工	R_SGJCG02	工作面回风隅角未按规定铺设束管	束管监测工	回采工作面回风隅角必须按规定铺设束管	束管监测工	工区及时安排按规定铺设束管
束管监测工	R_SGJCG03	束管漏气不及时处理	束管	所有束管必须保证完好，不漏气	束管监测工	定期检查，发现损坏的及时处理
束管监测工	R_SGJCG04	不定期取样分析，不及时上报分析结果	束管监测工	束管监测工必须按时取样分析，并及时上报结果	束管监测工	工区管理人员加强监管，保证按时分析，及时上报
自救器维护工	R_ZJQWHG01	未定期对自救器进行称重和气密性检查	自救器维护工	严格按期限对自救器进行称重和气密性检查	自救器维护工	工区管理加强监管，确保每台自救器都完好，损坏的及时更换
自救器维护工	R_ZJQWHG02	无称重和气密性检查台账，管理混乱	自救器维护工	自救器称重和气密性检查要建立台账，规范管理	自救器维护工	工区管理做好落实
机厂车工	R_CG01	劳动保护用品佩戴不齐全	机厂车工	工作时要穿好工作服，不准带围裙，戴好工作帽、平镜，扎紧袖口，女同志的长发要盘进工作帽内	机厂车工	按照《车床工安全操作规程》要求，佩戴好劳动保护用品
机厂车工	R_CG02	车床导轨面、刀架上存放其他物件	机厂车工	车床导轨面、刀架上不准存放工件、工具、刀具等物件	机厂车工	严禁在车床导轨面、刀架上存放其他物件
机厂车工	R_CG03	车床在运行过程中变换转速与进刀量	机厂车工	变换转速与进刀量时，必须停车	机厂车工	严禁车床在运行过程中变换转速与进刀量
机厂车工	R_CG04	用手去清理切屑	机厂车工	用毛刷清理切屑	机厂车工	不准用手直接去清理切屑
机厂车工	R_CG05	车床运转过程中，用棉纱擦试工件，用卡尺测量尺寸	机厂车工	车床运转过程中，不准用棉纱擦试工件，不准使用卡尺测量尺寸	机厂车工	严禁在车床运转过程中，用棉纱擦试工件，用卡尺测量尺寸

续附表 1-1

管理对象名称	不安全状态编号	不安全状态名称	受控对象名称	管理标准	施控主体名称	管理措施
机厂锻工	R_DG01	空气锤使用前不进行安全检查或设备带病运行	机厂锻工	空气锤使用前进行安全检查或设备不得带病运行	机厂锻工	空气锤使用前进行安全检查或设备带病运行
机厂锻工	R_DG02	易燃物品靠近烘炉及热锻件附近	机厂锻工	严禁将易燃物品靠近烘炉及热锻件附近	机厂锻工	易燃物品严禁靠近烘炉及热锻件附近
机厂锻工	R_DG03	手伸入锤头行程内取放工件	机厂锻工	手不得伸入锤头行程内取放工件	机厂锻工	严禁将手伸入锤头行程内取放工件
机厂锻工	R_DG04	完工后不及时关闭动力设备开关并闭锁	机厂锻工	完工后及时关闭动力设备开关并闭锁	机厂锻工	完工后及时关闭动力设备开关并闭锁
钻工	R_ZG01	超负荷使用钻床	钻工	钻床超负荷时，必须停止作业	钻工	不得超负荷使用钻床
钻工	R_ZG02	钻床运行过程中上、卸工件	钻工	上卸工件时必须停机	钻工	钻床运行过程中严禁上卸工件
钻工	R_ZG03	用手清理铁屑	钻工	使用毛刷或其他工具清理铁屑	钻工	严禁用嘴吹铁屑或用手清理铁屑
钻工	R_ZG04	戴手套进行钻削作业	钻工	钻削作业时，严禁戴手套	钻工	不得戴手套进行钻削作业
钻工	R_ZG05	摇臂转动范围内堆放物品	钻工	摇臂转动范围内不准堆放物品，要保持1.5 m以上安全距离	钻工	摇臂转动范围内严禁堆放任何物品
机厂维修工	R_JCWXG01	不按规定使用电气焊	机厂维修工	按规定使用电气焊	机厂维修工	严格按规定使用电气焊
机厂维修工	R_JCWXG02	用人体重量来平衡被吊运的重物，站在重物上起吊	机厂维修工	严禁用人体重量来平衡被吊运的重物或站在重物上起吊	机厂维修工	严禁用人体重量来平衡被吊运的重物或站在重物上起吊
机厂维修工	R_JCWXG03	不按照操作规定使用砂轮机、机床、剪板机等机械加工设备	机厂维修工	严格按照操作规定使用砂轮机、机床、剪板机等机械加工设备	机厂维修工	严格按照操作规定使用砂轮机、机床、剪板机等机械加工设备
机厂维修工	R_JCWXG04	起重设备安全保护装置失灵起吊	机厂维修工	起重设备严格检查其安全保护装置，保证安全可用	机厂维修工	起重设备严格检查安全保护装置，保证安全可用
机厂维修工	R_JCWXG05	进入车间不戴安全帽等劳动防护不到位	机厂维修工	进入车间必须戴好安全帽	机厂维修工	进入车间必须戴好安全帽
机厂维修工	R_JCWXG06	工具、卡具、量具、刀具及车床附件等工具不齐全、完好	机厂维修工	工具、卡具、量具、刀具及车床附件等工具要齐全、完好	机厂维修工	工具、卡具、量具、刀具及车床附件等工具保证齐全、完好
机厂维修工	R_JCWXG07	车床各部件不完好及润滑情况不好未及时处理	机厂维修工	车床各部件及其润滑情况要完好	机厂维修工	车床各部件不完好及润滑情况不好的必须及时处理
锅炉操作工	R_GLCZG01	安全阀、水位计、温度计等安全监测系统运行不正常	锅炉操作工	安全阀、水位计、温度计等安全监测系统要正常运行	锅炉操作工	安全阀、水位计、温度计等安全监测系统运行不正常的必须及时处理

续附表 1-1

管理对象名称	不安全状态编号	不安全状态名称	受控对象名称	管理标准	施控主体名称	管理措施
锅炉操作工	R_GLCZG02	低压配电柜运行不正常	锅炉操作工	低压配电柜要正常运行	锅炉操作工	低压配电柜运行不正常的及时停电汇报处理
锅炉操作工	R_GLCZG03	锅炉给水系统、水处理系统运行不正常未及时处理	锅炉操作工	锅炉给水系统、水处理系统要正常运行	锅炉操作工	锅炉给水系统、水处理系统运行不正常必须及时处理
锅炉操作工	R_GLCZG04	引风机、鼓风机运行不正常未及时汇报或处理	锅炉操作工	引风机、鼓风机要正常运行	锅炉操作工	引风机、鼓风机运行不正常必须及时汇报或处理
锅炉操作工	R_GLCZG05	电话不完好，运行记录、交接班记录不全	锅炉操作工	电话要完好，运行记录、交接班记录要齐全	锅炉操作工	电话保证完好，运行记录、交接班记录规范记录填写
锅炉操作工	R_GLCZG06	消防器材不齐全、不完好	锅炉操作工	消防器材要齐全、完好	锅炉操作工	消防器材检查到位，保证齐全、完好
锅炉操作工	R_GLCZG07	锅炉各种保护未及时试验或试验造假	锅炉操作工	锅炉各种保护及时试验，严禁出现试验造假	锅炉操作工	锅炉各种保护及时试验，严禁出现试验造假
锅炉操作工	R_GLCZG08	锅炉运行中，遇到特殊情况时，未紧急停炉并通知有关部门	锅炉操作工	锅炉运行中，遇到特殊情况时，必须紧急停炉并通知有关部门	锅炉操作工	锅炉运行中，遇到特殊情况时，必须紧急停炉并通知有关部门
锅炉操作工	R_GLCZG09	未按照正常程序点炉、停锅炉；	锅炉操作工	严格按照正常程序点炉、停锅炉	锅炉操作工	严格按照正常程序点炉、停锅炉；
锅炉操作工	R_GLCZG10	不按照规定采集炉水水样；炉水交换器的出水硬度、氯根、pH值、碱度不按时化验并及时记录；	锅炉操作工	严格按照规定采集炉水水样；炉水交换器的出水硬度、氯根、pH值、碱度按时化验并及时记录	锅炉操作工	严格按照规定采集炉水水样；炉水交换器的出水硬度、氯根、pH值、碱度按时化验并及时记录；
锅炉操作工	R_GLCZG11	操作台仪表指示不准，继续使用	锅炉操作工	操作台仪表指示不准的，不能继续使用	锅炉操作工	操作台仪表指示不准的，不能继续使用
给煤机司机	R_GMJSJ01	消防设施不齐全	给煤机司机	消防设施要齐全、完好	给煤机司机	注意对消防设施的检查，保证齐全、完好
给煤机司机	R_GMJSJ02	给煤机的各部位的紧固件不完好、松动就开机	给煤机司机	螺栓的弹、平垫齐全预紧力将弹垫压平，螺栓无松动，无严重变形	给煤机司机	给煤机司机每班检查各部位完好，发现问题及时处理
给煤机司机	R_GMJSJ03	设备周围是有人就开机	给煤机司机	设备周围有人不得开机	给煤机司机	按要求检查设备并检查设备周围是否有人
给煤机司机	R_GMJSJ04	给煤机卸载点积煤、有大块物料、矸石、铁器等隐患未及时汇报处理	给煤机司机	给煤机卸载点不得有积煤、大块物料、矸石、铁器等	给煤机司机	发现给煤机卸载点积煤、有大块物料、矸石、铁器等隐患，及时汇报处理

续附表 1-1

管理对象名称	不安全状态编号	不安全状态名称	受控对象名称	管理标准	施控主体名称	管理措施
给煤机司机	R_GMJSJ05	传动装置有异常声音、温度不正常不停机	给煤机司机	传动装置有异响、温度不正常不得开机	给煤机司机	开机前要检查传动装置温度是否正常
给煤机司机	R_GMJSJ06	未检查仓口、导料槽是否有堵塞现象和积煤	给煤机司机	仓口、导料槽不得有堵塞现象,不能有积煤	给煤机司机	检查仓口、导料槽是否有堵塞现象和积煤,并及时处理
给煤机司机	R_GMJSJ07	给煤机堵塞时,直接用手清理等违章作业	给煤机司机	给煤机堵塞时,严禁直接用手清理	给煤机司机	给煤机周围配备长把工具,堵塞时,严禁直接用手清理
给煤机司机	R_GMJSJ08	交接班记录不规范、电话不畅通未及时处理	给煤机司机	交接班记录要完善、电话畅通	给煤机司机	交接班记录规范记录、通讯不畅及时处理,电话损坏时,及时汇报工区,进行维修更换
给煤机司机	R_GMJSJ09	给煤机变速箱、底板、曲轴、连杆及轴承座等不完好未及时处理	给煤机司机	给煤机变速箱、底板、曲轴、连杆及轴承座等要保持完好	给煤机司机	给煤机变速箱、底板、曲轴、连杆及轴承座等适时检查,发现问题及时处理
给煤机司机	R_GMJSJ11	煤仓放空,造成风流短路	给煤机司机	煤仓不得放空	给煤机司机	跟班区长加强监管,确保煤仓不被放空
救护工	R_JHG01	未按规定程序施救	救护工	必须按规定程序施救	救护工	救护工必须按规定程序施救
救护工	R_JHG02	从事井下安全技术工作时,未按规定携带仪器装备或携带不全	救护工	从事井下安全技术工作时,按规定携带齐全的仪器装备	救护工	按规定携带齐全的仪器装备
救护工	R_JHG03	救护设备检查、校验不到位,药品更换不及时	救护工	救护设备检查、校验到位,药品更换及时	救护工	救护工保证救护设备检查、校验到位,药品更换及时
救护工	R_JHG04	听到报警后未在规定时间内出动	救护工	听到报警后必须在1 min内出动	救护工	听到报警后必须在规定时间内出动
救护工	R_JHG05	氧气呼吸器压力达不到要求	救护工	氧气压力不得低于18 MPa	救护工	氧气呼吸器压力必须达到应用要求
救护工	R_JHG06	未按规定操作仪器设备	救护工	按规定操作仪器设备	救护工	按规定操作仪器设备
救护工	R_JHG07	未使用铜质工具启封密闭	救护工	启封密闭必须使用铜质工具	救护工	措施中必须明确规定,加强现场监督
救护工	R_JHG08	排放瓦斯未按规定设置警戒的	救护工	严格按措施规定在各入口站岗	救护工	工区必须安排设置警戒,确保人员到位后在排放
救护工	R_JHG09	未实施分段控制排放瓦斯的	救护工	利用控制风量分段排放法进行排放	救护工	排放瓦斯领导小组成员加强监管,严格按措施规定排放

续附表 1-1

管理对象名称	不安全状态编号	不安全状态名称	受控对象名称	管理标准	施控主体名称	管理措施
救护工	R_JHG10	未确认排放路线是否断电就排放瓦斯的	救护工	排放风流经过的路线的区域必须全部停电	救护工	确认好瓦斯风流经过区域全部停电后在排放,跟班人员加强监管
救护工	R_JHG011	构筑调风设施不按规定搭设脚手架的	救护工	施工高度超过2 m时必须按规定搭设脚手架	救护工	跟班人员加强现场监管,按措施规定搭设脚手架
集控司机	R_JKSJ01	开机前未对馈电柜、消防设施等进行检查	集控司机	开机前对馈电柜、消防设施等进行检查	集控司机	开机前必须对馈电柜、消防设施等进行检查
集控司机	R_JKSJ02	开机前未检查信号显示系统、通讯系统	集控司机	集控司机开机前,必须按规定进行检查	集控司机	集控司机开机前,必须按规定进行检查
集控司机	R_JKSJ03	联合运输时,未按照逆煤流顺序开机,未按顺煤流顺序停机	集控司机	联合运输时,开机按照逆煤流顺序依次进行,停机按顺煤流顺序依次进行	集控司机	联合运输时,严格按顺序开停机
集控司机	R_JKSJ04	正常情况下,带载停机、启动	集控司机	正常情况下,不得带载停机、启动	集控司机	非特殊情况下,不能带载停机、启动
集控司机	R_JKSJ05	非紧急情况下,使用紧急停机	集控司机	非紧急情况下,不得使用紧急停机	集控司机	非紧急情况下,不得使用紧急停机
集控司机	R_JKSJ06	给煤量控制不当造成压胶带	集控司机	按胶带负荷控制好给煤量	集控司机	控制好给煤量,防止造成积压胶带
集控司机	R_JKSJ07	工作不负责,不及时根据煤质情况调节介质浓度	集控司机	及时根据煤质情况调节介质浓度	集控司机	集控司机及时根据煤质情况调节介质浓度
集控司机	R_JKSJ08	开机前不发开机信号或听到停机信号未立即停机	集控司机	开机前必须发出开机信号,听到停机信号时立即停机	集控司机	开机前必须发出开机信号,听到停机信号时立即停机
集控司机	R_JKSJ09	开机后,未认真观察指示仪表、指示灯等运行状态	集控司机	开机后,认真观察指示仪表、指示灯等运行状态	集控司机	开机后,认真观察指示仪表、指示灯的运行状态
机械安装、维修工	R_JXAZWXG01	高空和井筒作业时,未戴安全帽和佩戴保险带;	机械安装、维修工	高空和井筒作业时,必须戴安全帽和佩戴保险带	机械安装、维修工	高空和井筒作业时,必须戴安全帽和佩戴保险带;
机械安装、维修工	R_JXAZWXG02	违反安撤"九不准"要求作业	机械安装、维修工	① 绳道内不准有人;② 回头轮三角区内不准有人;③ 起吊重物时,重物下方不准有人;④ 起吊重物时,重物周围附近不准有人;⑤ 运输时,车的两侧不准有人;⑥ 运输时,坡的下方不准有人;⑦ 弯道内侧不准有人;⑧ 过变坡点时,绞车不准有余绳;⑨ 过变坡点时,绳不准落地	机械安装、维修工	严格按照安撤"九不准"要求作业

续附表 1-1

管理对象名称	不安全状态编号	不安全状态名称	受控对象名称	管理标准	施控主体名称	管理措施
机械安装、维修工	R_JXAZWXG03	设备运转部位及变速箱未按规定加油，油质不合格	机械安装、维修工	设备运转部位及变速箱按规定定期加油，做好记录	机械安装、维修工	设备运转部位及变速箱按规定定期加油，保证油质合格，并规范记录
机械安装、维修工	R_JXAZWXG04	吊挂点、吊具或绳索等强度不够起吊重物	机械安装、维修工	吊挂点、起吊设备、起吊工具或绳索等强度要够起吊重物；起重设备安全保护装置要完好、可用	机械安装、维修工	选用合格的吊装工具，保证吊装安全
机械安装、维修工	R_JXAZWXG05	起重设备安全保护装置失灵起吊	机械安装、维修工	起重设备应用前必须检查安全保护装置，确保安全可用	机械安装、维修工	起重设备应用前必须检查安全保护装置，确保安全可用
机械安装、维修工	R_JXAZWXG06	捆绑不合格起吊，吊有棱角物件无防护措施、斜拉起吊物	机械安装、维修工	捆绑不合格不能起吊；起吊有棱角物件必须有防护措施，不得斜拉起吊物	机械安装、维修工	捆绑不合格不能起吊；起吊有棱角物件必须有防护措施，不得斜拉起吊物；
机械安装、维修工	R_JXAZWXG07	吊装时，人员站在重物下方或重物可能倒向的位置	机械安装、维修工	吊装（卸）时，被吊装（卸）物上方、下方或周围附近以及受外力运动的方向上严禁有人	机械安装、维修工	吊装（卸）前，确认被吊装（卸）物危险区域不能有人
机械安装、维修工	R_JXAZWXG08	维修电气设备时未停机闭锁	机械安装、维修工	维修电器设备时必须停机闭锁	机械安装、维修工	工区管理加强监督，设备运转时不得检修
设施工	R_TF_SSG01	隔爆设施安设、固定不牢	设施工	隔爆设施要安设牢固可靠	设施工	定期检查、维护，确保牢固可靠
设施工	R_TF_SSG02	隔爆设施水量不足、安设位置不当	设施工	① 主要隔爆棚设置地点：矿井两翼与井筒相联通的主要运输大巷和回风大巷、相邻采区之间的运输巷和回风巷、相邻煤层之间的运输石门和回风石门；② 辅助隔爆棚设置地点：回采工作面进风巷和回风巷道，采区内的煤层掘进巷道，位置应设在距工作面60～200 m范围内；③ 水棚的用水量按巷道断面积计算，主要隔爆棚不少于400 L/m²；辅助隔爆棚不少于200 L/m²	设施工	要按规定安设隔爆设施，保证数量、数量充足，符合规定，并定期检查、维护

续附表 1-1

管理对象名称	不安全状态编号	不安全状态名称	受控对象名称	管理标准	施控主体名称	管理措施
设施工	R_TF_SSG03	登高作业不规范，监护不到位	设施工	登高作业时，要有专人看护，防止梯子滑倒	设施工	登高作业要有专人监护，跟班副区长加强监督
设施工	R_TF_SSG04	卫生区范围内不按时洒尘	设施工	按规定周期对卫生区范围内巷道进行洒尘	设施工	工区管理加强落实，及时安排洒尘
喷浆工	R_PJG01	未按顺序开、停机或停机不停电	喷浆工	喷浆时按顺序开、停机，停机后必须停电闭锁	喷浆工	喷浆时按顺序开、停机，停机后必须停电闭锁
喷浆工	R_PJG02	喷浆不正常使用防尘设施	喷浆工	喷浆时必须正常使用防尘设施	喷浆工	喷浆时必须正常使用防尘设施
喷浆工	R_PJG03	喷浆机运行时将手或其他物体伸入喷浆机内	喷浆工	喷浆机运行时严禁将手或其他物体伸入喷浆机内	喷浆工	喷浆机运行时严禁将手或其他物体伸入喷浆机内
喷浆工	R_PJG04	管路连接不合格喷浆	喷浆工	管路连接牢固，管接头合格，方可喷浆	喷浆工	管路连接牢固，管接头合格，方可喷浆
喷浆工	R_PJG05	喷浆或处理喷浆管路堵塞时出料口前方有人	喷浆工	喷浆或处理喷浆管路堵塞时出料口前方不得有人	喷浆工	喷浆或处理喷浆管路堵塞前确认出料口前方不得有人
喷浆工	R_PJG06	喷浆拌料不均匀，喷层过厚，喷浆料失效	喷浆工	喷浆拌料均匀，喷层符合规程要求，严禁使用失效的喷浆料	喷浆工	喷浆拌料均匀，喷层符合规程要求，严禁使用失效的喷浆料
喷浆工	R_PJG07	除尘器与喷浆机距离远	喷浆工	除尘器与喷浆机距离 3～5 m，保证除尘效果	喷浆工	喷浆工开机喷浆前，检查除尘器与喷浆机距离适当，保证除尘效果
喷浆工	R_PJG08	除尘器变形，安设角度不合适	喷浆工	除尘器必须完好可用，与喷浆机角度应适当，保证除尘效果	喷浆工	喷浆工开机喷浆前，保证除尘效果
喷浆工	R_PJG09	喷浆料过滤筛空格大或不完好	喷浆工	喷浆机过滤筛完好可用	喷浆工	喷浆工喷浆前检查过滤筛，不合格及时更换
喷浆工	R_PJG10	喷浆机电机无护罩	喷浆工	喷浆机电机护罩不得堵塞	喷浆工	喷浆工喷浆后及时清理喷浆机，不得堵塞电机护罩
喷浆工	R_PJG11	喷浆机漏风、漏料	喷浆工	喷浆机必须完好、不漏料	喷浆工	喷浆工喷浆前检查喷浆机是否完好，不得使用漏风漏料的喷浆机

续附表 1-1

管理对象名称	不安全状态编号	不安全状态名称	受控对象名称	管理标准	施控主体名称	管理措施
起重工	R_QZG01	机械设备、电气部分和防护保险装置不完好就开车	起重工	起重机任何一个部件不完好，严禁作业	起重工	开车前应认真检查机械设备、电气部分和防护保险装置是否完好、灵敏可靠，确定安全后方可吊运
起重工	R_QZG02	听见别人发出停车信号未停车	起重工	对任何人发动的紧急停车信号，都应立即停车	起重工	只要听见别人发出停车信号必须立即停车
起重工	R_QZG03	起吊重物下方有人继续作业	起重工	严禁吊物在人头上越过	起重工	从人头越过时要提前鸣铃警告，并等人员避开后再通过
起重工	R_QZG04	超载进行吊装作业	起重工	严禁超载进行吊装作业	起重工	重物超过额定载荷时，立即停止吊装作业
起重工	R_QZG05	违反起重“十不吊”原则进行作业	起重工	起重机司机必须认真做到“十不吊”	起重工	违反任何一条，必须停止吊装作业
通风工	R_TFG01	安装、回撤风机时人员站位不当	通风工	人员不要站起吊的风机架下方	通风工	人员要正确站位，跟班副区长加强现场监督
通风工	R_TFG02	使用不合格的钢丝绳、绳卡吊挂风机	通风工	吊挂局部通风机必须使用符合措施规定的钢丝绳和绳卡	通风工	措施中必须明确吊挂风机的钢丝绳、绳卡型号，并严格执行
通风工	R_TFG03	风筒破口不及时粘补	通风工	风筒必须保持完好不漏风	通风工	工区跟班人员加强监管，发现破口及时安排黏补
通风工	R_TFG04	风筒脱节、接头漏风不及时处理	通风工	风筒必须保持完好不漏风	通风工	工区跟班人员加强监管，发现破口及时安排黏补
通风工	R_TFG05	风筒距工作面迎头距离超限	通风工	风筒距迎头距离必须符合作业规程规定	通风工	工区跟班人员加强监管，及时接风筒
通风工	R_TFG06	风机吊挂钢丝绳不安规定检查涂油	通风工	钢丝绳必须保持完好，有断丝及时更换	通风工	钢丝绳必须按规定定期检查、涂油
掘进工	R_JJG01	空顶作业	掘进工	工作面必须按规程要求及时支护	掘进工	工区跟班人员加强监管，严禁空顶作业
掘进工	R_JJG02	未敲帮问顶	掘进工	严格执行敲帮问顶制度，顶、帮危岩活矸要及时摘除	掘进工	未敲帮问顶不得作业

续附表 1-1

管理对象名称	不安全状态编号	不安全状态名称	受控对象名称	管理标准	施控主体名称	管理措施
掘进工	R_JJG03	临时支护不合格或未进行临时支护	掘进工	支护工临时支护采用吊挂前探支架作为临时支护，前探梁用两根 ϕ75 mm×4 000 mm 钢管配吊环组成吊环采用锚杆盘与 SGB420 刮板输送机链子焊接而成，焊实且牢固可靠，与 ϕ20 mm×2 500 mm 树脂锚杆配套使用；两根前探梁间距 0.8～1.6 m 掘进工作面爆破后，将顶网敷上，与永久支护网相连，将吊链挂在永久支护锚杆的适当位置，将前探梁插入吊链，前探梁上用两块长，1 800 mm，宽 200 mm，厚 60 mm 的木板背顶将网托起，并用木楔楔紧，固定好防滑吊链，同时纵向联网	掘进工	规范使用临时支护
掘进工	R_JJG04	控顶距离超规定，临时支护不合格的（初喷浆厚度不够、前探梁使用不合格等）	掘进工	支护工在进行支护时，严格按照作业规程规定，在正常掘进中，当顶帮完整的情况下，最大控顶距在 1.9 m 内；最小控顶在 0.3 m 空帮距控制在 2.4 m 顶帮破碎或不完整的情况下或过断层带必须严格执行一掘一锚制度	掘进工	规范使用临时支护
掘进工	R_JJG05	钻眼与装药平行作业	掘进工	严禁钻眼与装药平行作业	掘进工	严禁钻眼与装药平行作业
掘进工	R_JJG06	掘进工作面瓦斯浓度超限继续作业	掘进工	掘进工作面回风流中瓦斯浓度不得超过 1.0%	掘进工	采掘工作面回风巷风流中瓦斯浓度超过 1.0%时必须停止工作，撤出人员，采取措施，进行处理
掘进工	R_JJG07	在残眼内钻眼	掘进工	严禁在残眼内钻眼	掘进工	严禁在残眼内钻眼

续附表 1-1

管理对象名称	不安全状态编号	不安全状态名称	受控对象名称	管理标准	施控主体名称	管理措施
掘进工	R_JJG08	打眼时，戴手套握钻杆	掘进工	打眼时，做到“三紧两不要”：“三紧”即袖口、领口、衣角紧“两不要”即不要戴手套，不要把毛巾露在衣领外	掘进工	打眼时，严禁戴手套握钻杆
掘进工	R_JJG09	打眼时人员站位不当	掘进工	打眼时人员合理站位	掘进工	打眼时人员合理站位
掘进工	R_JJG10	风、水管及钻机连接不合格、未使用U形卡	掘进工	风、水管及钻机连接要合格、使用U形卡	掘进工	风水管链接要牢固，规范使用U形卡
掘进工	R_JJG11	使用锚固剂的数量、质量、品种不符合作业规程要求	掘进工	支护工在安装锚杆时，每孔使用1根CK 2370型树脂锚固剂	掘进工	使用锚固剂的数量、质量、品种必须符合作业规程要求
掘进工	R_JJG12	锚网搭接量、扣间距不符合规程措施要求的	掘进工	支护工在进行支护时，严格按照作业规程规定，顶、两帮均铺设金属网	掘进工	锚网搭接量、扣间距必须符合规程措施要求
掘进工	R_JJG13	锚杆扭矩、角度、间排距达不到设计要求	掘进工	支护工施加给锚杆扭矩不小于200 N·m，夹角符合规定	掘进工	严格按作业规程要求打锚杆，不合格的锚杆及时补打
掘进工	R_JJG14	锚索支护巷道未按设计要求打锚索、锚索拖后	掘进工	支护工打注锚索时，严格按照作业规程设计要求，控制好间排距	掘进工	严格按作业规程要求打注锚索，不得拖后支护
掘进工	R_JJG15	利用正常支护的锚杆、钢带、架棚起吊或牵引重物	掘进工	不得利用正常支护的锚杆、钢带、架棚起吊或牵引物件，需要起吊或牵引物件时，重新打起吊锚杆	掘进工	不得利用正常支护的锚杆、钢带、架棚起吊或牵引物件
掘进工	R_JJG16	钻机缺油、不完好等作业	掘进工	钻机要及时加油，钻机出现故障时要及时修理，保证钻机的完好	掘进工	不得使用缺油、不完好的钻机，发现问题及时处理
掘进工	R_JJG17	未坚持湿式钻眼的或干式钻眼防尘措施未落实到位	掘进工	必须坚持湿式钻眼，干式钻眼必须制订防尘措施并落实到位	掘进工	必须坚持湿式钻眼，干式钻眼必须采取防尘措施
井下制冷机司机	R_JXZLJSJ01	制冷机缺油、缺氟利昂，油氟不分离	井下制冷机司机	制冷机及时补充油和氟利昂	井下制冷机司机	制冷机司机加强检查，发现油和氟利昂不足，及时补充
井下制冷机司机	R_JXZLJSJ02	制冷机冷却水压力小	井下制冷机司机	合理设定冷却水压力，保证充足的冷却水流量	井下制冷机司机	制冷机司机检查到位，随时调整冷却水压力，冷却水不足时，及时停机

续附表 1-1

管理对象名称	不安全状态编号	不安全状态名称	受控对象名称	管理标准	施控主体名称	管理措施
井下制冷机司机	R_JXZLJSJ03	制冷机循环水压力低，管路漏水	井下制冷机司机	井下制冷设备的各种阀门必须不漏水，能够正常打开和关闭	井下制冷机司机	制冷机司机要加强巡检，发现问题要及时处理和汇报
井下制冷机司机	R_JXZLJSJ04	制冷机循环水管路中空气多	井下制冷机司机	制冷机开机试运转前，循环水管内空气必须排尽	井下制冷机司机	制冷机司机试运行之前，主要对循环水管路进行放气，调压，确保管路中空气不会对制冷机造成损害
井下制冷机司机	R_JXZLJSJ05	不按照操作规程操作设备	井下制冷机司机	严格按照操作规程操作设备	井下制冷机司机	严格按照操作规程操作设备
井下制冷机司机	R_JXZLJSJ06	制冷机频繁启停	井下制冷机司机	制冷机不能频繁启停，严禁带故障强行运转，故障不排除，不得开机	井下制冷机司机	制冷剂司机规范操作，加强检查，出现故障及时处理
井下制冷机司机	R_JXZLJSJ07	发现设备异常未及时汇报造成严重后果	井下制冷机司机	发现设备异常及时汇报，防止造成严重后果	井下制冷机司机	发现设备异常及时汇报，防止造成严重后果
井下制冷机司机	R_JXZLJSJ08	设备报警停机后问题不处理强行开机	井下制冷机司机	设备报警停机后问题及时处理，问题不处理严禁开机	井下制冷机司机	设备报警停机后问题及时处理，问题不处理的严禁开机
井下制冷机司机	R_JXZLJSJ09	设备巡检不到位，设备运行状况及系统参数未及时记录，发现设备异常未及时汇报	井下制冷机司机	设备巡检到位，设备运行状况及系统参数及时记录，发现设备异常及时汇报	井下制冷机司机	设备巡检到位，设备运行状况及系统参数及时记录，发现设备异常及时汇报
矿灯充电、维修工	R_KDCDWXG01	矿灯充电架不完好	矿灯充电、维修工	矿灯充电架要保持完好	矿灯充电、维修工	每班对矿灯充电架进行检查，保证完好
矿灯充电、维修工	R_KDCDWXG02	矿灯完好率达不到规定	矿灯充电、维修工	① 矿井完好的矿灯总数，至少应比经常用灯的总人数多10%； ② 矿灯应保持完好，出现电池漏液、亮度不够、电线破损、灯锁失效、灯头密封不严、灯头圈松动、玻璃破裂等情况时，严禁发放发出的矿灯，最低应能连续正常使用11 h； ③ 在每次换班2 h内，灯房人员必须把没有还灯人员的名单报告矿调度室	矿灯充电、维修工	保证矿灯完好率必须达到规定

续附表 1-1

管理对象名称	不安全状态编号	不安全状态名称	受控对象名称	管理标准	施控主体名称	管理措施
矿灯充电、维修工	R_KDCDWXG03	在每次换班2 h内，未还灯的人员名单未报告调度室	矿灯充电、维修工	在每次换班2 h内，将还灯的人员名单报告调度室	矿灯充电、维修工	在每次换班2 h内，将未还灯的人员名单报告调度室
矿内机动车司机	R_KNJDCSJ01	醉酒后驾驶车辆	矿内机动车司机	工作过程中严禁喝酒，严禁酒后或醉酒后驾驶车辆	矿内机动车司机	工作过程中严禁喝酒，严禁酒后或醉酒后驾驶车辆
矿内机动车司机	R_KNJDCSJ02	矿区行驶车辆超速	矿内机动车司机	矿区行驶车辆严格按要求行驶，严禁超速	矿内机动车司机	矿区行驶车辆严格按要求行驶，严禁超速
矿内机动车司机	R_KNJDCSJ03	装载机司机用铲斗升降人员或让人进入铲斗进行空中作业	矿内机动车司机	装载机司机不能用铲斗升降人员或让人进入铲斗进行空中作业	矿内机动车司机	装载机司机不能用铲斗升降人员或让人进入铲斗进行空中作业
矿内机动车司机	R_KNJDCSJ04	无证驾驶或驾驶与驾驶证准驾车型不相符车辆	矿内机动车司机	坚决杜绝无证驾驶或驾驶与驾驶证准驾车型不相符车辆	矿内机动车司机	坚决杜绝无证驾驶或驾驶与驾驶证准驾车型不相符车辆
矿内机动车司机	R_KNJDCSJ05	穿拖鞋驾驶车辆	矿内机动车司机	严禁穿拖鞋驾驶车辆	矿内机动车司机	严禁穿拖鞋驾驶车辆
矿内机动车司机	R_KNJDCSJ06	饮酒后驾驶车辆	矿内机动车司机	工作过程中严禁喝酒，严禁酒后或醉酒后驾驶车辆	矿内机动车司机	工作过程中严禁喝酒，严禁酒后或醉酒后驾驶车辆
选煤厂采样（化验）工	R_XMCCYG01	违反煤质采样（化验）规定或结果造假	选煤厂采样（化验）工	严格遵守煤质采样（化验）规定，必须保证结果真实有效	选煤厂采样（化验）工	严格遵守煤质采样（化验）规定，必须保证结果真实有效
选煤厂采样（化验）工	R_XMCCYG02	粉碎、加热等程序不使用劳保用品	选煤厂采样（化验）工	粉碎、加热等程序规范使用劳保用品	选煤厂采样（化验）工	粉碎、加热等程序规范使用劳保用品
选煤厂采样（化验）工	R_XMCCYG03	私自拉线、接线、安灯，使用大功率电器	选煤厂采样（化验）工	严禁私自拉线、接线、安灯或使用大功率电器	选煤厂采样（化验）工	严禁私自拉线、接线、安灯或使用大功率电器
仪表（便携仪）发放工	R_YBFFG01	不按规定标校、发放便携仪或无记录	仪表（便携仪）发放工	严格按规定标校、发放便携仪并规范记录	仪表（便携仪）发放工	严格按规定标校、发放便携仪并规范记录记录
仪表（便携仪）发放工	R_YBFFG02	电量不足、显示数据误差超过规定发放	仪表（便携仪）发放工	电量不足、显示数据误差超过规定的仪表不得发放	仪表（便携仪）发放工	电量不足、显示数据误差超过规定的仪表不得发放

续附表 1-1

管理对象名称	不安全状态编号	不安全状态名称	受控对象名称	管理标准	施控主体名称	管理措施
仪表(便携仪)发放工	R_YBFFG03	丢失、损坏仪器不及时汇报	仪表(便携仪)发放工	丢失、损坏仪器必须及时汇报	仪表(便携仪)发放工	丢失、损坏仪器必须及时汇报
仪表(便携仪)发放工	R_YBFFG04	不按规定充电造成仪器电量不足或过充电造成仪器损坏	仪表(便携仪)发放工	严格按规定充电,保证仪器电量充足并且不得有过充电造成仪器损坏	仪表(便携仪)发放工	严格按规定充电,保证仪器电量充足并且不得有过充电造成仪器损坏
运料工	R_YLG01	不按规定封车或"四超"车辆无措施运送	运料工	严格按规定封车,"四超"车辆无措施不能运送	运料工	严格按照矿封车管理规定结合实际封牢车;运输四超车辆前,考察实际现场、编制切实可行的运输管理措施,严格按照措施运输管理
运料工	R_YLG02	人员在机车道内推车或一次推两辆及以上	运料工	人员不得在机车道内推车或一次推两辆及以上	安全生产管理人员	做好职工的安全教育,让职工了解在机车内推车或一次推两辆及以上矿车的危险性,工区管理人员现场监督,对违章者及时制止
运料工	R_YLG03	推车过风门后不及时关闭或用矿车撞风门	运料工	推车过风门后及时关闭风门,严禁用矿车撞风门	运料工	推车过风门后 及时关闭风门,严禁用矿车撞风门
运料工	R_YLG04	打摽、解摽选择用具及操作方式不正确	运料工	打摽、解摽选择用具及操作方式必须正确	运料工	选择合格打摽、解摽选择用具,正确作业
运料工	R_YLG05	推车时精力不集中,不按规定发警号	运料工	推车时精力要集中,严格按规定发警号	运料工	推车时精力要集中,严格按规定发警号
运料工	R_YLG06	架线下人力推车	运料工	架线下不得人力推车	运料工	不得在架线下人力推车
运料工	R_YLG07	在有运输机的巷道搬运材料跨越运输机时未停机搬运	运料工	在有运输机的巷道搬运材料跨越运输机时必须停机后搬运	运料工	在有运输机的巷道搬运材料需跨越运输机时必须停机后搬运
运料工	R_YLG08	在平巷装卸料时,没有固定矿车	运料工	在平巷装卸料时,首先用掩木稳住矿车	运料工	提高安全意识,充分认识到在机车内推车或一次推两辆及以上矿车的危险性,规范作业

续附表 1-1

管理对象名称	不安全状态编号	不安全状态名称	受控对象名称	管理标准	施控主体名称	管理措施
液压支架工	R_YYZJG01	人员架前作业时,未打开护帮板或未打到位	液压支架工	人员架前作业时,执行敲帮问顶,及时打开附近支架护帮板	液压支架工	人员架前作业时,确保顶板安全,正确使用护帮板
液压支架工	R_YYZJG02	发现煤壁、顶板、支架有险情不及时处理	液压支架工	发现煤壁、顶板、支架有险情要及时处理	液压支架工	每班检查煤壁、顶板、支架状况,发现险情及时处理
液压支架工	R_YYZJG03	未检查支架间距、倒架、咬架、错架或检查不到位	液压支架工	工作面无倒架、咬架,相邻侧护板高差不超过侧护板高度的2/3	液压支架工	每班检查支架间距,有倒架、咬架、错架的及时处理
液压支架工	R_YYZJG04	移架时站位不正确	液压支架工	移架时要站在安全地点面向煤壁操作、开启喷雾、将身体探入刮板输送机挡煤板内或脚踏液压支架底座前端操作	液压支架工	移架时支架工合理站位,规范操作
液压支架工	R_YYZJG05	移架时,未检查移架5 m范围内有无人员	液压支架工	移架时,要先检查移架5 m范围内有无人员	液压支架工	移架前,支架工(推溜)必须撤出周边5 m范围内人员,方可移架
液压支架工	R_YYZJG06	移架拖后采煤机超过5架以上	液压支架工	移架拖后采煤机不超过5架	液压支架工	采煤后及时移架,保证拖后距离不超过5架
液压支架工	R_YYZJG07	移架时架前、架间、支架内有人作业,支架工(推溜)未通知其撤离,盲目移架	液压支架工	支架工移架前,必须检查架前、架间是否有人员工作,通知其撤离,只有在人员撤离到安全地点后,方可移架操作时站位正确将身体站在底座上	液压支架工	移架前,支架工(推溜)必须撤出周边工作人员,方可移架
液压支架工	R_YYZJG08	移架时不注意架间相关电源线、管路等	液压支架工	支架工移架时,必须注意相邻支架间的电源线管线,防止挤坏	液压支架工	移架时注意对架间电源线、管路的保护
液压支架工	R_YYZJG09	移架时同时移相邻的两架	液压支架工	按规程要求进行移架,不准同时移相邻两架	液压支架工	按规程要求进行移架,不准同时移相邻两架
液压支架工	R_YYZJG10	移架受阻时不查明原因,强行移架	液压支架工	移架受阻时查明原因,不得强行移架	液压支架工	移架受阻时必须首现查明原因,及时处理后方可移架
液压支架工	R_YYZJG11	顶板破碎带未及时超前移架或未带压移架	液压支架工	顶板破碎时要及时带压、超前移架	液压支架工	顶板破碎带及时超前移架、带压移架

续附表 1-1

管理对象名称	不安全状态编号	不安全状态名称	受控对象名称	管理标准	施控主体名称	管理措施
液压支架工	R_YYZJG12	支架初撑力不达标，前梁不接顶，侧护板、护帮板未及时打出	液压支架工	液压管路要完好，支架初撑力达标，前梁接顶，侧护板、护帮板及时打出	液压支架工	确认液压支架完好，支护质量符合要求
液压支架工	R_YYZJG13	移架后未检查支架直线性	液压支架工	移架后要检查支架直线性	液压支架工	移架后确认支架直线性，及时调整
液压支架工	R_YYZJG14	支架各把手未及时复位	液压支架工	移架后把手及时复位	液压支架工	移架后确认各把手复位
液压支架工	R_YYZJG15	推溜从两头向中间推移	液压支架工	推溜必须从一端向另一端或从中间向两端推移，不得从两端向中间推移	液压支架工	严格按规程要求移架
液压支架工	R_YYZJG16	特殊条件下，用单体支柱配合调整支架时操作不当	液压支架工	特殊条件下，用单体支柱配合调整支架要进行远程控制、缓慢送液，支柱与支架间加垫板	液压支架工	单体支柱配合调整支架必须采取远程控制，并规范操作
主通风机司机	R_ZTFJSJ01	电话不完好，运行记录、交接班记录不全	主通风机司机	要确保电话通畅完好，认真填写运行记录及交接班记录	主通风机司机	确保通讯畅通，规范填写各类记录
主通风机司机	R_ZTFJSJ02	监测系统运行不正常就开机	主通风机司机	监测系统要正常运行	主通风机司机	加强对监测系统的维护管理，保证运行正常
主通风机司机	R_ZTFJSJ03	高、低压配电柜运行不正常就开机	主通风机司机	高、低压配电柜要正常运行	主通风机司机	加强对高、低压配电柜的维护管理，保证运行正常
主通风机司机	R_ZTFJSJ04	风机运行不正常未及时汇报或处理	主通风机司机	风机要正常运行，发现运行不正常要及时汇报或处理	主通风机司机	风机要正常运行，发现运行不正常必须立即汇报处理
主通风机司机	R_ZTFJSJ05	消防器材、绝缘用具不齐全、不完好	主通风机司机	消防器材、绝缘用具要齐全、完好	主通风机司机	适时检查消防器材、绝缘用具，保证齐全、完好
主通风机司机	R_ZTFJSJ06	风门提升系统运行不正常未及时汇报或处理	主通风机司机	风门提升系统要正常运行，发现运行部正常要及时汇报或处理	主通风机司机	风门提升系统要正常运行，发现运行部不正常要立即汇报处理
主通风机司机	R_ZTFJSJ07	主通风机风道内浮煤未定期清理	主通风机司机	主通风机风道内的浮煤，要定期清理	主通风机司机	通风机司机要适时巡查，及时汇报
主通风机司机	R_ZTFJSJ08	运行产生噪音	主通风机司机	岗位工工作地点的噪音大小不能超过100 dB(A)	主通风机司机	通风机司机要按规定佩戴好耳塞等劳保用品，不可长时间站在空压机附近

续附表 1-1

管理对象名称	不安全状态编号	不安全状态名称	受控对象名称	管理标准	施控主体名称	管理措施
主通风机司机	R_ZTFJSJ09	温度超限不及时处理	主通风机司机	主要通风机运行时温度不得超过 135 ℃	主通风机司机	加强巡回检查，密切关注扇风机温度，发现异常及时汇报
主通风机司机	R_ZTFJSJ10	电机有异响	主通风机司机	主要通风机运行过程中，电机不能有异响	主通风机司机	加强巡回检查，发现异响等异常及时汇报
钻探工	R_ZTG01	不按规定安设、固定钻机，钻机固定不牢	钻探工	固定钻机时，钻机要安放平稳，上紧底拖梁，四角分别用四棵单体液压支柱或用四根锚杆(18 mm×1 800 mm)固定，支柱初撑力，锚杆预紧力都不得小于11.5 MPa，四棵支柱必须用放到绳连接	钻探工	按规定安设、固定钻机，钻机固定牢固
钻探工	R_ZTG02	不按规定顺序操作钻机	钻探工	启闭开关时，注意力要集中，做到手不离按钮，眼不离钻机，随时观察钻进情况，听从司机命令，准确、及时、迅速地启动和关闭开关，钻进过程中，严格执行好“先停机，后停水；先开水，后开机”的操作顺序	钻探工	按规定顺序操作钻机
钻探工	R_ZTG03	钻探过程中，衣襟、袖口、裤腿未束紧	钻探工	打钻人员要穿戴整齐利落，衣襟、袖口、裤腿必须束紧，禁止用手脚直接制动机械运转部位	钻探工	钻探过程中，衣襟、袖口、裤腿必须束紧
钻探工	R_ZTG04	钻进过程中出现异常情况不停钻、不汇报	钻探工	进行探放水钻进，发现煤岩松软、片帮、来压或钻孔中的水压、水量突然增大以及有顶钻等异状时，必须停止钻进，但不得拔出钻杆，现场负责人应立即报告矿调度室和通防工区，并派人监测水情如果发现情况危急时，必须立即撤出所有受水威胁地点的人员，采取措施，进行处理	钻探工	钻进过程中出现异常情况必须停钻、汇报

续附表 1-1

管理对象名称	不安全状态编号	不安全状态名称	受控对象名称	管理标准	施控主体名称	管理措施
钻探工	R_ZTG05	施工探放水钻孔时孔口未按规定安装闸阀就钻进	钻探工	套管固定后,必须进行耐压试验试验时间不少于 30 min,以套管不松动、不漏水为合格,然后安装止水闸阀后,方可钻进	钻探工	施工探放水钻孔时孔口按规定安装闸阀才能钻进
钻探工	R_ZTG06	不按规定取岩芯	钻探工	严格按规定取岩芯	钻探工	严格按规定取岩芯
钻探工	R_ZTG07	钻探开孔时,眼位不正,擅自改变钻孔位置、孔径、角度等参数或不按规定取岩芯	钻探工	钻探开孔时,眼位要正,不得擅自改变钻孔位置、孔径、角度等参数,并严格按规定取岩芯	钻探工	钻探开孔时,眼位要正,不得擅自改变钻孔位置、孔径、角度等参数,并严格按规定取岩芯
转载机司机	R_ZZZSJ01	未检查设备传动部位有无人员就开机	转载机司机	开机前,先检查设备传动部位有无人员	转载机司机	开机前,先确认设备传动部位附近人员安全
转载机司机	R_ZZZSJ02	冷却喷雾不能正常使用或不使用	转载机司机	冷却喷雾要正常使用	转载机司机	冷却喷雾必须正常使用
转载机司机	R_ZZZSJ03	没有检查信号、闭锁灵敏情况就开机	转载机司机	开机前先检查信号、闭锁灵敏情况	转载机司机	开机前认真检查,保证信号、闭锁灵敏可靠
转载机司机	R_ZZZSJ04	没有检查工作区域顶、帮情况	转载机司机	工作前要检查工作区域顶、帮情况	转载机司机	工作前要检查工作区域顶、帮情况,确保顶板安全

附表 1-2　**机器设备不安全状态**

管理对象名称	不安全状态编号	不安全状态名称	受控对象名称	管理标准	施控主体名称	管理措施
机	J_01	设备安装、存放位置不合理、存放状态不可靠	机	设备安装前，选择恰当的安装位置，制订可靠的安全措施，严格按措施运输安装。其他设备和工具，必须按要求码放整齐，悬挂管理牌板，并采取防倒防滑措施，防止伤人	队长	跟班队长负责设备安装过程中的安全质量管理，对设备、工具、物料的存放检查整改
机	J_02	电气设备无接地线、接地极、辅助接地极或接地不可靠	机	局部接地极可设置于巷道水沟内或其他就近的潮湿处设置在水沟中的局部接地极应用面积不小于 0.6 m^2、厚度不小于 3 mm 的钢板或具有同等有效面积的钢管制成，并应平放于水沟深处； 设置在其他地点的局部接地极，可用直径不小于35 mm、长度不小于1.5 m的钢管制成	队长	机电队长负责电气设备安装后接地保护的加设，接地保护必须可靠有效
机	J_02	电气设备无接地线、接地极、辅助接地极或接地不可靠	机	管上应至少钻 20 个直径不小于 5 mm 的透孔，并垂直全部埋入底板；也可用直径不小于 22 mm、长度为 1 m 的 2 根钢管制成，每根管上应钻 10 个直径不小于 5 mm 的透孔，2 根钢管相距不得小于 5 m，并连后垂直埋入底板，垂直埋深不得小于 0.75 m 电气设备的外壳与接地母线或局部接地极的连接，电缆连接装置两头的铠装、铅皮的连接，应采用截面不小于 25 mm^2 的铜线，或截面不小于 50 mm^2 的镀锌铁线，或厚度不小于 4 mm、截面不小于 50 mm^2 的扁钢	队长	机电队长负责电气设备安装后接地保护的加设，接地保护必须可靠有效

续附表 1-2

管理对象名称	不安全状态编号	不安全状态名称	受控对象名称	管理标准	施控主体名称	管理措施
机	J_03	各类设备有异味、异响、异常不完好	机	井下各类电器设备必须完好无异常	队长	机电队长负责对井下各类设备进行检查,保证其完好可用
采煤设备	J_CMSB01	采煤设备不完好	采煤设备	采煤设备必须完好,正常运转	队长	加强对采煤设备的管理、检查,保证采煤设备安全正常运转,发现问题及时处理
采煤设备	J_CMSB02	控制装置各手把,按钮旋转开关不灵活,各控制开关不正常,遥控器及急停开关不可靠不灵活,急停保护不可靠	采煤设备	各手把,按钮旋转开关、各控制开关、遥控器及急停开关要灵敏可靠	队长	机电队长监督、检查各手把、按钮、旋转开关、遥控器及急停开关是否灵敏可靠
采煤设备	J_CMSB03	显示器不正常	采煤设备	采煤机送电后,显示屏显示稳定,可以正常查看各类信息	队长	跟班队长监督采煤机司机检查显示屏显示情况,发现显示不正常,立即安排处理
采煤设备	J_CMSB04	设备各部位油位低	采煤设备	① 各部齿轮油位不低于油位观察窗,不高于齿轮高度的2/3; ② 液压油位能够保证各部油缸正常同时摆动最大幅度的要求	队长	跟班队长监督采煤机维修工检查采煤机各部油位
采煤设备	J_CMSB05	安全保护、防护罩损坏和警示装置缺失	采煤设备	采煤机安全保护及警示装置灵敏可靠、防护罩齐全、完好	队长	采煤队跟班队长监督采煤维修钳工检查机电设备的安全保护、防护罩和警示装置等情况
采煤设备	J_CMSB06	液压管路损坏或不可靠连接连接	采煤设备	泵站压力平稳,管路连接可靠,泵站压力不得小于30 MPa	队长	机电队长监督、检查乳化泵管路连接情况,发现问题立即整改
采煤设备	J_CMSB07	未按正常启动顺序启动	采煤设备	开机生产时,控制台操作工必须按照顺序依次启动设备	队长	跟班队长监督集控司机按顺序开机
采煤刮板输送机	J_CMGBYSJ01	刮板输送机缺刮板或刮板变形、掉落	采煤刮板输送机	刮板运输机的刮板无变形,不得缺少刮板	队长	机电队长监督、检查维修工将刮板补齐、更换
采煤刮板输送机	J_CMGBYSJ02	刮板输送机销排未固定或销排损坏	采煤刮板输送机	哑铃销齐全、保险销合格	队长	机电队长监督维修工必须每天有计划地检查运输机连接件等

续附表 1-2

管理对象名称	不安全状态编号	不安全状态名称	受控对象名称	管理标准	施控主体名称	管理措施
采煤刮板输送机	J_CMGBYSJ03	刮板输送机链轮损坏	采煤刮板输送机	刮板输送机链轮必须完好可用	队长	①设备安装前，选择完好的链轮；②设备使用过程注意维护维修，发现问题，及时处理
采煤刮板输送机	J_CMGBYSJ04	刮板输送机8字环损坏、缺少	采煤刮板输送机	连接环齐全完好	队长	机电队长负责监督检查溜槽连接环是否齐全完好，并督促维修工配齐
采煤刮板输送机	J_CMGBYSJ05	刮板输送机电缆槽口小	采煤刮板输送机	刮板输送机电缆槽口要保持完好，不变形，确保电缆移动顺畅	队长	机电队长加强检查，出现问题及时安排处理
采煤刮板输送机	J_CMGBYSJ06	刮板输送机减速箱、电机损坏	采煤刮板输送机	刮板输送机减速箱、电机正常运转	队长	机电队长适时检查刮板输送机，定期绝缘遥测，井下备品备件
采煤刮板输送机	J_CMGBYSJ07	刮板输送机鱼口坏	采煤刮板输送机	刮板输送机鱼口完好无损坏	队长	机电队长适时检查刮板输送机鱼口，注意保护
采煤刮板输送机	J_CMGBYSJ08	刮板链松弛或张紧过大	采煤刮板输送机	链、板无严重变形，松紧适宜，链的断面磨损不超过原直径的20%，紧链装置灵活	队长	用符合标准的刮板链，合理紧固
采煤刮板输送机	J_CMGBYSJ09	运输机弯曲段不符合要求	采煤刮板输送机	进刀时运输机弯曲段长度不小于25 m，不大于35 m	队长	跟班队长监督检查工作面作业情况，发现运输机弯曲段长度不符合要求时，立即整改
采煤刮板输送机	J_CMGBYSJ10	输送机在未开启的状态下进行推溜	采煤刮板输送机	输送机必须在开启的状态下进行推移	队长	跟班队长监督推溜过程，不开机不得推溜，发现不开机推溜及时制止并纠正
采煤机	J_CMJ01	煤机缺少截齿	采煤机	采煤机滚筒截齿不得有损坏和缺失	队长	跟班队长监督检查截齿情况，缺少或损坏及时安排更换
采煤机	J_CMJ02	采煤机闭锁装置不灵敏可靠	采煤机	采煤机闭锁装置必须灵敏可靠	采煤机司机	采煤机司机开机前检查煤机闭锁装置是否灵活可靠，发现故障及时处理
采煤机	J_CMJ03	煤机冷却系统故障或未开启	采煤机	采煤机开机必须开启冷却装置并使用正常	队长	跟班队长监督采煤机司机检查、使用冷却装置

续附表 1-2

管理对象名称	不安全状态编号	不安全状态名称	受控对象名称	管理标准	施控主体名称	管理措施
采煤机	J_CMJ04	电缆夹损坏	采煤机	电缆夹子完好，不变形、绑扎牢固	队长	机电队长监督、检查电缆夹变形、绑扎情况，发现损坏、变形、绑扎不牢立即安排电工进行处理
单体支柱	J_DTZZ01	单体支柱不完好，漏液、自动泄压	单体支柱	活柱伸缩灵活，伸缩量符合要求，迎山角及压力符合要求，不卸液，不漏液	队长	跟班队长安排端头工对支柱进行检查，损坏的支柱严禁使用，支柱迎山角及压力符合要求
单体支柱	J_DTZZ02	液压支柱伸出量不符合要求，使用不规范	单体支柱	① 单体支柱活柱伸缩灵活，不卸液，不漏液；初撑力必须达到 11.5 MPa；② 戗柱角应为65°～75°；③ 单体柱顶应打在铁鞋	队长	采煤队跟班队长负责不定期的抽查，发现支柱失效，必须立即安排整改
单体支柱	J_DTZZ03	单体支柱支设不合格、未穿铁鞋、无放倒钩等	单体支柱	支柱不准将支柱打在浮煤(矸)上，坚硬底板要刨柱窝、见麻面；底板松软时，支柱必须穿鞋，挂放倒钩	端头支护工	按规定进行支护
回采集控	J_HCJK01	集控操作台按钮指示标志锈蚀	回采集控	集控操作台各按钮指示标志必须清晰	集控司机	集控司机注意清理集控操作台，防止指示标志锈蚀
金属顶梁	J_JSDL01	铰接顶梁不完好，不能铰接牢固	金属顶梁	铰接顶梁必须完好，铰接牢固	队长	跟班队长必须负责检查单体支柱支护质量，铰接顶梁必须交接牢固，不得使用不完好顶梁
破碎机	J_PSJ01	运行产生噪音	破碎机	岗位工工作地点噪音不得超过 85 dB(A)	一般工种	周边工作人员佩戴好耳塞或采取防噪声伤害措施
破碎机	J_PSJ02	破碎机停机未闭锁	破碎机	机电设备停机后必须停电闭锁	集控司机	设备停机后，集控司机必须确认停电闭锁
乳化泵站	J_RHBZ01	乳化泵输出压力调定不合理	乳化泵站	乳化泵站压力不低于 30 是 MPa	队长	机电队长监督乳化泵司机对乳化泵压力的检查，发现压力不符合规定的，立即进行处理

续附表 1-2

管理对象名称	不安全状态编号	不安全状态名称	受控对象名称	管理标准	施控主体名称	管理措施
乳化泵站	J_RHBZ02	乳化液泵故障	乳化泵站	乳化泵必须完好可用无故障	液压泵站工	液压泵站工每班开机前，对乳化泵进行全面检查，确认乳化泵正常无故障发现故障及时汇报处理
乳化泵站	J_RHBZ03	乳化液浓度不符合规定	乳化泵站	乳化液浓度为3%～5%	队长	跟班队长检查乳化液浓度，发现不在规定范围内的，立即安排进行处理
乳化泵站	J_RHBZ04	乳化油桶及乳化泵箱无封盖	乳化泵站	乳化油桶和乳化泵箱必须有封盖	液压泵站工	乳化泵开机前检查乳化泵箱内无杂物，加注乳化油前检查乳化油无杂物
液压支架	J_YYZJ01	支架不完好或压力不足	液压支架	支架无漏液、各管路、部件完好，压力不小于泵站压力的80%	队长	机电队长负责检查工作面支架的完好情况，发现问题及时安排维修人员处理
液压支架	J_YYZJ02	支架各部位千斤顶损坏	液压支架	液压支架护帮板、立柱各千斤顶必须可以正常灵活操作，无自降、漏液等现象	队长	机电队长监督、检查维修工对护帮板缸、立柱的检修情况，发现问题及时维修或更换
液压支架	J_YYZJ03	支架各把手锈蚀	液压支架	支架各把手必须操作灵活，有闭锁装置	液压支架工	支架工每班检查支架把手，保证操作灵活无锈蚀，支架闭锁完好
液压支架	J_YYZJ04	支架护帮板变形、损坏	液压支架	护帮板无变形、损坏，缸体无漏液，正常伸缩	队长	跟班队长检查护帮板完好状况，发现不完好的要求维修工处理
液压支架	J_YYZJ05	支架安全阀失效	液压支架	压力超过规定数值时自动卸载降压	队长	跟班队长加强监督检查，发现问题，及时安排处理
液压支架	J_YYZJ06	支架阀组窜液或损坏	液压支架	支架阀组无漏液或者窜液现象，管路接头连接牢固	队长	机电队长监督维修工对阀组日常检修、维护
转载机	J_ZZJ01	转载机缺刮板	转载机	转载机的刮板无变形，不得缺少刮板	队长	机电队长监督、检查维修工将刮板补齐、更换
转载机	J_ZZJ02	转载机缺过桥	转载机	转载机上行人地点加设过桥	队长	加强检查管理，发现缺少过桥及时汇报或处理
地测防治水设备	J_DCFZSSB01	测量仪器不完好，数据误差大、失真	地测防治水设备	测量仪器必须保证准确，不得使用超出允许误差的仪器设备	地测科科员	设备加强保护，严禁使用不合格仪器设备测量
GPS三维定位测量系统	J_GPSSWDWXT01	参数调整不正确	GPS三维定位测量系统	GPS三维定位测量系统参数调整要正确	地测科科员	加强检查，使用前检查参数调整是否正确

续附表 1-2

管理对象名称	不安全状态编号	不安全状态名称	受控对象名称	管理标准	施控主体名称	管理措施
GPS三维定位测量系统	J_GPSSWDWXT02	测量过程中基准站位置变动	GPS三维定位测量系统	测量过程中基准站位置不得变动	地测科科员	使用前加强检查，确保基准站不移动
GPS三维定位测量系统	J_GPSSWDWXT03	仪器不完好	GPS三维定位测量系统	仪器要完好可靠	地测科科员	加强检查，确保仪器完好，发现问题及时处理
激光指向仪	J_JGZXY01	激光散光	激光指向仪	激光指向仪激光不得散光	地测科科员	加强检查、维护
激光指向仪	J_JGZXY02	微调螺旋松动等设备不完好	激光指向仪	激光指向仪要完好，微调螺旋不松动	地测科科员	加强检查、维护，出现问题及时处理
流速仪	J_LSY01	工具仪器损坏	流速仪	① 流速仪部件完整，轴成转动灵活，水路畅通，流速稳定； ② 流速仪应每年至少较检一次，并重新标定流速参数	地测科科员	① 入井前对所携带的流速器及辅助工具进行检查，发现不完好及时更换； ② 应每月对流速仪进行一次检查，发现仪器不完好的应及时进行维修和更换
全站仪	J_QZY01	角度经纬仪、激光测距仪不完好或不精准	全站仪	角度经纬仪、激光测距仪要完好，并精准可靠	地测科科员	加强检查、维护，使用前调试准确
全站仪	J_QZY02	仪器竖轴不不竖直或横轴不水平	全站仪	全站仪竖轴要竖直，横轴要水平	地测科科员	加强检查、维护，使用前调试准确
全站仪	J_QZY03	水准管气泡和圆水准气泡不水平	全站仪	全站仪水准管气泡要与圆水准气泡水平	地测科科员	加强检查、维护，使用前调试准确
全站仪	J_QZY04	水平度盘不水平	全站仪	全站仪水平度盘要水平	地测科科员	加强检查、维护，使用前调试准确
水准仪	J_SZY01	水准仪气泡不水平	水准仪	水准仪气泡要水平	地测科科员	加强检查、维护，确保气泡水平
水准仪	J_SZY02	水准尺刻画不清楚、不准确	水准仪	水准尺刻画要清楚、准确	地测科科员	加强检查，水准尺出现不清楚、不准确，及时处理
探水钻机	J_TSZJ01	钻机固定不牢	探水钻机	固定钻机时，钻机要安放平稳，上紧底拖梁，四角分别用四棵单体液压支柱或用四根锚杆(18 mm×1800 mm)固定，支柱初撑力，锚杆预紧力都不得小于11.5 MPa，四棵支柱必须用防倒绳连接	钻探工	认真检查，确保钻机固定牢固

续附表 1-2

管理对象名称	不安全状态编号	不安全状态名称	受控对象名称	管理标准	施控主体名称	管理措施
探水钻机	J_TSZJ02	单体支柱支设不牢	探水钻机	单体支柱支设要牢固可靠，支柱初撑力不得小于11.5 MPa	钻探工	按规定支设单体支柱，认真检查，确保单体支柱支设牢固，按规定加设防倒钩
探水钻机	J_TSZJ03	管路老化、U形卡不正常使用	探水钻机	规范使用好U形卡，连接好管路	钻探工	认真检查，确保U形卡规范使用，管路连接牢固可靠
探水钻机	J_TSZJ04	钻杆等外露转动部位	探水钻机	人员不得靠近钻杆等钻机外露转动部位	钻探工	要合理站位，人员不得靠近钻杆等钻机外露转动部位，能安设防护罩的部位必须安设防护罩
调度设备	J_DDSB01	调度设备未按要求加设、不完好、损坏	调度设备	① 主副井绞车房、井底车场、运输调度室、采区变电所、上下山绞车房、水泵房、带式输送机集中控制硐室等主要机电设备硐室和采掘工作面，应安装电话井下主要水泵房、井下中央变电所、矿井地面变电所和地面通风机房的电话，应能与矿调度室直接联系； ② 井下电话线路严禁利用大地作回路； ③ 井下防爆型的通信装置，应优先采用本质安全型	检测监控工	加强巡回检查，及时安装、维护通信设备
调度设备	J_DDSB02	信息传输失真	调度设备	调度监控系统必须安全稳定	检测监控工	加强巡回检查，及时安装、维护通信设备
调度设备	J_DDSB03	控制基站太少，存在测控死角	调度设备	井下调度监控基站必须覆盖井下所有区域，不得留有死角	检测监控工	加强巡回检查，及时安装、维护通信设备
监测监控	J_JCJK01	检测报警定值不合理	监测监控	严格按照规程规定设置报警定值	检测监控工	加强检查，报警定值不合理及时调整
人员定位	J_RYDW01	人员定位卡个别失效	人员定位	人员定位系统必须实时有效，每个入井人员必须定位准确	检测监控工	加强排查，对人员定位卡失效的，及时更换

续附表 1-2

管理对象名称	不安全状态编号	不安全状态名称	受控对象名称	管理标准	施控主体名称	管理措施
人员定位	J_RYDW02	人员定位系统故障	人员定位	人员定位系统必须实时有效，每个人井人员必须定位准确	检测监控工	加强排查，发现故障紧急处理
通讯设备	J_TXSB01	通讯设备线路断线	通讯设备	井下通讯设备和通讯线路必须完好，保证通讯畅通	检测监控工	加强通讯设备、线路的检查，发现问题及时处理
通讯设备	J_TXSB02	通讯电话不完好、损坏、杂音、串音	通讯设备	通讯电话必须完好、无损坏、无杂音	检测监控工	加强检查，发现通讯电话出现问题及时处理
通讯设备	J_TXSB03	语音广播，不能覆盖井下各地点	通讯设备	语音广播要覆盖井下各地点，不得存在死角	检测监控工	加设通讯基站，确保语音个广播覆盖全井下
自动控制	J_ZDKZ01	自动控制系统错误	自动控制	自动控制系统必须稳定可靠	检测监控工	定期检查，出现问题及时维修
机电设备	J_JDSB01	电气保护不起作用	机电设备	井下高压电动机、动力变压器的高压控制设备，应具有短路、过负荷、接地和欠压释放保护井下由采区变电所、移动变电站或配电点引出的馈电线上，应装设短路、过负荷和漏电保护装置低压电动机的控制设备，应具备短路、过负荷、单相断线、漏电闭锁保护装置及远程控制装置； 各类电气设备、电缆等要按规定安装保护接地； 其他电气设备要按规定安装各类保护	队长	机电队长负责对井下机电设备的电气保护巡回检查，确保电气保护有效、不缺失，并按要求安装
机电设备	J_JDSB02	设备失爆	机电设备	井下机电设备必须杜绝失爆	井下电钳工	电钳工在机电设备安装送电使用前，必须对机电设备进行全面的防爆检查，检查合格后，才能送电使用
机电设备	J_JDSB03	防爆面锈蚀	机电设备	低压防爆开关的防爆面不能出现锈蚀现象，清洁不缺油，能紧密结合	防爆电器设备维检工	防爆检查员每月至少对机电设备进行一次防爆检查，杜绝失爆

续附表 1-2

管理对象名称	不安全状态编号	不安全状态名称	受控对象名称	管理标准	施控主体名称	管理措施
机电设备	J_JDSB03	防爆面锈蚀	机电设备	低压防爆开关的防爆面不能出现锈蚀现象，清洁不缺油，能紧密结合	井下电钳工	电钳工必须定期对低压防爆开关防爆面进行涂油处理，避免其锈蚀
机电设备	J_JDSB04	电气设备上洒水	机电设备	严禁向电气设备上洒水，严禁直接用水冲刷电气设备	副区长	机电区长要求洒水人员禁止向电气设备上洒水，并适时监督，一旦发现电气设备上洒水的，给予教育和处罚
机电设备	J_JDSB05	电气设备接线工艺差	机电设备	机电设备接线室内接线必须规范，布线合理，压线牢固，接线室内干燥卫生	井下电钳工	电钳工必须按规定要求进行接线，定期清理接线室内的杂物，并添加干燥剂
机电设备	J_JDSB06	机电设备不完好	机电设备	严禁不完好的机电设备入井，井下损坏不完好的机电设备严禁强行接电运转	副区长	机电区长发现井下不完好的设备，及时安排人员维修，对于不可用的，及时升井发现强行接电运转的，按规定严肃处理
变压器	J_BYQ01	变压器高温	变压器	变压器温升不超过下列规定：B级绝缘不超过 110 ℃，F级绝缘不超过 125 ℃，H级绝缘不超过 13 5℃	队长	机电队长监督、检查电工是否按规定检查变压器温度情况，变压器温度超规定必须立即进行处理，不得继续使用
变压器	J_BYQ02	变压器电气保护不齐全，不灵敏	变压器	变压器的漏电保护齐全、可靠	队长	机电队长监督、检查保护是否齐全、灵敏，发现问题及时安排处理
变压器	J_BYQ03	变压器接线工艺差，变压器不完好失爆	变压器	机电设备接线室内接线必须规范，布线合理，压线牢固，接线室内干燥卫生	井下电钳工	电钳工必须按规定要求进行接线，定期清理接线室内的杂物，并添加干燥剂
变压器	J_BYQ04	变压器供电系统超负荷	变压器	变压器所连接负荷不得超过许用载荷	队长	合理利用变压器供电，不得使变压器超负荷运行
移动变压器	J_YDBYQ01	移变高温	移动变压器	移变温升不超过下列规定：B级绝缘不超过 110 ℃，F级绝缘不超过 125 ℃，H级绝缘不超过 135 ℃	队长	机电队长监督、检查电工是否按规定检查移变温度情况，移变温度超规定必须立即进行处理，不得继续使用
移动变压器	J_YDBYQ02	移变漏电保护等各项保护不齐全，损坏	移动变压器	漏电保护等各类保护要齐全、完好	队长	机电队长加强对各类保护的检查，发现问题及时安排处理

续附表 1-2

管理对象名称	不安全状态编号	不安全状态名称	受控对象名称	管理标准	施控主体名称	管理措施
主变压器	J_ZBYQ01	高温	主变压器	变压器温升不超过下列规定:B级绝缘不超过110 ℃,F级绝缘不超过125 ℃,H级绝缘不超过135 ℃	队长	机电队长监督、检查电工是否按规定检查变压器温度情况,变压器温度超规定必须立即进行处理,不得继续使用
主变压器	J_ZBYQ02	漏电保护等各项保护不齐全,损坏	主变压器	漏电保护等各类保护等要齐全、可靠	队长	机电队长加强检查,发现保护不合格,及时安排处理
电缆	J_DL01	电缆破皮,绝缘值低,漏电	电缆	电缆绝缘性能符合井下输配电应用要求	井下电钳工	电钳工定期对电缆进行绝缘性能遥测,对于达不到绝缘要求的,及时更换
电缆	J_DL02	电缆有“鸡爪子、羊尾巴、明接头”	电缆	井下电缆不得出现“鸡爪子、羊尾巴、明接头”	井下电钳工	井下电钳工加强检查,发现电缆不合格及时处理
电缆	J_DL03	电缆无编号牌,导向牌	电缆	入井电缆必须粘贴编号牌,接入电源的电缆依照供电方向必须配齐导向牌;未粘贴编号牌的电缆不得入井	井下电钳工	加强工作落实,入井电缆粘贴编号牌,接入电源的电缆依照供电方向配齐导向牌,并加强巡回检查,发现问题及时处理
电缆	J_DL04	电缆吊挂交叉、混乱,不符合规定	电缆	井下电缆吊挂不得出现交叉	井下电钳工	井下电钳工加强检查,出现交叉及时处理
电缆	J_DL05	电缆接线工艺差	电缆	电缆接线符合操作规程要求	井下电钳工	保证接线工艺,确保接线合格
电缆	J_DL06	接线用皮直通皮三通不合格	电缆	电缆接线必须采用与供电电压相符合的接线盒、接线器、母线盒、皮直通、皮三通	井下电钳工	井下电缆接线必须采用符合规程要求的连接装置,并合格接线
电气焊设备	J_DQHSB01	电气焊设备、电气焊防护用品未入箱	电气焊设备	井下使用的电气焊设备,施工完成必须及时入箱	金属焊接工	电气焊施工完成后,金属焊接工负责将电气焊设备、电气焊防护用品入箱,并上锁
电气焊设备	J_DQHSB02	电焊机受潮,绝缘值低	电气焊设备	① 电焊机必须有可靠接地;② 电焊机及电缆无破损无漏电;③ 焊把绝缘完好	队长	机电队长负责组织电焊工按照要求检查电焊机情况,一切合格后方可作业
电气焊设备	J_DQHSB03	气焊设备漏气、不完好	电气焊设备	仪表精准,气瓶无漏气、接头丝无损坏,气割线无破损	队长	跟班队长负责监督、检查,发现使用不合格气割设备,必须要求其立即整改
防爆开关	J_FBKG01	防爆开关失爆、不完好	防爆开关	井下防爆设备必须杜绝失爆	井下电钳工	电钳工必须定期更换低压防爆开关腔体内的除潮剂

续附表 1-2

管理对象名称	不安全状态编号	不安全状态名称	受控对象名称	管理标准	施控主体名称	管理措施
防爆开关	J_FBKG02	防爆开关保护不灵敏或甩保护运行	防爆开关	开关柜的各种保护必须完善、灵敏、可靠	井下电钳工	加强巡回检查，按规定对各种保护进行试验并记录
防爆开关	J_FBKG03	防爆开关未上架，排放不整齐	防爆开关	防爆开关必须上架或砌台放置，开关架和砌台高度不得低于250 mm	井下电钳工	将防爆开关按规定上架、排放
防爆开关	J_FBKG04	防爆开关无标志牌、标志牌破损、标志牌悬挂位置不当	防爆开关	防爆开关必须悬挂标志牌	井下电钳工	防爆开关安装后必须及时张贴或悬挂标志牌，标志牌内容正确，无破损，悬挂位置正确
防爆开关	J_FBKG05	防爆开关隔离开关打不到位	防爆开关	防爆开关的隔离开关必须灵活到位	井下电钳工	电钳工对井下防爆开关适时检查，保证正常
防爆开关	J_FBKG06	防爆开关启停按钮、实验按钮、整定按钮锈蚀不灵活	防爆开关	防爆开关各按钮必须灵活有效	井下电钳工	电钳工对井下防爆开关适时检查，保证各按钮灵活可用，并适当涂凡士林防锈
防爆开关	J_FBKG07	防爆开关未加设启停指示标志	防爆开关	防爆设备上正确粘贴启停指示标志	井下电钳工	电钳工按规定粘贴标志，不合格的及时更换
防爆开关	J_FBKG08	防爆开关整定值不合理或与标志牌不一致	防爆开关	保护定值的设定必须与开关所带负荷相符	井下电钳工	加强巡回检查，根据实际负荷设定定值，禁止随意改动设定好的定值
防爆开关	J_FBKG09	防爆开关防爆面、挡板、抗圈锈蚀	防爆开关	防爆设备的防爆面清洁不缺油，能紧密结合	井下电钳工	电钳工必须定期对防爆设备的防爆面进行涂油处理，避免其锈蚀
防爆开关	J_FBKG10	防爆开关缺少绝缘隔板	防爆开关	防爆开关接线腔内不得缺少绝缘隔板	井下电钳工	电钳工在设备入井安装后，检查防爆开关接线腔内不得缺少绝缘隔板
防爆开关	J_FBKG11	防爆开关放置在淋水地点并没有防水棚	防爆开关	防爆电气设备必须远离淋水地点，必须加设在防水段的，必须假设防水装置；低压防爆开关腔体内必须有除潮剂，且除潮剂不能过期	队长	加强检查，发现开关附近有淋水，及时进行处理或挪移开关位置
防爆开关	J_FBKG12	防爆开关未定期进行防爆检查或防爆检查过期	防爆开关	每月必须对防爆电气设备进行一次防爆检查，并粘贴防爆合格证	防爆电器设备维检工	防爆检查员加强对防爆电气设备的防爆检查

续附表 1-2

管理对象名称	不安全状态编号	不安全状态名称	受控对象名称	管理标准	施控主体名称	管理措施
防爆开关	J_FBKG13	防爆开关指示灯、显示屏不正常指示	防爆开关	指示灯必须完好，指示正确	井下电钳工	加强管理，巡回检查，发现问题及时处理
防爆开关	J_FBKG14	防爆开关连接超负荷	防爆开关	根据连接的用电设备功率，选择正确的防爆开关；不得同一启动器控制两台及以上电气设备	队长	机电队长对防爆开关应合理选型，对井下供电系统保证安全、科学、经济运行
防爆开关	J_FBKG15	防爆开关未标示电压等级	防爆开关	配电点有两种及以上等级电压的，必须在防爆开关上标注电压等级	井下电钳工	按规定在隔爆开关上标示电压等级
防爆开关	J_FBKG16	防爆开关闭锁装置不灵活、损坏	防爆开关	防爆开关闭锁装置操作灵活	井下电钳工	适时对防爆开关闭锁装置进行检查，保证操作灵活无锈蚀
开关柜	J_KGG01	开关柜内卫生面貌差	开关柜	开关柜必须整洁卫生	集控司机	集控司机及时清理开关柜卫生，采取措施防潮防锈
启动器	J_QDQ01	不同容量的启动器保护插件混用	启动器	启动器必须严格使用配套的保护插件	队长	机电队长严格检查，发现问题及时安排处理
启动器	J_QDQ02	风机开关不能正常切换	启动器	风机开关必须可以正常切换	队长	机电队长必须安排人员对井下风机开关每天做一次切换试验
启动器	J_QDQ03	风机开关未采用双电源供电	启动器	风机开关必须采用双电源供电	队长	加强检查，发现不合格的，及时安排处理
综保	J_ZB01	综保开关超容量使用	综保	根据不同的供电需求，使用不同的综保开关容量或增加综保数量，不得超容量使用	井下电钳工	加强巡回检查，根据供电需求，选用综保开关，发现不符合需求及时更换
水泵	J_SB01	排水设施不完好，超扬程、超能力排水	水泵	排水设施的水泵完好、水管无破裂、闸阀无锈蚀、排水用的配电设备和电缆无漏电、无破损；配备排水能力不小于预计最大涌水量的排水设施	队长	机电队长监督维修工、电工检查排水设施，发现问题及时处理
水泵	J_SB02	水泵无逆止、无截门，回水	水泵	井下排水系统必须具备防回水装置	井下电钳工	按规定对入井安装的排水系统加设防回水装置

续附表 1-2

管理对象名称	不安全状态编号	不安全状态名称	受控对象名称	管理标准	施控主体名称	管理措施
水泵	J_SB03	水泵频繁启停	水泵	水泵不得频繁启动	矿井泵工	加强工作落实，不得频繁启停水泵
水泵	J_SB04	水泵水位控制开关不灵敏	水泵	水位控制开关必须保证灵敏可靠，控制有效	队长	机电队长要适时检查水位控制开关灵敏，可正常控制积水
水泵	J_SB05	水泵盘根（密封涵）坏，漏水	水泵	水泵盘根的紧固必须松紧合适，漏水要保证滴水不成线	井下电钳工	加强检查，确保水泵盘根完好，出现问题及时处理
小水泵	J_XSB01	水泵电缆挤伤、破皮漏电	小水泵	水泵电缆必须完好	井下电钳工	严禁将电缆破皮损坏不合格的水泵接电使用，出现破皮漏电，必须立即停电修补和整改
小水泵	J_XSB02	水泵、电缆、水管等设备出现故障	小水泵	井下排水系统必须安全、完好	矿井泵工	水泵安装使用过程中确保其安全运行
小水泵	J_XSB03	积水中杂物多，吸入水泵	小水泵	排水水质差的排水泵，必须加设过滤网	矿井泵工	积水中存有杂物及时清理，要检查水泵外围过滤网是否完好
小水泵	J_XSB04	排水设备故障，水泵能力不符合要求	小水泵	① 排水设施的水泵完好、水管无破裂、闸阀无锈蚀、排水用的配电设备和电缆无漏电、无破损； ② 过富水区、构造带时，根据地测部门预计的涌水量，机电科设计的排水系统，配备排水能力不小于预计涌水量的1.2倍的排水设施	队组长	班组长接班后必须组织人员检查刮板运输机是否完好、信号是否灵敏可靠；并将接班后检查和整改情况，填写到交接班记录本上
主排水泵	J_ZPSB01	仪表不齐全，指示不正确，各阀门操作不灵活	主排水泵	仪表完好可用，无破损，测量指示准确	机械安装、维修工	各类仪表定期检查，保证完好可用对于已损害的仪表，及时更换
主排水泵	J_ZPSB02	盘根漏水	主排水泵	排水泵盘根适度压紧，排水时做到滴水不成线	矿井泵工	矿井泵工每班检查排水泵，确保水泵盘根完好，正常可用
主排水泵	J_ZPSB03	出水阀门关不紧或漏水	主排水泵	主排水泵停泵前，必须关紧出水闸门再停泵，且出水管路不得漏水	矿井泵工	矿井泵工每班检查排水泵阀门与排水管路，确保正常排水

续附表 1-2

管理对象名称	不安全状态编号	不安全状态名称	受控对象名称	管理标准	施控主体名称	管理措施
主排水泵	J_ZPSB04	水仓水位控制器失灵	主排水泵	水仓必须加设水位自动报警和机械水位观测装置	矿井泵工	实时观测水仓水位,发现水位控制器失灵,及时维修处理
小型电器设备	J_XXDQSB01	小型电器设备失爆、不完好、不能正常使用	小型电器设备	小型电气设备要保证完好,确保挡板、小型电气牌等齐全,接线电缆高于喇叭口,并合理吊挂	井下电钳工	加强巡回检查、管理,确保完好
小型电器设备	J_XXDQSB02	小型电器设备缺少小型电器设备标志牌	小型电器设备	井下小型电器设备必须具备防爆合格证、小型电器标志牌、小型电器入井准用证和设备编号牌	防爆电器设备维检工	防爆检查员对井下责任区域小型电器适时检查,确保设备标志牌齐全,内容无误
小型电器设备	J_XXDQSB03	小型电器设备未定期进行防爆检查或防爆检查过期	小型电器设备	小型电器设备自身完好,达到防爆标准	防爆电器设备维检工	按规定每月进行一次防爆检查和设备完好处理
小型电器设备	J_XXDQSB04	小型电器设备未加设用途指示标志	小型电器设备	井下用于控制、联络的信号器和按钮,必须加设用途指示标志,同一类型电气设备,必须严格区分使用用途	井下电钳工	小型电器设备安装使用前,加设用途指示标志牌,不清晰及时更换
小型电器设备	J_XXDQSB05	小型电器设备安设位置不当,喇叭口要高于接线电缆	小型电器设备	小型电气设备要保证完好,确保挡板、小型电气牌等齐全,接线电缆高于喇叭口,并合理吊挂	井下电钳工	规范操作,认真安装,保证设备安设位置得当
小型电器设备	J_XXDQSB06	小型电器设备防爆面、挡板、抗圈锈蚀	小型电器设备	防爆设备的防爆面清洁不缺油,能紧密结合	井下电钳工	电钳工必须定期对防爆设备的防爆面进行涂油处理,避免其锈蚀
小型电器设备	J_XXDQSB07	信号器不响、声音不清晰、有杂音	小型电器设备	信号器必须完好可用,并信号清晰	井下电钳工	巡回检查,发信故障及时处理

续附表 1-2

管理对象名称	不安全状态编号	不安全状态名称	受控对象名称	管理标准	施控主体名称	管理措施
小型电器设备	J_XXDQSB08	信号器安设超距离或缺少信号器	小型电器设备	① 矿井中的电气信号,除信号集中闭塞外应能同时发声和发光重要信号装置附近,应标明信号的种类和用途;② 升降人员和主要井口绞车的信号装置的直接供电线路上,严禁分接其他负荷;③ 井下信号装置,应采用具有短路、过载和漏电保护的照明信号综合保护装置配电;井下防爆型的信号装置,应优先采用本质安全型	井下电钳工	严格按规定安设信号器,发现不合格的及时处理
小型电器设备	J_XXDQSB09	按钮锈蚀、不灵活	小型电器设备	电气设备各按钮必须灵活有效	井下电钳工	电钳工对井下防爆电气设备适时检查,保证各按钮灵活可用,并适当涂凡士林防锈
小型电器设备	J_XXDQSB10	按钮未加设盖板	小型电器设备	小型电气设备要保证完好,确保挡板、小型电气牌等齐全	井下电钳工	井下控制按钮安装使用前,必须加设防止误操作的盖板和启停指示标志
小型电器设备	J_XXDQSB11	按钮未加设启停指示标志	小型电器设备	井下控制按钮要保证完好,确保挡板、小型电气牌等齐全,并在明显位置张贴正反、启停指示标志	井下电钳工	井下控制按钮安装使用前,必须加设防止误操作的盖板和启停指示标志
小型电器设备	J_XXDQSB12	声光信号器和按钮缺少牌板,语音报警器缺固定架	小型电器设备	井下使用的声光信号器和按钮,需固定在牌板上,语音报警器需加工固定架,并可靠悬挂	井下电钳工	井下使用的声光信号器、按钮和语音报警器按规定固定
小型电器设备	J_XXDQSB13	电缆接线盒电压等级与供电电压不符	小型电器设备	电缆接线必须采用与供电电压相符合的接线盒、接线器、母线盒	井下电钳工	井下电缆接线必须采用符合规程要求的连接装置,并合格接线
小型电器设备	J_XXDQSB14	各类保护传感器、急停未固定、固定不可靠	小型电器设备	各类保护传感器、急停必须固定可靠,保护灵敏有效	井下电钳工	电钳工对井下各类保护巡回检查,发现问题及时处理

续附表 1-2

管理对象名称	不安全状态编号	不安全状态名称	受控对象名称	管理标准	施控主体名称	管理措施
小型电器设备	J_XXDQSB15	急停安设超距离	小型电器设备	胶带输送机急停保护间距不得超过100 m,最后一个急停与胶带尾间距不得超过50 m	井下电钳工	电钳工及时加设胶带输送机急停保护
压风机	J_YFJ01	运行产生噪音	压风机	岗位工工作地点的噪音大小不能超过100 dB(A)	空压机司机	空压机司机要按规定佩戴好耳塞等劳保用品,不可长时间站在空压机附近
压风机	J_YFJ02	风包内的油水混合物较多	压风机	风包内必须保持清洁,不得有油水混合物	空压机司机	空压机司机要每班对风包内的油水混合物进行清理
压风机	J_YFJ03	安全阀和断水保护不完好	压风机	安全阀和断水保护必须完好,断水保护要每天进行检查,并做好记录	空压机司机	岗位工要严格要求对断水保护进行试验,并认真填写试验记录
压风机	J_YFJ04	温度超限、仪表指示不准、有异味、声音异常或冷却系统发生故障	压风机	空压机运行过程中,各种仪表必须指示正常,无异味、异响	机械安装、维修工	加强日常巡检,确保各种阀门和保护完好
压风机	J_YFJ04	温度超限、仪表指示不准、有异味、声音异常或冷却系统发生故障	压风机	空压机运行过程中,各种仪表必须指示正常,无异味、异响	空压机司机	加强巡回检查,发现问题及时汇报和处理
制冷设备	J_ZLSB01	制冷机冷却水压力小	制冷设备	合理设定冷却水压力,保证充足的冷却水流量	井下制冷机司机	制冷机司机检查到位,随时调整冷却水压力,冷却水不足时,及时停机
制冷设备	J_ZLSB02	制冷机循环水压力低,管路漏水	制冷设备	井下制冷设备的各种阀门必须不漏水,能够正常打开和关闭	井下制冷机司机	制冷机司机要加强巡检,发现问题要及时处理和汇报
制冷设备	J_ZLSB03	制冷机循环水管路中空气多	制冷设备	制冷机开机试运转前,循环水管内空气必须排尽	井下制冷机司机	制冷机司机试运行之前,主要对循环水管路进行放气,调压,确保管路中空气不会对制冷机造成损害
制冷设备	J_ZLSB04	制冷机缺油、缺氟利昂,油氟不分离	制冷设备	制冷机及时补充油和氟利昂	井下制冷机司机	制冷机司机加强检查,发现油和氟利昂不足,及时补充
制冷设备	J_ZLSB05	制冷机频繁启停	制冷设备	制冷机不能频繁启停,严禁带故障强行运转,故障不排除,不得开机	井下制冷机司机	制冷剂司机规范操作,加强检查,出现故障及时处理

续附表 1-2

管理对象名称	不安全状态编号	不安全状态名称	受控对象名称	管理标准	施控主体名称	管理措施
制冷设备	J_ZLSB06	制冷机循环水水泵密封涵坏，漏水	制冷设备	水泵盘根的紧固必须松紧合适，漏水要保证滴水不成线	井下电钳工	加强水泵盘根的松紧检查，发现问题及时处理
制冷设备	J_ZLSB07	风冷器、制冷局扇吊装位置不合适、高度低	制冷设备	风冷器、制冷局扇的安装不得影响运输	机械安装、维修工	选择合适位置进行安装
掘进设备	J_JJSB01	掘进设备不完好	掘进设备	掘进设备必须完好	副区长	掘进机电区长对掘进设备负责管理，保证掘进设备安全正常运转
掘进设备	J_JJSB02	控制装置不灵活，急停保护不可靠	掘进设备	掘进设备控制装置和保护必须灵活，控制灵敏可靠	队长	跟班队长对使用的掘进设备每班详细检查，对于设备的控制装置和急停保护，要确保其灵敏可靠
掘进设备	J_JJSB03	液压管路、压风供水管路损坏或不可靠连接	掘进设备	① 工作面必须杜绝破串漏液； ② 管路接头完好、可靠，U形卡规格合适、安装到位	队长	机电队长及时对胶带输送机进行检查，发现跑偏及时安排处理
掘进设备	J_JJSB04	各类设备有异味、异响、异常不完好	掘进设备	各类设备要无异味、无异响、异常，确保完好	队长	机电队长加强检查，发现问题及时安排处理
爆破器材	J_BPQC01	爆破器材存放位置不当	爆破器材	爆破器材、爆破材料需存放在爆破材料箱内，并上锁	爆破工	爆破员必须保证爆破器材妥善放置
爆破器材	J_BPQC02	发爆器保管不当进水	爆破器材	爆破器材、爆破材料需存放在爆破材料箱内，并上锁	爆破工	提高工作责任心，认真保管，加强管理
爆破器材	J_BPQC03	起爆线长度不够，有破皮、连接	爆破器材	起爆线长度必须在100 m以上，中间不得有破皮和连接	爆破工	爆破员在爆破前，必须检查起爆线完好，方可拉线爆破
风动工具	J_FDGJ01	风动工具漏风	风动工具	风动工具不能漏风	机械安装、维修工	漏风的风动工具必须及时修理
风动工具	J_FDGJ02	风动工具管接头不合格，不能可靠连接风管	风动工具	风动工具接头完好、连接可靠、不漏风	一般工种	风动工具使用前，检查管接头是否合格，风管是否连接牢靠
风镐	J_FG01	风镐头易脱落	风镐	风镐的固定弹簧需要将风镐头可靠固定防掉落	一般工种	工作人员对使用的风镐注意检查，不得使用带故障的风镐

续附表 1-2

管理对象名称	不安全状态编号	不安全状态名称	受控对象名称	管理标准	施控主体名称	管理措施
风炮	J_FP01	套筒头固定不可靠	风炮	风炮套筒头要固定可靠	掘进工	掘进工使用风炮前，检查套筒头固定情况
风钻	J_FZ01	风钻腿无脚蹬板	风钻	在用的风钻腿必须有脚蹬板	掘进工	掘进工不得使用不完好的风钻
风钻	J_FZ02	风钻把手破损、打滑	风钻	不得使用把手损坏的风钻，风钻把手注意防滑	机械安装、维修工	维修工对不完好的风钻及时修理，不能修理的，由队长安排人员升井
风钻	J_FZ02	风钻把手破损、打滑	风钻	不得使用把手损坏的风钻，风钻把手注意防滑	掘进工	掘进工支护前检查风钻是否完好，不完好不得使用
锚索加压机	J_MSJYJ01	锚索加压机漏油，达不到要求压力	锚索加压机	锚索加压机、管路、加压顶不得漏油，加压机达到锚索支护压力	队长	使用锚索加压机加压锚索时，跟班队长必须确认加压机完好不漏油，锚索达到要求加压压力
锚索钻机	J_MSZJ01	锚索钻机不能正常使用、效率低	锚索钻机	锚索钻机要完好能够正常使用	掘进工	掘进工使用锚索钻机支护，必须检查、选用完好的锚索钻机
喷浆机	J_PJJ01	喷浆机喷浆料过滤筛空格大或不完好	喷浆机	喷浆机过滤筛完好可用	喷浆工	喷浆工喷浆前检查过滤筛，不合格及时更换
喷浆机	J_PJJ02	喷浆机电机无护罩	喷浆机	喷浆机电机护罩不得堵塞	喷浆工	喷浆工喷浆后及时清理喷浆机，不得堵塞电机护罩
喷浆机	J_PJJ03	斜巷喷浆机不可靠固定	喷浆机	斜巷移喷浆机后，必须可靠固定喷浆机	队长	斜巷移喷浆机后，队长必须安排人员负责将喷浆机可靠固定
喷浆机	J_PJJ04	喷浆机漏风、漏料	喷浆机	喷浆机必须完好、不漏料	喷浆工	喷浆工喷浆前检查喷浆机是否完好，不得使用漏风漏料的喷浆机
耙装机	J_PZJ01	耙装机卸料口下方无矿车限位装置	耙装机	耙装机卸料口下方应安装矿车限位装置	机械安装、维修工	维修工在耙装机卸料口里侧正下方轨道安装一副卡轨器
耙装机	J_PZJ02	斜巷耙装机固定不可靠	耙装机	耙装机的护绳栏必须合格安设，耙装机固定牢固	机械安装、维修工	维修工在耙装机安装完成后在耙装机卸料槽以上安设多组耙装机护绳栏，确保固定牢固
耙装机	J_PZJ03	耙装机回头轮无闭锁	耙装机	所有导向轮、回头轮必须具有闭锁装置，并且闭锁有效	机械安装、维修工	入井的回头轮和导向轮必须具有合格的闭锁装置；导向轮和回头轮的闭锁装置损坏，必须及时处理后才能再用

续附表 1-2

管理对象名称	不安全状态编号	不安全状态名称	受控对象名称	管理标准	施控主体名称	管理措施
耙装机	J_PZJ04	耙装机钢丝绳不符合要求或断丝超限	耙装机	耙装机严禁使用断丝超限或不符合要求的钢丝绳	装岩机司机	耙装机开机前，必须检查钢丝绳，钢丝绳断丝超限，不得开机；不得使用不符合要求绳径的钢丝绳
耙装机	J_PZJ05	耙装机局部缺少连接螺栓	耙装机	耙装机各部位连接螺栓必须齐全、连接牢固	机械安装、维修工	耙装机安装时，维修工必须将各部位螺栓补齐上紧，保证各部位连接可靠
耙装机	J_PZJ06	耙装机挡绳栏固定不合格	耙装机	耙装机必须装有封闭式金属挡绳栏和防耙斗出槽的护栏	装岩机司机	装岩机司机每班开机前，确认耙装机档绳栏完好，能够正常使用
耙装机	J_PZJ07	耙装机卸料槽不合适，落矸	耙装机	耙装机卸载点必须可以正常卸载	机械安装、维修工	维修工在耙装机卸料槽加工时，保证焊接可靠，位置适当，卸料顺畅不落矸
耙装机	J_PZJ08	耙装机操作把手不合格	耙装机	耙装机的操作把手必须完好无变形	装岩机司机	耙装机司机开机前确认操作把手合格无变形，不得使用不合格的操作把手
耙装机	J_PZJ09	耙装机抱闸闸皮磨损严重或抱闸部位活动	耙装机	耙装机绞车的刹车装置必须完整、可靠	装岩机司机	耙装机司机注意对耙装机抱闸的检查，保证抱闸正常可用
耙装机	J_PZJ10	耙装机各部位托绳轮损坏	耙装机	耙装机各部位托绳轮必须完好	机械安装、维修工	维修工注意对各部位托绳轮的检查，发现损坏的，及时更换
耙装机	J_PZJ11	耙装机平行作业防护栏不合格，防护保护失灵	耙装机	平行作业防护栏必须灵敏可靠	装岩机司机	耙装机司机开机前，必须检查平行作业防护栏加设情况，防护保护是否灵敏，否则严禁开机
梭式矿车	J_SSKC01	梭式矿车卸载点落矸	梭式矿车	梭式矿车卸载点不得落矸伤人	输送机司机	输送机司机开动梭式矿车前必须查看卸载点周边人员安全，防止落矸伤人
梭式矿车	J_SSKC02	梭式矿车缺少刮板	梭式矿车	梭式矿车刮板必须齐全	机械安装、维修工	设备安装时，必须配齐梭式矿车的刮板
梭式矿车	J_SSKC03	梭式矿车各转动部位缺少防护装置	梭式矿车	梭式矿车各可能造成人员伤害的转动部位，必须加设防护装置	机械安装、维修工	设备安装时，各转动部位可能造成人员伤害的必须加设防护罩
梭式矿车	J_SSKC04	梭式矿车减速箱漏油或油位低	梭式矿车	梭式矿车减速箱内润滑油量必须达到规定油位以上	机械安装、维修工	维修工定期检查梭式矿车减速箱，确保油位正常，润滑有效

续附表 1-2

管理对象名称	不安全状态编号	不安全状态名称	受控对象名称	管理标准	施控主体名称	管理措施
梭式矿车	J_SSKC05	梭式矿车固定卡轨器松动	梭式矿车	梭式矿车行走轮必须用卡轨器可靠固定	机械安装、维修工	梭式矿车安装完成运行前，必须在行走轮前后用卡轨器可靠固定
梭式矿车	J_SSKC06	梭式矿车传动链条锈蚀	梭式矿车	梭式矿车传动链条需要定期涂油，防止锈蚀	机械安装、维修工	定期对梭式矿车传动链条涂油防锈
挖斗机	J_WDJ01	挖斗式装岩机行走履带未张紧	挖斗机	挖斗式装岩机履带张紧油缸不泄压，履带张紧合格	机械安装、维修工	维修工每班次对挖斗式装岩机行走履带检查一次，发现问题及时处理
挖斗机	J_WDJ02	挖斗式装岩机油缸、油管漏油	挖斗机	挖斗式装岩机油缸油管完好，连接可靠，不漏油	机械安装、维修工	维修工每班次对挖斗式装岩机油管油缸检查一次，发现问题及时处理
挖斗机	J_WDJ03	挖斗式装岩机各部连接销轴串出	挖斗机	挖斗式装岩机各部位连接销不能传动，销轴有可靠的固定装置	机械安装、维修工	维修工每班次对挖斗式装岩机各联接销轴检查一次，发现问题及时处理
挖斗机	J_WDJ04	挖斗式装岩机二运胶带托辊毁坏、掉落	挖斗机	挖斗式装岩机二运胶带托辊要齐全、灵活转动、无损坏	机械安装、维修工	维修工每班次对挖斗式装岩机二运托辊检查一次，发现问题及时处理
挖斗机	J_WDJ05	挖斗式装岩机各回转部位塞矸，塞渣	挖斗机	挖斗式装岩机回转部位不得塞矸，夹煤	机械安装、维修工	维修工每班次对挖斗式装岩机各回转部位检查一次，发现问题及时处理
挖斗机	J_WDJ06	挖斗式装岩机各减速箱、油箱油位低	挖斗机	挖斗式装岩机各减速箱油箱必须达到要求的油位，不得低于 2/3	机械安装、维修工	维修工每班次对挖斗式装岩机各减速箱、油箱油位检查一次，发现问题及时处理
挖斗机	J_WDJ07	挖斗式装岩机操作台损坏、变形	挖斗机	挖斗式装岩机操作台可用无变形	机械安装、维修工	维修工每天次对挖斗式装岩机操纵台检查一次，发现问题及时处理
挖斗机	J_WDJ08	挖斗式装岩机防护盖板不齐全	挖斗机	挖斗式装岩机防护盖板齐全	队长	掘进工作面爆破前，必须检查挖斗式装岩机防护盖板是否齐全、防护有效，防止爆炮崩坏装岩机
挖斗机	J_WDJ09	挖斗式装岩机一运二运卸载点不合适	挖斗机	卸载点无破损，可正常卸载不漏煤(矸)	机械安装、维修工	维修工对不合格的卸载点及时整改，尽量减少卸载点落矸情况
挖斗机	J_WDJ10	挖斗式装岩机照明灯、警铃不完好	挖斗机	挖斗式装岩机必须装有前照明灯和警铃	队长	队长加强对转载点人员管理，闲杂人员不得在转载点逗留

续附表 1-2

管理对象名称	不安全状态编号	不安全状态名称	受控对象名称	管理标准	施控主体名称	管理措施
挖斗机	J_WDJ10	挖斗式装岩机照明灯、警铃不完好	挖斗机	挖斗式装岩机必须装有前照明灯和警铃	机械安装、维修工	维修工必须检查照明灯和警铃，确保完好可用
挖斗机	J_WDJ11	挖斗式装岩机二运电缆槽变形、不完好	挖斗机	二运电缆槽完好可用	装岩机司机	装岩机开机前必须检查二运电缆槽，保证不会伤害电缆，发现变形、不完好及时处理
支护材料	J_ZHCL01	支护材料存放位置不当、码放不整齐	支护材料	支护材料必须按要求码放整齐，存放在合适位置	队长	跟班队长每班负责检查材料码放，对于码放不合格的支护材料，及时安排人员整改
支护材料	J_ZHCL02	支护材料未上架	支护材料	支护材料必须按要求码放整齐，按规定上架	队长	跟班队长每班负责检查材料是否上架，对于不符合要求的，及时安排人员整改
支护材料	J_ZHCL03	支护材料（锚固剂、速凝剂、喷浆料）过期失效	支护材料	严禁使用过期的支护材料	队长	跟班队长负责当班工程质量验收，严禁使用过期失效的支护材料
综掘机	J_ZJJ01	综掘机的安全保护装置有缺陷	综掘机	掘进机必须具有非操作侧和检修用的急停闭锁按钮	安全检查工	掘进机司机开机前必须检查各安全保护装置齐全，确认完毕方可开机
综掘机	J_ZJJ02	液压前探梁漏油、自动泄压	综掘机	液压前探梁必须完好正常使用	安全检查工	掘进机司机使用液压前探梁后，所有把手达到零位，检查各管路不漏油后，方能停机，允许人员进入迎头
综掘机	J_ZJJ03	综掘机内外喷雾喷嘴堵塞	综掘机	综掘机内外喷雾压力不得低于 3 MPa，且必须正常使用，灭尘效果良好	安全检查工	掘进机司机开机规范使用喷雾，并保证良好的灭尘效果
综掘机	J_ZJJ04	综掘机二运电缆挤压、拖拽破皮漏电	综掘机	综掘机电缆必须有可靠地漏电保护	安全检查工	掘进机司机开机前，必须安排人员看护二运电缆，以防挤伤漏电
综掘机	J_ZJJ05	综掘机各减速箱、油箱油位低	综掘机	掘进机各减速箱油箱油位不得低于油位显示器的 2/3	机械安装、维修工	维修工每班次对掘进机油管油缸检查一次，发现问题及时处理
综掘机	J_ZJJ06	综掘机照明灯、警铃不完好	综掘机	掘进机必须装有前照明灯和警铃	机械安装、维修工	维修工必须检查照明灯和警铃，确保完好可用
综掘机	J_ZJJ07	综掘机照明灯被杂物挡住，起不到照明效果	综掘机	综掘机照明必须完好并正常使用	安全检查工	掘进机司机开机前，必须检查照明灯无阻挡，正常使用
综掘机	J_ZJJ08	综掘机二运胶带托辊毁坏、掉落	综掘机	掘进机二运胶带托辊要齐全、灵活转动、无损坏	机械安装、维修工	维修工每班次对掘进机二运托辊检查一次，发现问题及时处理

续附表 1-2

管理对象名称	不安全状态编号	不安全状态名称	受控对象名称	管理标准	施控主体名称	管理措施
综掘机	J_ZJJ09	综掘机一运二运卸载点不合适	综掘机	卸载点无破损，可正常卸载不漏煤（矸）	机械安装、维修工	维修工对不合格的卸载点及时整改，尽量减少卸载点落矸情况
综掘机	J_ZJJ10	综掘机截割头缺截齿	综掘机	掘进机截割头截齿不得有损坏和缺失	队长	队长加强对转载点人员管理，闲杂人员不得在转载点逗留跟班队长监督掘进机司机检查截齿情况，缺少或损坏及时安排更换
综掘机	J_ZJJ11	综掘机一运过松，未张紧	综掘机	掘进机一运松紧适当	机械安装、维修工	维修工适时检查掘进机一运张紧情况，发现松动，及时整改
综掘机	J_ZJJ12	综掘机振弦式除尘风机小跑车连接不合适，行走轮、跑轨磨损严重	综掘机	综掘机振弦式除尘风机小跑车必须运行平稳、连接牢固	安全检查工	掘进机司机开机前，必须检查小跑车跑轨磨损、连接情况，保证运行安全
综掘机	J_ZJJ13	综掘机上管线、物品杂乱	综掘机	掘进机上不得放置杂物，必要的管线必须规范码放	队长	跟班队长负责检查掘进机上是否放置杂物，管线是否码放整齐，不符合要求及时安排人员整理
矿压设备	J_KYSB01	仪器仪表不完好，测量数据不准确、失真	矿压设备	矿压仪表必须完好，测量准确	防冲办科员	定期矿压观测，检查仪器仪表，确保观测数据准确
顶板离层仪	DBLCY01	仪器不完好	顶板离层仪	顶板离层仪要完好可用	防冲办科员	加强检查，仪器 不完好及时维护
多点位移计	J_DDWYJ01	仪器不完好	多点位移计	仪器要完好可用	防冲办科员	加强检查，发现仪器不完好及时维修
微震监测设备	J_WZJCSB01	线路损坏，检波器锈蚀，设备不完好	微震监测设备	设备要完好可用，保证线路、检波器等完好	地测科科员	加强检查、维护，发现问题及时处理
压力计	J_YLB01	仪器损坏，设备不完好	压力计	仪器要完好可用	机械安装、维修工	加强日常检修，及时更换不能正常指示的仪表，处理和汇报发现的异常情况
压力计	J_YLB01	仪器损坏，设备不完好	压力计	仪器要完好可用	防冲办科员	加强检查，发现问题及时处理
应力传感器	J_YLCGQ01	仪器损坏，设备不完好	应力传感器	仪器要完好可用	防冲办科员	加强检查，仪器不完好、设备损坏不得使用
应力在线监测设备	J_YLZXJCSB01	线路系统损坏，设备不完好	应力在线监测设备	设备要完好可用，保证线路等完好	防冲办科员	加强检查、维护，出现线路、设备损坏及时处理
其他设备	J_QTSB01	设备不完好，保护不齐全	其他设备	各类设备必须完好可靠，保护齐全	队长	对于不完好设备及时安排人员维护，确保完好

续附表 1-2

管理对象名称	不安全状态编号	不安全状态名称	受控对象名称	管理标准	施控主体名称	管理措施
余热利用设备	J_YRLYSB01	转动部位不加护罩或护罩固定不牢固	余热利用设备	转动部位必须安装防护罩，护罩的固定必须牢固	机械安装、维修工	加强日常检修，按规定安装防护罩
余热利用设备	J_YRLYSB02	管路阀门漏水	余热利用设备	余热利用设备的各种阀门必须不漏水，能够正常打开和关闭	机械安装、维修工	加强日常巡检，及时更换漏水阀门
提升运输设备	J_TSYSSB01	设备安装、固定不合格，有松动	提升运输设备	小绞车、回柱绞车基础固定方式原则上采用打地锚作地脚螺栓(或浇灌基础)，并在其后方打相应数量的地锚作耙绳之用，其具体规定如下： 小绞车、回柱绞车作地脚螺栓用的锚杆以及作耙绳用的锚杆直径不小于ϕ20 mm，长度不低于 1 800 mm，锚杆外露100 mm～120 mm，螺帽拧紧后螺栓头露出螺母不少于 3 丝	机械安装、维修工	严格按规定标准施工安装
提升运输设备	J_TSYSSB01	设备安装、固定不合格，有松动	提升运输设备	在安装、回撤时，回柱绞车基础固定方式除使用地锚固定外，还必须采用四压两戗压柱固定使用单体液压支柱做压、戗柱时，其具体规定如下： ① 四根压柱打在绞车前后部各两根，且垂直于顶板，戗柱打在绞车前部两侧，并前倾底板 75°～80°，各柱下部均要支在绞车底座上； ② 使用的每个单体液压支柱上应悬挂防倒钩，并固定牢靠； ③ 当班绞车司机对使用的单体液压支柱的检查每小班不少于 2 次，并在现场建立检查记录； ④ 单体液压支柱使用地点必须具备注液条件(固定管路或流动泵)，其初撑压力不低于 6.5 MPa，并配备压力检测工具。	队长	机电队长负责检查电工对信号维护的情况，信号是否清晰可靠，否则安排电工进行处理
提升运输设备	J_TSYSSB02	安全保护、防护罩损坏和警示装置缺失	提升运输设备	提升运输设备安全保护及警示装置灵敏可靠、防护罩齐全、完好	队长	跟班队长监督采煤维修钳工检查机电设备的安全保护、防护罩和警示装置等情况

续附表 1-2

管理对象名称	不安全状态编号	不安全状态名称	受控对象名称	管理标准	施控主体名称	管理措施
提升运输设备	J_TSYSSB03	控制装置、保护系统不齐全、不配套、不灵敏、毁坏	提升运输设备	各种保护要齐全、灵敏,并定期进行试验	井下电钳工	维修人员要按规定安装好带式输送机带的各种保护,并每天对各种保护进行试验
提升运输设备	J_TSYSSB04	联络信号不清晰,有杂音	提升运输设备	信号清晰、灵敏可靠	队长	机电队长监督维修工检查支架管路,发现问题及时处理
提升运输设备	J_TSYSSB05	各类设备有异味、异响、异常不完好	提升运输设备	各类设备要无异味、无异响、无异常,确保完好	队长	机电队长要加强检查,发现问题及时安排处理
除铁器	J_CTQ01	除铁器吸附杂物过多	除铁器	除铁器上吸附的杂物及时清理	输送机司机	输送机司机必须及时清理除铁器上吸附的杂物
除铁器	J_CTQ02	除铁器安装不符合要求	除铁器	除铁器固定牢固,吊点合理有效,除铁器吊挂在胶带上距离胶带距离适当,300 mm～350 mm	机械安装、维修工	安装时注意吊点选择合理,固定牢固,安装高度符合实际要求,保证良好的除铁效果
单轨吊	J_DGD01	单轨吊梁安设高度低	单轨吊	单轨吊严格按中线安设,安设高度必须满足运输要求	机械安装、维修工	工区技术员根据巷道高度和运输要求,计算单轨吊安设高度,机械安装维修工严格按要求高度安装
单轨吊	J_DGD02	单轨吊梁的吊装锚杆锚固不合格	单轨吊	单轨吊梁吊装锚杆必须锚固可靠	机械安装、维修工	安装单轨吊的吊装锚杆必须逐根校验合格
单轨吊	J_DGD03	单轨吊遥控器控制不灵敏	单轨吊	单轨吊遥控器必须控制灵敏可靠	运料工	严禁使用控制不灵敏的遥控器参与运料,必须及时更换不合格遥控器
单轨吊	J_DGD04	单轨吊运输线路宽度不足	单轨吊	单轨吊运输线路宽度必须满足运料要求	队长	队长必须检查运输线路中无杂料影响运输
单轨吊	J_DGD05	单轨吊电缆磨损	单轨吊	单轨吊供电系统必须有可靠的漏电保护	井下电钳工	按规定安设漏电保护,并定期检查
单轨吊	J_DGD05	单轨吊电缆磨损	单轨吊	单轨吊必须采取防止电缆拖地磨损的措施	运料工	运料工规范使用绕线辊子,减少电缆磨损
电机车	J_DJC01	电机车、电瓶车(照明灯、红尾灯、撒砂装置、制动闸、警铃等)不完好或不按规定使用	电机车	必须定期检修机车和矿车,并经常检查,发现隐患,及时处理 机车的闸、灯、警铃(喇叭)、连接装置和撒砂装置,任何一项不正常或防爆部分失去防爆性能时,都不得使用该机车	电机车司机	机车司机必须定期检修机车和矿车,并经常检查,发现隐患,及时处理

续附表 1-2

管理对象名称	不安全状态编号	不安全状态名称	受控对象名称	管理标准	施控主体名称	管理措施
电机车	J_DJC02	充电机充电接头绝缘外套破损	电机车	充电机充电接头要完好,绝缘外套无破损	机械安装、维修工	维修工定期对充电机充电头绝缘外套进行绝缘性能遥测,对于达不到绝缘要求的,及时更换
吊装设备	J_DZSB01	手链、棘爪、护罩等部件不齐全、不灵活、不可靠	吊装设备	吊具必须安全灵活可靠,链条无磨损、无开缝,必须由机修厂专门加工制成等	队长	跟班队长负责起吊前进行检查,必须选用合格吊具,不合格不允许施工
吊装设备	J_DZSB02	起吊装置不完好	吊装设备	吊装设备重量必须小于吊具铭牌规定的最大重量,起吊前必须进行试调,试调高度 100 mm	队长	跟班队长监督选用吊具是否符合要求
罐笼	J_GL01	罐笼自动挡车器不完好、罐帘不完好、罐笼有异响等	罐笼	罐笼自动挡车器、罐帘要完好,罐笼不得有异响	机械安装、维修工	加强检查、维护、管理,按规定检修,发现问题及时处理
给煤机	J_GMJ01	给煤机给料不均匀	给煤机	给煤机必须均匀放料	给煤机司机	给煤机司机保证给煤机放料均匀
给煤机	J_GMJ02	给煤机的各部位的紧固件不完好、松动	给煤机	螺栓的弹、平垫齐全预紧力将弹垫压平,螺栓无松动,无严重变形	给煤机司机	给煤机司机每班检查各部位完好
给煤机	J_GMJ03	给煤机的入料口不畅通	给煤机	给煤机入料口必须通畅	输送机司机	输送机司机注意对入料口的看管,保证其入料顺畅
核子秤	J_HZC01	核子秤损坏、不完好或不精准	核子秤	核子秤要保证完好可靠,并及时标校,确保精准	检测监控工	加强核子秤维护、标校
核子秤	J_HZC02	产生辐射	核子秤	核子秤要完好,杜绝辐射外泄	一般工种	非一般人员不得接触、靠近核子秤
行车	J_HC01	行车润滑不良好,干摩擦	行车	行车跑轨定期涂油润滑	机械安装、维修工	维修工定期为行车行走部位和跑轨涂油润滑
行车	J_HC02	行车限位开关不灵敏可靠	行车	行车限位开关必须灵敏可靠	机械安装、维修工	加强日常巡检和检修
箕斗	J_JD01	箕斗有异响等	箕斗	箕斗要完好可靠	机械安装、维修工	维修工加强日常检修、维护,确保正常运行

续附表 1-2

管理对象名称	不安全状态编号	不安全状态名称	受控对象名称	管理标准	施控主体名称	管理措施
架空乘人装置	J_JKCRZZ01	架空乘人装置托压轮跑偏	架空乘人装置	托压轮完好不跑偏	架空乘人装置司机	及时更换检修不合格托压轮，确保检修质量
架空乘人装置	J_JKCRZZ02	架空乘人装置钢丝绳达不到使用要求	架空乘人装置	在一个捻距内断丝断面积与钢丝总断面积之比达到25%时，必须更换以钢丝绳标称直径为准计算的直径减小量达到10%时，必须更换	架空乘人装置司机	检修人员每天对钢丝绳进行检查，对不符合标准的及时更换
架空乘人装置	J_JKCRZZ03	架空乘人装置保护失灵	架空乘人装置	制动器失效保护、机头越位保护、机尾越位保护、过速保护、重锤下限保护、掉绳保护、断绳保护、全程急停保护等要灵敏可靠	架空乘人装置司机	安排专职人员做好日常检修工作，确保各种保护灵敏可靠
架空乘人装置	J_JKCRZZ04	架空乘人装置各相关部件达不到使用要求	架空乘人装置	架空乘人装置各相关部件必须符合使用要求	机械安装、维修工	维修工安装时严格按要求安装，严禁使用不合格部件
架空乘人装置	J_JKCRZZ05	架空成人装置运行中钢丝绳滑出掉绳	架空乘人装置	架空成人装置钢丝绳规范架设	机械安装、维修工	维修工加强管理，及时处理问题部位，防止落绳
吊装葫芦	J_DZHL01	吊具不完好	吊装葫芦	手链、棘爪、护罩等部件必须齐全、灵活、可靠，符合使用要求	机械安装、维修工	使用具有产品出厂检验合格证、产品合格证、煤矿矿用产品安全标志的手拉葫芦；检修人员做好日常检修工作，确保手链、棘爪、护罩等齐全完好，发现问题必须及时处理，严禁手拉葫芦带病进行起吊
吊装葫芦	J_DZHL01	吊具不完好	吊装葫芦	链环发生塑性变形的伸长未达到原长度的5%；链环之间以及链环与吊钩连接部位磨损不高于原直径的80%，其他部位磨损不高于原直径的90%；吊钩无补焊，吊钩表面光滑，无裂纹、折叠等缺陷；吊钩上无钻孔或焊接；吊钩上必须有安全扣；吊钩开口最短距离处的两个适当位置必须有不易磨损的标志，标志间距离的开口度不超过原尺寸的10%	队长	带班队长对起吊作业进行动态检查，发现起吊前未按规定进行检查，对责任人进行相应处罚

续附表 1-2

管理对象名称	不安全状态编号	不安全状态名称	受控对象名称	管理标准	施控主体名称	管理措施
吊装葫芦	J_DZHL02	吊装葫芦吊链、拉链不完好	吊装葫芦	手动葫芦的链环及吊钩无扭曲、无严重锈蚀、无不能排除的积垢；手动葫芦上必须有吊钩，吊钩的危险断面磨损未减少到原尺寸10%	队长	手动葫芦操作人员作业前必须检查手动葫芦的质量是否存在问题，有问题的立即进行更换
机动车	J_JDC01	制动闸松动不灵活、失灵	机动车	制动闸不灵活、失灵的车辆严禁使用	矿内机动车司机	机动车司机开车前对驾驶的车辆必须进行详细检查，保证制动闸和其他关键部位完好，保证其行驶安全
叉车	J_CC01	叉运超重物件	叉车	叉车不得叉运超过叉车标称吨位的物件	矿内机动车司机	叉车司机不得强行叉运超过叉车标称吨位的物件
铲车	J_CNC01	装载空间小	铲车	铲车作业应有足够的装载空间	矿内机动车司机	铲车司机应调整好装载空间
吊车	J_DC01	吊装控制手柄不灵活	吊车	车辆控制手柄必须灵活，控制灵敏	矿内机动车司机	吊车司机开车前检查操作手柄灵活可用
吊车	J_DC02	吊车远距离吊装重件设备	吊车	吊车不得远距离吊装重件设备	矿内机动车司机	吊车司机按规定吊装
公务用车	J_GWYC01	油量不足，半路停车	公务用车	公务车要保证油量，高于报警油位	矿内机动车司机	公务车达到报警油位，司机必须及时加油
清扫车	J_QSC01	清扫装置固定不牢	清扫车	清扫装置必须可靠固定	矿内机动车司机	清扫车司机开车前检查清扫装置固定情况
洒水车	J_SSC01	水箱水量不足、水截门关闭不严漏水	洒水车	水箱内水量充足，截门不漏水	矿内机动车司机	洒水车司机开车前检查水箱水量和截门水管完好
胶带输送机	J_JDSSJ01	胶带输送机架腿歪斜	胶带输送机	胶带架必须平直	机械安装、维修工	维修工必须每天进行巡回检查
胶带输送机	J_JDSSJ02	胶带输送机（储带仓、后路、胶带尾）胶带跑偏	胶带输送机	防跑偏装置齐全，胶带无跑偏	队长	机电队长监督维修人员对报警装置的检查情况，发现问题，及时处理
胶带输送机	J_JDSSJ03	胶带输送机胶带托辊（三联辊、平托辊、弹性托辊、防跑偏立辊）不完好	胶带输送机	胶带的上下托辊必须保持完好	机械安装、维修工	维修工必须每天检查托辊的完好情况，及时更换损坏的托辊

续附表 1-2

管理对象名称	不安全状态编号	不安全状态名称	受控对象名称	管理标准	施控主体名称	管理措施
胶带输送机	J_JDSSJ04	胶带输送机缺过桥、过桥不固定、安装位置不合适	胶带输送机	800 mm胶带过桥宽：1 190 mm，过桥行人梯离上层胶带架高：250 mm；1 000 mm胶带过桥宽：1 480 mm，过桥行人梯离上胶带架高：250 mm；胶带过桥固定牢靠，完好；过桥护栏上悬挂"请走过桥"提示牌板	机械安装、维修工	维修人员加强胶带过桥的检查维护力度，管理人员加强监督检查，对过桥固定不牢，不完好，不符合标准的限期整改
胶带输送机	J_JDSSJ05	胶带输送机胶带尾回转滚筒堵塞煤矸	胶带输送机	加强对胶带输送机的巡回检查和日常维护工作，及时调整、更换损坏的部件，检查机头、机尾固定情况及各种保护是否正常	机械安装、维修工	维修人员加强对胶带输送机的巡回检查和日常维护工作，发现问题及时处理
胶带输送机	J_JDSSJ06	胶带输送机清扫器缺失或不合格	胶带输送机	胶带输送机应在胶带头卸载点、胶带尾下层胶带上安设清扫器	机械安装、维修工	维修工在胶带机安装完成后，及时按要求加设清扫器
胶带输送机	J_JDSSJ07	胶带输送机液压站漏油、卫生差	胶带输送机	液压站必须完好不漏油，可以灵活张紧胶带	输送机司机	输送机司机每班检查液压绞车完好不漏油，发现问题及时处理
胶带输送机	J_JDSSJ08	胶带输送机张紧绞车钢丝绳锈蚀	胶带输送机	液压站钢丝绳应定期涂油，防止锈蚀	机械安装、维修工	维修工定期对张紧绞车钢丝绳涂油防锈蚀
胶带输送机	J_JDSSJ09	胶带输送机胶带达不到使用要求，磨损严重	胶带输送机	胶带磨损不得超限，不外露钢丝绳，接头不离层、不开胶，方可投入使用	机械安装、维修工	维修人员要加大巡回检查力度，提前更换磨损严重的胶带
胶带输送机	J_JDSSJ10	胶带输送机胶带扣有效长度低于规定要求	胶带输送机	胶带扣有效长度不得低于胶带标准宽度的80%	机械安装、维修工	维修工每班检查胶带输送机胶带扣磨损情况，对于有效长度不符合要求的必须及时补做胶带扣
胶带输送机	J_JDSSJ11	胶带输送机胶带架弯曲，直线型差	胶带输送机	胶带架依照巷道中腰线架设，保证平直	机械安装、维修工	维修工适时对胶带架进行调整，保证平直
胶带输送机	J_JDSSJ12	胶带输送机变速箱油位不足、缺透气帽	胶带输送机	胶带输送机变速箱油位必须达到要求位置，满足齿轮见油润滑的要求，润滑良好；变速箱不得缺少透气帽	机械安装、维修工	维修工定期检查变速箱油位，保证润滑效果良好
胶带输送机	J_JDSSJ13	胶带输送机耦合器漏水、弹性盘磨损严重	胶带输送机	胶带输送机耦合器必须完好不漏水	输送机司机	输送机司机每班检查胶带输送机耦合器和弹性盘，对于不完好的，及时处理和更换

续附表 1-2

管理对象名称	不安全状态编号	不安全状态名称	受控对象名称	管理标准	施控主体名称	管理措施
胶带输送机	J_JDSSJ14	胶带输送机闭锁装置不齐全、不可靠	胶带输送机	胶带运输机的各种闭锁装置齐全可靠;顺槽胶带机必须有"六大"保护,且沿线急停开关的距离不得超过100 m,且闭锁装置的安装符合要求	队长	机电队长检查各种闭锁装置是否齐全完好,发现问题及时安排处理
矿车	LKC01	矿车变形、不完好	矿车	各种车辆的两端必须装置碰头,每端突出的长度不得小于100 mm矿车必须完整可用	一般工种	不得使用不完好,不符合要求的矿车参与运输;不完好、变形严重的矿车必须及时升井维修;不得允许地面不完好、变形严重的矿车入井
矿车	LKC02	矿车、平板车轮组未固定	矿车	矿车必须完好,轮组可靠固定	运料工	运料工注意对矿车的检查,及时处理不合格轮组
人行车	J_RXC01	人行车连接不牢	人行车	人行车之间要用链环连接牢固,并闭锁	电机车司机	电机车司机开车前必须检查人行车连接情况
人行车	J_RXC02	人行车车门损坏或关闭不严	人行车	人行车车门要保证完好,行车时要关闭	电机车司机	电机车司机开车前必须检查人行车车门是否关闭
助力车	J_ZLC01	助力车助力把手开焊、易脱绳、不合格	助力车	助力车把手严格按标准统一加工,验收合格才可使用	队长	安装时,加强管理、检查,确保符合规定
助力车	J_ZLC02	助力车钢丝绳锈蚀、断丝超限、变形	助力车	① 钢丝绳无断股、断丝不超过10%; ② 钢丝绳未严重磨损:在任何位置实测钢丝绳直径,尺寸不小于原直径的90%; ③ 插接处未严重受挤压、磨损,直径不小于原直径的95%	机械安装、维修工	机械安装、维修工检查钢丝绳情况,发现钢丝绳不符合要求立即进行更换
绞车	J_JC01	绞车钢丝绳锈蚀、断丝超限、变形	绞车	① 钢丝绳无断股、断丝不超过10%; ② 钢丝绳未严重磨损:在任何位置实测钢丝绳直径,尺寸不小于原直径的90%; ③ 插接处未严重受挤压、磨损,直径不小于原直径的95%	队长	机电队长监督维修工检查钢丝绳情况,发现钢丝绳不符合要求立即进行更换

续附表 1-2

管理对象名称	不安全状态编号	不安全状态名称	受控对象名称	管理标准	施控主体名称	管理措施
绞车	J_JC02	绞车钢丝绳绳头插接不合格、插接距离短	绞车	钢丝绳绳头插接距离不低于钢丝绳绳径的20倍	绞车操作工	注意检查，不合格的绳头必须更换后方可开车
绞车	J_JC03	绞车钢丝绳型号不符合绞车提升运输要求	绞车	运输绞车上绳前必须经过准确计算，选择合适型号、绳径的钢丝绳	绞车	加强检查管理，发现绞车钢丝绳型号不符合绞车提升运输要求时，及时汇报处理
绞车	J_JC04	绞车钢丝绳保险绳不符合要求	绞车	绞车保险绳必须使用同样绳径的钢丝绳插接，绳头插接长度不低于绳径的20倍	机械安装、维修工	维修工严格按要求插接保险绳
绞车	J_JC05	绞车不排绳	绞车	绞车必须正常排绳	绞车操作工	开绞车时注意排绳，防止挤绳爬绳导致钢丝绳受损
绞车	J_JC06	绞车抱闸闸把行程大、松动，抱闸电机抱闸不灵活	绞车	绞车的抱闸电机制动和手动刹闸装置必须完好，制动可靠	机械安装、维修工	维修工巡回检查，发现制动闸松动，无法达到制动要求及时处理
绞车	J_JC07	绞车未按规定加设耙绳	绞车	绞车作地脚螺栓用的锚杆以及作耙绳用的锚杆直径不小于ϕ20 mm，长度不低于1 800 mm，锚杆外露100 mm～120 mm，螺帽拧紧后螺栓头露出螺母不少于3丝	机械安装、维修工	严格按规定加设耙绳
绞车	J_JC08	绞车需加设回头轮的，回头轮无闭锁，并未按要求加设导绳轮，钢丝绳磨巷帮	绞车	所有导向轮、回头轮必须具有闭锁装置，并且闭锁有效	机械安装、维修工	入井的回头轮和导向轮必须具有合格的闭锁装置；导向轮和回头轮的闭锁装置损坏，必须及时处理后才能再用
绞车	J_JC09	地滚子（托绳轮）架未可靠固定，地滚子无固定挡板	绞车	井下运输用地滚子（托绳轮）架必须可靠固定在钢丝绳绳道内，地滚子（托绳轮）转动灵活不磨绳，地滚子必须有固定挡板，防止地滚子滑出	机械安装、维修工	钢丝绳运输设备安装后，必须及时加设地滚子（托绳轮）井下运输用地滚子（托绳轮）架必须可靠固定在钢丝绳绳道内，地滚子（托绳轮）转动灵活不磨绳，地滚子必须有固定挡板，防止地滚子滑出
回柱绞车	J_HZJC01	回柱绞车变速箱缺润滑油	回柱绞车	回柱绞车变速箱油位必须达到要求位置，达到齿轮见油润滑的要求，润滑良好	机械安装、维修工	维修工定期检查变速箱油位，保证润滑效果良好

续附表 1-2

管理对象名称	不安全状态编号	不安全状态名称	受控对象名称	管理标准	施控主体名称	管理措施
无极绳绞车	J_WJSJC01	无极绳绞车托绳轮锈蚀，不转圈	无极绳绞车	托绳轮必须灵活转动，固定牢固	机械安装、维修工	维修工每班检查无极绳绞车及附属设备，及时处理不完好的托绳轮
无极绳绞车	J_WJSJC02	无极绳绞车钢丝绳磨轨枕、道木	无极绳绞车	钢丝磨轨枕道木地点必须加设托绳轮	机械安装、维修工	维修工加强检查，钢丝绳磨轨枕、道木及时处理
无极绳绞车	J_WJSJC03	无极绳绞车压绳轮不合格，弹绳	无极绳绞车	绞车司机开车前必须发出清晰的开车信号，人员严禁跨越钢丝绳或严禁在钢丝绳两侧站立	队长	跟班队长监督、检查绞车司机是否发出开车信号，发现操作不规范，立即制止、纠正
无极绳绞车	J_WJSJC04	无极绳绞车锁车无断绳防跑车装置或防跑车装置不灵敏	无极绳绞车	无极绳绞车的锁车必须具备灵敏可靠的防跑车装置	机械安装、维修工	维修工定期对无极绳绞车做防跑车试验，保证灵敏可靠
无极绳绞车	J_WJSJC05	无极绳绞车无限位保护和越位阻车器	无极绳绞车	无极绳绞车在运输线路的两端加设限位保护和越位阻车器	机械安装、维修工	按规定加设限位保护和越位阻车器，并及时检查、维护
小绞车	J_XJC01	小绞车护绳板与绞车间隙大	小绞车	护绳板与绞车间隙尽量小	机械安装、维修工	维修工对绞车进行巡回检查，及时调整护绳板和绞车间的间隙
小绞车	J_XJC02	小绞车油壶缺油，钢丝绳锈蚀	小绞车	25 kW 及以上的绞车上必须加钢丝绳涂油的油壶	绞车操作工	适时为钢丝绳加油
小绞车	J_XJC03	小绞车绳头压绳不合格，钢丝绳余量不足三圈	小绞车	钢丝绳拉开最大距离，绞车上剩余钢丝绳不得低于三圈，而且绳头必须压紧在绞车滚筒上两道	机械安装、维修工	绞车安装时，加强检查，认真落实，确保压绳合格
小绞车	J_XJC04	小绞车控制按钮和信号器安设位置不当，不易操作	小绞车	绞车控制按钮和信号应就近安设在绞车司机可操作位置，而且不得影响绞车正常操控	井下电钳工	电钳工合理选择位置安设
主提绞车	J_ZJC01	主提绞车联络信号不清晰	主提绞车	绞车运输信号必须清晰无杂音，保证可靠联络	主提升机司机	主提升机司机必须规范作业，信号不清不开
主提绞车	J_ZJC02	滚筒前方未加防护罩	主提绞车	滚筒前方必须安设栅栏，并悬挂“闲杂人员禁止靠近”牌板	主提升机司机	主提升机司机在打扫卫生或巡检时要注意安全，避免被转动部位碰伤

续附表 1-2

管理对象名称	不安全状态编号	不安全状态名称	受控对象名称	管理标准	施控主体名称	管理措施
主提绞车	J_ZJC03	闸盘锈蚀、闸间隙不合适	主提绞车	闸盘不得存在锈蚀现象，闸间隙不得超过2 mm，不得小于1 mm	井下电钳工	维修人员要利用检修时间对闸盘上的锈斑进行处理，并调节好盘形闸闸间隙
主提绞车	J_ZJC04	斜巷提升绞车钩头弯曲变形严重	主提绞车	斜巷提升绞车钩头必须完好，钩头一个捻距内断丝与钢丝绳总断面积之比不得超过10%，钢丝绳磨损后直径减小不得超过10%	主提升机司机	绞车司机禁止向盘形闸闸盘上洒水，尽量减少闸盘锈蚀
主提绞车	J_ZJC05	钢丝绳锈蚀、断丝多	主提绞车	钢丝绳表面不得有锈蚀深坑，钢丝绳一个捻距内断丝与钢丝绳总断面积之比不得超过10%，钢丝绳磨损后直径减小不得超过10%	机械安装、维修工	维修工要每天对绞车的钩头进行检查，发现弯曲变形或钢丝绳断丝多时，要重新做钩头
主提绞车	J_ZJC06	液压站电磁阀不完好	主提绞车	液压站电磁阀必须完好、可靠	机械安装、维修工	每天对钢丝绳进行涂油和检查，并做好记录
主提绞车	J_ZJC07	保护不齐全或不起作用	主提绞车	绞车的各种保护必须齐全、完好	机械安装、维修工	提前更换锈蚀严重、断丝多的钢丝绳
主提绞车	J_ZJC08	电机碳刷过短	主提绞车	电机碳刷最短处不得小于30 mm	机械安装、维修工	维修工要进行检查，发现不合格及时更换维修
通防设备	J_TFSB01	通防设备不完好	通防设备	通防设备必须完好可用，并达到要求的通风防尘效果	机械安装、维修工	对不完好的设备及时修理
通防设备	J_TFSB02	通防设备缺少、不满足要求	通防设备	通防设备严格按规程措施要求加设	机械安装、维修工	加强巡回检查，不符合标准及时处理
通风设备	J_TFESB01	矿井通风设备未采用双风机、双电源供电	通风设备	井下局部通风机必须采用双风机双回路供电；风机开关采用的双电源必须来自不同的配电变压器	副区长	加强检查，确保实现双风机、双电源供电
通风设备	J_TFESB02	运行产生噪音	通风设备	通风设备要完好可靠，消音器要完好、可靠	副区长	加强通风设备的巡回检查，发现问题及时安排处理

续附表 1-2

管理对象名称	不安全状态编号	不安全状态名称	受控对象名称	管理标准	施控主体名称	管理措施
局部通风机	J_JBTFJ01	局部通风机未采用专用风机开关	局部通风机	井下局部通风机必须采用专用风机开关供电	队长	加强现场检查，发现采用非专用开关，及时安排处理
局部通风机	J_JBTFJ02	局部通风机未实现风电、瓦斯电闭锁	局部通风机	井下局部通风机必须采用双风机双回路供电；风机开关采用的双电源必须来自不同的配电变压器；风机开关与馈电开关之间必须实现风电、瓦斯电闭锁	队长	加强检查，确保风机实现风电、瓦斯电闭锁
局部通风机	J_JBTFJ03	局部通风机单级运转供风	局部通风机	在单级供风不能满足供风要求的，严禁使用风机单级运转供风	队长	不能正常供风的，必须停止作业及时处理，不得影响供风
局部通风机	J_JBTFJ04	局部通风机进风侧有杂物堵塞	局部通风机	井下局部通风机进风侧必须通畅，吸风口前 5 m 不得有杂物，不能喝循环风	井下电钳工	局部通风机挂牌管理的电钳工，每班次检查局部通风机进风侧通畅无堵塞
局部通风机	J_JBTFJ05	局部通风机供风风筒吊挂不平直，破口、脱节漏风	局部通风机	风筒拐弯要缓慢拐弯，风筒接头要严密，手距接头 0.1 m 处感到不漏风，无挤压，无破口	通风工	通风工必须保证负责范围内的风筒吊挂平直无破口无脱节
局部通风机	J_JBTFJ06	局部通风机超距离供风	局部通风机	局部通风机严禁超距离供风	队长	对井下局部通风机供风负责，保证供风要求，对于超过供风距离的，必须采取合理措施
局部通风机	J_JBTFJ07	局部通风机未挂牌管理	局部通风机	局部通风机必须配备局部通风机管理牌板，挂牌管理	井下电钳工	加强检查、维护，出现问题及时处理
主通风机	J_ZTFJ01	主通风机风道内浮煤未定期清理	主通风机	主通风机风道内的浮煤，要定期清理	主通风机司机	通风机司机要适时巡查，及时汇报
主通风机	J_ZTFJ02	运行产生噪音	主通风机	岗位工工作地点的噪音大小不能超过 100 dB(A)	主通风机司机	通风机司机要按规定佩戴好耳塞等劳保用品，不可长时间站在空压机附近
主通风机	J_ZTFJ03	温度超限	主通风机	主要通风机运行时温度不得超过 135 ℃	主通风机司机	加强巡回检查，密切关注扇风机温度，发现异常及时汇报
主通风机	J_ZTFJ04	电机有异响	主通风机	主要通风机运行过程中，电机不能有异响	主通风机司机	加强巡回检查，发现异响等异常及时汇报

续附表 1-2

管理对象名称	不安全状态编号	不安全状态名称	受控对象名称	管理标准	施控主体名称	管理措施
普通风门	J_PTFM01	风门规格不合适，不能自动关闭，包边沿口不合格，电缆孔、风筒孔封堵不及时	普通风门	风门规格符合要求，风门安设要包边沿口，墙体封堵严密，无空隙	救护工	使用前认真进行检查，规格不合格不得使用；按质量标准进行施工
普通风门	J_PTFM02	风门闭锁不合格	普通风门	两道风门必须闭锁，确保两道风门不能同时打开	救护工	风门构建完成后，要及时安设闭锁，并确保闭锁完好
普通风门	J_PTFM03	风门墙体变形、开裂	普通风门	风门墙要与顶板接实，不得出现裂缝、重缝、空缝、变形，不得留有空隙	救护工	及时进行检查维护，确保风门墙体完好
无压风门	J_WYFM01	风门配重不合格	无压风门	合理配置，确保风门能够正常开启、关闭	配电工	加强检查、维护，确保配重合理
无压风门	J_WYFM02	风门闭锁装置、自动开启装置失灵	无压风门	保证传感器完好，确保风门能够正常开启、关闭	配电工	加强检查、维护，出现问题及时处理
无压风门	J_WYFM03	风管未接通或风管漏风、通风不畅	无压风门	保证风管畅通完好，确保风门能够正常开启、关闭	配电工	加强检查、维护，出现问题及时处理
除尘设备	J_CCSB01	除尘设备除尘效果差	除尘设备	除尘设备严格按照规程措施要求安装，并规范应用，保证可靠的灭尘效果	机械安装、维修工	加强检查、维护，发现除尘设备不合格及时维修处理
除尘设备	J_CCSB02	除尘设备固定不牢固	除尘设备	除尘设备可靠安装，规范应用	机械安装、维修工	除尘设备严格按照规程措施要求安装牢固，消除可能造成的危害
除尘设备	J_CCSB03	除尘设备未按规定要求加设	除尘设备	除尘设备严格按照规程措施要求安装，并规范应用，保证可靠的灭尘效果	机械安装、维修工	加强检查，按规定加设
除尘风机	J_CCFJ01	振弦式除尘风机负压风筒有急弯、破口、脱节	除尘风机	按规定安装、使用防尘设施，振弦式除尘风机风筒不得有急弯、破口、脱节等	队长	加强现场管理，及时检查、维护
除尘风机	J_CCFJ02	振弦式除尘风机运行时噪声大	除尘风机	加强对风机的检查、维护，确保噪声不超过85 dB(A)	队长	加强巡回检查，发现问题及时安排处理
降尘喷雾	J_CCPW01	防尘喷雾喷头数量不足，不能覆盖全断面，防尘喷雾感应不灵敏、喷头不喷、雾化效果差	降尘喷雾	防尘喷雾喷头要符合要求，确保覆盖全断面，要保证完好，并雾化良好，能够覆盖全断面	井下电钳工	定期检查、维护，确保防尘喷雾喷头完好，保证雾化效果

续附表 1-2

管理对象名称	不安全状态编号	不安全状态名称	受控对象名称	管理标准	施控主体名称	管理措施
降尘喷雾	J_CCPW02	微震动喷雾不灵敏	降尘喷雾	除尘喷雾必须完好可用，喷头齐全，雾化合格，控制灵敏	井下电钳工	定期检查、维护，确保防尘喷雾控制灵敏，喷头完好，保证雾化效果
降尘喷雾	J_CCPW03	爆破喷雾、喷浆联动喷雾、耙装喷雾感应不灵敏、喷头不喷、雾化效果差	降尘喷雾	除尘喷雾必须完好可用，喷头齐全，雾化合格，控制灵敏	井下电钳工	定期检查、维护
降尘喷雾	J_CCPW04	供水系统水压不够	降尘喷雾	供水系统水压不得低于 3 MPa	井下电钳工	要确保供水系统水压达到要求
除尘器	J_CCQ01	除尘器与喷浆机距离远	除尘器	除尘器与喷浆机距离 3～5 m，保证除尘效果	喷浆工	喷浆工开机喷浆前，检查除尘器与喷浆机距离适当，保证除尘效果
除尘器	J_CCQ02	除尘器变形，安设角度不合适	除尘器	除尘器必须完好可用，与喷浆机角度应适当，保证除尘效果	喷浆工	喷浆工开机喷浆前，保证除尘效果
喷雾泵	J_PWB01	喷雾泵管路损坏、压力不足，雾化效果差	喷雾泵	喷雾泵管路要完好，喷雾压力 6～8 MPa，雾化效果好，能够覆盖全断面	队长	跟班队长监督乳化泵司机检查喷雾泵的管路完好，泵站压力，雾化效果，发现问题安排及时处理
喷雾泵	J_PWB02	管路连接不牢靠	喷雾泵	管路连接要牢固、可靠	队长	跟班队长监督乳化泵司机检查喷雾泵的管路连接情况，发现问题安排及时处理
注水钻机	J_ZSZJ01	注水钻机固定不牢	注水钻机	固定钻机时，钻机要安放平稳，上紧底拖梁，四角分别用四棵单体液压支柱或用四根锚杆(18 mm×1 800 mm)固定，支柱初撑力，锚杆预紧力都不得小于 11.5 MPa，四棵支柱必须用防倒绳连接	钻探工	认真检查，确保钻机固定牢固
注水钻机	J_ZSZJ02	单体支柱支设不牢	注水钻机	单体支柱支设要牢固可靠，支柱初撑力不得小于 11.5MPa	钻探工	按规定支设单体支柱，认真检查，确保单体支柱支设牢固，按规定加设防倒钩
注水钻机	J_ZSZJ03	管路老化、U 形卡不正常使用	注水钻机	规范使用好 U 形卡，连接好管路	钻探工	认真检查，确保 U 形卡规范使用，管路连接牢固可靠

续附表 1-2

管理对象名称	不安全状态编号	不安全状态名称	受控对象名称	管理标准	施控主体名称	管理措施
注水钻机	J_ZSZJ04	钻杆等外露转动部位	注水钻机	人员不得靠近钻杆等钻机外露转动部位	钻探工	要合理站位，人员不得靠近钻杆等钻机外露转动部位，能安设防护罩的部位必须安设防护罩
防灭火设备	J_FMHSB01	防灭火设备不完好	防灭火设备	防灭火设备要完好可靠	队长	加强防灭火设备的巡回检查，发现问题及时安排处理
束管	J_SG01	束管安设位置不合理	束管	束管要安设在采煤工作面回风巷中，束管滤尘器安放在综采面上端头采空区侧，离帮顶大于 0.2 m	井下电钳工	加强检查，确保束管安设位置合理
束管	J_SG02	束管接头不严密、破皮	束管	束管要衔接严密，不得有破皮	井下电钳工	加强束管的检查、维护，发现损坏及时更换、维修
消防器材	J_XFQC01	消防器材未按规程要求加设	消防器材	消防器材必须按规程要求加设	队长	跟班队长必须负责自己责任范围内的消防器材按要求安设
消防器材	J_XFQC02	消防器材不齐全(沙箱砂量少，消防铲、消防锹、灭火器数量不足)、不完好	消防器材	井下有消防要求的地点必须配备齐全的消防器材	副区长	跟班区长必须对责任范围内的消防器材巡回检查，保证齐全合格有效
消防器材	J_XFQC03	灭火器失效	消防器材	灭火器有检验合格证且在有效期内，外表无变形、锈蚀灭火器的压力表指针在绿色范围、铅封完好、管路无破损、未过期	队长	机电队长负责检查灭火器是否完好，发现不完好时必须立即更换
消防器材	J_XFQC03	灭火器失效	消防器材	灭火器的压力表指针在绿色范围、铅封完好、管路无破损、未过期	机械安装、维修工	① 维修工作业前必须检查气源软管与接头应连接可靠，不得松动漏气，检查进气阀门是否密封良好，开关灵活，整个气路密封有无漏气； ② 检查供气管路是否完好； ③ 检查防护装置，是否有磨损、裂纹、弯曲； ④ 检查工作部件是否完好，是否有裂纹、缺损应立即更换

续附表 1-2

管理对象名称	不安全状态编号	不安全状态名称	受控对象名称	管理标准	施控主体名称	管理措施
消防器材	J_XFQC04	沙箱未张贴灭火器使用方法	消防器材	在消防沙箱上张贴灭火器使用方法标志	队长	跟班队长负责安排沙箱上张贴灭火器使用方法标志，磨损毁坏的要及时安排更换
消防器材	J_XFQC05	未悬挂消防材料配置表	消防器材	在消防沙箱上悬挂消防材料配置表	队长	跟班队长负责所有沙箱上必须悬挂消防材料配置表，磨损毁坏的要及时更换
消防器材	J_XFQC06	消防器材放置地点不合理、距离不当	消防器材	消防器材放置地点合理、距离适当	队长	消防器材在加设时，跟班队长合理选择放置地点
注浆设备	J_ZJSB01	注浆泵内灰浆堵塞	注浆设备	注浆泵内不能有灰浆堵塞	队长	跟班队长安排人员注浆后及时清理冲洗注浆泵，防止灰浆凝固堵塞
注浆设备	J_ZJSB02	泵体固定不牢	注浆设备	注浆泵固定牢固可靠	钻探工	加强检查，注浆前检查注浆泵泵体固定情况
注浆设备	J_ZJSB03	高压管路连接不合格、U形卡使用不规范	注浆设备	规范使用好U形卡，连接好管路	钻探工	注浆前，认真检查管理连接及U形卡规范使用，确保管路连接牢固可靠
阻化泵	J_ZHB01	阻化泵不完好	阻化泵	阻化泵要完好可用	队长	加强检查，发现问题及时安排处理
检测设备	J_JCSB01	检测设备不完好	检测设备	检测设备要完好可靠	副区长	加强管理、检查，发现问题及时安排处理、维修
粉尘检测仪	J_FCJCY01	粉尘检测仪检测不准确、失灵	粉尘检测仪	粉尘检测仪检测灵敏准确	测风测尘工	使用前加强检查，发现问题及时处理
风表	J_FB01	风表测风不准确	风表	风表要完好可靠，测定数据准确	测风测尘工	测风员规范使用风表，使用前认真检查完好情况
瓦斯传感器	J_WSCGQ01	瓦斯传感器悬挂位置不符合规程规定	瓦斯传感器	瓦斯传感器必须符合作业规程要求悬挂，工作面回风巷、采区回风巷及机电设备硐室要悬挂瓦斯传感器，而且使用的瓦斯传感器盒子必须符合相关要求	队长	跟班队长加强检查，确保瓦斯传感器按规定悬挂
瓦斯传感器	J_WSCGQ02	瓦斯传感器检测数据误差大，未及时校正	瓦斯传感器	瓦斯传感器监测数据不能超出误差范围	瓦斯自动检测报警系统维修工	必须对井下使用的瓦斯传感器定期校正，对于不符合要求的必须及时更换

续附表 1-2

管理对象名称	不安全状态编号	不安全状态名称	受控对象名称	管理标准	施控主体名称	管理措施
瓦斯传感器	J_WSCGQ03	瓦斯传感器盒子不符合要求、锈蚀、无铭牌	瓦斯传感器	使用的瓦斯传感器盒子必须符合相关要求、无锈蚀、有铭牌	队长	加强检查,确保瓦斯传感器盒子必须符合相关要求
瓦斯传感器	J_WSCGQ04	瓦斯传感器检测线断线	瓦斯传感器	瓦斯传感器必须正常使用	队长	跟班队长负责检查每班瓦斯传感器的使用,出现问题立即安排人员处理
瓦斯检测仪	J_WSJCY01	瓦斯检测仪漏气、光路不畅、电路故障	瓦斯检测仪	瓦斯检测仪要求完好,不漏气,电路要通畅	瓦斯检查工	瓦斯检测仪使用前必须检查是否灵敏,检测准确
隔爆设施	J_GBSS01	隔爆设施数量、水量不足	设施工	① 主要隔爆棚设置地点:矿井两翼与井筒相联通的主要运输大巷和回风大巷、相邻采区之间的运输巷和回风巷、相邻煤层之间的运输石门和回风石门;② 辅助隔爆棚设置地点:回采工作面进风巷和回风巷道,采区内的煤层掘进巷道,位置应设在距工作面 60~200 m 范围内;③ 水棚的用水量按巷道断面积计算,主要隔爆棚不少于 400 L/m²;辅助隔爆棚不少于 200 L/m²	设施工	要按规定安设隔爆设施,保证数量、数量充足,符合规定,并定期检查、维护
隔爆设施	J_GBSS02	隔爆设施安设不规范,固定不牢	设施工	① 水棚应设在巷道的直线段内,与巷道的交叉口、转弯处距离不得小于 50 m;② 水棚的排间距应为 1.2 m~3.0 m,主要棚的棚区长不少 30 m,辅助棚的棚区长不少于 20 m;③ 水棚挂钩位置要对正,相向布置(钩尖与钩尖相对)挂钩角度为(60°± 5°),钩尖长度为 25 mm;④ 水棚之间的间隙与水棚同支架或巷壁之间的间隙之和不得大于 1.5 m,棚边与巷壁之间的距离不得小于 0.1 m,水棚距巷道轨面不应小于 1.8 m,棚区内各排水棚的安装高度应保持一致,棚区巷道需挑顶时,其断面积和形状应与其前后各 20 m 长度的巷道保持一致	设施工	隔爆设施要规范安设,固定牢固可靠,并定期检查

续附表 1-2

管理对象名称	不安全状态编号	不安全状态名称	受控对象名称	管理标准	施控主体名称	管理措施
隔爆设施	J_GBSS03	隔爆设施架锈蚀严重	设施工	隔爆设施要保持完好	设施工	及时对隔爆设施进行除锈刷漆，保证设施完好
选煤设备	J_XMSB01	设备不完好	选煤设备	选煤设备必须完好可靠	队长	对于不完好设备及时安排人员维护，确保完好
测灰仪	J_CHY01	核源铅盒损坏	测灰仪	设备要完好，核源铅盒完好、无损坏	选煤厂采样（化验）工	加强检查，发现问题及时处理
磁选机	J_CXJ01	磁选机安全保护装置不完好	磁选机	磁选机安全保护装置必须完好	选煤厂集控司机	每班检查磁选机安全保护装置，发现不完好及时处理
磁选机	J_CXJ02	磁选机分料箱、入料未清理	磁选机	磁选机分料箱、入料及时清理	选煤厂集控司机	加强检查，及时清理
磁选机	J_CXJ03	磁选机滚筒不完好	磁选机	磁选机滚筒必须完好	选煤厂集控司机	每班检查磁，发现不完好及时安排处理
磁选机	J_CXJ04	磁选机尾矿有溢流	磁选机	磁选机尾矿不得有溢流	选煤厂集控司机	加强检查，发现溢流及时汇报处理
电磁筛	J_DCS01	筛网破损	电磁筛	电磁筛要完好可靠，筛网完好	选煤厂集控司机	加强检查，筛网损坏及时维修、更换
加药机	J_JYJ01	运转部位保护设施不齐全	加药机	运转部位保护设施要齐全可靠	选煤厂采样（化验）工	加强检查，发现保护不齐全，及时处理
介质桶	J_JZT01	介质桶放置不可靠	介质桶	介质桶放置安全可靠	机械安装、维修工	维修工巡回检查，发现问题及时处理
介质桶	J_JZT02	介质桶破裂，介质泄漏	介质桶	介质桶不能有破裂导致泄漏介质	机械安装、维修工	加强检查，发现有破裂、泄漏，及时处理
离心机	J_LXJ01	离心机不完好	离心机	离心机必须完好可用	机械安装、维修工	维修工每班对离心机进行检查，发现问题及时处理
离心机	J_LXJ02	油泵电机、主电机未按顺序启停	离心机	油泵电机、主电机严格按顺序启停	机械安装、维修工	规范操作，按顺序启停

续附表 1-2

管理对象名称	不安全状态编号	不安全状态名称	受控对象名称	管理标准	施控主体名称	管理措施
离心机	J_LXJ03	离心机润滑油油压不足	离心机	离心机润滑油油压必须达到应用要求	机械安装、维修工	维修工加强检查、维护，确保达到要求
马弗炉	J_MFL01	高温	马弗炉	人员不得直接接触马弗炉	选煤厂采样（化验）工	规范操作，不得直接接触高温部位
浓缩机	J_NSJ01	深水	浓缩机	非工作人员不得靠近浓缩池	选煤厂采样（化验）工	不得靠近浓缩池，确保安全
水泵（选煤）	J_SBXM01	运转部位保护设施不齐全	水泵（选煤）	运转部位保护设施要齐全可靠	矿井泵工	加强检查，保护不齐全及时处理
旋流器	J_XLQ01	选煤电气设备不完好，旋流器漏液	旋流器	选煤电气设备完好，旋流器不能漏液	机械安装、维修工	加强检查，出现问题及时整改
压滤机	J_YLQ01	压滤机液压油管联接不牢	压滤机	压滤机液压油管连接螺栓必须紧固，无松动、变形	机械安装、维修工	维修工每天检查检查液压油管，确保联接牢固
压滤机	J_YLQ02	压滤机悬空部位防护装置不齐全	压滤机	压滤机悬空部位防护装置必须牢固、可靠，高度≥105 cm	机械安装、维修工	加强日常巡检，确保悬空部位保护装置齐全
压滤机	J_YLQ03	压滤机滤板连接链不齐全	压滤机	滤板连接链链环无开焊，螺栓紧固、无松动、无严重变形	机械安装、维修工	加强日常巡检，确保滤板连接链齐全完好
压滤机	J_YLQ04	压滤机传动部位防护罩不齐全	压滤机	防护罩螺栓紧固、无松动、无严重变形，网格≥50 mm×50 mm，防护罩不碰撞运转部位运转	机械安装、维修工	维修工要加强日常巡检，确保传动部位防护罩齐全完好
压滤机	J_YLQ05	压滤机传动链不完好	压滤机	传动链松紧适度，润滑良好，行走齿条平整无缺损	压滤机司机	加强检查，发现传动链不完好，及时处理
压滤机	J_YLQ06	压滤机滤板、滤布不完好	压滤机	滤布必须平整，无破损，滤布上不得黏有大块煤泥；滤板无破损、无变形，滤液槽通畅无堵塞	压滤机司机	加强巡回检查，发现滤布、滤板不完好，及时进行整改
压滤机	J_YLQ07	压滤机缺油、油质不完好	压滤机	油位保持在最低刻度线以上，检查油质，定期更换油料	压滤机司机	加强巡回检查，发现油位不合格，及时处理

续附表 1-2

管理对象名称	不安全状态编号	不安全状态名称	受控对象名称	管理标准	施控主体名称	管理措施
压滤机	J_YLQ08	压滤机滤液排水管缺失,滤液槽积煤	压滤机	滤液排水管齐全完好,滤液槽不留积煤	压滤机司机	加强检查,发现滤液水管缺损或滤液槽中积煤,及时整改处理
压滤机	J_YLQ09	压滤机卸料前未开启刮板	压滤机	卸料前必须开启刮板机	压滤机司机	搞好安全确认,压滤机卸料前未开启刮板
振动筛	J_ZDS01	振动筛传动胶带护罩不齐全	振动筛	振动筛传动胶带保护罩必须齐全完好、固定螺栓牢固无松动、网格≥50 mm×50 mm	机械安装、维修工	维修工每天检查振动筛的传动胶带护罩,发现问题及时处理
振动筛	J_ZDS02	振动筛弹簧失效	振动筛	振动筛弹簧压缩量不超过 10 mm	机械安装、维修工	维修工要每天检查弹簧的情况,及时更换失效的弹簧
振动筛	J_ZDS03	振动筛压条松动或缺失	振动筛	振动筛压条必须压紧、磨损量不超过自身厚度的一半	机械安装、维修工	维修工每天检查压条的情况,确保无松动、缺失,发现异常要及时处理和汇报
振动筛	J_ZDS04	筛体紧固件、激振器、减振弹簧弹性及橡胶弹簧、筛板不完好	振动筛	筛体紧固件、激振器、减振弹簧弹性及橡胶弹簧、筛板必须完好有效	机械安装、维修工	维修工每天检查压条的情况,确保无松动、缺失,发现异常要及时处理和汇报
振动筛	J_ZDS05	振动筛上有未排尽的物料	振动筛	振动筛停机前,必须排尽物料	机械安装、维修工	加强检查,确保停机前已排尽物料

附表 1-3 环境的不安全范围

管理对象名称	不安全状态编号	不安全状态名称	受控对象名称	管理标准	施控主体名称	管理措施
安全设施	H_AQSS01	各类安全设施未按规程要求安装、使用	安全设施	按规定安设各类安全设施,并确保正常使用	机械安装、维修工	定期检查、维护,确保各类安全设施能够正常使用
安全设施	H_AQSS02	超速挡车器超距离未安设	安全设施	超过 100 m 的运输巷道,每间隔 100 m 安设一组超速挡车器	机械安装、维修工	按规定及时安设超速挡车器和其他安全设施,并确保正常使用
安全设施	H_AQSS03	气动挡车设施漏风、控制不灵活	安全设施	按规定安设各类安全设施,并确保正常使用	机械安装、维修工	每班检查,确认气动挡车设施不能漏风、控制必须灵活

续附表 1-3

管理对象名称	不安全状态编号	不安全状态名称	受控对象名称	管理标准	施控主体名称	管理措施
安全设施	H_AQSS04	挡车门高度低，不符合要求	安全设施	挡车门关闭时，挡车门下端离轨面高度不能大于 200 mm，挡车门打开时，挡车门下端离轨面高度不能小于 1.5 m	机械安装、维修工	挡车门安装时，保证高度符合标准要求，必须满足巷道运输要求
安全设施	H_AQSS05	挡车设施的控制装置未设置在躲避洞内	安全设施	各类安全设施的控制装置必须设置在躲避洞内	机械安装、维修工	挡车设施的控制装置按要求设置在躲避洞内
安全设施	H_AQSS06	使用坠砣式挡车门	安全设施	挡车门控制，必须为气动控制，不允许坠砣式控制	机械安装、维修工	不得使用坠砣式挡车门
安全设施	H_AQSS07	倒牵牛绞车未安设护身柱	安全设施	倒牵牛绞车必须在绞车前方安设护身柱	机械安装、维修工	倒牵牛绞车前方安设护身柱，防止发生跑车伤害
安全设施	H_AQSS08	安全设施固定不牢	安全设施	按规定安设各类安全设施，并确保正常使用	机械安装、维修工	安全设施固定牢固
安全设施	H_AQSS09	输送机转动部位未按要求加设防护栏、防护罩	安全设施	按规定安设各类安全设施，并确保正常使用	机械安装、维修工	输送机转动部位按要求加设防护栏、防护罩
安全设施	H_AQSS10	输送机挡煤板不合格或固定不牢靠	安全设施	按规定安设各类安全设施，并确保正常使用	机械安装、维修工	输送机挡煤板保证合格并固定牢靠
安全设施	H_AQSS11	输送机过桥等安全设施开焊	安全设施	按规定安设各类安全设施，并确保正常使用	机械安装、维修工	输送机过桥等安全设施开焊的，及时更换或修理加固
安全设施	H_AQSS12	煤仓口、配电点、水仓等地点未加设围栏	安全设施	按规定安设各类安全设施，并确保正常使用	机械安装、维修工	煤仓口、配电点、水仓等地点必须加设围栏
材料堆放	H_CLZF01	材料堆放过高、杂乱、无防倒措施等	材料堆放	各地点堆放的材料要码放整齐，并有防倒措施	运料工	加强检查，确保各地点码放的材料整齐，并落实好防倒措施
材料堆放	H_CLZF02	废旧材料未集中存放、挂牌管理	材料堆放	废旧材料集中存放、挂牌管理	队长	废旧材料集中存放、挂牌管理
材料堆放	H_CLZF03	应用材料、电气设备、备品备件码放不齐，未挂牌管理	材料堆放	应用材料、电气设备、备品备件码放整齐，并挂牌管理	队长	应用材料、电气设备、备品备件码放整齐，并挂牌管理

续附表 1-3

管理对象名称	不安全状态编号	不安全状态名称	受控对象名称	管理标准	施控主体名称	管理措施
材料堆放	H_CLZF04	材料存放不符合管理规定	材料堆放	材料符合管理规定存放	运料工	材料符合管理规定存放
地质构造	H_DZGZ01	遇断层、淋水带、顶板破碎带等地质构造无措施施工或未严格按措施施工	地质构造	遇断层、淋水带、顶板破碎带等地质构造制订安全技术措施施工并严格按措施施工	队长	严格按工区制订的措施施工，确保安全
地质构造	H_DZGZ02	遇断层、淋水带、顶板破碎带等地质构造未加强支护	地质构造	遇断层、淋水带、顶板破碎带等地质构造加强支护	队长	遇断层、淋水带、顶板破碎带等地质构造加强支护
地质构造	H_DZGZ03	遇断层、淋水带、顶板破碎带等地质构造未执行措施要求循环进尺的	地质构造	遇断层、淋水带、顶板破碎带等地质构造执行措施要求的循环进尺	队长	遇断层、淋水带、顶板破碎带等地质构造执行措施要求的循环进尺
地质构造	H_DZGZ04	遇断层、淋水带、顶板破碎带等地质构造未规范使用超前支护	地质构造	遇断层、淋水带、顶板破碎带等地质构造规范使用超前支护	队长	遇断层、淋水带、顶板破碎带等地质构造规范使用超前支护
温度	H_WD01	各作业地点温度过高	温度	生产矿井采掘工作面超过26℃，机电设备硐室超过30℃，必须缩短超温地点工作人员的工作时间；采掘工作面超过30℃、机电设备硐室超过34℃时，必须停止作业	队长	落实好矿制订的降温措施
温度	H_WD02	井下防暑药品不足、防暑措施不合理	温度	井下配备充足防暑药品、采取合理的防暑措施	队长	加强工作落实，确保井下配备充足防暑药品、严格落实好矿制订的防暑措施
温度	H_WD03	井下防暑饮用水不足	温度	井下配备充足防暑饮用水	队长	井下配备充足防暑饮用水
警示标志	H_JSBZ01	各类警示标志不齐全或不完好	警示标志	按规定设置各类警示标志，确保齐全、完好	队长	定期检查、维护，确保各类警示标志齐全、完好
警示标志	H_JSBZ02	警示标志悬挂位置不当、悬挂不标准	警示标志	警示标志按标准悬挂在可视位置	队长	警示标志按标准悬挂在可视位置
警示标志	H_JSBZ03	警示标志牌板上积尘、积水	警示标志	警示标志牌板上不得积尘、积水，警示牌清晰无损坏	队长	警示标志牌板上不得积尘、积水，警示牌清晰无损坏

续附表 1-3

管理对象名称	不安全状态编号	不安全状态名称	受控对象名称	管理标准	施控主体名称	管理措施
粉尘	H_FC01	粉尘积聚、浓度超标	粉尘	矿井要建立完善的防尘供水系统，各类防尘措施落实到位，确保粉尘浓度符合规定	测风测尘工	定期对各地地点粉尘进行采样、测量，发现浓度超标及时汇报处理
粉尘	H_FC02	粉尘浓度大，遮挡视线	粉尘	矿井要建立完善的防尘供水系统，各类防尘措施落实到位，确保粉尘浓度符合规定	队长	各类设施落实到位，并定期检查维护，确保正常使用
粉尘	H_FC03	粉尘覆盖监测监控装置	粉尘	矿井要建立完善的防尘供水系统，各类防尘措施落实到位，确保粉尘浓度符合规定	检测监控工	各类设施落实到位，并定期检查维护，确保正常使用
辐射	H_FS01	核子秤、测灰仪等设备产生辐射	辐射	人员不得长时间在核子秤、测灰仪等能产生辐射的设备旁逗留	一般工种	非工作人员远离能产生辐射的设备，工作人员不得长时间在附近逗留
水	H_S01	老窑及老空区防隔水煤柱未留设或留设尺寸过小	水	老窑及老空区防隔水煤柱要按照设计规范留设保安煤柱	队长	严格按设计施工，不得超挖
水	H_S02	工作面涌水	水	现场配备满足最大涌水量足够的排水设备及配套管路	队长	跟班队长观察水量变化，检查排水设备完好情况，确保工作面正常排水，涌水量过大时立即组织人员撤离并汇报调度室，撤离前将工作面所有设备断电
水	H_S03	防水闸门设计不合理，安装、使用不规范等	水	① 水文地质条件复杂或有突水淹井危险的矿井，应当在井底车场周围设置防水闸门或在正常排水系统基础上另外安设具有独立供电系统且排水能力不小于最大涌水量的潜水泵；② 在其他有突水危险的采掘区域，应当在其附近设置防水闸门，不具备设置防水闸门条件的，应当制订防突水措施，由煤矿企业主要负责人审批	队长	加强现场落实，按规定安装、使用

续附表 1-3

管理对象名称	不安全状态编号	不安全状态名称	受控对象名称	管理标准	施控主体名称	管理措施
水	H_S04	井下防尘水管、水截门漏水	水	井下杜绝跑冒滴漏	队长	跟班队长对井下供水管路巡回检查，及时安排人员处理跑冒滴漏；对不处理的，按规定予以处罚
火	H_H01	回采工作面阻化剂喷洒不及时、不合格，回采结束后，封闭不及时	火	回采工作面回撤前按规定喷洒阻化剂，回采结束后，必须在 45 d 内将通至采空区的所有连通巷道全部封闭	救护工	按规定喷洒阻化剂，工作面回采结束后，及时施工密闭，进行封闭
火	H_H02	采掘工作面 CO 等气体浓度升高，未及时发现或处理，造成煤炭自燃未及时发现	火	按规定对各采掘工作面气体进行检查，在各采掘工作面回风流中安设传感器，加强监测监控，出现气体异常及时处理	瓦斯检查工	瓦斯检查员按规定每班对各采掘工作面气体进行检查，出现气体异常及时进行处理
火	H_H03	工作面未设置防灭火观测牌板或未按规定进行防灭火检查	火	回采工作面要按规定设置防灭火观测牌板，并每周进行一次防灭火气体检查	测风测尘工	按规定设置防灭火观测牌板，进行防灭火气体检查
巷道	H_HD01	巷道支护工程质量不合格（空顶、空帮、失脚、伸腿、锚网搭接量不足、联网不合格、锚杆预紧力不足、锚杆失效未补打、锚索未及时加压、锚杆锚索超间距、巷道宽度不够或超宽、巷道高度不足或超高）	巷道	巷道支护工程质量必须合格（无空顶、空帮、失脚、伸腿；锚网搭接量、联网、锚杆预紧力符合要求；锚杆失效及时补打、锚索及时加压、锚杆锚索间距符合要求、巷道宽度、高度符合规程要求）	队长	加强对井下巷道支护工程质量检查，严格保证工程质量符合规程要求
巷道	H_HD02	沉淀池、水沟无盖板、篦子或沉淀池、水沟淤满	巷道	沉淀池、水沟施工完成后及时加设盖板、篦子，淤塞及时清理	队长	沉淀池、水沟施工过程中，同时加工盖板、篦子，保证施工完成后及时加设，及时清理淤泥（煤）
巷道	H_HD03	轨道应用非标准道岔、道岔打不严、道岔缺盖板	巷道	井下铺设道岔，必须制订合理的施工安全措施，并严格按措施施工，使用符合要求的道岔，尖轨尖端与基本轨密贴，间隙≤2 mm，无跳动与基本轨高低差≤2 mm	队长	跟班队长对责任范围内的道岔进行检查管理，保证道岔安全使用

续附表 1-3

管理对象名称	不安全状态编号	不安全状态名称	受控对象名称	管理标准	施控主体名称	管理措施
巷道	H_HD04	顶板喷浆层开裂未及时找掉悬矸	巷道	加强顶板管理，严格执行敲帮问顶制度，及时找掉悬矸	队长	跟班队长每班详细检查责任范围内的顶板，找掉离层和悬矸，并进行重新支护，确保安全
巷道	H_HD05	斜坡无台阶或台阶湿滑，无扶手	巷道	坡度≥25°的行人斜巷，必须施工台阶，加设扶手或溜绳	队长	按技术措施要求施工台阶，加设扶手或溜绳，对于湿滑的斜坡，采取防滑倒措施
巷道	H_HD06	巷道内底板不平、开裂、有矸石、杂料	巷道	巷道内浮煤浮矸及时清理，底板整平	队长	巷道内有浮煤浮矸的，队长及时安排人员清理，底板整平
巷道	H_HD07	轨道阴阳、急弯、轨间距超规定	巷道	① 轨距允许偏差：按标准加宽后±3 mm；辙岔前后，轨距偏差±2 mm； ② 轨面水平：直线目视平顺，用10 m弦量≤5 mm，曲线目视圆顺，用1 m弦量相邻两点正矢差≤1 mm，2 m弦量相邻两点正矢差≤1 mm； ③ 方向：目视直顺，用10 m弦量≤3 mm； ④ 轨面前后高低：轨面及内侧错差≤2 mm	队长	跟班队长负责铺设的轨道，符合规程技术要求
巷道	H_HD08	运输巷道内施工未拉警戒牌或专人警戒	巷道	运输巷道内施工必须拉设警戒牌或专人警戒	队长	跟班队长安排人员加设警戒牌或站岗警戒
巷道	H_HD09	巷道内积水、湿滑	巷道	巷道内不得有积水	队长	巷道内有积水的，跟班队长必须及时安排人员处理积水
巷道	H_HD10	躲避硐施工超距离	巷道	巷道开拓，必须按规程规定，每间距40 m施工一个躲避硐	队长	躲避硐施工，跟班队长必须确定好施工位置，再安排人员施工
巷道	H_HD11	躲避洞内放置杂物	巷道	躲避洞内不得放置杂物	队长	躲避洞内放置杂物的，及时安排进行处理
巷道	H_HD12	各类线、缆等损坏，供水管路漏水、供风管路漏风、液压管路损坏漏液等	巷道	各类线、缆、供水、供风管路、液压管路等要保持完好，无损坏	队长	跟班队长加强检查管理，发现问题及时安排处理

续附表 1-3

管理对象名称	不安全状态编号	不安全状态名称	受控对象名称	管理标准	施控主体名称	管理措施
顶底板	H_DDB01	顶板破碎有悬矸	顶底板	破碎顶板要及时支护，确保支护完好	队长	加强巡回检查，发现顶板破碎、开裂及时支护，确保顶板完好
顶底板	H_DDB02	底板开裂、出水、鼓起	顶底板	及时维护底板，出现底鼓及时处理	队长	加强检查，及时修复鼓起的底板
煤仓	H_MC01	煤仓口未设置护栏、护板或设置不合格，无警示标示等	煤仓	必须设有可靠的栅栏、醒目的警示标志、眼口篦子口径≤300 mm×300 mm	队长	做好监督检查，发现没设置护栏、护板或设置不合格的及时整改
煤仓	H_MC02	煤仓放空，造成风流短路	煤仓	不得造成风流短路	给煤机司机	不得造成风流短路
巷帮	H_XB01	巷帮支护拖后或支护不完好	巷帮	巷帮要及时支护，确保完好	队长	加强检查，及时支护巷帮
噪声	H_ZS01	噪声过大	噪声	作业场所的噪声，不应超过 85 dB(A)；大于 85 dB(A)时，需配备个人防护用品；大于或等于 90 dB(A)时，还应采取降低作业场所噪声的措施	队长	各种产噪设备的隔音设备要完好、可靠，针对噪声较大地点，要督促工作人员佩戴护耳器、耳塞等防护用品
噪声	H_ZS02	隔音、消音设施不正常使用	噪声	作业场所的噪声，不应超过 85 dB(A)；大于 85 dB(A)时，需配备个人防护用品；大于或等于 91 dB(A)时，还应采取降低作业场所噪声的措施	队长	加强管理，确保各种产噪设备的隔音设备要完好、可靠，发现问题及时安排处理
噪声	H_ZS03	噪声地点作业，不戴耳塞	噪声	作业场所的噪声，不应超过 85 dB(A)；大于 85 dB(A)时，需配备个人防护用品；大于或等于 92 dB(A)时，还应采取降低作业场所噪声的措施	一般工种	提高安全意识，在噪声地点作业时，要戴好耳塞

续附表 1-3

管理对象名称	不安全状态编号	不安全状态名称	受控对象名称	管理标准	施控主体名称	管理措施
瓦斯	H_WS01	瓦斯超限	瓦斯	矿井总回风巷或一翼回风巷中瓦斯浓度不得超过0.75%；采区回风巷、采掘工作面回风巷、采掘工作面及其他作业地点瓦斯浓度不得超过1.0%；电动机或其开关安设地点附近20 m以内风流中的瓦斯浓度不得超过1.5%；采掘工作面及其他巷道内，体积大于0.5m^3的空间积聚的瓦斯浓度不得超过2.0%	瓦斯检查工	各地点按规定安设甲烷传感器，瓦斯检查员进行巡回检查，发现问题及时汇报处理
照明	H_ZM01	照明安设不齐全、位置不当或照明灯损坏等	照明	井下下列地点必须有足够的照明： ① 井底车场及其附近；② 机电设备硐室、调度室、机车库、爆破材料库、候车室、信号站、瓦斯抽放泵站等；③ 使用机车的主要运输巷道、兼作人行道的集中带式输送机巷道、升降人员的绞车道以及升降物料和人行交替使用的绞车道，其照明灯的间距不得大于30 m；④ 主要进风巷的交叉点和采区车场；⑤ 从地面到井下的专用人行道；⑥ 综合机械化采煤工作面，照明灯间距不得大于15 m 地面的通风机房、绞车房、压风机房、变电所、矿调度室等必须设有应急照明设施严禁用电机车架空线做照明线	井下电钳工	按规定在各地点安设照明灯，并定期检查、维护，确保正常使用

附表 1-4 管理的缺陷

管理对象名称	不安全状态编号	不安全状态名称	受控对象名称	管理标准	施控主体名称	管理措施
安全文化	G_AQWH01	无安全文化建设计划	安全文化	每年初制订全矿和各部门安全文化建设计划	党委书记、副书记	党委书记负责安全文化建设计划的审批,落实
安全文化	G_AQWH02	各级管理人员的承诺、践诺不到位	安全文化	各级管理人员和下属清楚各自的安全管理承诺	党委书记、副书记	主管领导进行检查,发现问题及时整改
安全文化	G_AQWH03	安全文化培训不到位,无培训记录	安全文化	安全文化培训组织到位,有完整的培训记录	安全矿长(安监处处长)	安培中心负责安全文化培训记录的归档保存
安全文化	G_AQWH04	安全文化年度评审资料不齐全	安全文化	安全文化评审资料包括:评审标准、不符合项报告,审核报告等	党委书记、副书记	党群办负责安全文化评审资料的整理归档
安全文化	G_AQWH05	员工对安全文化认同感不强	安全文化	员工熟知安全文化理念,能与将理念与自身岗位工作结合	科长	宣传科正确宣传、引导,并负责对员工进行询问,检查
财物	G_CW01	财物的投入不足	财物	按照计划和实际情况足额配备生产经营所需财物	党委书记、副书记	党群办公室负责对财物投入情况进行检查
财物	G_CW02	财物的记录不正确	财物	财物记录做到定部门、定数量、定用途、定责任人	党委书记、副书记	党群办公室负责对财物投入记录进行检查
财物	G_CW03	财物使用不恰当	财物	财物使用应该做到合理利用,节约利用	党委书记、副书记	党群办公室负责检查财物的节约使用
时间	G_SJ01	落实不够及时	时间	资源的落实在时间上实行限时0回复制度	科长	执行部门在到期没有完成任务落实也必须向领导和相关部门进行汇报
时间	G_SJ02	时间间隔不符合要求	时间	按照规定时间间隔落实工作	科长	检查部门发现负责人没有按照规定时间间隔落实的,及时处理
组织机构	G_ZZJG01	组织机构不完整	组织机构	组织机构设置明确,人员构成合理	安全生产负责人	机构设立部门确保机构设置明确,人员构成合理
组织机构	G_ZZJG2	组织机构职责不明确	组织机构	组织机构中所有人员必须有明确的岗位职责	安全生产负责人	机构设立部门确保机构职责分工明确

续附表 1-4

管理对象名称	不安全状态编号	不安全状态名称	受控对象名称	管理标准	施控主体名称	管理措施
方针	G_FZ01	方针落实不到位	方针	领导和员工应该熟知方针，并用于指导自己的工作	矿长	矿长检查方针的落实情况
管理评审	G_GLPS01	无管理评审	管理评审	全矿应每年至少组织一次管理评审	矿长	安监处负责评审的发起
管理评审	G_GLPS02	管理评审记录不全	管理评审	评审记录应该包括：评审计划、会议记录，评审报告等	科长	评审委员会负责记录的整理归档
管理评审	G_GLPS03	不符合项没有落实	管理评审	所有评审出的问题和建议应该落实到下一工作计划中	安全矿长（安监处处长）	安监处负责不符合项的落实
目标	G_MB01	无明确目标	目标	目标必须明确，可量化	矿长	目标制订部门确保目标明确、可量化
目标	G_MB02	目标落实不到位	目标	目标必须分级到每个部门、每个人，可严格考核	安全生产负责人	管理部门负责目标的考核，奖优罚劣
内部审核	G_NBSH01	内部审核资料不齐全	内部审核	内部审核必须包括：内部审核计划、内部审核会议记录、内部审核报告	科长	审核小组负责审核资料的整理与归档
内部审核	G_NBSH02	审核结果落实不到位	内部审核	审核的不符合项必须限期闭环整改	安全矿长（安监处处长）	安监处负责审核结果落实的检查
培训	G_PX01	培训资料不完整	培训	培训资料、试卷、签到表等必须完备	安全矿长（安监处处长）	安培中心负责培训资料的整理归档
培训	G_PX02	无培训记录	培训	所有培训完成后必须填写培训记录	安全矿长（安监处处长）	安培中心负责培训记录的保存
培训	G_PX03	无培训后评价	培训	所有培训完成后一段时间内必须做培训效果评价	安全矿长（安监处处长）	安培中心负责培训效果评价
发布	G_ZDFB01	无发布记录	发布	发布记录规范、完整	党委书记、副书记	党政办公室按照文件与记录管理规定保存发布记录

续附表 1-4

管理对象名称	不安全状态编号	不安全状态名称	受控对象名称	管理标准	施控主体名称	管理措施
发布	G_ZDFB02	发布过程不闭合	发布	文件发布部门做好发布文件的管理工作	科长	各部门做好入口文件的管理
落实	G_ZDLS01	无落实情况记录	落实	落实记录清晰、完整	科长	各部门保存制度落实记录
落实	G_ZDLS02	落实不到位	落实	部门发现现行与制度不符合时及时纠正并重申制度	科长	部门领导和制度制订部门检查制度的落实，发现问题按照制度规定进行处罚
审核	G_ZDSH01	审核不及时	审核	制度的审核要保证及时、闭环	安全生产负责人	制度的制定部门负责制度审核的追踪
审核	G_ZDSH02	无审核记录或记录不完整	审核	审核记录必须有审核意见及审核人签字	安全矿长（安监处处长）	安监处负责制度审核记录的检查，发现问题及时处理
宣贯	G_ZDXG01	无宣贯记录	宣贯	宣贯记录规范、可查	科长	各部门负责各自制度的宣贯，保存宣贯记录
宣贯	G_ZDXG02	员工理解与原内容有偏差	宣贯	员工对制度理解清楚	科长	部门领导和制度制订部门对制度的落实情况进行检查
制订	G_ZDZD01	要素不齐全	制订	制定制度应涵盖、目的，范围、职责、要求与考核及附表等	安全生产负责人	制度制订部门领导负责制度要素的完备性检查
制订	G_ZDZD02	制定的格式不规范	制订	严格按照文件和记录管理格式制订制度	安全生产负责人	制度制订部门领导负责制度规范性检查
作业系统设计	G_ZYXTSJ01	作业系统设计有缺陷	作业系统设计	作业系统设计必须符合规程要求，严禁借用其他设计	总工程师	技术和安全主管负责作业系统设计缺陷的检查，发现问题责令整改
作业系统设计	G_ZYXTSJ02	作业系统设计审批不符合流程	作业系统设计	作业系统审批意见和签字必须完整才能执行	总工程师	安全管理人员检查作业系统审批的流程记录

附录 2　安全 100 风险预控管理体系考核评分标准

考核评分标准是一个五级考核结构。在考核评分时，首先根据矿井实际情况依据考核指标进行打分，得到考核元素的得分(各指标均满足对应的元素，该元素计 1 分，否则，根据符合指标的比例，该元素计 0～1 分；如某元素不存在，该元素计 1 分)，然后与对应权系数相结合得到考核系统得分，考核系统得分与对应权系数相结合得到各部分得分(折合为百分制)，各部分得分相加即为矿井最后实际得分。根据最后得分确定矿井本质安全等级，本质安全等级确定如附表 2-1。

附表 2-1　矿井本质安全等级划分表

矿井本质安全等级	得分	备注
一级	≥90	不存在不满足的一票否决指标*
二级	≥80	
三级	≥70	
四级	≥60	
非本质安全矿井	<60	存在不满足的一票否决指标

* 一票否决指标：

1. 在考核期内发生一次 1 人重伤及以上人为责任事故；
2. 发生一次直接经济损失达 500 万元及以上的非伤亡事故；
3. 发生一次特大机电事故或两次重大机电事故。

附表 2-2 安全管理体系考核评分标准

编号		党群工作部	党政办公室	总务科	保卫科	卫生所	生产科	调度室	采煤工区	掘进工区	防冲办公室	机电科	机电工区	运输工区	准备工区	财务科	预算科	劳资科	洗煤厂	煤质科	地测科	通防科	通防工区	安监处	考核频率
安全管理体系																									
1. 风险预控管理																									
1.1	风险管理																								
1.1.1	煤矿有完善的风险财政管理体系																								
①	有《事故费用评估报告》及年度《风险财政评估报告》应包含保险理赔相关分析																		☆						7
②	有单位年度事故损失分类统计记录，记录齐全																							☆	7
③	应对矿井财产进行投保，并有相关文件记录															☆									7
④	按照国家规定，对职工进行投保，并有相关文件记录																	☆							7
⑤	理赔费用的统计和赔付资料规范齐全															☆		☆							7
1.1.2	企业编制计划和任务时考虑存在风险																								
①	制订年度计划时，应以上年度风险评估报告为依据，充分考虑本年度计划实施时潜在风险																							☆	7
②	每项工程施工前都应进行风险评估，并编制专门的安全措施						☆		☆	☆	☆	☆	☆	☆	☆				☆		☆	☆	☆	☆	7
1.1.3	风险管理组织机构完备																								
1	有完备的风险管理机构，负责风险全过程管理																							☆	7
2	风险管理机构由不同部门人员组成，专业人员配备齐全																							☆	7

续附表 2-2

编号		党群工作部	党政办公室	总务科	保卫科	卫生所	生产科	调度室	采煤工区	掘进工区	防冲办公室	机电科	机电工区	运输工区	准备工区	财务科	预算科	劳资科	洗煤厂	煤质科	地测科	通防科	通防工区	安监处	考核频率
1.1.4	各类危险源辨识全面																								
①	危险源辨识前进行危险源相关知识的培训																							☆	7
②	对危险源进行全面辨识，辨识范围覆盖本单位的所有活动						☆		☆	☆	☆	☆	☆	☆	☆				☆		☆	☆	☆	☆	7
③	对所有工作任务建立清册并逐一进行危险源辨识、分级分类，并整理、归档						☆		☆	☆	☆	☆	☆	☆	☆				☆		☆	☆	☆	☆	7
④	所有危险源辨识必须按照程序文件规定辨识，方法要与现场实际相符，程序要实现闭环控制						☆		☆	☆	☆	☆	☆	☆	☆				☆		☆	☆	☆	☆	7
⑤	发生事故、工作程序或标准改变以及工作区域的设施和设备有重大改变时，及时进行危险源辨识						☆		☆	☆	☆	☆	☆	☆	☆				☆		☆	☆	☆	☆	1
⑥	进行危险源辨识考虑过去、现在和将来三种时态						☆		☆	☆	☆	☆	☆	☆	☆				☆		☆	☆	☆	☆	1
1.1.5	各类危险源监测方法得当																								
①	各类危险源监测方法必须在风险管理程序中明确						☆		☆	☆	☆	☆	☆	☆	☆				☆		☆	☆	☆	☆	7
②	危险源监测必须体现闭环管理的特点						☆		☆	☆	☆	☆	☆	☆	☆				☆		☆	☆	☆	☆	4
③	危险源监测信息传递畅通、及时，相关信息及时录入管理信息系统						☆		☆	☆	☆	☆	☆	☆	☆				☆		☆	☆	☆	☆	1
1.1.6	危险源预防、预控方法得当																								
①	根据危险源监测信息，危险源有对应的动态评价						☆		☆	☆	☆	☆	☆	☆	☆				☆		☆	☆	☆	☆	4
②	根据动态评价，不同级别、不同类别的危险源有针对性的管理标准和管理措施						☆		☆	☆	☆	☆	☆	☆	☆				☆		☆	☆	☆	☆	4
1.1.7	危险源产生风险预警程序全面																								

续附表 2-2

编号		党群工作部	党政办公室	总务科	保卫科	卫生所	生产科	调度室	采煤工区	掘进工区	防冲办公室	机电科	机电工区	运输工区	准备工区	财务科	预算科	劳资科	洗煤厂	煤质科	地测科	通防科	通防工区	安监处	考核频率
①	针对不同级别、不同类别的危险源，制订不同的预警方法							☆																☆	1
②	预警信息传递畅通、及时，有完备的信息流通渠道							☆																	1
1.1.8	各类危险源都有相应消除措施																								
①	按照本质安全的基本原理，确定合适的危险源消除或控制措施						☆		☆	☆	☆	☆	☆	☆	☆				☆		☆	☆	☆	☆	4
②	按照确定的风险控制方法对危险源控制后，进行跟踪监测，以确保危险源得到有效控制						☆				☆	☆									☆	☆		☆	1
1.1.9	有紧急、意外情况风险评估和应急措施																								
①	应急救援组织机构健全，救援人员及物资充足有效				☆	☆	☆	☆	☆	☆	☆	☆	☆	☆	☆				☆		☆	☆	☆	☆	1
②	根据年度生产计划和风险评估，制订《年度灾害预防及处理计划》及《重大危险源应急预案》						☆	☆			☆	☆									☆	☆		☆	7
③	发生紧急、意外情况时，有风险评估报告						☆	☆			☆	☆									☆	☆		☆	7
1.1.10	职工了解危险源预控管理，全员参与危险源预控管理																								
①	职工了解危险源预控管理内容及程序						☆	☆	☆	☆	☆	☆	☆	☆	☆				☆		☆	☆	☆	☆	4
②	组织各级人员进行危险源辨识，有记录和签字						☆	☆	☆	☆	☆	☆	☆	☆	☆				☆		☆	☆	☆	☆	4
③	组织职工进行班前、作业前风险评估，并有记录						☆	☆	☆	☆	☆	☆	☆	☆	☆				☆		☆	☆	☆	☆	4
④	职工熟悉本岗位的危险源及预控措施						☆	☆	☆	☆	☆	☆	☆	☆	☆				☆		☆	☆	☆	☆	4
1.1.11	管理对象覆盖所有辨识出的危险源																								
①	对各类危险源进行分析，提炼出相应的管理对象						☆	☆	☆	☆	☆	☆	☆	☆	☆				☆		☆	☆	☆	☆	7

续附表 2-2

编号		党群工作部	党政办公室	总务科	保卫科	卫生所	生产科	调度室	采煤工区	掘进工区	防冲办公室	机电科	机电工区	运输工区	准备工区	财务科	预算科	劳资科	洗煤厂	煤质科	地测科	通防科	通防工区	安监处	考核频率
②	管理对象的提炼要具体、明确，按照人、机、环、管四种风险类型确定						☆	☆	☆	☆	☆	☆	☆	☆	☆				☆		☆	☆	☆	☆	7
1.1.12	所有管理对象有对应的管理标准和措施																								
①	所有的管理对象都有相应的管理标准和措施，并经过专业人员审核						☆	☆	☆	☆	☆	☆	☆	☆	☆				☆		☆	☆	☆	☆	7
②	管理标准和措施的制订符合相关法律法规、技术标准和管理制度，必须兼顾可操作性原则、动态性原则和全过程原则						☆	☆	☆	☆	☆	☆	☆	☆	☆				☆		☆	☆	☆	☆	7
③	对于生产中出现的新情况，组织相关专业人员定期或不定期对管理标准和措施进行修订和完善						☆	☆	☆	☆	☆	☆	☆	☆	☆				☆		☆	☆	☆	☆	7
1.1.13	职工安全健康风险管理																								
①	向职工培训、宣传安全健康知识，有教材，有记录	☆				☆			☆	☆			☆	☆	☆				☆				☆	☆	7
②	职工安全健康事故按程序进行汇报，有登记、有统计分析记录					☆			☆	☆			☆	☆	☆				☆				☆	☆	7
③	在职工业余活动集中区域张贴工余安全健康的宣传资料	☆				☆			☆	☆			☆	☆	☆				☆				☆	☆	7
④	及时掌握职工工余状态，防止酒后或疲劳上岗					☆			☆	☆			☆	☆	☆				☆				☆	☆	1
2.组织保障管理																									
2.1	组织机构																								
2.1.1	煤矿有为实现本质安全完备的组织结构，且组织结构细分合理，各机构职责明确																								

续附表 2-2

编号		党群工作部	党政办公室	总务科	保卫科	卫生所	生产科	调度室	采煤工区	掘进工区	防冲办公室	机电科	机电工区	运输工区	准备工区	财务科	预算科	劳资科	洗煤厂	煤质科	地测科	通防科	通防工区	安监处	考核频率
①	根据煤矿实际，建立为实现本质安全完备的组织结构，且有组织结构图																							☆	7
②	组织结构细分合理，满足煤矿安全生产管理需要																							☆	7
③	各机构相对独立，职责和权限清晰																							☆	7
2.1.2	企业有本质安全管理委员会																								
①	本质安全管理委员会成员主要包括矿领导、中层管理人员及相关方负责人																							☆	7
②	本质安全管理委员会职责明确																							☆	7
③	本质安全管理委员会有例会制度，且将例会内容形成纪要，及时向职工公布																							☆	4
2.2	本质安全管理规章制度																								
2.2.1	煤矿有完善的本质安全管理规章制度																								
①	有安全目标管理制度																							☆	7
②	有安全投入保障制度															☆								☆	7
③	有风险管理制度																							☆	7
④	有人员不安全行为管理制度																							☆	7
⑤	有安全奖惩制度															☆		☆						☆	7
⑥	有本质安全文化建设保障制度	☆																						☆	7
⑦	有安全技术措施审批制度						☆					☆									☆	☆		☆	7
⑧	有安全监督检查制度	☆																						☆	7

续附表 2-2

编号		党群工作部	党政办公室	总务科	保卫科	卫生所	生产科	调度室	采煤工区	掘进工区	防冲办公室	机电科	机电工区	运输工区	准备工区	财务科	预算科	劳资科	洗煤厂	煤质科	地测科	通防科	通防工区	安监处	考核频率
⑨	有安全管理专家顾问制度	☆																						☆	7
⑩	有操作规程管理制度						☆					☆									☆	☆		☆	7
⑪	有矿用设备、器材使用管理制度											☆													7
⑫	有安全举报制度	☆																						☆	7
⑬	有事故应急救援制度							☆																☆	7
⑭	安全质量标准化管理制度																							☆	7
2.2.2	安全管理规章制度贯彻到全员																								
①	指派专人对安全管理规章制度进行贯彻，有贯彻、考核记录				△	△	△	△	△	△	△	△	△	△	△				△	△	△	△	△	△	4
②	对职工进行抽查，了解是否贯彻到位						☆	☆				☆									☆	☆		☆	4
2.2.3	专门机构负责本质安全管理制度制订、培训、考核																								
①	有负责本质安全管理制度的制订、培训、考核的专门机构																							☆	7
②	有安全管理制度培训、考核计划																							☆	7
2.3	文件、记录管理																								
2.3.1	有专人负责各类文件归档管理																								
①	有专人负责文件管理		☆																						7
②	明确文件管理人员的职责		☆																						7
③	有文件归档记录，记录要字迹清楚、标识明确		☆																						7

续附表 2-2

编号		党群工作部	党政办公室	总务科	保卫科	卫生所	生产科	调度室	采煤工区	掘进工区	防冲办公室	机电科	机电工区	运输工区	准备工区	财务科	预算科	劳资科	洗煤厂	煤质科	地测科	通防科	通防工区	安监处	考核频率
2.3.2	有专门机构负责各类文件的收发，并有记录，作废文件有标识																								
①	各类文件的收发有专门机构		☆																						7
②	有收发记录，且有目录清单		☆																						7
③	作废文件有标识，销毁文件有记录		☆																						7
④	明确文件的保存、提供、更改、复制、销毁程序及规定，并按规定执行		☆																						7
⑤	没有在用的无效、失效文件		☆																						7
2.3.3	文件能及时准确传达																								
①	文件能及时准确传达到相关人员，并有相应记录		☆																						7
2.3.4	有完备的适合本单位的法律、法规、标准和相关要求																								
①	指定部门负责识别、获取本单位适用的法律、法规、标准和相关要求，资料齐全完善，有目录清单		☆																						7
②	矿井生产遵守适时的法律、法规、标准和相关要求						☆	☆	☆	☆	☆	☆	☆	☆	☆	☆		☆	☆	☆	☆	☆	☆	☆	7
③	每年至少评价一次本单位适用的法律、法规、标准和相关要求的遵守情况，形成“适用法律法规、标准和相关要求遵守情况评价结果”报告，并对其内容进行及时更新		☆																						7
2.3.5	所有工程项目都编制了作业规程和施工组织设计、施工人员熟悉																								
①	所有工程项目都编制了作业规程或施工组织设计						☆		☆	☆		☆	☆	☆	☆				☆		☆	☆	☆		4

续附表 2-2

编号		党群工作部	党政办公室	总务科	保卫科	卫生所	生产科	调度室	采煤工区	掘进工区	防冲办公室	机电科	机电工区	运输工区	准备工区	财务科	预算科	劳资科	洗煤厂	煤质科	地测科	通防科	通防工区	安监处	考核频率
②	所编制的作业规程或施工组织设计符合相关行业规范						☆		☆	☆		☆	☆	☆	☆				☆		☆	☆	☆		4
③	作业规程或施工组织设计必须按规定进行审批						☆		☆	☆		☆	☆	☆	☆				☆		☆	☆	☆		4
④	作业规程或施工组织设计必须贯彻到所有施工人员						☆		☆	☆		☆	☆	☆	☆				☆		☆	☆	☆		4
⑤	有贯彻学习记录，签字齐全						☆		☆	☆		☆	☆	☆	☆				☆		☆	☆	☆		4
2.3.6	有完整的各类事故记录																								
①	有《事故记录表》																							☆	7
②	事故登记部门接到各类事故汇报后及时登记，记录要字迹清楚，记录完整						☆	☆				☆												☆	7
③	各类事故均按规定进行调查，并形成《事故调查报告》，相关附件齐全						☆					☆												☆	7
④	有各类事故和事件统计数据档案						☆					☆												☆	7
⑤	根据统计数据，计算年度百万吨伤亡率和千人负伤率，并将计算结果及时向职工公布																							☆	7
⑥	事故统计部门按规定的周期，对统计数据进行分类分析，形成《事故分析报告》																							☆	7
⑦	进行事故案例通报						☆					☆												☆	7
2.3.7	有各类设备检修记录、更换记录、报废记录																								
①	有各类设备检修记录，内容包括检修人、检修时间、检修地点、检修项目、检修原因等，记录要字迹清楚，内容齐全，保存完整								☆	☆		☆	☆	☆	☆				☆				☆		4

续附表 2-2

编号		党群工作部	党政办公室	总务科	保卫科	卫生所	生产科	调度室	采煤工区	掘进工区	防冲办公室	机电科	机电工区	运输工区	准备工区	财务科	预算科	劳资科	洗煤厂	煤质科	地测科	通防科	通防工区	安监处	考核频率
②	有各类设备更换记录，内容包括更换人、更换时间、更换地点、更换项目、更换原因等，记录要字迹清楚，内容齐全，保存完整								☆	☆		☆	☆	☆	☆				☆				☆		4
③	有各类设备报废记录，内容包括报废时间、报废项目、报废原因等，记录要字迹清楚，内容齐全，保存完整								☆	☆		☆	☆	☆	☆				☆				☆		4
2.4	企业本质安全文化管理																								
2.4.1	煤矿有适合自己企业的企业本质安全文化体系																								
①	本质安全文化体系要明确本质安全文化内涵、目标、内容、模式、建设流程、保障体系	☆																							7
②	有本矿《本质安全文化管理手册》	☆																							7
③	本质安全文化内涵丰富、形式多样，充分体现“以人为本、全员参与”的特点	☆																							7
2.4.2	有专门机构负责煤矿安全文化建设																								
①	有主抓本质安全文化建设的专门领导及组织机构，且职责明确	☆																							7
②	本质安全文化建设要实行党政工团齐抓共管	☆																							7
2.4.3	煤矿安全文化体现了各层次人员建议，安全文化内涵不断更新完善																								
①	经常收集来自各层次人员的反馈信息，进行分析、总结，不断丰富安全文化内涵	☆																							7
2.4.4	煤矿有完善的文化宣传机构，宣传形式多样化，宣传内容体现本质安全思想																								

续附表 2-2

编号		党群工作部	党政办公室	总务科	保卫科	卫生所	生产科	调度室	采煤工区	掘进工区	防冲办公室	机电科	机电工区	运输工区	准备工区	财务科	预算科	劳资科	洗煤厂	煤质科	地测科	通防科	通防工区	安监处	考核频率
①	通过各种媒介定期不定期开展形式多样的安全文化宣传工作，宣传内容要体现本质安全思想	☆																							7
②	安全文化宣传工作应贯穿于矿井的生产、经营、管理全过程、全方位	☆																							7
2.4.5	企业有企业文化的专项投入资金																								
①	有年度企业安全文化建设资金投入计划	☆																							7
②	有本质安全文化建设的保障资金	☆														☆									7
③	企业安全文化建设资金要有实施记录	☆																							7
2.5	本质安全管理建设监督																								
2.5.1	煤矿本质安全管理体系监测监督完善																								
①	有明确完善的本质安全监督检查制度																							☆	7
②	检查制度中必须包括日常检查、管理评审和内部审核，至少要一年进行一次定期的内部审核，并对检查中发现的问题及时采取措施，并跟踪验证，且有规范的文档																							☆	7
③	检查结果与处理办法必须在内部网上公开																							☆	7
④	根据检查结果应及时进行奖惩																							☆	7
3.人员不安全行为控制管理																									
3.1	人员不安全行为控制管理																								
3.1.1	煤矿各类人员入矿和辞退程序规范																								

续附表 2-2

编号		党群工作部	党政办公室	总务科	保卫科	卫生所	生产科	调度室	采煤工区	掘进工区	防冲办公室	机电科	机电工区	运输工区	准备工区	财务科	预算科	劳资科	洗煤厂	煤质科	地测科	通防科	通防工区	安监处	考核频率
①	有新增职工需求计划																	☆							7
②	新入矿职工持公司的调动通知书或派遣单报到																	☆							7
③	新入矿职工要接受安全培训和岗位技能培训，做到持证上岗，培训资料齐全																							☆	7
④	新入矿职工要签订师徒协议，师带徒时间不低于四个月	☆	☆				☆	☆	☆	☆	☆	☆	☆	☆	☆	☆	☆	☆	☆	☆	☆	☆	☆	☆	4
⑤	新入矿职工的见习期不得低于三个月	☆																☆							4
⑥	新入矿职工必须持有入矿体检合格表					☆												☆						☆	7
⑦	每位职工必须和相应主管部门签订劳动合同																	☆							5
3.1.2	煤矿有完整的职工培训体系、考核和检查体系																								
①	有矿领导分管培训和绩效考核工作，并有绩效考核制度																							☆	4
②	明确职工培训与绩效考核的职能部门及人员																							☆	7
③	有足够的培训资源(师资、教材、资金、场所、设施等)																							☆	7
④	有职工工作绩效考核记录	☆	☆	☆	☆	☆	☆	☆			☆	☆				☆	☆	☆		☆	☆	☆		☆	4
⑤	每年末进行一次基于风险管理和事故分析统计的培训需求调查，并形成《培训需求调查报告》																							☆	7
⑥	每年末对上年度培训计划的可行性和培训效果进行评估，并形成年度《培训绩效评估报告》																							☆	7
⑦	每年末根据上述两个报告，编订下年度培训计划，经分管领导批准后，以文件形式下发																							☆	7

续附表 2-2

编号		党群工作部	党政办公室	总务科	保卫科	卫生所	生产科	调度室	采煤工区	掘进工区	防冲办公室	机电科	机电工区	运输工区	准备工区	财务科	预算科	劳资科	洗煤厂	煤质科	地测科	通防科	通防工区	安监处	考核频率
⑧	有完备的职工分层和分类培训内容与周期																							☆	7
⑨	对人员不安全行为进行针对性的矫正培训																							☆	4
⑩	建立职工培训信息档案																							☆	7
⑪	提供培训的机构和师资,有相关资质证书																							☆	7
⑫	参加培训的人员必须参加考核或考试,并有完整的培训台账																							☆	5
⑬	本质安全管理委员会成员必须接受本质安全知识和国家相关标准的培训																							☆	7
⑭	特殊工种作业人员的培训必须符合国家有关规定																							☆	5
⑮	采用新技术、新工艺、新设备前对职工进行培训并有记录																							☆	1
⑯	有职工积极参加培训学习的激励机制																							☆	5
3.1.3	煤矿有每个职工的档案信息																								
①	每个职工的档案齐全	☆																☆							7
②	每个职工档案的信息内容齐全(内容应包括:姓名、性别、年龄、籍贯、文化程度、职业技能等级或职称、参加工作时间、简历、授奖情况、受处分情况、职务或工种变动情况记录)	☆																☆							7
③	有职工档案的管理部门和管理人员	☆																☆							7
3.1.4	工作人员必须持证上岗																								

续附表 2-2

编号		党群工作部	党政办公室	总务科	保卫科	卫生所	生产科	调度室	采煤工区	掘进工区	防冲办公室	机电科	机电工区	运输工区	准备工区	财务科	预算科	劳资科	洗煤厂	煤质科	地测科	通防科	通防工区	安监处	考核频率
①	矿长及矿级其他管理人员持有效的安全资格证书	☆																							7
②	机动车驾驶人员持有效的交管部门颁发的机动车驾驶执照		☆	☆																					7
③	有入井人员检身制度和出井人员清点制度，入井人员应持有效的入井安全资格证	☆	☆	☆	☆	☆	☆	☆	☆	☆	☆	☆	☆	☆	☆	☆	☆	☆	☆	☆	☆	☆	☆	☆	1
④	特种作业人员必须持有有效证件上岗	☆	☆	☆	☆	☆	☆	☆	☆	☆	☆	☆	☆	☆	☆	☆	☆	☆	☆	☆	☆	☆	☆	☆	1
3.1.5	煤矿各种岗位有责任范围和岗位考核标准																								
①	有明确的岗位安全生产责任制	☆	☆	☆	☆	☆	☆	☆	☆	☆	☆	☆	☆	☆	☆	☆	☆	☆	☆	☆	☆	☆	☆	☆	7
②	有完善合理的岗位考核标准，并严格执行	☆	☆	☆	☆	☆	☆	☆	☆	☆	☆	☆	☆	☆	☆	☆	☆	☆	☆	☆	☆	☆	☆	☆	1
3.1.6	煤矿有完备的职工行为标准																								
①	有健全完善的职工行为规范、标准	☆	☆	☆	☆	☆	☆	☆	☆	☆	☆	☆	☆	☆	☆	☆	☆	☆	☆	☆	☆	☆	☆	☆	1
3.1.7	煤矿有完善的职工行为监督体系																								
①	有职工不安全行为监督机构及管理人员																							☆	7
②	有职工不安全行为监督管理制度，并严格执行																							☆	1
3.1.8	人员不安全行为梳理全面																								
①	对职工不安全行为进行分类、统计、分析，并有记录								☆	☆			☆	☆	☆				☆				☆	☆	1
②	针对不同类别不安全行为制订分类管理控制措施								☆	☆			☆	☆	☆				☆				☆	☆	1
3.1.9	煤矿有完善的职工薪酬体系，奖惩考核设计科学																								
①	有职工薪酬管理部门和具体工作人员																	☆							4

续附表 2-2

编号		党群工作部	党政办公室	总务科	保卫科	卫生所	生产科	调度室	采煤工区	掘进工区	防冲办公室	机电科	机电工区	运输工区	准备工区	财务科	预算科	劳资科	洗煤厂	煤质科	地测科	通防科	通防工区	安监处	考核频率
②	有矿领导分管职工薪酬管理工作																	☆							4
③	职工薪酬应按岗位或单位不同进行分类管理，并有分类管理的工资发放台账																	☆							4
④	职工薪酬中包含安全结构工资															☆		☆						☆	4
⑤	职工的薪酬发放应与职工安全行为考核挂钩																	☆						☆	4
⑥	建立个人安全风险抵押金管理办法	☆	☆	☆	☆	☆	☆	☆	☆	☆	☆	☆	☆	☆	☆	☆	☆	☆	☆	☆	☆	☆	☆	☆	7
4.生产系统安全要素管理																									
4.1	采掘管理																								
4.1.1	采掘作业规程编制、审批、贯彻符合煤矿实际情况																								
①	采掘作业规程编制、审批、贯彻符合《煤矿安全规程》						☆	☆	☆	☆	☆	☆									☆	☆		☆	1
4.1.2	顶板监测，工作面初采、末采（安装、回撤、过构造）有专项措施																								
①	采用锚网支护的煤巷必须对顶板离层进行监测，测点布置符合作业规程规定，并有记录牌板						☆		☆	☆	☆				☆										1
②	有顶板动态监测方案及健全的分析和处理责任制，并保存原始监测资料及分析结果						☆		☆	☆	☆														1
③	综采工作面有初采、末采（安装、回撤、过构造）的专项措施						☆		☆		☆	☆			☆										1
4.1.3	地质预报及时，并有报告																								
①	地质预报及时，并有书面报告																				☆				1

续附表 2-2

编号		党群工作部	党政办公室	总务科	保卫科	卫生所	生产科	调度室	采煤工区	掘进工区	防冲办公室	机电科	机电工区	运输工区	准备工区	财务科	预算科	劳资科	洗煤厂	煤质科	地测科	通防科	通防工区	安监处	考核频率
4.1.4	工作面布置、规格尺寸合理																								
①	工作面长度、推进长度符合设计要求						△		△	△											△				1
②	巷道布置符合设计要求						△		△	△											△				1
③	断面尺寸符合设计和作业规程要求						△		△	△											△				1
4.1.5	支架安置布局合理规范、移架规范																								
①	工作面支架要排成一条直线，其偏差不超过±50(±100)mm。中心距按作业规程要求，偏差不超过±100 mm								△						△										1
②	相邻支架间不能有明显错差(不超过顶梁侧护板高的2/3)，支架不挤、不咬，架间空隙(相邻支架上下错差)不超过规定(<200 mm)								△						△										1
③	移架及时，前(顶)梁接顶严密，端面距符合作业规程规定，梁端至煤壁顶板冒落高度不大于 300 mm								△						△										1
④	液压支架要垂直顶底板，歪斜<±5°。与顶底板接触严密(接顶严密，未接顶长度不超过顶梁长度 1/3)，无空顶，初撑力不低于规定(设计)值的 80%(85)%								△						△										1
⑤	液压支架侧护板、护帮板打开及时，(正常使用护帮板)，无架间漏矸(架间无漏窜矸)								△						△										1
⑥	超前支护、安全出口规范								△	△					△										1

续附表 2-2

编号		党群工作部	党政办公室	总务科	保卫科	卫生所	生产科	调度室	采煤工区	掘进工区	防冲办公室	机电科	机电工区	运输工区	准备工区	财务科	预算科	劳资科	洗煤厂	煤质科	地测科	通防科	通防工区	安监处	考核频率
⑦	超前支护形式、长度、质量符合《作业规程》规定。单体液压支柱行程大于400 mm，初撑力符合规程规定。支架完好，无断梁折柱现象								△	△					△										1
⑧	上、下顺槽（进回两巷）自工作面煤壁超前支护范围内支柱齐全完好								△						△										1
⑨	安全出口行人通道规格尺寸、支护符合作业规程规定。高度不低于1.8 m，人行道宽度不小于0.7 m								△						△										1
4.1.6	设备能力、型号合理、空间布局合理																								
①	设备选型应按设计规范进行，同时要结合矿井实际，本着技术上先进、经济上合理、安全上可靠的原则，尽量选用可实现高产高效、自动化程度高的设备						☆					☆										☆			1
②	设备安装空间布局应符合机电设备安装规范及人机工程的要求						△				△	△													1
4.1.7	设备操作规范、维修及时，记录齐全																								
①	设备操作规范						△	△	△	△	△	△									△				1
②	有设备运行、润滑及维修记录						△	△	△	△	△	△									△				1
③	根据设备点检提报预防性检修计划，及时维修						△	△	△	△	△	△									△				4
④	日常维修保养符合《设备管理制度》中有关日常维修保养的要求						△	△	△	△	△	△									△				1
4.1.8	巷道质量满足要求、布局合理、环境整洁																								
①	符合《山东煤矿安全质量标准化实施方案及考核办法》						☆	☆	☆	☆	☆	☆									☆				4

续附表 2-2

编号		党群工作部	党政办公室	总务科	保卫科	卫生所	生产科	调度室	采煤工区	掘进工区	防冲办公室	机电科	机电工区	运输工区	准备工区	财务科	预算科	劳资科	洗煤厂	煤质科	地测科	通防科	通防工区	安监处	考核频率
4.1.9	采掘作业符合作业规程																								
①	所有作业人员参加规程(措施)贯彻学习,有学习记录,考试合格								☆	☆														☆	1
②	作业人员无违章现象								☆	☆															1
③	作业人员掌握作业规程要点,(按规程、措施作业)								☆	☆															1
4.1.10	各种安全标识牌板齐全,设置合理																								
①	设备运行区域设置警示标牌								△	△		△	△	△	△				△			△	△		1
②	有指定交接班地点,并设置了标志牌板								△	△		△	△	△	△				△			△	△		1
③	有采掘、机电运输、一通三防等检查牌板,且填写完整规范								△	△		△	△	△	△				△			△	△		1
④	盲巷有警示标志								△	△		△	△	△	△				△			△	△		1
⑤	硐室、配电点、急救箱、消防设施、电话设置处有标志								△	△		△	△	△	△				△			△	△		1
⑥	巷道内路标及安全出口标识牌板完善								△	△		△	△	△	△				△			△	△		1
⑦	采掘作业场所必须设置安全宣传标识牌板,职工熟悉其中的内容								△	△		△	△	△	△				△			△	△		1
⑧	每 100 m 有避灾路线指示标志								△	△		△	△	△	△				△			△	△		1
⑨	支护材料备用量符合作业规程规定,支护高度与采高相符								△	△		△	△	△	△				△			△	△		1
4.1.11	巷道支护符合作业规程,支护方式合适,支护设备型号满足要求																								
①	巷道支护(形式、材料)应符合设计要求								△	△					△										1

续附表 2-2

编号		党群工作部	党政办公室	总务科	保卫科	卫生所	生产科	调度室	采煤工区	掘进工区	防冲办公室	机电科	机电工区	运输工区	准备工区	财务科	预算科	劳资科	洗煤厂	煤质科	地测科	通防科	通防工区	安监处	考核频率
②	采用锚杆支护时，锚固力不得小于 6.4 t，扭距不得低于 140 N·m								△	△					△										1
③	采用锚索支护时，锚固力不得小于 10 t								△	△					△										1
④	支护材料备用量符合作业规程规定，支护高度与采高相符								△	△					△										1
4.1.12	采掘作业有班组安全记录																								
①	班组安全活动、状况记录真实、内容齐全								☆	☆															1
②	井下交接班记录、班前评估记录填写内容详细、准确								☆	☆															1
4.1.13	顶板管理																								
①	两巷回撤符合作业规程规定								△						△										4
②	煤壁点柱、特殊支护、密集支护架设及时，符合作业规程规定								△	△					△										1
③	最大、最小控顶距符合作业规程规定，采空区悬顶几何尺寸不超过作业规程规定								△	△					△										1
4.1.14	特殊工种、安全设施设备																								
①	特殊工种必须经培训合格，持证上岗																							☆	1
②	安全设施设备齐全、可靠、完好，符合作业规程规定								☆	☆	☆	☆	☆	☆	☆				☆				☆		1
4.2	地测管理																								
4.2.1	矿井地质构造报告齐全																								

续附表 2-2

编号		党群工作部	党政办公室	总务科	保卫科	卫生所	生产科	调度室	采煤工区	掘进工区	防冲办公室	机电科	机电工区	运输工区	准备工区	财务科	预算科	劳资科	洗煤厂	煤质科	地测科	通防科	通防工区	安监处	考核频率
①	在不同的生产阶段，具备精查地质勘探报告、补充勘探地质报告、开拓延深地质勘探报告																				☆				7
②	采掘工程在设计施工前，地测部门按规定的时间分别提交采区地质说明书、回采工作面地质说明书和掘进工作面地质说明书，应做到文字、原始资料、图纸等相符																				☆				6
③	矿井地质报告通过验收，报告结论明确，有针对性，能指导安全生产																				☆				7
④	巷道预想及实测剖面图，更新及时																				☆				6
⑤	地质预测预报做到有正规的年预报、月预报，地质条件发生变化时做临时性预报，并有文字、图纸、签字、发送记录完善																				☆				4
⑥	地质预测预报做到有月度、季度、年度报告，地质条件发生变化时做临时性预报，并有文字和图纸																				☆				4
⑦	预报结果应保证正常安全生产，无工程责任事故																				☆				4
⑧	预报的结果应保证安全，无工程事故																				☆				4
⑨	地质预测预报应以年为单位，装订成册，妥善保存																				☆				7
4.2.2	矿区地热预测预报完备																								
①	矿区地热预测预报完备																					☆			7
4.2.3	在设计中考虑冲击地压，在生产中及时预测预报冲击地压																								
①	在设计中考虑冲击地压，在生产中及时预测预报冲击地压										☆														7

续附表 2-2

编号		党群工作部	党政办公室	总务科	保卫科	卫生所	生产科	调度室	采煤工区	掘进工区	防冲办公室	机电科	机电工区	运输工区	准备工区	财务科	预算科	劳资科	洗煤厂	煤质科	地测科	通防科	通防工区	安监处	考核频率
4.2.4	矿区采掘进度图纸齐全,更新及时																								
①	采掘工程平面图纸质图件每月填绘一次																				☆				4
②	采掘工程平面图底图每 6～12 月填绘一次																				☆				6
③	采掘工程平面图中采掘进度有明显标志																				☆				4
4.2.5	井下空间布局图纸齐全,更新及时																								
①	采掘工程平面图、避灾路线图、矿井充水性图、井上下对照图、通讯系统图、供电系统图、主要保安煤柱图、井巷平面图齐全,更新及时							☆				☆									☆	☆			4
4.3	防治水管理																								
4.3.1	矿区及其周边地表水和地下水系清楚																								
①	收集、调查和核对相邻煤矿情况,并在井上、下对照图上标出井田位置、开采范围、开采年限、积水情况																				☆				5
②	主管人员应及时掌握旧巷积水区、断层、富水带等范围和补给途径等情况,并有相关资料																				☆				4
③	必须查清井田范围及其地面水流系统的汇水、渗漏、疏水能力和有关水利工程情况																				△				5
4.3.2	气象水文资料齐全																								
①	掌握当地历年降水量和历史最高洪水水位情况,并有相关资料																				☆				7
②	及时掌握气象预报信息																				☆				4
4.3.3	井下防水、排水系统设计合理																								

续附表 2-2

编号		党群工作部	党政办公室	总务科	保卫科	卫生所	生产科	调度室	采煤工区	掘进工区	防冲办公室	机电科	机电工区	运输工区	准备工区	财务科	预算科	劳资科	洗煤厂	煤质科	地测科	通防科	通防工区	安监处	考核频率
①	防治水工程必须有方案设计，并按规定程序审批，工作完工后有竣工总结报告																				☆		☆		4
②	井口和工业场地内建筑物的高程必须高于当地历史最高洪水位																				☆				7
③	矿井主排水仓有效容量应能容纳矿井 8 h 的正常涌水量，采区水仓有效容量应能容纳采区 4 h 的正常涌水量											△	△								△				7
④	主要排水设备的能力满足井下排水的需要，符合现行《煤矿安全规程》、《煤矿防治水规定》等相关规定											△	△								△				7
4.3.4	水害分析、预测及时准确																								
①	对受水害威胁的工作面建立水文观测系统，进行观测																				△				1
②	水情水害预报包括月预报、年预报及临时预报																				☆				4
③	水害预报、图表相符、内容齐全、描述准确、定性、定量。措施有针对性，签字齐全，并有发送记录																				☆				4
④	若当月生产计划变更，存在水害隐患，要提前 1 周发《水害通知单》																				☆				4
4.3.5	探放水完善																								
①	坚持“有疑必探”，凡不清楚或有怀疑的地段，都必须进行探放水，并有探放水设计																				☆				1
②	探放水钻孔必须有单孔设计，设计符合《煤矿防治水规定》的要求																				☆				1

续附表 2-2

编号		党群工作部	党政办公室	总务科	保卫科	卫生所	生产科	调度室	采煤工区	掘进工区	防冲办公室	机电科	机电工区	运输工区	准备工区	财务科	预算科	劳资科	洗煤厂	煤质科	地测科	通防科	通防工区	安监处	考核频率
③	探放水钻孔水防治措施符合《煤矿防治水规定》的要求																				☆		☆		1
4.3.6	防水设施完善、设备齐全																								
①	每年进行一次主排水泵技术性能测定和主排水系统联合试运转，对不符合项立即整改，并有记录											△	△								△				7
②	主排水系统符合要求（有防水密闭门；有可靠的引水装置；有短路保护；有欠压保护；电机保护齐全；安全通道畅通）											△	△								△				7
③	泵体、电机、环形管路、阀门等防腐良好											△	△								△				1
④	各阀门正常使用，操作灵活不漏水											△	△								△				1
4.3.7	水泵和泵房设置合理，运转正常																								
①	主要泵房至少有两个出口，一个出口用斜巷通到井筒，并应高出泵房底板 7 m 以上；另一个出口通到大巷，在此出口通道内，设置易于关闭的既能防水又能防火的密闭门。泵房和水仓的连接通道内，设有可靠的控制闸门											△	△								△				1
②	水泵、水管、闸阀、配电设备和输电线路完好，有专人检查、维护											△	△								△				1
③	室内有充足的照明											△	△								△				1
④	专用工具、防护用具齐全，有足够有效的灭火器材											△	△								△				1
⑤	各个水仓每年在雨季前必须清淘一次，经常保持原设计容积的 3/4 以上											△	△								△				5

续附表 2-2

编号		党群工作部	党政办公室	总务科	保卫科	卫生所	生产科	调度室	采煤工区	掘进工区	防冲办公室	机电科	机电工区	运输工区	准备工区	财务科	预算科	劳资科	洗煤厂	煤质科	地测科	通防科	通防工区	安监处	考核频率
4.3.8	防水、排水方式正确																								
①	对地面水系、水利工程有疏导水措施																				△				7
②	对旧巷积水区、相邻报废积水小煤矿、断层、陷落柱、富水带、含水层等水患，制订探放水措施，进行泄排																				☆				7
③	成立雨季“三防”领导小组，有地面疏排水措施																				☆				7
4.3.9	防水、排水流程正确																								
①	有防止排到地面的矿井水再渗入井下的措施																				△				7
②	上方有积水的采掘工作面，在积水基本放净后进行采掘																				△				7
③	各排水地点水泵和管路敷设合理											△	△								△				7
④	各中转水仓容量、水泵能力、管路规格满足排水要求											△	△								△				7
4.3.10	探水、放水、排水设备运转正常																								
①	探水钻机完好使用																				△		△		1
②	防水闸门完好、可靠											△	△								△				6
③	主排水泵有可靠的引水装置，并能在 5 min 内启动											△	△								△				1
④	主排水设备实现双电源供电											△	△								△				1
⑤	有设备运行日志、巡回检查记录、事故和检修记录											△	△								△				1
4.3.11	防水措施和应急预案完善																								
①	每月进行一次防水隐患排查，并有书面排查分析记录																				☆				4
②	有工作面过富水区时预防水患措施																				☆				4

续附表 2-2

编号		党群工作部	党政办公室	总务科	保卫科	卫生所	生产科	调度室	采煤工区	掘进工区	防冲办公室	机电科	机电工区	运输工区	准备工区	财务科	预算科	劳资科	洗煤厂	煤质科	地测科	通防科	通防工区	安监处	考核频率
③	制订完善的水灾应急救援预案																				☆				7
④	对矿井安全有威胁的封闭不良钻孔等，必须采取有效措施，达到防水要求																				△				7
⑤	矿井各类防隔水煤（岩）柱的留设，符合《煤矿防治水规定》的要求																				☆				7
⑥	有雨季防治水措施，防洪抢险物资种类、数量、安全措施准备齐全											☆									☆				5
⑦	各类防隔水煤（岩）柱的留设，应编制专门设计，并经总工程师组织安监、地测等有关部门审查批准																				☆				7
4.3.12	防治水记录齐全、制度完善																								
①	有防治水管理制度																				☆				7
②	有中长期防治水规划和年度防治水计划，并实施，且有记录																				☆				7
4.4	供电及电气管理																								
4.4.1	供电线路布置合理																								
①	矿井供电为双回路电源供电，任一回路都能担负矿井全部负荷											△	△												7
②	井下各水平中央变电所都实现双回路供电											☆	☆												7
4.4.2	电缆质量合格																								
①	井下必须选用有煤矿矿用产品安全标志、产品合格证的阻燃电缆											☆													1
4.4.3	电缆规格符合要求																								

续附表 2-2

编 号		党群工作部	党政办公室	总务科	保卫科	卫生所	生产科	调度室	采煤工区	掘进工区	防冲办公室	机电科	机电工区	运输工区	准备工区	财务科	预算科	劳资科	洗煤厂	煤质科	地测科	通防科	通防工区	安监处	考核频率
①	电缆选型与设计相符											☆													1
4.4.4	开关质量合格，保持清洁																								
①	开关质量合格，保持清洁								△	△		△	△	△	△				△				△		1
4.4.5	硐室布置满足要求																								
①	井下主要变电所使用不燃性材料支护											△													1
②	变电硐室长度超过 6 m 时，硐室两端均应有安全出口											△													
③	机电硐室内各种设备与墙壁之间应留出 0.5 m 以上的通道，各种设备相互之间应留出 0.8 m 以上的通道。不需要从两侧或后面进行检修的设备，可不留通道											△													1
④	机电硐室通风良好，主要变电所实行独立通风											△										△	△		1
4.4.6	照明符合要求																								
①	地面主通风机房、变电所、矿调度室、矿灯房、浴室、办公楼、宿舍楼、通风监测监控机房都有完好的应急照明设施			△	△			△				△	△						△			△	△		1
②	井下各变电所、主要固定胶带输送机巷道、胶带输送机机头和机尾、综采工作面及综采移变列车段有足够的照明								△			△	△	△	△				△						1
③	采掘工作面的采煤机、综掘机都有良好的照明								△	△		△													1
④	所有使用车辆的灯光完好									△		△		△											1
⑤	井下使用的矿灯完好											△	△												1

续附表 2-2

编号		党群工作部	党政办公室	总务科	保卫科	卫生所	生产科	调度室	采煤工区	掘进工区	防冲办公室	机电科	机电工区	运输工区	准备工区	财务科	预算科	劳资科	洗煤厂	煤质科	地测科	通防科	通防工区	安监处	考核频率
⑥	主要巷道照明满足设计要求											△													1
4.4.7	通讯满足要求																								1
①	井下主要水泵房及变电所、地面变电所、主通风机房有直通调度室的电话							△				△	△												1
②	井下各采掘工作面的电话及通讯线路完好，保证通讯畅通							△	△	△		△													1
③	井下主要硐室、胶带运输转载点、交接班地点、候车室有直通调度室的电话							△				△													1
4.4.8	电气设备保护齐全完好																								
①	电器控制设备应有过流、接地、漏电、电压保护（过压、欠压、失压），且保护完好								△	△		△	△	△	△										1
②	高低压开关设备过负荷整定及过流保护灵敏度校验符合《矿井低压电网短路保护装置的整定细则》和《煤矿安全规程》要求；整定及校验记录齐全								△	△		△	△	△	△										1
③	井下保护接地装置符合《煤矿井下保护接地装置的安装、检查、测定工作细则》的要求								△	△		△	△	△	△										1
④	漏电保护符合《煤矿井下检漏继电器安装、运行、维护与检修细则》要求								△	△		△	△	△	△										1
⑤	每年对高压开关柜进行一次防雷电试验，并有记录											△	△												7
⑥	开关要有机械或电气闭锁装置，且闭锁装置齐全完好								△	△		△	△	△	△				△						1
⑦	所有电器控制设备的指示灯、仪表齐全完好								△	△		△	△	△	△				△						1
4.4.9	机电硐室设施配备齐全																								

续附表 2-2

编号		党群工作部	党政办公室	总务科	保卫科	卫生所	生产科	调度室	采煤工区	掘进工区	防冲办公室	机电科	机电工区	运输工区	准备工区	财务科	预算科	劳资科	洗煤厂	煤质科	地测科	通防科	通防工区	安监处	考核频率
①	变电所内有合格的高压绝缘手套、绝缘拉杆、绝缘台、绝缘靴、有高压验电器、临时接地线											△	△	△											1
②	变电所内的制度、记录、牌板符合《王楼矿供用电管理办法》											△	△	△											1
③	临时变配电点有充足的照明、完备的消防器材、供电系统图、齐全的安全警示牌板、可靠的接地装置								△	△		△	△	△	△				△						1
④	井下主要变电所的上风侧至少设置了1个完好沙箱和不少于2具灭火器											△	△	△											1
⑤	机电硐室内的设备分别编号,标明用途,并有停送电的标志								△	△		△	△	△	△				△						1
4.4.10	供电设备容量、电压、电流符合要求																								
①	所有供电设施的容量按照设计要求配置								△	△		△	△	△	△				△						1
②	井下各级配电电压和各种电气设备的额定电压符合设计								△	△		△	△	△	△				△						1
4.4.11	防爆设备使用合理																								
①	防爆设备选型符合《煤矿安全规程》规定								△	△		△	△	△	△										1
②	所有入井设备必须“三证”齐全(产品合格证、煤矿安全标志证、入井防爆检验合格证)											☆	☆												1
③	所有入井设备必须进行各项防爆性能参数检查,有防爆检查标识,且检查记录详细											△	△												1
4.4.12	蓄电池管理正确																								
①	蓄电池管理正确											△													1
4.4.13	电气设备技术档案齐全																								
①	有电气设备布置图,根据设备变化及时更新							☆	☆	☆		☆	☆	☆	☆				☆				☆		3

续附表 2-2

编号		党群工作部	党政办公室	总务科	保卫科	卫生所	生产科	调度室	采煤工区	掘进工区	防冲办公室	机电科	机电工区	运输工区	准备工区	财务科	预算科	劳资科	洗煤厂	煤质科	地测科	通防科	通防工区	安监处	考核频率
②	机电工作每月有计划和总结,按时召开机电例会,并有记录							☆	☆	☆		☆	☆	☆	☆				☆				☆		4
③	机电设备管理制度健全(包括电气试验制度;操作规程;岗位责任制;设备运行、维修、保养制度;设备定期检修制度;机电干部上岗查岗制度;设备管理制度;安全活动制度;事故分析追查制度;设备包机制度;防爆设备入井安装、验收制度;电缆管理制度;小型电器管理制度;油脂管理制度;配件管理制度;阻燃胶带管理制度;杂散电流管理制度)							☆	☆	☆		☆	☆	☆	☆				☆				☆		1
④	主要机电设备技术档案齐全:设备技术档案及系统图健全,技术档案实行专人管理;主通风机、主排水泵、综采配套设备等大型主要设备的技术档案资料齐全,做到一台一档,内容齐全。设备档案包括:设备使用说明书,调试安装验收单、试验记录,设备历次事故记录、设备历次性能测试和关键部件探伤记录分析报告处理及改进意见,设备大修及技术改造记录、设备履历簿和技术特征卡片、安装图纸、配件图册。进口设备必须有定货合同和有关进口事务的手续和依据,随机图纸、图册、译文,设备选用的润滑油、冷却液与国产润滑油、冷却液对照表							☆	☆	☆		☆	☆	☆	☆				☆				☆		1
⑤	有主要设备关键零部件探伤制度											☆	☆	☆											
⑥	有在用机电设备、电缆的使用、报废分类台账							☆	☆	☆		☆	☆	☆	☆				☆				☆		1
4.4.14	小型电器设备管理完善																								
①	对所使用的五小电器进行编号并建立台账							☆	☆	☆		☆	☆	☆	☆				☆				☆		1

续附表 2-2

编号		党群工作部	党政办公室	总务科	保卫科	卫生所	生产科	调度室	采煤工区	掘进工区	防冲办公室	机电科	机电工区	运输工区	准备工区	财务科	预算科	劳资科	洗煤厂	煤质科	地测科	通防科	通防工区	安监处	考核频率
②	建立五小电器检查制度，编制检查表，落实管理责任人							☆	☆	☆		☆	☆	☆	☆				☆				☆		1
③	电缆接线盒的额定电压与电缆使用电压相符							☆	☆	☆		☆	☆	☆	☆				☆				☆		1
④	机构操作灵活，动作可靠、声光信号清晰							☆	☆	☆		☆	☆	☆	☆				☆				☆		1
4.4.15	电气设备监测、检修记录齐全																								
①	有井下绝缘测试记录							☆	☆	☆		☆	☆	☆	☆				☆				☆		1
②	有漏电保护试跳记录							☆	☆	☆		☆	☆	☆	☆				☆				☆		1
③	有电气设备远方漏电试验、接地电阻测试、井下开关保护插件试验记录							☆	☆	☆		☆	☆	☆	☆				☆				☆		1
④	有预防性检修计划							☆	☆	☆		☆	☆	☆	☆				☆				☆		4
⑤	有主要电气设备关键零部件维修更换记录							☆	☆	☆		☆	☆	☆	☆				☆				☆		1
4.4.16	供电线路图纸齐全、更新及时																								
①	有井上下供电系统图、井下通讯系统图，且必要时更新							☆	☆	☆		☆	☆	☆	☆				☆				☆		
4.5	运输提升管理																								
4.5.1	各种运输设备运转正常																								
①	刮板机机头、机尾固定牢固可靠，减速器连接螺栓齐全紧固，液压马达完好；各电机、减速器冷却水畅通；刮板、连接件、护板齐；连接板、连接销完好无损；链、板无严重变形，松紧适宜；运转平稳不扭斜，不刮帮、不飘链；首、尾轮完整无缺，与链环配合良好，运转时不卡、跳；输送机机头与顺槽输送机搭接合理，底链不拉回头煤；输送机铲煤板齐全；刮板输送机液力耦合器，使用水(耐燃液)介质，使用合格的易溶塞和防爆片；有专用开停信号；停机闭锁可靠						△		△	△		△	△	△	△				△			△	△		1

续附表 2-2

编号		党群工作部	党政办公室	总务科	保卫科	卫生所	生产科	调度室	采煤工区	掘进工区	防冲办公室	机电科	机电工区	运输工区	准备工区	财务科	预算科	劳资科	洗煤厂	煤质科	地测科	通防科	通防工区	安监处	考核频率
②	胶带输送机滚筒表面无损伤、托辊齐全、转动灵活；胶带输送机机头、机尾应设清扫装置，并保持良好接触；带面无损伤，接头平整无破损、无脱胶和剥层现象；胶带不打滑，跑偏量以上带面不超过滚筒和托辊边缘，下带面不磨支架为合格；机架无变形、开焊和严重锈蚀；拉紧装置齐全完好，动作灵敏可靠；传动部分必须设置保护(栏)；胶带输送机机头、机尾固定牢靠；胶带运输信号系统声、光齐备、闭锁可靠						△		△	△		△	△	△	△				△			△	△		1
③	刮板机、胶带输送机等设备有过电流、短路、漏电、继电保护装置						△		△	△		△	△	△	△				△			△	△		1
④	主要胶带输送机有打滑、速度、温度、烟雾、堆煤、防跑偏、防纵撕、急停等保护装置，上运胶带要有逆止装置；使用合格的易熔，使用阻燃胶带，机头机尾和巷道内每50 m设置1个消防三通，沿机道有启动报警信号						△		△	△		△	△	△	△				△			△	△		1
4.5.2	各种运输设备空间满足要求																								
①	胶带运输机巷人行道的有效宽度不小于0.7 m						△					△													1
②	井下辅助运输线路上每隔100 m设有一个调车硐室						△					△													1
③	井下行车风门的宽度和高度能满足通车要求											△										△	△		1
4.5.3	巷道空间、轨道空间满足要求																								
①	巷道空间、轨道空间满足要求						△					△													1
4.5.4	路面质量达到要求																								

续附表 2-2

编号		党群工作部	党政办公室	总务科	保卫科	卫生所	生产科	调度室	采煤工区	掘进工区	防冲办公室	机电科	机电工区	运输工区	准备工区	财务科	预算科	劳资科	洗煤厂	煤质科	地测科	通防科	通防工区	安监处	考核频率
①	主要运输及盘区运输道路路面平坦，无明显的凹坑或积水											△	△												1
②	顺槽或正在掘进施工中的巷道，不得有最深超过10 cm、长度超过 5 m 的泥、水坑						△		△	△		△													1
③	砼路面强度符合设计要求						△																		1
4.5.5	巷道标志齐全																								
①	主要辅运大巷有行车安全标志；岔路有明确的指向牌、巷标						△					△		△											1
②	主要辅助运输大巷道路设有反光标志(一边或两边均可)											△	△	△											1
4.5.6	设备使用条件符合规定																								
①	入井机车必须防爆									△		△		△											1
②	人车有最大载人数量限制，机车有最多拉运矿车数量规定											△		△											
③	机车每年要进行一次年审，人车和机车要进行统一编号											△													7
④	入井车辆司机必须携带甲烷检测报警仪或便携式甲烷检测仪											△										△			1
4.5.7	分段开关设置合理																								
①	刮板输送机有急停装置、胶带输送机有急停装置和拉线装置								△	△		△	△	△	△				△						1
4.5.8	车场布置合理																								

续附表 2-2

编号		党群工作部	党政办公室	总务科	保卫科	卫生所	生产科	调度室	采煤工区	掘进工区	防冲办公室	机电科	机电工区	运输工区	准备工区	财务科	预算科	劳资科	洗煤厂	煤质科	地测科	通防科	通防工区	安监处	考核频率
①	车场布置合理											△		△											1
4.5.9	硐室设置和环境符合要求																								
①	主运输系统配电硐室清洁卫生,无淋水、无杂物、无积尘											△	△	△											1
②	充电硐室宽度和高度满足机车行驶和更换换电瓶需要											△													1
4.5.10	各种提升设备空间满足要求																								
①	各种提升设备空间满足要求											△	△	△											1
4.5.11	各种提升设备及其辅助设施运转正常																								
①	各种提升设备及其辅助设施运转正常											△	△	△											1
4.5.12	运输提升设备技术档案齐全																								
①	运输设备有设备技术档案和《设备使用说明书》											☆													1
②	机车和矿车有合格证、台账,做到账、卡、物相符											☆													1
4.5.13	运输提升设备检修记录齐全																								
①	运输设备有定期维护、检修计划								☆	☆															4
②	有在用车辆的《车辆大修记录》,有完整的保养记录,定期进行检修,覆盖率达100%									☆		☆		☆											3
③	有完整的车辆运行、维护保养、检修记录									☆		☆		☆											3
4.6	爆破管理																								
4.6.1	爆破材料和爆破设备购置渠道正规,并有入矿检验																								
①	发爆器、炸药、雷管必须有合格证和煤矿安全标志证书				☆																		☆	☆	1

续附表 2-2

编号		党群工作部	党政办公室	总务科	保卫科	卫生所	生产科	调度室	采煤工区	掘进工区	防冲办公室	机电科	机电工区	运输工区	准备工区	财务科	预算科	劳资科	洗煤厂	煤质科	地测科	通防科	通防工区	安监处	考核频率
②	爆破材料和爆破设备由入矿检验由安监站、设备办、生产调度中心、保卫部共同检验				☆			☆															☆	☆	1
③	领取爆破材料有经安监站、保卫部和矿生产调度中心等单位共同会签的审批单				☆			☆															☆	☆	1
4.6.2	矿山有专门的爆破器材存放地点,并有明确标志																								
①	矿山有专门的爆破器材存放地点,并有明确标志																						△		4
4.6.3	爆破材料存放地点周围环境合格																								
①	井下爆破材料存放地点必须符合《煤矿安全规程》第304条规定																						△		4
②	地面爆破材料存放地点必须符合《煤矿安全规程》第299、300、301条规定																						△		1
4.6.4	爆破材料存放分类合适																								
①	爆破材料分类存放符合《煤矿安全规程》第298条规定																						△		4
②	井下爆破作业地点的雷管箱、炸药箱分隔存放,并上锁									△												△		△	1
③	炮药箱存放在警戒线以外、支护完好、干燥的安全地点,离开电气设备和电缆、电线									△												△		△	1
④	操作人员应穿棉布或其他抗静电衣服,不准穿带静电的化纤衣服									△												△		△	1
4.6.5	爆破材料和器材专人专管																								
①	井下爆破作业地点的雷管箱、炸药箱有专人专管									△												△			1
②	发爆器及发爆器的钥匙由爆破员随身携带									△												△			1

续附表 2-2

编号		党群工作部	党政办公室	总务科	保卫科	卫生所	生产科	调度室	采煤工区	掘进工区	防冲办公室	机电科	机电工区	运输工区	准备工区	财务科	预算科	劳资科	洗煤厂	煤质科	地测科	通防科	通防工区	安监处	考核频率
4.6.6	爆破材料运输方式合理																								
①	爆破材料的运输符合《煤矿安全规程》第 310、312、313、314 规定																						△		1
4.6.7	爆破方案选择合理																								
①	爆破作业必须编制爆破作业说明书，其内容符合《煤矿安全规程》要求，爆破工必须依照说明书进行爆破作业									☆															1
②	特殊情况下爆破作业，必须严格执行经矿技术负责人批准的专项措施									☆															1
4.6.8	爆破材料选取合理																								
①	爆破材料按照爆破作业说明书的内容选取																					△			1
4.6.9	爆破程序合理																								
①	作业人员都经过《爆破安全措施》的学习，措施上有贯彻签字，有考试成绩									☆												☆			1
②	爆破作业必须严格执行“一炮三检”和“三人联锁”制度									△												△	△		1
③	实行爆破作业的采掘工作面，必须采用湿式打眼（由于地质条件所限不能湿式打眼的，要制订专门措施）和爆破使用水炮泥，爆破前后要洒水和冲洗巷帮，掘进工作面实行爆破喷雾									△												△			1
④	爆破警戒符合《作业规程》中的有关“爆破安全措施”的要求，有警戒标识、有警戒人									△												△			1
4.6.10	有专人负责管理爆破																								

续附表 2-2

编号		党群工作部	党政办公室	总务科	保卫科	卫生所	生产科	调度室	采煤工区	掘进工区	防冲办公室	机电科	机电工区	运输工区	准备工区	财务科	预算科	劳资科	洗煤厂	煤质科	地测科	通防科	通防工区	安监处	考核频率
①	作业部门编写爆破规程，相关部门监督实施									☆												☆		☆	1
②	安监员、瓦检员对当班爆破作业地点进行监督和检查									△												△		△	1
4.6.11	爆破人员技能合格																								
①	爆破员必须经过专门培训，持证上岗																					△	△	△	1
4.6.12	爆破作业记录完备																								
①	“一炮三检”记录填写规范									☆													☆		1
4.7	压气及输送管理																								
4.7.1	压气及输送系统设计科学合理																								
①	压气及输送系统设计科学合理											☆	☆												7
4.7.2	压气设备配备齐全，设备数量、能力满足要																								
①	空气压缩机必须有压力表和安全阀。压力表必须经过校准，在有效使用期内。安全阀和压力调节器必须动作可靠，安全阀动作压力不超过额定压力的 1.1 倍											△	△												1
②	使用油润滑的空气压缩机装设了断油保护装置或断油信号显示装置。水冷式空气压缩机装设了断水保护装置或断水信号显示装置											△	△												1
③	空气压缩机的排气温度单缸不得超过 190℃、双缸不得超过 160℃											☆	☆												1
④	空气压缩机吸气口必须设置过滤装置											△	△												1
⑤	空气压缩机必须使用闪点不低于 215℃的压缩机油											△	△												1

续附表 2-2

编号		党群工作部	党政办公室	总务科	保卫科	卫生所	生产科	调度室	采煤工区	掘进工区	防冲办公室	机电科	机电工区	运输工区	准备工区	财务科	预算科	劳资科	洗煤厂	煤质科	地测科	通防科	通防工区	安监处	考核频率
⑥	压风机有超温保护，断水断油保护（或信号），电机过流保护，安全阀、释压阀动作可靠											△	△												1
⑦	风包内的温度应保持在120℃以下，并装有超温保护装置，在超温时可自动切断电源并报警。风包上必须装有动作可靠的安全阀和放水阀，并有检查孔。每周清除1次风包内的油垢。在风包出口管路上必须加装释压阀，释压阀的口径不得小于出风管的直径，释放压力应为空气压缩机最高工作压力的1.25倍～1.4倍											△	△												1
⑧	空气压缩机设置位置至少配备1个装有0.2m³沙子的沙箱、15个沙袋和两具8 kg灭火器											△										△		△	1
4.7.3	压气设备检修记录齐全、检修周期合适																								
①	压气输送管路每日必须检查1次，并记录检查结果												☆												1
②	压气输送管路每周至少检修1次，将检修情况记入设备检修记录												☆												2
4.7.4	输送管路设施布置合理																								
①	输送管路的管径和耐压满足供气压力和流量的要求											☆													1
②	输送管路敷设平直，无窝管现象，管路接头完好可靠，不漏气											△													1
③	输送管路敷设位置不易损坏，避免被设备及车辆刮、撞											△													1
④	输送管路与电缆在巷道同一侧敷设时，必须敷设在电缆的下方，并保持0.3 m以上的距离											△													1

续附表 2-2

编 号		党群工作部	党政办公室	总务科	保卫科	卫生所	生产科	调度室	采煤工区	掘进工区	防冲办公室	机电科	机电工区	运输工区	准备工区	财务科	预算科	劳资科	洗煤厂	煤质科	地测科	通防科	通防工区	安监处	考核频率
4.7.5	空气压缩机要有专门责任人负责，观察记录及时																								
①	有空气压缩机操作规程和使用管理办法，实行包机制											☆													1
4.8	压力容器、手工工具、计量器具、登高及起重作业管理																								
4.8.1	压力容器																								
①	有在用压力容器台账。								☆	☆			☆	☆	☆				☆				☆		3
②	所有压力容器上均贴有出厂检验合格证，并有压力容器定期打压试验的标识								△	△			△	△	△				△				△		3
③	有所有压力容器的日常检查、完好和存储标准，并始终处于完好状态								△	△			△	△	△				△				△		1
④	移动式气罐有便于区别的颜色代码，并与标准相一致								△	△			△	△	△				△				△		1
⑤	不同气体的气罐分类存放，有防倒装置								△	△			△	△	△				△				△		1
⑥	气瓶有防震胶圈、安全帽和减压器，乙炔发生器有回火防止器								△	△			△	△	△				△				△		1
⑦	有压力容器发生泄漏的应急预案								☆	☆			☆	☆	☆				☆				☆		7
②	压力容器应放置在温度合适的环境中								△	△			△	△	△				△				△		1
4.8.2	计量器具																								
①	有计量器具管理制度和台账						☆	☆	☆	☆	☆	☆	☆	☆	☆				☆		☆	☆	☆		3
②	定期对计量器具进行校准和检定，并有记录						☆	☆	☆	☆	☆	☆	☆	☆	☆				☆		☆	☆	☆		7
③	有计量器具维护和保养记录						☆	☆	☆	☆	☆	☆	☆	☆	☆				☆		☆	☆	☆		3

续附表 2-2

编号		党群工作部	党政办公室	总务科	保卫科	卫生所	生产科	调度室	采煤工区	掘进工区	防冲办公室	机电科	机电工区	运输工区	准备工区	财务科	预算科	劳资科	洗煤厂	煤质科	地测科	通防科	通防工区	安监处	考核频率
④	计量器具应存储在适宜环境下，做到防水、防火、防锈、防变质(现场)、防损坏						△	△	△	△	△	△	△	△	△				△		△	△	△		1
4.8.3	登高或高空作业																								
①	对登高或高空作业的风险进行辨识，编制安全防护措施						☆	☆	☆	☆	☆	☆	☆	☆	☆				☆						7
②	登高或高空作业防护设施符合《建筑施工高空作业安全技术规范》						△	△	△	△	△	△	△	△	△				△						1
③	高架作业平台的设计、制作和安装符合《固定式工业钢平台》的要求						△	△	△	△	△	△	△	△	△				△						1
④	各类梯子的制作和安装符合《移动式轻金属折梯安全标准》、《固定式钢斜梯安全技术条件》、《固定式钢直梯安全技术条件》的要求						△	△	△	△	△	△	△	△	△				△						1
⑤	行人台阶的设计和施工符合《行人台阶设计要求》规定						△	△	△	△	△	△	△	△	△				△						1
⑥	所有爬梯均有编号，并有《爬梯使用管理台账》						☆	☆	☆	☆	☆	☆	☆	☆	☆				☆						3
⑦	有登高或高空作业检查制度，并有检查记录						☆	☆	☆	☆	☆	☆	☆	☆	☆				☆						3
⑧	移动式爬梯、脚手架除使用前要检查外，至少每旬检查一次						☆	☆	☆	☆	☆	☆	☆	☆	☆				☆						3
⑨	高空作业人员经过培训，并持证上岗						☆	☆	☆	☆	☆	☆	☆	☆	☆				☆						7
4.9	防灭火管理																								
4.9.1	防灭火设计规范																								
①	矿井地面消防水池和井下消防管路系统设计符合《煤矿安全规程》第218条的规定																					△			7

续附表 2-2

编 号		党群工作部	党政办公室	总务科	保卫科	卫生所	生产科	调度室	采煤工区	掘进工区	防冲办公室	机电科	机电工区	运输工区	准备工区	财务科	预算科	劳资科	洗煤厂	煤质科	地测科	通防科	通防工区	安监处	考核频率
②	有符合《煤矿安全规程》第 232 条规定的防煤层自燃发火设计																					☆			7
4.9.2	消防装置、设施完善																								
①	有矿井防灭火系统图																					☆			1
②	井下每个生产水平必须设立消防材料库，并备有足够的消防器材，其品种、数量符合《矿井灾害预防与处理计划》的规定，建立消防器材台账																						△		4
③	井上消防材料库设在井口附近，且不在井口房内																						△		4
④	矿灯房、变电所等主要场所和井下各变配电点及硐室每处至少配备 1 个装有 $0.2m^3$ 沙子的沙箱和两具 8 kg 灭火器；其他地点消防器材的设置符合《矿井灾害预防与处理计划》的规定；车辆消防器材的配置要符合要求								△	△			△	△	△				△			△	△		3
⑤	对消防材料库和消防器材设置情况进行检查，并有消防设施检查记录																					☆	☆		4
⑥	对所有的消防器材进行了编号								△	△			△	△	△				△			△	△		4
⑦	消防器材设在明显、便于取用的地点，周围无阻塞								△	△			△	△	△				△			△	△		4

续附表 2-2

编 号		党群工作部	党政办公室	总务科	保卫科	卫生所	生产科	调度室	采煤工区	掘进工区	防冲办公室	机电科	机电工区	运输工区	准备工区	财务科	预算科	劳资科	洗煤厂	煤质科	地测科	通防科	通防工区	安监处	考核频率
⑧	按照《建筑灭火器配置设计规范》建立本单位的灭火器材和设施台账：① 确定灭火器配置场所的危险等级；② 确定各灭火器配置场所的火灾种类；③ 划分灭火器配置场所的计算单元；④ 测算各单元的保护面积；⑤ 计算各单元所需灭火级别；⑥ 确定各单元的灭火器设置点；⑦ 计算每个灭火器设置点的灭火级别；⑧ 确定每个设置点灭火器的类型、规格与数量；⑨ 验算各设置点和各单元实际配置的所有灭火器的灭火级别；⑩ 确定每具灭火器的设置方式和要求，在设计图上标明其类型、规格、数量与设置位置								☆	☆			☆	☆	☆				☆			☆	☆		4
⑨	消火栓的设置符合《建筑设计防火规范》如下要求：① 设有消防给水的建筑物，其各层(无可燃物的设备层除外)均应设置消火栓；② 室内消火栓应设在明显易于取用地点。栓口离地面高度为 1.1 m，其出水方向宜向下或与设置消火栓的墙面成 90°角；③ 室内消火栓的间距应由计算确定。高架库房，甲、乙类厂房，室内消火栓的间距不应超过 30 m；其他单层和多层建筑室内消火栓的间距不应超过 50 m；④ 同一建筑物内应采用统一规格的消火栓、水枪和水带。每根水带的长度不应超过 25 m；⑤ 设有室内消火栓的建筑，如为平屋顶时，宜在平屋顶上设置试验和检查用的消火栓			△	△																				3
4.9.3	人员行为规范																								

续附表 2-2

编号		党群工作部	党政办公室	总务科	保卫科	卫生所	生产科	调度室	采煤工区	掘进工区	防冲办公室	机电科	机电工区	运输工区	准备工区	财务科	预算科	劳资科	洗煤厂	煤质科	地测科	通防科	通防工区	安监处	考核频率
①	所有职工都经过《灾害预防与处理计划》的培训，每名职工熟悉各自岗位的灾害预防与处理计划																							△	4
②	划定禁止吸烟、禁止明火和禁止携带烟火区域				△																				7
③	入井人员均按规定携带完好的自救器						△	△	△	△	△	△	△	△	△	△	△	△		△	△	△	△	△	1
④	所有人员熟悉避灾路线和安全出口			△	△		△	△	△	△	△	△	△	△	△	△	△	△		△	△	△	△	△	1
⑤	有入井人员检身制度和出井人员清点制度			△	△		△	△	△	△	△	△	△	△	△	△	△	△		△	△	△	△	△	1
⑥	杜绝带电检修电气设备，杜绝违反规程停电、送电或充放电								△	△			△	△	△								△		1
⑦	机电作业人员按照操作规程操作电气设备，并具有机电防灭火知识、技术和能力								△	△			△	△	△								△		1
⑧	爆破作业人员无违章装药、连线、爆破现象								△	△															1
4.9.4	检查、评估制度完善																								
①	建立了消防设施定期检查、评估制度，有检查表和记录，不合格项应限期整改、跟踪、验收																					☆	☆	☆	1
4.9.5	火灾事故记录完善																								
①	建立火灾事故登记表																					☆	☆		1
②	有火灾事故追查分析记录和防范措施																					☆	☆		1
4.9.6	火灾应急方案和措施完备																								
①	根据本单位的火灾风险评估，编制详细的《灾害预防和处理计划》和《应急预案》																					☆			7
②	有避灾路线图，且及时更新																					☆			1

续附表 2-2

编号		党群工作部	党政办公室	总务科	保卫科	卫生所	生产科	调度室	采煤工区	掘进工区	防冲办公室	机电科	机电工区	运输工区	准备工区	财务科	预算科	劳资科	洗煤厂	煤质科	地测科	通防科	通防工区	安监处	考核频率
③	防灭火系统图完整、准确																					☆			1
④	急救箱、隔离式化学氧自救器等设置位置有明显的标识，且设施完好												△												1
4.9.7	机电发火管理完善																								
①	机电作业人员具有机电防灭火知识、技术和能力												△												1
②	杜绝带电检修电气设备，杜绝违反规程停电、送电或充放电											△													1
③	井下电气焊作业有批准的措施，并贯彻、落实																					△			1
④	井下必须选用取得煤矿矿用产品安全标志的阻燃电缆											△													1
⑤	严格按照规定使用电源、变压器、灯泡、加热器等设备，禁止敲击、碰撞或者私自拆装矿灯											△													1
⑥	动力变压器、井下高压电动机有短路、过负荷、接地和欠压释放保护；低压电动机的控制设备有短路、过负荷、单项断线、漏电闭锁保护装置及远程控制装置；井下由采区变电所、移动变电站或配电点引出的电线上，设有短路、过负荷和漏电保护装置											△													1
⑦	煤电钻有漏电闭锁、短路、过负荷、断相、远距离启动和停止综合保护装置，煤电钻综合保护装置每班进行1次跳闸试验											△													1
⑧	采煤机、刮板运输机、转载机、胶带输送机等设备有过电流、短路、漏电、继电保护装置											△													1

续附表 2-2

编号		党群工作部	党政办公室	总务科	保卫科	卫生所	生产科	调度室	采煤工区	掘进工区	防冲办公室	机电科	机电工区	运输工区	准备工区	财务科	预算科	劳资科	洗煤厂	煤质科	地测科	通防科	通防工区	安监处	考核频率
⑨	刮板输送机液力耦合器，使用水（耐燃液）介质，使用合格的易溶塞和防爆片											△													1
⑩	胶带输送机使用阻燃输送带；托辊的非金属材料零部件和包胶滚筒的胶料，具有阻燃性和抗静电性											△													1
⑪	矿灯无电线破损、灯头失效、灯头密封不严、灯头圈松动及玻璃破裂											△													1
⑫	井下照明和信号采用有短路、过载、漏电保护综合保护装置供电											△													1
⑬	井下不得使用非抗静电设备和物品											△													1
4.9.8	摩擦发火管理完善																								
①	胶带输送机使用阻燃性胶带											△													1
②	胶带输送机托辊齐全，转动灵活，无跑偏、撒煤、摩擦带面现象，胶带下无浮煤											△													1
③	胶带输送机装设挡板、防护罩，无浮煤堆积											△													1
④	胶带输送机堆煤、烟雾、超温自动洒水、防跑偏等保护装置齐全、可靠											△													1
4.9.9	爆破发火管理完善																								
①	使用煤矿安全等级不低于二级的煤矿许用炸药；使用煤矿许用瞬发电雷管或煤矿许用毫秒延期电雷管，最后一段的延期时间不得超过 130 m/s																						☆		1
②	炮眼封泥长度符合爆破说明书的要求，杜绝使用可燃物（煤粉、包装纸等）替代炮泥																						△		1

续附表 2-2

编号		党群工作部	党政办公室	总务科	保卫科	卫生所	生产科	调度室	采煤工区	掘进工区	防冲办公室	机电科	机电工区	运输工区	准备工区	财务科	预算科	劳资科	洗煤厂	煤质科	地测科	通防科	通防工区	安监处	考核频率
③	爆破母线和连接线、电雷管脚线和连接线、脚线和脚线之间的连接头相互扭结并悬挂；爆破母线与电缆、电线、信号线分别挂在巷道两侧，若挂在同一侧，爆破母线应挂在下方，并保持 0.3 m 以上的距离；爆破母线无明接头																						△		1
④	所有爆破地点消防洒水管路齐全，爆破点有消防三通和胶管，爆破地点附近 20 m 范围内，在爆破前后要洒水																						△		1
⑤	爆破地点 20 m 范围内设置水幕，爆破时完好使用																						△		1
⑥	在采空区附近、煤及半煤岩等温度异常的自然发火区进行爆破作业时，应制订特殊的安全措施																						☆		1
4.9.10	可燃物和助燃物管理完善																								
①	根据火灾风险评估，及时确认各处的发火危险区											☆	☆												1
②	在火灾风险区周围设置隔离带，并设专人维护											△	△												1
③	井口房、矿井开拓巷道、永久回风巷使用不燃性材料建筑，通风机房、进风井、风硐、井下机电硐室、输送机机头硐室、变电所等处均为不燃性材料建筑和支护											△	△												1
④	在高温热源和容易产生火花的地方禁止堆放或使用可燃物品											△	△												1

续附表 2-2

编号		党群工作部	党政办公室	总务科	保卫科	卫生所	生产科	调度室	采煤工区	掘进工区	防冲办公室	机电科	机电工区	运输工区	准备工区	财务科	预算科	劳资科	洗煤厂	煤质科	地测科	通防科	通防工区	安监处	考核频率
⑤	井下硐室内严禁存放变压器油。制订废油、棉纱、布头易燃物品管理制度；有废油回收管理制度、“油脂使用和回收记录”，有防止油脂泄漏和废油回收的设施或装置；设备修理现场无油脂洒落或随意倾倒现象；废弃油品有明显标识											△	△												1
⑥	井下每处油脂存放地点至少配备两具干粉灭火器											△	△												1
⑦	各类油脂分类存放，必须由经过消防安全培训合格的专人管理											△	△												1
4.9.11	自燃火灾管理完善																								
①	有煤层自燃倾向性鉴定报告																					☆			1
②	按《煤矿安全规程》要求建立防灭火系统																					☆			1
③	有防治煤层自燃发火措施，采掘工作面作业规程必须有防治自燃发火的专门措施																					☆			1
④	采空区密闭内及其他地点无超过 35℃的高温点（因地温、水温影响的高温点除外）及 CO 超限点（火区密闭内除外）																					△			1
⑤	火区的管理应遵守《煤矿安全规程》第 246～250 条的规定																					△			1
⑥	无 CO 超限作业																					△			1
4.9.12	火灾救护系统完善																								

续附表 2-2

编号		党群工作部	党政办公室	总务科	保卫科	卫生所	生产科	调度室	采煤工区	掘进工区	防冲办公室	机电科	机电工区	运输工区	准备工区	财务科	预算科	劳资科	洗煤厂	煤质科	地测科	通防科	通防工区	安监处	考核频率
①	火灾机构设置合理，物资、人员配备充足																					△		△	1
4.9.13	电气焊使用符合规定																								
①	入井电气焊审批制度完善								☆	☆			☆	☆	☆									☆	1
②	电气焊入井登记齐全								☆	☆			☆	☆	☆									☆	1
③	电气焊措施贯彻、签字齐全，措施落实到位								☆	☆			☆	☆	☆									☆	1
4.10	瓦斯监测管理																								
4.10.1	瓦斯基础管理完善																								
①	每年必须进行1次瓦斯等级鉴定，依据鉴定结果进行瓦斯管理。																					☆			1
②	瓦斯监控装置的设置和便携式瓦斯检测报警仪的使用符合《煤矿安全规程》的规定。							△														△			1
③	瓦斯检查日报及通风调度日报必须送矿行政主要负责人、矿技术负责人审阅																					☆	☆		1
④	通风科、安监站对瓦检员进行监督考核，有月考核记录。																					☆		☆	1
4.10.2	瓦斯检测、监督管理到位																								
①	瓦检员所使用的瓦检仪完好，并及时换气调零，及时换药。																					△	△		1
②	瓦检员执行瓦斯巡回检查制度和请示报告制度，并认真填写瓦斯检查班报。																					△	△		1
③	瓦斯浓度超限时，瓦检员应责令停止现场作业，并撤到安全地点。																					△	△		1

续附表 2-2

编号		党群工作部	党政办公室	总务科	保卫科	卫生所	生产科	调度室	采煤工区	掘进工区	防冲办公室	机电科	机电工区	运输工区	准备工区	财务科	预算科	劳资科	洗煤厂	煤质科	地测科	通防科	通防工区	安监处	考核频率
④	井下所有采掘工作面和经总工程师确定的检查地点都必须设有瓦斯检查记录牌板																					△	△		1
⑤	井下无瓦斯积聚、无瓦斯超限现象																					△	△		1
4.10.3	瓦斯隐患处理程序完善																								
①	有因停电和检修主要通风机停止运转或通风系统遭到破坏以后恢复通风、排除瓦斯和送电的安全措施																					☆			1
②	停工区内瓦斯浓度或二氧化碳浓度达到 3.0%或其他有害气体浓度超过规程第 100 条的规定不能立即处理时，必须在 24 h 内封闭完毕。																					☆			1
③	恢复临时停工区或采掘作业接近停风地点时，必须事先排出其中积聚的瓦斯																					☆			1
4.10.4	瓦斯检查人员交接班程序正确，记录全面																								
①	瓦斯检查员在井下指定地点交接班，并有记录可查；无空班漏检，无虚报瓦斯																					☆	☆		1
4.10.5	瓦斯检查地点设置合理																								
①	瓦斯检查地点的设置应符合《煤矿安全规程》第 149 条的规定																					△	△		1
4.10.6	瓦斯日报程序规范																								
①	瓦斯调度日报，每日必须上报矿长、总工程师审阅																					☆	☆		1
4.10.7	临时停风操作规范																								
①	受到停风影响的地点，须经瓦斯检查员证实无危险后方可复工																					☆			1

续附表 2-2

编号		党群工作部	党政办公室	总务科	保卫科	卫生所	生产科	调度室	采煤工区	掘进工区	防冲办公室	机电科	机电工区	运输工区	准备工区	财务科	预算科	劳资科	洗煤厂	煤质科	地测科	通防科	通防工区	安监处	考核频率
②	临时停风地点，要立即断电撤人，设置栅栏、警示标志																					△			1
4.10.8	长期停风封闭正确																								
①	长期停风区必须在 24 h 内封闭完毕。																					△	△		1
4.10.9	排放瓦斯措施得当，执行正确																								
①	按规定排放瓦斯																					☆	☆		1
②	排放瓦斯要有经批准的专门措施，并严格贯彻执行																					☆	☆		1
③	排放瓦斯执行“撤人、断电、限量”三原则																					☆	☆		1
4.10.10	瓦斯检查记录全面																								
①	瓦斯检查做到井下牌板、检查记录手册、瓦斯台账三对口																						☆		1
4.10.11	瓦斯检查人员配备满足要求，有专门机构设置																								
①	矿井通风瓦斯管理机构和人员的配备符合集团公司定编标准																					☆	☆		1
②	瓦检员必须经过培训，作到持证上岗，业务操作熟练																					△	△		1
4.10.12	瓦斯检查、监测由专人负责，计划设置有专人审批																								
①	每月编制瓦斯检查点设置计划，由矿总工程师审查、签字																					☆	☆		4
②	安监站、通风科值班干部对瓦斯检查情况进行监督检查																					△	△	△	1
4.10.13	瓦斯隔爆措施齐全																								

续附表 2-2

编号		党群工作部	党政办公室	总务科	保卫科	卫生所	生产科	调度室	采煤工区	掘进工区	防冲办公室	机电科	机电工区	运输工区	准备工区	财务科	预算科	劳资科	洗煤厂	煤质科	地测科	通防科	通防工区	安监处	考核频率
①	按规定设置有隔爆水袋(槽)等隔爆设施																					△	△		1
4.11	防尘管理																								
4.11.1	防尘系统完善																								
①	矿井必须建立完善的防尘供水系统,防尘用水均应过滤																					△			1
4.11.2	采煤工作面防尘措施完善																								
①	炮采工作面应采取湿式打眼,使用水炮泥,爆破前、后应冲洗煤壁,爆破时应喷雾降尘,出煤时洒水.采煤机必须安装内外喷雾装置。截煤时必须喷雾降尘,内喷雾压力不得小于2 MPa,外喷雾压力不得小于1 MPa,喷雾流量应与机型相匹配。综采工作面应设置架间喷雾、放煤喷雾								△													△			1
4.11.3	掘进工作面防尘措施完善																								
①	综掘机喷雾设施齐全、完好,装煤洒水和净化风流等防尘措施齐全									△												△			1
4.11.4	胶带运输巷道防尘措施完善																								
①	胶带运输巷道必须敷设防尘供水管路,并安设支管和阀门													△								△			1
②	转载点喷雾装置齐全完好													△								△			1
4.11.5	其他产尘巷道防尘措施完善																								
①	所有产尘巷道必须敷设防尘供水管路,并安设支管和阀门											△										△			1

续附表 2-2

编号		党群工作部	党政办公室	总务科	保卫科	卫生所	生产科	调度室	采煤工区	掘进工区	防冲办公室	机电科	机电工区	运输工区	准备工区	财务科	预算科	劳资科	洗煤厂	煤质科	地测科	通防科	通防工区	安监处	考核频率
4.11.6	预防和隔绝煤尘爆炸措施完善																								
①	必须及时清除巷道中的浮煤，清扫或冲洗沉积煤尘，与有煤尘爆炸危险相连通的巷道必须用水棚隔开								△													△			1
4.11.7	综合防尘管理制度完善																								
①	矿井每年应制订综合防尘措施、预防和隔绝煤尘爆炸措施及管理制度，并组织实施。矿井应每周至少检查一次煤尘隔爆设施的安装地点、数量、水量及安装质量是否符合要求																					☆	☆		2
4.11.8	综合防尘技术资料齐全																								
①	煤层注水台账、巷道冲洗台账、巷道刷白台账、测尘台账、防尘措施台账齐全																					☆			1
4.12	通风管理																								
4.12.1	通风系统完善合理																								
①	矿井必须有完整、合理、可靠的独立通风系统，改变通风系统时履行报批手续																					☆			1
②	矿井开拓或准备采区时，必须有根据该处全风压供风量编制的通风设计																					☆			1
③	矿井开拓新水平和准备新采区的回风，必须引入总回风巷或主要回风巷。在未构成通风系统前，可将此种回风引入生产水平的进风中，并有经矿总工程师批准的安全措施																					☆			1

续附表 2-2

编号		党群工作部	党政办公室	总务科	保卫科	卫生所	生产科	调度室	采煤工区	掘进工区	防冲办公室	机电科	机电工区	运输工区	准备工区	财务科	预算科	劳资科	洗煤厂	煤质科	地测科	通防科	通防工区	安监处	考核频率
④	生产水平和采区必须实行分区通风;准备采区,必须在采区构成通风系统后,方可开掘其他巷道;采煤工作面必须在采区构成完整的通风系统后,方可回采																					△			1
⑤	矿井每年安排采掘作业计划时必须核定矿井通风能力,必须按实际供风量核定矿井产量,严禁超通风能力生产																					☆			7
⑥	改变全矿井、一翼或水平的通风系统时,必须有经公司总工程师批准的改变通风系统设计及安全措施;改变一个采区通风系统时,必须有经矿总工程师审批的安全技术措施																					☆			1
⑦	矿井有效风量率不低于87%																					☆			1
⑧	回风巷失修率不高于7%,严重失修率不高于3%;主要进回风巷道实际断面不能小于设计断面的2/3																					☆			1
⑨	有综采工作面回撤、安装期间通风系统管理措施,并按措施执行																					☆			1
⑩	掘进巷道同其他巷道贯通前,必须有专项安全技术措施,经矿总工程师组织有关部门审批后实施																					☆			1
4.12.2	矿井各用风地点风速、风量满足要求																								
①	井巷中的风速符合现行《煤矿安全规程》规定																					☆	☆		1
②	采掘工作面、硐室及其他地点风量符合现行《煤矿安全规程》规定																					☆	☆		1
③	每月有风量分配计划且与实际配风相符																					☆	☆		4

续附表 2-2

编号		党群工作部	党政办公室	总务科	保卫科	卫生所	生产科	调度室	采煤工区	掘进工区	防冲办公室	机电科	机电工区	运输工区	准备工区	财务科	预算科	劳资科	洗煤厂	煤质科	地测科	通防科	通防工区	安监处	考核频率
④	有测风制度，每 10 d 进行一次全面测风。对采掘工作面或其他用风地点，应根据实际需要随时测风，每次测风结果应记录并填写在测风地点的记录牌上，有测风旬报表																					☆	☆		3
4.12.3	通风系统施工质量满足要求																								
①	永久性通风设施必须有施工设计，其主要内容包括：设施材料、设施位置、设计施工图纸、施工顺序、辅助性设施和装置等																					☆	☆		
②	通风设施施工标准严格执行《王楼矿“一通三防”精细化管理标准及考核办法》中相关规定																					☆	☆		1
③	有通风设施施工安全技术措施																					☆	☆		1
④	有通风设施质量验收责任制和验收制度，并严格贯彻执行																					☆	☆		1
⑤	通风设施的拆除必须办理申请单，经通风部门及矿总工程师同意方可拆除。通风部门指派专人组织验收，出具验收书																					☆	☆		1
⑥	矿井进、回风井之间，主要进、回风巷之间和采区进、回风巷之间不使用的联络巷必须砌筑 2 道厚度不低于 0.5 m 的永久性风墙；使用的联络巷，必须安设 2 道正向联锁风门和 2 道反向风门																					△	△		1
⑦	采空区封闭必须砌筑永久密闭																					△	△		1

续附表 2-2

编号		党群工作部	党政办公室	总务科	保卫科	卫生所	生产科	调度室	采煤工区	掘进工区	防冲办公室	机电科	机电工区	运输工区	准备工区	财务科	预算科	劳资科	洗煤厂	煤质科	地测科	通防科	通防工区	安监处	考核频率
4.12.4	各类通风设备能力、型号满足要求，布局合理、有监控，维修检修及时																								
①	主要通风机选型满足通风设计要求，且要符合国家安全生产监督管理总局专项整治规定																					☆			1
②	主要通风机应有两回路直接由变(配)电所馈出的供电线路，线路上都不应分接任何负荷												△									△			1
③	主要通风机的安装和使用应符合现行《煤矿安全规程》规定												△									△			1
④	必须有保证主要通风机连续运转的措施，因检修、停电或其他原因停止主要通风机运转时，必须制订停风措施												☆									☆			1
⑤	主要通风机装置有电机过流保护、无压释放装置、轴承超温指示和警报信号、开停监测装置和停风报警装置，且安全保护装置合格率为 100%												△									△			1
⑥	主要通风机必须装有反风设施，并能在 10 min 内改变巷道中的风流方向，当风流方向改变后，主要通风机的供给风量不应小于正常供风量的 40%；每季度至少检查一次反风设施，并有检查记录；每年至少进行一次反风演习																					☆			1
⑦	严禁主要通风机房兼做它用。主要通风机房内必须安装水柱计、电流表、电压表、轴承温度计等仪表，还必须有直通矿调度室的电话，并有反风操作系统图、司机岗位责任制和操作规程												△									△			1

续附表 2-2

编号		党群工作部	党政办公室	总务科	保卫科	卫生所	生产科	调度室	采煤工区	掘进工区	防冲办公室	机电科	机电工区	运输工区	准备工区	财务科	预算科	劳资科	洗煤厂	煤质科	地测科	通防科	通防工区	安监处	考核频率
4.12.5	回风巷设计符合要求																								
①	采区进、回风必须贯穿整个采区，严禁一段为进风巷、一段为回风巷。采掘工作面的进风和回风不得经过采空区或冒顶区						△															△			1
②	采、掘工作面应实行独立通风						△															△			1
③	采区变电所必须有独立的通风系统，回风风流应引入采区回风巷						△															△			1
4.12.6	通风基础测试报告、记录齐全																								
①	矿井每年应进行 1 次反风演习，矿井通风系统有较大变化时，应进行 1 次反风演习；矿井反风演习前，由矿总工程师负责组织编制反风演习计划，报通风处审批；矿井反风演习后，应在 1 周内形成反风演习报告，报通风处备案																					☆			7
②	有主要通风机性能测定报告、矿井通风阻力测定报告、主要通风机外部漏风率测定报告，测定周期符合《煤矿安全规程》规定																					☆			1
4.12.7	局部通风风筒安置合理																								
①	局部通风机的选型符合作业规程规定									△												△	△		1
②	煤巷、半煤岩巷和有瓦斯涌出的岩巷的掘进通风方式应采用压入式，不得采用抽出式，如果采用混合式通风时，必须有经矿总工程师批准的安全技术措施									△												△			1

续附表 2-2

编号		党群工作部	党政办公室	总务科	保卫科	卫生所	生产科	调度室	采煤工区	掘进工区	防冲办公室	机电科	机电工区	运输工区	准备工区	财务科	预算科	劳资科	洗煤厂	煤质科	地测科	通防科	通防工区	安监处	考核频率
③	局部通风机必须设有风电闭锁、瓦斯电闭锁及风机开停监测装置且灵敏可靠									△												△			1
④	局部通风机供电电源应直接引自变压器，供电线路设专用馈电开关，该供电线路不得分接任何负荷									△												△			1
⑤	使用2台局部通风机供风的掘进工作面，2台局部通风机都必须同时实现风电闭锁									△												△			1
⑥	局部通风机的设备应齐全，吸风口有风罩和整流器，高压部位（包括电缆接线盒）有衬垫（严密不漏风）；局部通风机应吊挂或垫高，离地高度大于0.3 m。5.5 kW以上的局部通风机应安装消音器									△												△			1
⑦	必须采用抗静电、阻燃风筒，风筒末端到掘进工作面的距离符合作业规程规定									△												△			1
⑧	风筒吊挂应靠帮、靠顶、平直，逢环必挂；风筒接口严密（手距接头0.1 m处感觉不到漏风）无破口（末端20 m除外）无反接头，软质风筒接头需反压边，应使用快速风筒接口器，硬质风筒接头应加垫上紧螺钉									△												△			1
⑨	风筒拐弯处应设弯头或缓慢拐弯，不得拐死弯，异径风筒连接应使用过渡节先大后小，不准花接									△												△			1
4.12.8	局部通风安排专人管理，通风流程符合规定																								
①	局部通风机必须指定专人负责管理，保证正常运转，严禁其他任何人随意停开，并实行挂牌管理									△												△			1
②	有无计划停风追查制度及有计划停风安全措施									☆												☆			1

续附表 2-2

编号		党群工作部	党政办公室	总务科	保卫科	卫生所	生产科	调度室	采煤工区	掘进工区	防冲办公室	机电科	机电工区	运输工区	准备工区	财务科	预算科	劳资科	洗煤厂	煤质科	地测科	通防科	通防工区	安监处	考核频率
③	压入式局部通风机和启动装置，必须安装在进风巷道中，距掘进巷道回风口不得小于 10 m；安设局部通风机的巷道中的风量，除了满足局部通风机的吸风量外，还应保证局部通风机吸入口至掘进工作面回风流之间的风速，岩巷不小于 0.15 m/s、煤巷和半煤巷不小于 0.25 m/s									△												△			1
④	无使用 3 台以上(含 3 台)的局部通风机同时向 1 个掘进工作面供风以及使用 1 台局部通风机同时向两个作业的掘进工作面供风现象									△												△			1
4.12.9	有专人负责通风管理、管理机构完善、职责明确																								
①	矿井有专门的“一通三防”管理队伍，其机构设置和人员定编符合公司规定																					☆	☆		1
②	有各级领导及各业务部门的“一通三防”管理工作责任制，并严格落实																					☆	☆		1
③	通风队各工种有岗位责任制和技术操作规程，并严格执行																					☆	☆		1
④	每月至少进行一次通风隐患排查，召开一次通风例会，并要有通风工作计划和总结																					☆			4
⑤	矿井每年编制通风、防灭火安全措施计划。已装备的安全措施设备要正常发挥作用																					☆			7

续附表 2-2

编号		党群工作部	党政办公室	总务科	保卫科	卫生所	生产科	调度室	采煤工区	掘进工区	防冲办公室	机电科	机电工区	运输工区	准备工区	财务科	预算科	劳资科	洗煤厂	煤质科	地测科	通防科	通防工区	安监处	考核频率
⑥	有通风系统图、通风网络图、避灾路线图；有局部通风管理牌板、通风设施管理牌板、通风仪表仪器管理牌板；有调度值班记录、通风队值班记录、通风设施检查记录、测风记录；有通风月报表																					☆			1
⑦	所有图纸、牌板、台账、记录和报表与实际相符，且图纸和报表上报及时																					☆	☆		1
⑧	有"一通三防"作业人员培训计划，定期培训、考核，并有记录可查。通风工、爆破工、安全监测工等必须按国家有关规定培训合格，取得操作资格证做到持证上岗																					☆	☆		1
⑨	有通风安全仪器仪表保管、维修，保养制度，定期进行校正及计量检定，保证完好																					☆	☆		7
4.13	监测监控管理																								
4.13.1	通风监控装备齐全可靠																								
①	防爆型煤矿安全监控设备之间的输入、输出信号必须为本质安全型信号							△																	1
②	安全监控设备必须具有故障闭锁功能							△																	3
③	矿井安全监控系统必须具备甲烷断电仪和甲烷风电闭锁装置的全部功能							△																	3
④	安全监控主机或系统电缆发生故障时，系统必须具备甲烷断电仪和甲烷风电闭锁装置的全部功能							△																	3
⑤	当电网停电后，系统必须保证正常工作时间不小于 2 h							△																	2
⑥	系统必须具有防雷电保护功能							△																	5

续附表 2-2

编号		党群工作部	党政办公室	总务科	保卫科	卫生所	生产科	调度室	采煤工区	掘进工区	防冲办公室	机电科	机电工区	运输工区	准备工区	财务科	预算科	劳资科	洗煤厂	煤质科	地测科	通防科	通防工区	安监处	考核频率
⑦	监控中心站应 24 h 连续正常工作，系统必须具有断电状态和馈电状态监测、报警、动态实时显示、存储和打印报表功能							△																	1
⑧	中心站主机不少于 2 台，1 台工作，1 台备用；中心站测点定义正确规范，按时打印报表							△																	2
4.13.2	通风监控系统安装、使用、维护符合规定																								
①	采掘作业规程和安全技术措施，必须对安全监控设备的种类、数量、安设位置、信号电缆和电源电缆的敷设、断电控制区域等做出明确规定，并绘制布置图								☆	☆															5
②	采掘工作面和机电硐室施工前，具备监控设备安装条件时，施工单位必须根据已批准的作业规程或安全技术措施，向通风部门提交《监控设备安装申请单》，由监测主管人员按照申请单要求，及时安装监控设备，安装后校验分站、传感器闭锁控制功能，计算机要有校验数据，安装后 2 d 内移交施工单位								△	△															3
③	井下分站应设置在便于人员观察、调试、检验及支护良好、无滴水、无杂物的进风巷道或硐室中，安设时应垫支架，距巷道底板不小于 300 mm，或吊挂在巷道中							△																	2
④	安装或拆除井下分站及断电控制系统时，必须根据分站供电及断电范围要求，由机电部门或施工单位电工接通或拆除井下电源及控制线								△	△															3

续附表 2-2

编号		党群工作部	党政办公室	总务科	保卫科	卫生所	生产科	调度室	采煤工区	掘进工区	防冲办公室	机电科	机电工区	运输工区	准备工区	财务科	预算科	劳资科	洗煤厂	煤质科	地测科	通防科	通防工区	安监处	考核频率
⑤	安全监控设备的供电电源必须连续可靠,严禁接在被控开关的负荷侧							△																	3
⑥	改变或拆除与安全监控设备关联的电气设备的电源线及控制线,检修或回撤与安全监控设备关联的电气设备,需要安全监控设备停止运行时,必须制订安全措施,报矿通风部门和矿总工程师批准,并报告矿调度室后,方可进行							△																	2
⑦	井下监控设备之间应使用专用阻燃电缆或矿用阻燃光缆连接,严禁与电话电缆或动力电缆等共用。电缆之间、电缆与其他设备连接时,必须使用与电气性能相符的接线盒							△																	2
⑧	监测电缆的敷设应与动力电缆保持 0.1 m 以上的距离,且位于动力电缆上方。固定电缆应使用电缆钩悬挂,临时移设电缆用帮扎带或其他柔性材料悬挂,悬挂点的间距不大于 3 m,且电缆应有适当的驰度							△																	2
⑨	接线盒的电缆进线嘴连接应牢固、密封良好。密封圈、金属环直径应合适;密封圈厚度应合适,且与电缆之间不得包扎其他物品。电缆护套应伸入接线盒壁内 5～15 mm。接线嘴压线板对电缆的压缩量不超过电缆外径的 10%。接线应整齐、无毛刺,芯线裸露处距平垫圈不大于 5 mm,腔内连线松紧适当							△																	2
⑩	机载式、车载式甲烷断电仪完好,工作灵敏可靠								△	△			△	△	△								△		3

续附表 2-2

编号		党群工作部	党政办公室	总务科	保卫科	卫生所	生产科	调度室	采煤工区	掘进工区	防冲办公室	机电科	机电工区	运输工区	准备工区	财务科	预算科	劳资科	洗煤厂	煤质科	地测科	通防科	通防工区	安监处	考核频率
⑪	原煤仓等储煤通风不良场所的有害气体浓度监测设备运行灵敏可靠							△																	1
⑫	按规定及时对故障进行处理，并做好记录							△																	2
⑬	工作面回采结束后及时回收监测监控设备							△	△	△			△	△	△								△		1
4.13.3	通风监控基础管理完善																								
①	有监控中心室、设备维修室、库房、便携式仪器发放室等工作场所							△																	7
②	采煤机、连采机和综掘机等采掘设备设置的机载式断甲烷断电仪或便携式甲烷检测报警仪，由司机负责监护，并经常检查清扫								△	△			△	△	△								△		1
③	采掘工作面需要经常移动的传感器、电缆等安全监控设备，必须由采掘班组长按规定移动，不得擅自停用							△																	1
④	分站、传感器、断电器、电缆等安全监控设备，必须由使用单位的队长、班组长、安瓦员负责管理。如有损坏或零点、灵敏度不准确和电源欠压等必须及时向矿调度汇报								△	△			△	△	△								△		4
⑤	设专人负责便携式甲烷检测报警仪的充电、检测、收发及维护，不符合要求的仪器严禁发放使用																						△		4
⑥	通风安全仪器仪表要按规定维修校正，定期进行计量检定，保证完好							△																	4
⑦	有通风安全监控机构，配备有管理人员、工程技术人员和安全监测工							△																	7

续附表 2-2

编号		党群工作部	党政办公室	总务科	保卫科	卫生所	生产科	调度室	采煤工区	掘进工区	防冲办公室	机电科	机电工区	运输工区	准备工区	财务科	预算科	劳资科	洗煤厂	煤质科	地测科	通防科	通防工区	安监处	考核频率
⑧	有安全监测工岗位责任制、操作规程；安全监测工必须经培训合格后持证上岗							△																	7
⑨	有通风安全监控设备管理制度、安全仪表计量检验制度							☆																	3
⑩	有通风安全监控系统图、断电控制接线图；有设备仪表台账；有监控设备故障处理记录、检修记录、巡检记录、调校记录、仪器仪表发放记录；有中心站运行日志、安全监控日报表、监控设备使用情况月报表；有通风安全监控管理牌板							☆																	2
⑪	所有图纸、牌板、台账、记录和报表与实际相符，且图纸和报表上报及时							☆																	2
4.13.4	通风监控设备测试、调校、检修符合要求																								
①	安全监控设备必须定期调试、校正，每月至少1次，设备调试、校正包括零点、灵敏度、报警点、断电点、复电点、指示值、控制逻辑等。设备安装前必须先进行联机调试、校正							△																	3
②	采用载体催化元件的甲烷传感器、便携式甲烷检测报警仪等设备，每7 d必须使用标准气样和空气样按产品说明书调校1次；采用其他检测元件的甲烷检测设备，必须经矿总工程师批准后，按产品使用说明书要求进行调校。其他传感器必须按照产品使用说明书要求定期调校							△																	2
③	对甲烷超限断电功能进行测试							△																	2

续附表 2-2

编号		党群工作部	党政办公室	总务科	保卫科	卫生所	生产科	调度室	采煤工区	掘进工区	防冲办公室	机电科	机电工区	运输工区	准备工区	财务科	预算科	劳资科	洗煤厂	煤质科	地测科	通防科	通防工区	安监处	考核频率
④	监控装置在井下连续运行6～12个月，必须全部运到井上进行全面检修							△																	6
⑤	监测维护人员必须每天检查安全监控设备及电缆是否正常							△																	1
5. 辅助管理																									
5.1	煤矿准入管理																								
5.1.1	煤矿设计规范																								
①	矿井设计应符合国家现行《煤炭工业矿井设计规范》及国家、行业有关标准、规定和要求						☆																		7
②	矿井设计应委托有资质的设计单位进行设计						☆																		7
5.1.2	煤矿施工建设规范																								
①	煤矿施工建设符合国家相关技术标准规范						☆																		7
②	施工建设单位具备施工建设资质						☆																		7
③	施工质量合格，有国家相关部门验收记录						☆																		7
5.1.3	煤矿六证齐全																								
①	矿井应有有效的采矿许可证、安全生产许可证、煤炭生产许可证、营业执照、矿长资质证、矿长安全资格证		☆																						7
5.2	消防救护管理																								
5.2.1	有专门的救护机构																								
①	有专门的救护机构																					☆	☆		7

续附表 2-2

编 号		党群工作部	党政办公室	总务科	保卫科	卫生所	生产科	调度室	采煤工区	掘进工区	防冲办公室	机电科	机电工区	运输工区	准备工区	财务科	预算科	劳资科	洗煤厂	煤质科	地测科	通防科	通防工区	安监处	考核频率
5.2.2	救护设备设施配备齐全																								
①	救护设备设施配备齐全																					☆	☆		5
5.2.3	救护队员技能和身体状况满足救护要求																								
①	救护队员技能和身体状况满足救护要求																					☆	☆		5
5.2.4	救护队管理完善																								
①	救护队管理完善																					☆	☆		5
5.2.5	消防器材及设施齐全，配备满足实际要求，维护及时																								
①	依据《建筑灭火器配置设计规范》编制本单位的《灭火器配置标准》，现场配置与标准相符				☆								☆		☆				☆						3
②	消防器材放置处有标志牌，标志牌有反光功能，放置位置不得它用				☆								☆		☆				☆						3
③	消防器材设在明显、便于取用的地点，周围无阻塞；不应设置在潮湿或强腐蚀性以及超出其使用温度范围的地点				☆								☆		☆				☆						3
④	消防栓的设置符合《建筑设计防火规范》的要求				☆								☆		☆				☆						7
⑤	砂箱的配备和箱内砂袋、砂子的数量符合国家有关标准				☆								☆		☆				☆						3
⑥	有消防设施分布图和消防器材明细表				☆								☆		☆				☆						3
⑦	对所有的消防器材进行编号				☆								☆		☆				☆						3
⑧	建立了消防设施定期检查制度，有检查表和记录				☆								☆		☆				☆						3

续附表 2-2

编号		党群工作部	党政办公室	总务科	保卫科	卫生所	生产科	调度室	采煤工区	掘进工区	防冲办公室	机电科	机电工区	运输工区	准备工区	财务科	预算科	劳资科	洗煤厂	煤质科	地测科	通防科	通防工区	安监处	考核频率
⑨	各类灭火器按规定周期经专业部门检验、维护，有检验、维护记录				☆								☆		☆				☆						3
⑩	消防设施维护、检验期间需配备相应替换器材，有替换记录				☆								☆		☆				☆						3
⑪	有《消防设施维护和保养制度》及记录				☆								☆		☆				☆						3
5.2.6	定期进行消防演练				☆																				
①	制订本单位《年度消防演习计划》，并按计划实施				☆																				7
②	每年举行一次综合消防演习				☆																				7
5.2.7	定期向职工宣传消防知识，消防应急通讯和联系方式应公示																								
①	利用多种形式进行消防安全宣传，每年不少于一次				☆																			☆	7
②	对职工进行消防知识培训，有培训记录				☆																			☆	7
5.3	应急与事故管理																								
5.3.1	具有完备的应急预案																								
①	根据本单位的风险评估编制详细的《应急预案》						☆	☆			☆	☆									☆	☆		☆	5
②	所有职工都经过《应急预案》的培训，并有记录						☆	☆	☆	☆	☆	☆	☆	☆	☆						☆	☆	☆	☆	5
③	至少每年组织一次救灾演习，有演习计划、演习方案及总结报告							☆					☆											☆	7
5.3.2	急救箱设置满足要求																								
①	所有重点作业场所应配置急救箱，急救箱应放置在合适的位置且要进行标识								△	△			△	△	△								△		3

续附表 2-2

编号		党群工作部	党政办公室	总务科	保卫科	卫生所	生产科	调度室	采煤工区	掘进工区	防冲办公室	机电科	机电工区	运输工区	准备工区	财务科	预算科	劳资科	洗煤厂	煤质科	地测科	通防科	通防工区	安监处	考核频率
②	每个急救箱内应保存一份《急救用品清单》，急救员要每日对急救箱进行检查，保证医疗器械、药品的完好齐全								☆	☆			☆	☆	☆								☆		1
③	有急救箱配置分布图及急救用品明细表								☆	☆			☆	☆	☆								☆		4
④	井下设置的急救箱、隔绝式化学氧自救器等设置位置有明显的标识，有急救箱及急救用品管理办法								☆	☆			☆	☆	☆								☆		4
⑤	有急救用品使用记录								☆	☆			☆	☆	☆								☆		4
5.3.3	煤矿保安体系完备																								
①	建有本单位有效的通讯、报警系统							△																	7
②	所有人员熟悉事故汇报程序	△	△	△	△	△	△	△	△	△	△	△	△	△	△	△	△	△	△	△	△	△	△	△	7
③	建立入井升井许可登记制度，并落实管理部门												△											△	7
5.3.4	煤矿事故管理完善																								
①	成立事故应急指挥领导小组							☆																	7
②	有事故汇报程序							☆																	7
③	按照“四不放过”的事故调查原则，有确定的事故调查程序																							☆	7
④	有职工事故记录和事故调查报告																							☆	7
⑤	有事故统计记录，有事故分析报告																							☆	7
⑥	有事故案例回顾、宣讲教育计划																							☆	7
⑦	有“三违”统计、追查记录																							☆	7

续附表 2-2

编号		党群工作部	党政办公室	总务科	保卫科	卫生所	生产科	调度室	采煤工区	掘进工区	防冲办公室	机电科	机电工区	运输工区	准备工区	财务科	预算科	劳资科	洗煤厂	煤质科	地测科	通防科	通防工区	安监处	考核频率
⑧	有“三违”行为分析报告，明确“三违”预防措施																							☆	7
⑨	未遂事故按事故管理的程序进行追查、管理																							☆	7
5.3.5	煤矿能够做到杜绝已知规律事故发生																								
①	事故现场应急处置结束后，应及时搜集、整理有关资料，并对现场抢救工作情况进行汇总分析，形成现场抢救工作总结							☆																☆	7
②	在事故现场抢救工作总结的基础上对事故救援工作进行全面分析、研究，形成事故救援工作总结							☆																☆	7
③	救援工作总结由组织事故抢救的部门负责完成，应当包括：事故发生、报告及救援经过；应急预案启动和执行情况；事故现场应急指挥部成立及组成情况；救援队伍、专家、装备、物资及社会资源的调用情况；事故抢救方案及措施的制订和执行情况；事故抢救过程中好的做法和发现的问题；对各有关部门改进应急救援工作的建议							☆																☆	7
④	按照分级管理的原则，对事故救援工作总结进行备案，做到杜绝已知规律事故的发生							☆																☆	7
5.4	职业健康管理																								
5.4.1	作业人员周围环境（温度、噪声、煤尘、烟尘等）满足健康要求																								
①	生产矿井采掘工作面空气温度不得超过 26℃，机电设备硐室空气温度不得超过 30℃								△	△		△	△	△	△							△	△		1

续附表 2-2

编号		党群工作部	党政办公室	总务科	保卫科	卫生所	生产科	调度室	采煤工区	掘进工区	防冲办公室	机电科	机电工区	运输工区	准备工区	财务科	预算科	劳资科	洗煤厂	煤质科	地测科	通防科	通防工区	安监处	考核频率
②	进风井口以下的空气温度必须在 2℃以上											△	△												1
③	地面作业场所综合温度不超过《工作场所有害因素职业接触限值》规定温度上限值														△				△						1
④	作业场所噪声符合《工业企业设计卫生标准》和《煤矿安全规程》中作业场所噪声规定								△	△		△	△	△	△				△			△	△		1
⑤	作业场所的粉尘浓度符合《煤矿安全规程》的规定								△	△		△	△	△	△				△			△	△		1
5.4.2	健康监护体系完善																								
①	对在岗从业人员的健康检查和健康监护符合《煤矿安全规程》规定					☆												☆						☆	7
②	有符合《职业病防治法》的职业病防治计划，并按计划开展职业病防治工作					☆												☆						☆	7
③	发现患有职业病的职工，立即通知并提供治疗及康复条件并妥善安置					☆												☆						☆	1
④	定期对职工进行健康体检，并建立《职工健康档案》					☆												☆						☆	7
⑤	职工上岗、转岗、离岗前，进行健康检查					☆												☆						☆	1
⑥	每次体检结束后，对职工提供预防疾病和职业病的医学建议					☆												☆						☆	7
5.4.3	为职工配备了齐全的防护设施																								
①	为职工配备齐全的防护设施，具体执行集团公司的《职工劳动保护用品管理办法》																	△							7
②	为噪音超标区工作的职工提供了有效的听力保护用品																	△							7
③	为井下职工配备了反光工作服																	△							7

续附表 2-2

编号		党群工作部	党政办公室	总务科	保卫科	卫生所	生产科	调度室	采煤工区	掘进工区	防冲办公室	机电科	机电工区	运输工区	准备工区	财务科	预算科	劳资科	洗煤厂	煤质科	地测科	通防科	通防工区	安监处	考核频率
④	使用与电源电压相适应的验电笔								△	△		△	△	△					△				△		1
⑤	操作高压电气设备主回路时，操作人员戴绝缘手套，并穿电工绝缘靴或站在绝缘台上								△	△		△	△	△					△				△		1
⑥	矿灯、自救器的使用和管理符合规定								△	△		△	△	△					△				△		1
⑦	为采掘、巷修工作面作业人员配备了防尘口罩																	△							7
5.4.4	各作业场所健康安全防护设施齐全，配备符合要求																								
①	作业场所健康安全防护提示标志齐全								△	△			△	△	△				△			△	△		1
②	浴室铺设防滑地板			△																					1
③	调度室、通风机房、变电所配备应急照明设施							△				△	△									△			4
④	所有压力装置的安全阀的调定值均被锁定，安全阀泄压排出口朝向安全区											△	△												1
⑤	所有带有向四周喷射、飞溅有害流体或固体的装置都加装了封闭护罩						△		△	△		△	△	△	△				△						1
⑥	对机械、电气设备需要保护的区域或部位加装防护装置								△	△		△	△	△	△				△				△		1
①	输送机机头有防护栏、机尾有护罩，行人需跨越处设过桥，输送机机头机尾固定牢靠								△	△		△	△	△	△				△				△		1
②	所有防护网、罩、栏、杆均无毛刺、尖角、孔洞等新的危险源								△	△		△	△	△	△				△				△		1
5.4.5	煤矿医疗服务机构设置符合要求																								
①	有为煤矿提供及时服务的医疗机构					☆																			7
②	医疗机构的设置符合要求，满足职工正常需要					☆																			7

续附表 2-2

编 号		党群工作部	党政办公室	总务科	保卫科	卫生所	生产科	调度室	采煤工区	掘进工区	防冲办公室	机电科	机电工区	运输工区	准备工区	财务科	预算科	劳资科	洗煤厂	煤质科	地测科	通防科	通防工区	安监处	考核频率
5.5	井下、井上环境保护管理																								
5.5.1	有完备的环境综合治理计划和目标，有专门机构检查，有记录																								
①	制订完备的环境综合治理计划和目标											☆													7
②	每年按规定由指定部门对大气、污水、厂界噪声定期监测，有《监测数据报表》											☆													7
③	单位所辖所有区域的环境状况有指定部门检查，并有检查记录											☆													7
5.5.2	废油脂管理符合要求																								
①	有废油脂回收管理制度并执行						△		△	△			△	△	△				△				△		1
②	油脂管理部门有“油脂使用和回收记录”						☆																		4
③	现场无油脂洒落或随意倾倒现象								△	△			△	△	△				△				△		1
④	废弃油品有明显标识								△	△			△	△	△				△				△		1
5.5.3	废气管理符合要求																								
①	对运输、装卸、贮存、使用过程中散发有毒有害气体或粉尘物质的单位有降低污染的措施并进行控制								☆	☆			☆	☆	☆				☆				☆		1
5.5.4	污水排放和净化满足要求																								
①	每年监测2次矿井水及生活污水，有《废水监测数据报表》											☆													6
②	井下污水通过管路排放到地面集中处理地点											△													7
③	矿井水排放符合《煤炭工业污染物排放标准》中的技术要求											☆													7

续附表 2-2

编号		党群工作部	党政办公室	总务科	保卫科	卫生所	生产科	调度室	采煤工区	掘进工区	防冲办公室	机电科	机电工区	运输工区	准备工区	财务科	预算科	劳资科	洗煤厂	煤质科	地测科	通防科	通防工区	安监处	考核频率
④	生活污水排放符合《污水综合排放标准》的规定											△													7
5.5.5	噪声防护完善																								
①	应按照《煤矿安全规程》的有关规定对作业场所噪声进行监测，并出具《噪声监测数据报表》																					☆			7
②	噪声超标地点应有降噪措施																					☆			7
5.5.6	煤矿固体废弃物排放符合要求																								
①	垃圾箱的数量、容积满足存放需要，并加箱盖和标识			☆																					3
②	废弃物由有资质的单位和人员进行处理			☆			☆																		7
5.5.7	煤矿放射性设施管理规范，放射性物质排放达标																								
①	有本单位放射性设施的分布图											☆													5
②	有本单位放射性设施管理制度和管理责任人											☆													7
③	放射装置按国家相关标准定期检验											△													7
④	有放射性设施的运行、检修和报废记录											☆													3
⑤	放射性物质排放达标											☆													7
5.5.8	煤矿资源开采达到优化配置																								
①	煤炭回采率不低于《生产矿井煤炭资源回采率暂行管理办法》的规定，有可靠的控制措施						☆																		7
5.5.9	工业卫生和公共卫生达标																								
①	井下巷道无积水、无淤泥（淤泥、积水连续长度不超过5 m，深度不超过0.1 m）、无杂物						△		△	△															1

续附表 2-2

编号		党群工作部	党政办公室	总务科	保卫科	卫生所	生产科	调度室	采煤工区	掘进工区	防冲办公室	机电科	机电工区	运输工区	准备工区	财务科	预算科	劳资科	洗煤厂	煤质科	地测科	通防科	通防工区	安监处	考核频率
②	井下移动电气设备上架，五小电器（电铃、按钮、打点器、三通、四通）上板并悬挂								△	△		△	△	△	△								△		1
③	井下电缆吊挂整齐，符合《煤矿安全规程》的要求，无积尘								△	△		△	△	△	△								△		1
④	变电站达到五净（门窗、桌椅、墙壁、地面、箱柜）、五整齐（桌椅、箱柜、桌面用品、上墙图表、桌柜内的物品）								△	△		△													1
⑤	机电硐室、充电硐室、机道和电缆沟内外清洁卫生，无杂物、无积水、无油垢、无锈蚀						△		△	△		△	△	△	△								△		1
⑥	厂房及井下巷道临时储物点材料、设备上架码放整齐，材料品名、规格、数量在标牌上标注，与实际相符						△		△	△		△	△	△	△								△		1
⑦	井巷水沟、车间排污道及污水排放管道保持畅通，污水不外溢						△		△	△															1
⑧	设备表面保持清洁，无杂物、无积尘								△	△			△	△	△								△		1
⑨	生产过程中做到不漏油、不漏水、不漏气，生产中产生的废油、废液、废件集中回收，分类存放						△		△	△			△	△	△								△		1
5.6	承包商管理																								
5.6.1	承包商准入																								
①	有承包商管理制度						☆					☆													7
②	在选择和确定承包商时，必须具备相关施工资质						☆					☆													7
③	要求承包商对可能发生的赔偿责任进行投保，并实行风险抵押						☆					☆													7
④	承包合同中包含安全管理方面的条款						☆					☆													7
⑤	承包商应任命安全管理负责人，并具有相应的资质						☆					☆													7

续附表 2-2

编号		党群工作部	党政办公室	总务科	保卫科	卫生所	生产科	调度室	采煤工区	掘进工区	防冲办公室	机电科	机电工区	运输工区	准备工区	财务科	预算科	劳资科	洗煤厂	煤质科	地测科	通防科	通防工区	安监处	考核频率
⑥	承包商有内部安全管理制度，并有针对具体项目的作业规程						☆					☆													7
⑦	开工前所有施工人员接受安全知识培训，经考试合格后，持证上岗						☆					☆													7
5.6.2	承包商现场施工																								
①	对承包商进场人员、材料、施工机具、施工组织设计进行审查						△					△													7
②	有具备资质的带班队长跟班作业						△					△													1
③	对承包商施工现场进行检查，并有记录						△					△													1
④	承包商每班召开班前会，组织职工进行班前、作业前风险评估，并有记录						△					△													1
备注	☆ 内业 △ 现场																								
	①日常 ②每周一次 ③每旬一次 ④每月一次 ⑤每季度一次 ⑥每半年一次 ⑦一年一次																								